研究所、甄試、高考、特考

電子電路題庫大全（上）

（結合補習界及院校教學精華的著作）

賀升　蔡曜光　編著

賀序

電子學是一門繁重的科目，如果沒有一套研讀的技巧，往往是讀後忘前，本人累積補界經驗，將本書歸納分類成題型及考型，並將歷屆研究所、高考、特考題目依題型考型分類。如此，有助同學在研讀時加深印象，熟悉解題技巧。並能在考試時，遇到題目，立即判知是屬何類題型下的考型，且知解題技巧。

本人深知同學在研讀電子學時的困擾：教科書內容繁雜，難以吞嚥。坊間考試叢書，雖然有許多優良著作，但依然分章分節，且將二技、甄試、插大、普考等，全包含在內，造成同學無法掌握出題的方向。其實不同等級的考試，自然有不同的出題方向，及解題技巧。混雜一起，不但不能使自己功力加深，反而遇題難以下筆。本人深知以出題方向而言，二技、插大、甄試、普考是屬於同一類型。而高考、高等特考、研究所又是屬於另一類型。因此本書方向正確。再則，同學看題解時，往往不知此式如何得來？為何如此解題？也就是說題解交待不清，反而增加同學的困惑。本人站在同學的立場，加以深思，如何編著方能有助同學自習？因此本書有以下的重大的特色：

1. 應考方向正確──不混雜不同等級的考試內容
2. 題型考型清晰──即出題教授的出題方向
3. 題解井然有序──以建立邏輯思考能力
4. 理論精簡扼要──去蕪存菁方便理解
5. 英文題有簡譯──增加應考的臨場感

本人才疏學淺，疏漏之處在所難免。尚祈各界先進不吝指正，不勝感激（板橋郵政 13 之 60 號信箱，e-mail：ykt@kimo.com.tw）

誌謝

謝謝揚智文化公司於出版此書時大力協助。

謝謝母親黃麗燕女士、姊姊蔡念勳女士及愛妻謝馥蔓女士與女兒蔡沅芳、蔡妮芳小姐的鼓勵，本書方能完成。並謝謝所有關心我的朋友，及我深愛的家人。

賀升　謹誌

2000 年 8 月

蔡序

　　對理工科的同學而言，電子學是一門令人又喜又恨的科目。因為只要下功夫把電子學學好，幾乎在高考、研究所、博、碩士班的考試中，皆能無往不利。但面對電子學如此龐大的科目中，為了應考死背公式，死記解法，背了後面忘了前面，真是苦不堪言。因此有許多同學面臨升學考試的抉擇中，總是會因對電子學沒信心，而升起「我是不是該轉系？」唉！其實各位同學在理工科系的領域中已數載，早已奠下相關領域的基本基礎，而今只為了怕考電子學，卻升起另起爐灶，值得嗎？實在可惜！因此下定決心，把電子學學好，乃是應考電子學的首要條件。想想！還有哪幾種科目，可以讓您在高考、碩士班乃至博士班，一魚多吃，無往不利？

　　一般而言，許多同學習慣把電子學各章節視為獨立的，所以總覺得每一章有好多的公式要背。事實上電子學是一連貫的觀念，唯有建立好連貫的觀念，才能呼前應後。因此想考高分的條件，就是：

$$\boxed{\text{連貫的觀念}} + \boxed{\text{重點認識}} + \boxed{\text{解題技巧}} = \boxed{\text{金榜題名}}$$

電子學連貫觀念的流程：

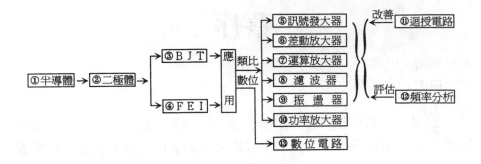

本書有助同學建立解題的邏輯思考模式。例如：BJT放大器的題型，其邏輯思考方式如下：

一、直流分析

　　1. 判斷 BJT 的工作區 ⇒ 求 I_B，I_C，I_E

　　　(1)若在主動區，則

　　　　①包含 V_{BE} 的迴路，求出 I_B

　　　　②再求出 $I_C = \beta I_B$，$I_E = (1+\beta) I_E$

　　　(2)若在飽和區，則

　　　　①包含 V_{BE} 的迴路，求出 I_B

　　　　②包含 V_{CE} 的迴路，求出 I_C

　　　　③$I_E = I_C + I_B$

　　2. 求參數

$$r_\pi = \frac{V_T}{I_B} \ , \ r_e = \frac{V_T}{I_E} \ , \ r_o = \frac{V_A}{I_C}$$

二、 小訊號分析
　　1. 繪出小訊號等效模型
　　2. 代入參數（r_π，r_e，r_o 等）
　　3. 分析電路（依題求解）

　　如此的邏輯思考模式，幾乎可解所有 BJT AMP 的題目。所以同學在研讀此書時，記得要多注意，每一題題解所註明的題型及解題步驟，方能功力大增。

　　預祝各位同學金榜題名！

蔡曜光　謹誌

2000 年 8 月

目　　錄

CH1　半導體（Semiconductor）

1-1〔題型一〕：導體的電特性

考型 1　基本觀念

1. 導體接上外加電場所產生的電流，稱之為漂移電流。
2. 導體上的電流，是因自由電子移動所致，稱為電子流。
3. 自由電子移動，相對為反向的電洞移動，稱為電洞流。
4. 工業界上所指的電流方向，即為電洞流方向，而電子流方向，與電流方向及電洞流方向相反。

考型 2　導體的電流密度

通式：

電流密度 $\boxed{J = \dfrac{I}{A} = nqv_d = nq\mu E = \sigma E = \dfrac{E}{\rho_R}}$

一、電荷密度　$\rho_e = nq$（coul／cm³）

二、傳導率　$\sigma = nq\mu = \dfrac{1}{\rho_R}$（$\dfrac{1}{\Omega}$−cm）

三、電阻係數　$\rho_R = \dfrac{1}{\sigma} = \dfrac{1}{nq\mu}$（$\Omega$−cm）

四、電阻

　1. 形狀公式　$R = \dfrac{\rho_R \ell}{A}$（$\Omega$）

　2. 溫度公式　$R = R_0(1 + \alpha\Delta T)$（$\Omega$）

　3. 宏觀歐姆定律　$R = \dfrac{V}{I}$（Ω）

　4. 微觀歐姆定律　$\rho_R = \dfrac{E}{J}$（Ω-cm）

五、漂移速度　$v_d = \mu E$（m／s）

　其中：

　1. I：電流（安培，A）

2. A：材料的截面積（m^2）

3. E：外加電場強度（v／m）

4. q：電子的電荷量，q $= 1.6 \times 10^{-19}$庫倫（coulomb）

5. n：電子濃度（1／cm^3）

考型3 影響電特性的因素

一、影響導體上移動率的因素：

1. $\sigma = nq\mu$　　　$\Rightarrow$ $\boxed{\sigma \uparrow \Rightarrow \mu \uparrow}$

2. σ 為固定值 $\Rightarrow$ $\boxed{n \uparrow \Rightarrow \mu \downarrow}$

二、導體受溫變高，則電阻下降，故知導體（金屬）為負溫度電
阻係數。

考型4 能帶結構（energy band）

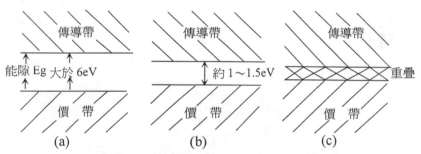

材料之能帶圖：(a)絕緣體　(b)半導體　(c)導體

一、價帶（Valence band）：此區充滿電子。

二、傳導帶（Conduction band）：此區充滿電洞。

三、能隙（energy gap）E_g：

1. $T \uparrow \Rightarrow E_g \downarrow$

2. 1電子伏特 $= 1.6 \times 10^{-19}$ 焦耳（能量單位）

3. 以 E_g 判斷導電特性

(1)導體 $E_g \approx 0$

(2)半導體 $E_g \approx 1 \sim 1.5 eV$

(3)絕緣體 $E_g > 6 eV$

4. 在常溫下，半導體的 E_g

(1)砷化鎵（GaAs）：$E_g = 1.42 eV$

(2)矽（Si）：$E_g = 1.12 eV$

(3)鍺（Ge）：$E_g = 0.66 eV$

歷屆試題

1. 18 號的銅線（直徑 1.03mm），每 1000 呎的電阻為 6.51Ω（呎 = 0.304m），銅的電子濃度為 $8.4 \times 10^{28} m^{-3}$，每一電子所帶的電荷為 1.6×10^{-19} coul，若導體中的電流為 2A，試求(1)漂移速度；(2)導電係數。（❖題型：**導體的電特性**）

【高考】

解☞：

(1) $\because J = \dfrac{I}{A} = nqv_d$

$\therefore v_d = \dfrac{I}{nqA} = \dfrac{I}{nq\pi r^2} = \dfrac{I}{nq\pi \dfrac{D^2}{4}}$

$= \dfrac{(2)}{(8.4 \times 10^{28})(1.6 \times 10^{-19})(1.03 \times 10^{-3})^2 \pi} = 1.79 \times 10^{-4} m/s$

(2) $\because R = \dfrac{P\ell}{A} = \dfrac{\ell}{\sigma A}$

$\therefore \sigma = \dfrac{\ell}{RA} = \dfrac{(1000)(0.304)}{(6.51)(\pi)(1.03 \times 10^{-3})^2(\frac{1}{4})} = 5.6 \times 10^7 (\Omega - m)^{-1}$

---

2. 定義電子的遷移率。（❖題型：**導體的電特性**）【交大電研所】

解☞：

$$\because J = \frac{I}{A} = nqv_d = nq\mu E = \sigma E$$

$$\therefore \mu = \frac{\sigma}{nq} = \frac{v_d}{E} \ （單位：m^2 ／ v-sec）$$

由上式可知

1. 每種物質的移動率均不相同。

2. 移動率（μ）高者，自由電子漂移速度（v_d）較快。

3. 在半導體中，濃度高者，移動率（μ）下降。

4. 當漂移速度（v_d）為定值時（此時通常 $E > 10^4$v/m），移動率 μ 與電場 E 成反比。

1-2〔題型二〕：半導體的種類及濃度

考型5 半導體的材料

一、矽（Si）的特性

1. 是最常用的材料

2. 產量豐富，最經濟（優點）

3. 能隙 E_g 較鍺大，所以漏電流較小（優點）

4. 可製穩定性佳的絕緣層：二氧化矽（SiO_2）（優點）

二、鍺（Ge）的特性

1. 目前已不用

2. 能隙（E_g）小，漏電流大（缺點）

3. 電特性不穩定（缺點）

4. 本質濃度（n_i）較大，所以切入電壓（V_r）較小（缺點）

三、砷化鎵（GaAs）的特性

1. 為光電元件的主要材料（優點）

2. 移動率（μ）較大（約比矽大 10～15 倍），所以適用於高頻電路（優點）

3. 材料昂貴（缺點）

四、半導體的結構

1. 為共價鍵結構，亦稱鑽石結構

2. 為四價元素

3. 半導體的能隙，主要影響因素為溫度及濃度。

考型6 半導體的種類

一、半導體的種類，可分為本質半導體及外質半導體。

二、**本質半導體**（Intrinsic）**的特性：**

1. 又稱為純質半導體

2. $n = P = n_i$

n：電子濃度

P：電洞濃度

n_i：本質濃度

3. 因 $n = P$，所以無擴散電流，較不具實用價值。

4. $n_i^2 = A_o T^3 e^{-E_{GO}/KT}$

三、**外質半導體**（Extrinsic）**的特性：**

1. 又稱為雜質半導體

2. $n \neq P$，所以可產生擴散電流，較具實用價值。

3. 外質半導體又可分為 N 型及 P 型。

四、N 型半導體的特性

1. 在純質半導體中，加入五價元素：磷、砷、銻，此元素稱為施體雜質（donors），記為 N_D。

2. 多數載子為電子，少數載子為電洞。

3. $n \approx N_D$

五、P 型半導體的特性

1. 在純質半導體中，加入三價元素：硼、銦、鎵、鋁，此元素稱為受體雜質（acceptors），記為 N_A。

2. 多數載子為電洞，少數載子為電子。

3. $p \approx N_A$

六、N 型或 P 型的判斷

1. $n \gg P$ 則為 N 型半導體

2. $P \gg n$ 則為 P 型半導體

考型7 半導體的濃度

一、計算半導體濃度，依據的原理為：

1. **質量作用定律（mass-action law）：**

$\boxed{np = n_i^2}$ ……適用於熱平衡時

2. **電中性定律（electrical neutrality law）：**

$\boxed{N_D + p = N_A + n}$ ……適用於無外加電場時

3.

	$E_g(eV)$	$n_i(1/cm^3)$
Ge	0.66	2.4×10^{13}
Si	1.12	1.45×10^{10}
GaAs	1.42	1.79×10^{6}

二、考型一：已知半導體的型式：N 型或 P 型。求濃度：

1. N 型：$n \approx N_D \Rightarrow p = \dfrac{n_i^2}{n} \approx \dfrac{n_i^2}{N_D}$

2. P 型：$P \approx N_A \Rightarrow n = \dfrac{n_i^2}{p} \approx \dfrac{n_i^2}{N_A}$

三、考型二：已知雜質濃度：N_D，N_A，求濃度：

1. $n = \dfrac{1}{2} \left[(N_D - N_A) + \sqrt{(N_D - N_A)^2 + 4n_i^2} \right]$

$p = \dfrac{n_i^2}{n}$

2. $p = \dfrac{1}{2} \left[(N_A - N_D) + \sqrt{(N_A - N_D)^2 + 4n_i^2} \right]$

$n = \dfrac{n_i^2}{p}$

四、公式證明：

$\because np = n_i^2 \Rightarrow n = \dfrac{n_i^2}{p}$

又 $N_D + p = N_A + n = N_A + \dfrac{n_i^2}{p}$

$\therefore pN_D + p^2 = pN_A + n_i^2$

即 $p^2 + p (N_D - N_A) - n_i^2 = 0$，解之得

$p = \dfrac{1}{2} \left[(N_A - N_D) + \sqrt{(N_A - N_D)^2 + 4n_i^2} \right]$

同理可證 $n = \dfrac{1}{2} \left[(N_D - N_A) + \sqrt{(N_D - N_A)^2 + 4n_i^2} \right]$

歷屆試題

3. Assume that a p-type silicon has a uniform impurity concentration and the resistivity of it is 0.04Ω-cm. Consider that p≫n, where p and n are the concentrations of the holes and electrons in this p silicon. Three properties of the silicon are given as: (a)the intrinsic concentration $n_i = 1.45 \times 10^{10} \text{cm}^{-3}$, (b)the electronic mobility $\mu_n = 1500 \text{cm}^2 / (\text{V} \cdot \text{s})$, and (c) the hole mobility $\mu_p = 475 \text{cm}^2 / (\text{V} \cdot \text{s})$. Calculate the concentration of the electrons in this silicon.

簡譯

p 型半導體的電阻係數為 0.04Ω-cm，又 p≫n，$n_i = 1.45 \times 10^{10} \text{cm}^{-3}$，$\mu_n = 1500 \text{cm}^2/\text{v-sec}$，$\mu_p = 475 \text{cm}^2/\text{v-sec}$，求電子濃度。（✥題型：半導體的濃度）

【交大控制所】

解☞：

在 p 型中，p≫n

$\therefore p = \dfrac{1}{\sigma} = \dfrac{1}{nq\mu_n + pq\mu_p} \approx \dfrac{1}{pu\mu_p}$

即 $p = \dfrac{1}{pq\mu_p} = \dfrac{1}{(0.04)(1.6\times10^{-19})(475)} = 3.29 \times 10^{17} cm^{-3}$

$\therefore n = \dfrac{n_i^2}{p} = \dfrac{(1.45 \times 10^{10})^2}{3.29 \times 10^{17}} = 6.4 \times 10^2 cm^{-3}$

4. (1)何謂施體雜質與受體雜質，請做定義。
   (2)何謂質量作用定律，請做定義。（✢題型：定義）

   【交大控制所】

   解☞：
   (1)五價元素為：施體雜質。如：磷、砷、銻
       三價元素為：受體雜質。如：硼、銦、鎵、鋁
   (2)質量作用定律：在熱平衡時，$np = n_i^2$，而本質濃度 n_i，與
       n 或 p 濃度多少無關。

5. 半導體中有那些載子？（✢題型：半導體的濃度）

   【交大控制所】

   解☞：半導體中有多數載子及少數載子。
       在 n 型半導體中：多數載子為電子，少數載子為電洞。
       在 p 型半導體中：多數載子為電洞，少數載子為電子。

6. 對單一矽晶體而言，下列敘述何者是錯誤的？　(A)元素半導體
   (B)鑽石結構　(C)在 25℃ 時之 $E_G = 1.12V$　(D)共價鍵結構　(E)導
   電載子是電子。（✢題型：半導體的特性）

   【交大材料所】

   解☞：(E)
       半導體具有多數載子及少數載子，即電子與電洞。

7. 對於純質矽半導體而言，下列何者正確？　(A)摻雜砷後會形成

p 型半導體。　(B)摻雜硼後會形成 n 型半導體。　(C)n ＝ p ＝ n_i。　(D)溫度上升時，n_i 會增加。（✛ 題型：半導體的種類）

解☞：(C)、(D)

(1)純質半導體的特性：$n_i ＝ n ＝ p$

(2)砷為 5 價元素，摻雜後應成 n 型。

(3)硼為 3 價元素，摻雜後應成 p 型。

(4)$n_i^2 ＝ A_o T^3 e^{-E_{GO}／KT}$

　　$\therefore T \uparrow \Rightarrow n_i \uparrow$

8.半導體中有那些載子？（✛ 題型：半導體的特性）

【交大控制所】

解☞：電洞及自由電子

9.已知在 300°K 下的矽半導體，施體濃度是 $3 \times 10^{15}／cm^3$，受體濃度是 $2 \times 10^{15}／cm^3$，本質濃度是 $1.5 \times 10^{10}／cm^3$，①試問此半導體為 p 型矽或 n 型矽？②並求濃度 n 和 p？（✛ 題型：半導體的濃度）

【大同電機所】

解☞：

(1)質量作用定律　$np ＝ n_i^2$

　　電中性定律　$N_D + p ＝ N_A + n$

　　$\therefore n ＝ \dfrac{(N_D － N_A) + \sqrt{(N_D － N_A)^2 + 4n_i^2}}{2}$

　　$＝ \dfrac{(3 \times 10^{15} － 2 \times 10^{15}) + \sqrt{(3 \times 10^{15} － 2 \times 10^{15})^2 + (4)(1.5 \times 10^{10})^2}}{2}$

　　$＝ 10^{15} cm^{-3}$

　　故 $p ＝ \dfrac{n_i^2}{n} ＝ \dfrac{(1.5 \times 10^{10})^2}{10^{15}} ＝ 2.25 \times 10^5 cm^{-3}$

(2)∵n≫p ∴為 n 型矽

---

10. 在室溫時，一個平衡的 P 型半導體含有許多個電洞，但卻是呈現電中性？（✣題型：電中性定律）

【中央電機所】

解☞：是。半導體具電中性特性。正電荷總濃度＝負電荷總濃度

---

11. 解釋為何純質半導體在 0°K 時，視同為絕緣體？（✣題型：半導體的特性）

【中山電機所】

解☞：溫度等於 0°K 時，稱為「絕對零度」，此時所有的電子均束縛在共價鍵內，而無自由電子，故猶如絕緣體。

---

12. (1) Ge 半導體之施體原子濃度為 $2 \times 10^{14} cm^{-3}$，受體原子濃度為 $3 \times 10^{14} cm^{-3}$，試求在 300°K 溫度下，電子及電洞之濃度，又此半導體係 P 型或 n 型？(2)設施體及受體之濃度均為 $10^{15} cm^{-3}$，重複(1)之計算，又此半導體的傳導型為何？（$n_i =$ 2.5 × $10^{13} cm^{-3}$）（✣題型：半導體的濃度）

【特考】

解☞：

(1)① $n = \dfrac{(N_D - N_A) + \sqrt{(N_D - N_A)^2 + 4n_i}}{2}$

$= \dfrac{(2 \times 10^{14} - 3 \times 10^{14}) + \sqrt{(2 \times 10^{14} - 3 \times 10^{14})^2 + (4)(2.5 \times 10^{13})^2}}{2}$

$= 5.9 \times 10^{12} cm^{-3}$

② 又 $np = n_i^2$ ∴ $P = \dfrac{n_i^2}{n} = 1.06 \times 10^{14} cm^{-3}$

∵ p≫n，∴為 P 型

(2) $\because N_A = N_D$ 又，$N_D + p = N_A + n \Rightarrow n = p$

且 $np = n_i{}^2$，$\therefore n = p = n_i = 2.5 \times 10^{13} cm^{-3}$

$\therefore$ 此為本質半導體

1-3〔題型三〕：半導體的電特性

考型 8　半導體的電流密度

一、半導體的電流有二種

1. 因外加電場而產生的電流，稱為漂移電流。

2. 因濃度不均而產生的電流，稱為擴散電流。

二、半導體的總電流密度＝漂移電流密度＋擴散電流密度

1. 電洞淨電流 $J_{pT} = pq\mu_p E - qD_p \dfrac{dp}{dx}$

2. 電子淨電流　$J_{nT} = nq\mu_n E + qD_n \dfrac{dn}{dx}$

3. 半導體中總淨電流　$J_T = J_{pT} + J_{nT}$

其中，D_p，D_n 為擴散常數

三、愛因斯坦關係式：$\dfrac{D_p}{\mu_p} = \dfrac{D_n}{\mu_n} = V_T = \dfrac{T}{11600} = \dfrac{kT}{q}$

V_T：溫度的伏特當量，在溫度 $T = 300°K$ 下，$V_T = 0.026$ 伏特。

k：波茲曼常數。

四、在熱平衡，且無外加電場時，總淨電流

$J_T = J_{PT} + J_{pnT} = 0$

五、總漂移電流密度：

$J = qE[P\mu_P + n\mu_n] = \sigma E$

六、半導體的傳導率

$\sigma = q[P\mu_P + n\mu_n]$

1. N 型：$\sigma \approx \sigma_n = n\mu_n q \Rightarrow \mu_n = \dfrac{\sigma_n}{n_q}$

2. P 型：$\sigma \approx \sigma_P = P\mu_P q \Rightarrow \mu_p = \dfrac{\sigma_p}{p_q}$

3. 由導電率觀點判斷

　(1)導體：$\sigma > 10^2(\Omega - cm)^{-1}$

　(2)半導體：$10^{-8} < \sigma < 10^2(\Omega - cm)^{-1}$

　(3)絕緣體：$\sigma < 10^{-8}(\Omega - cm)^{-1}$

七、半導體的擴散電流

$$J = q \left[D_n\dfrac{dn}{dx} - D_p\dfrac{dp}{dx} \right]$$

1. N 型：$J_n \approx qD_n\dfrac{dn}{dx}$

2. P 型：$J_p \approx -qD_p\dfrac{dp}{dx}$

3. 擴散電流與濃度梯度（$\dfrac{dn}{dx}$）成正比。

考型9 半導體的電特性

一、影響移動率 μ 的因素：

　1. 相關公式：

　　①$\mu = \dfrac{\sigma}{nq} = \dfrac{v_d}{E}$

　　②$n_i{}^2 = A_o T^3 e^{-E_{GO}/KT}$

　　③由①式及②式知，**影響移動率 μ 的因素有**

　　　a. 濃度 b. 電場強度 c. 溫度

　2. E 極大時，漂移速度（v_d）為常數。

　　①$\therefore E\uparrow \Rightarrow \mu\downarrow$

　　②$n\uparrow \Rightarrow \mu\downarrow$

　　③$T\uparrow \rightarrow n\uparrow\uparrow \rightarrow \mu\downarrow\downarrow$

二、半導體與溫度的關係

1. 本質半導體：$T\uparrow \Rightarrow \sigma\uparrow \Rightarrow R\downarrow$
   故具有負電阻溫度係數。
   其特性猶如熱阻器
2. 雜質半導體：$T\uparrow \Rightarrow \sigma\downarrow \Rightarrow R\uparrow$
   故具有正電阻溫度係數。
   其特性猶如敏阻器

歷屆試題

13. 已知本質鍺的電洞和電子濃度分別為 $2.5 \times 10^{13} / cm^3$，若現在以每 10^9 個鍺原子有一個 n 型雜質的比例，求在室溫下的電阻係數。（亞佛加厥數為 $6.02 \times 10^{23} / mole$，原子量72.6，鍺的密度 5.32g／$cm^3$，$\mu_n = 3800cm^2 / V\text{-sec}$，$\mu_p = 1800cm^2 / V\text{-sec}$，$q = 1.6 \times 10^{-19}C$）（✦題型：半導體濃度及電阻係數）

【台大電機所】

解☞：

鍺原子濃度 $= (6.02 \times 10^{23})(\dfrac{1}{72.6})(5.32) = 4.4 \times 10^{22}/cm^3$

所以 $N_D = \dfrac{4.4 \times 10^{22}}{10^9} = 4.4 \times 10^{13} / cm^3$

而 $N_A = 0$

$\therefore n = \dfrac{(N_D - N_A) + \sqrt{(N_D - N_A)^2 + 4n_i^2}}{2}$

$\quad = \dfrac{(4.4 \times 10^{13}) + \sqrt{(4.4 \times 10^{13})^2 + 4(2.5 \times 10^{13})^2}}{2}$

$\quad = 5.53 \times 10^{13} / cm^3$

故 $P = \dfrac{n_i^2}{n} = \dfrac{(2.5 \times 10^{13})^2}{5.53 \times 10^{13}} = 1.13 \times 10^{13} / cm^3$

所以

$$\sigma = (n\mu_n + p\mu_P)\,q = 3.69 \times 10^{-2} / (\Omega\text{-cm})$$

$$故\,P_R = \frac{1}{\sigma} = 27.07\,\Omega\text{-cm}$$

---

14. The hole concentration in a semiconductor at thermal equilibrium is shown in Fig.

 (1) Sketch and derive an expression for the built-in field that must exist.

 (2) Determine the potential between $x = x_1$ and $x = x_2$, given

 $p(x_2) / p(x_1) = 10^2$.

 (3) Sketch the possible distribution of electron concentration $n(x)$.

 (4) Derive expressions fo hold and electron current density, $J_p(x)$ and $J_n(x)$.

 （$n_i = 10^{10}/\text{cm}^3$，$\mu_n = 1000\,\text{cm}^2/\text{V-sec}$，$\mu_p = 500\,\text{cm}^2/\text{V-sec}$，$kT/q = 0.026\text{V}$）（❖題型：熱平衡時，半導體的電流關係。）

【台大電機所】

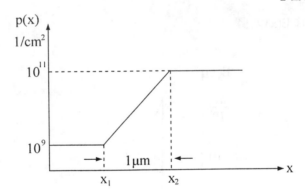

解☞：

 (1)在熱平衡時：$J_P = 0$，即

$$J_P = pq\mu_P E - qD_P\frac{dP}{dx} = 0$$

$$\therefore E = \frac{D_P}{P\mu_P}\frac{dP}{dx} = \frac{V_T}{P}\frac{dP}{dx} = \frac{aV_T}{P},$$

$$a = \frac{dP}{dx} = \frac{\Delta P}{\Delta x} = \frac{P_2 - P_1}{x_2 - x_1} = \frac{10^{11} - 10^9}{10^{-4}} \approx 10^{15}$$

又 $n_i^2 = nP$

$$\therefore P(x) = \begin{cases} 10^9 & x < x_1 \\ 10^9 + a\,(x - x_1) & x_1 \le x \le x_2 \\ 10^{11} & x > x_2 \end{cases}$$

$$\therefore E = \frac{aV_T}{p} = \frac{V_T}{p}\frac{dp}{dx}$$

$$故\ E(x) = \begin{cases} 0 & x < x_1 \\ \dfrac{aV_T}{10^9 + a\,(x-x_1)} & x_1 \le x \le x_2 \\ 0 & x > x_2 \end{cases}$$

其 E(x)如圖：

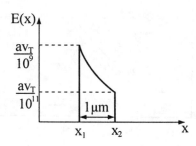

$$(2) \because V_{12} = -\int_{x_1}^{x_2} E(x)dx = -\int_{x_1}^{x_2} -\frac{V_T}{p}\frac{dp}{dx}dx = \int_{x_1}^{x_2} \frac{V_T}{p}dp = V_T \ln\frac{P(x_2)}{P(x_1)}$$

$$= V_T \ln 10^2 = (0.026)\ln(10^2) = 0.12V$$

$$(3) \because np = n_i^2$$

$$\therefore n = \frac{n_i^2}{p} \Rightarrow n(x) = \begin{cases} 10^{11} & x < x_1 \\ \dfrac{10^{20}}{10^9 + a(x-x_1)} & x_1 \le x \le x_2 \\ 10^9 & x > x_2 \end{cases}$$

電子濃度分佈如圖：

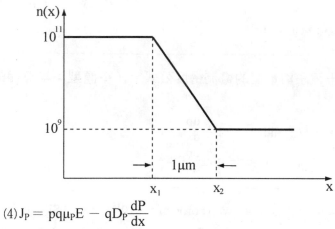

$$(4)\, J_P = pq\mu_P E - qD_P\frac{dP}{dx}$$

$$J_n = nq\mu_n E + qD_n\frac{dn}{dx}$$

---

15. 已知 Si 半導體在無偏壓下，熱平衡時的電子濃度分佈圖如下圖，問下列何者正確？

(A)因無偏壓，所以電場 $E(x) = 0$。

(B) $E(x)$ 與 $n(x)$ 有關，且為正值。

(C) $E(x)$ 與 $n(x)$ 有關，且為負值。

(D) $P(x)$ 分佈圖如圖(b)。

(E) $P(x)$ 分佈圖如圖(c)。

(F) $P(x)$ 分佈圖不可能求得。（✣題型：熱平衡時，半導體的電流關係）

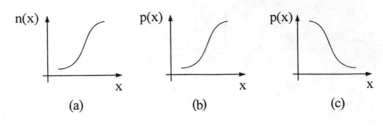

| (a) | (b) | (c) |

【台大電機所】

解☞： (C) 、 (E)

16.列出電子與電洞的電流密度公式。（✤題型：半導體的電流）
【台大電機所】

解☞： $J_P = qp\mu_P E - qD_P\dfrac{dp}{dx}$

$J_n = qn\mu_n E + qD_n\dfrac{dn}{dx}$

17. Si sample A is doped with boron of $5 \times 10^{16} 1/cm^3$. Si sample B is doped with phosphorus of $5 \times 10^{16} 1/cm^3$. Si sample C is doped with boron of $5 \times 10^{16} 1/cm^3$ and with phosphorus of $5 \times 10^{16} 1/cm^3$. With respect to the conductivity of each sample at room temperature, which of the following is correct ?

(A) A > B > C (B) B > A > C (C) A > B = C
(D) C > B > A (E) A = B > C

簡譯

Si 樣本 A 摻雜的硼濃度為 $5 \times 10^{16} 1/cm^3$，Si 樣本 B 摻雜的磷濃度為 $5 \times 10^{16} 1/cm^3$，Si 樣本 C 同時摻雜硼與磷濃度各為 $5 \times 10^{16} 1/cm^3$。在室溫時，每種樣本的導電係數大小關係，下列何者為對？（✤題型：半導體的傳導率）　　　　【交大電子所】

解☞： (B)

$\because \sigma_A = pq\mu_P = N_Aq\mu_P = (5 \times 10^{16})\, q\mu_P$

$\because \sigma_B = nq\mu_n = N_Dq\mu_n = (5 \times 10^{16})\, q\mu_n$

$\because \sigma_C = n_iq\,(\mu_n + \mu_P) = (1.45 \times 10^{10})\, q\,(\mu_n + \mu_P)$

又知 μ_n 約大 μ_P 為 2～3 倍

所以其傳導率關係為　$B > A > C$

---

18. 有一 n 型矽半導體，摻雜 5 價磷的濃度為 10^6個／釐米^3，試問在室溫下電阻係數為 0.48Ω-cm 時，電子移動率（mobility）＝ ？

（❖題型：半導體移動率的計算）　　　　　　【交大電子所】

解☞：

$$\because J = \frac{I}{A} = nqv_d = \boxed{nq\mu_nE} = \sigma E = \boxed{\frac{E}{\rho_R}}$$

$$\therefore \mu_n = \frac{1}{nq\rho_R} = \frac{1}{N_Dq\rho_R} = \frac{1}{(10^6)(1.6 \times 10^{-19})(0.48)}$$

$$= 1302\text{cm}^2/\text{V-sec}$$

註：此為 n 型半導體，所以 $n \approx N_D$

---

19. Around room temperature, the carrier mobility in a Si semiconductor will increase if.

(A) Both temperature and impurity doping concentration are increased.

(B) Both temperature and the applied external electric field are increased.

(C) The temperature is increased and the impurity doping concentration is decreased.

(D) Both the impurity doping concentration and the applied electric field are increased.

(E) Temperature, impurity doping concentration and applied electric field are all reduced.

簡譯

在室溫時，下列何種情況下，Si半導體的遷移率會增加：　(A)溫度與雜質濃度的增加。　(B)溫度與外加電場強度的增加。(C)溫度增加而雜質濃度減少。　(D)溫度、雜質濃度與外加電場強度均減少。（❖題型：**移動率的影響因素**）

【交大電子所】

解☞：　(D)

$$\because \mu = \frac{\sigma}{nq} = \frac{v_d}{E}$$

(1)當外加電場太大時，漂移速度（v_d）趨於飽和成為固定值

　　$\therefore E \downarrow \Rightarrow \mu \uparrow$

(2)又由上式知 $n \downarrow \Rightarrow \mu \uparrow$

(3)$\because n_i^2 = A_o T^3 e^{-E_{GO}/KT}$

　　$\therefore T \Rightarrow n_i \uparrow \Rightarrow \mu \downarrow$

20.說明漂移電流與擴散電流的不同。（❖題型：**半導體的電流**）

【交大控制所】

解☞：

　　1. 漂移電流的產生是因外加電壓而引起的。

　　2. 擴散電流的產生是因雜質濃度不均之故。

---

21. A silicon bar, which is 5 mm long and has a rectangular cross section $50 \times 100 \mu m^2$, has donor atom concentration of $N_D = 10^{16}$ atoms/cm^3 and acceptor atom concentration of $N_A = 10^{14}$ atoms/cm^3. Assume that a 1V voltage is applied across the long line of silicon bar. Determine the conductivity σ of the silicon bar and the current of it, given that the electron mobility μ_n is 1500cm^2/V · s and the hole mobility μ_p is 500cm/V · s. （❖題型：**半導體的傳導率**）

【交大控制所】

解☞：

① ∵ $n = \dfrac{(N_D - N_A) + \sqrt{(N_D - N_A)^2 + 4n_i^2}}{2}$

$= \dfrac{(10^{16} - 10^{14}) + \sqrt{(10^{16} - 10^{14})^2 + (4)(1.5 \times 10^{10})^2}}{2} \cong 10^{16}$

∴ $P = \dfrac{n_i^2}{n} = \dfrac{(1.5 \times 10^{10})^2}{10^{16}} = 2.25 \times 10^4 \Rightarrow n \gg p$ 此為 n 型 Si

∴ $\sigma = nq\mu_n + pq\mu_P \approx nq\mu_n = 2.4$ （Ω−cm）$^{-1}$

② ∵ $V = E \cdot d \Rightarrow E = \dfrac{V}{d} = \dfrac{V}{\ell}$

又 $J = \sigma E = \dfrac{\sigma V}{\ell} = \dfrac{(2.4)(1)}{5 \times 10^{-1}} = 4.8 A \diagup cm^2$

∴ $I = JA = \dfrac{(4.8)}{(10^{-2})^2}(50 \times 100)(10^{-6})^2 = 240\mu A$

---

22. (1) Does the resistance of an extrinsic semiconductor increase or decrease with temperature?   Explain briefly.

(2) Repcat (1) for an intrinsic semiconductor. （✤題型：半導體的電阻與溫度之關係）   【中山電機所】

解☞：

(1) 對 n 型 or p 型半導體而言

$\boxed{\mu \propto T^{-m}}$

又在 n 型中，$n \gg \rho \Rightarrow \sigma \approx nq\mu_n = \dfrac{1}{\rho} \Rightarrow \rho = \dfrac{1}{nq\mu_n}$

在 ρ 型中，$\rho \gg n \Rightarrow \sigma \approx Pq\mu_P = \dfrac{1}{\rho} \Rightarrow \rho = \dfrac{1}{pq\mu_P}$

但 μ_n or μ_P 與 T^{-m} 成正比

對 m 而言： Si：$\begin{cases} m = 2.5 \text{（電子之 m）} \\ m = 2.7 \text{（電洞之 m）} \end{cases}$，

$$Ge : \begin{cases} m = 1.66 \text{（電子之 m）} \\ m = 2.33 \text{（電洞之 m）} \end{cases}$$

$$\therefore R \propto \rho = \frac{1}{nq\mu} \Rightarrow T\uparrow \Rightarrow \mu\downarrow \Rightarrow \rho\uparrow \Rightarrow R\uparrow$$

∴對外質半導體而言，其電阻隨溫度增加而增加是正溫度
電阻係數之特性

(2)對純質半導體而言，

① $\rho = \dfrac{1}{n_i q(\mu_n + \mu_P)}$ ，② 其中 $n_i^2 = A_o T^3 e^{-E_{GO}/KT} \Rightarrow$

∴雖然 $T\uparrow \Rightarrow (\mu_n + \mu_p) \downarrow$ ，但 $T \to n_i \uparrow \uparrow \Rightarrow \rho\downarrow \Rightarrow R\downarrow$

∴對純質半導體而言，其電阻隨溫度增加而減少，是負溫
度電阻係數之特性。

---

23. The electron concentration in a semiconductor is shown in Fig.

(1) Derive an expression and sketch the electron current density $J_n（x）$,
assuming that there is no externally applied electric field.

(2) Sketch and derive an expression for the built-in electric held that must
exist if the net electron current is to be zero.

(3) Determine the potential between points x = 0 and x = W, given

$n(0)/n_o = 10^3$ （❖題型：熱平衡時，半導體的電流關係）

簡譯

半導體的電子濃度如圖

(1)求未加電場強度時的電子流密度 $J_n(x)$。(2)求內建電場。(3)已
知 $n(0)/n_0 = 10^3$，求 x = 0 與 x = W 間的電位差。

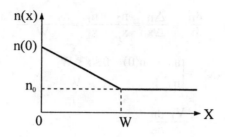

【中山電機所、清大核工所】

解☞：

1. (1)在 $0 < x < W$ 時：

$$\because J_n = qD_n\frac{dn}{dx} = qD_n\frac{\Delta n}{\Delta x} = qD_n\frac{n_2 - n_1}{x_2 - x_1} = qD_n\frac{n_0 - n(0)}{W}$$

$$= - qD_n\frac{n(0) - n_0}{W}$$

(2)在 $x \geq W$ 時

$$\because J_n = qD_n\frac{dn}{dx} = qD_n\frac{dn_0}{dx} = 0$$

(3)電流密度分佈如圖

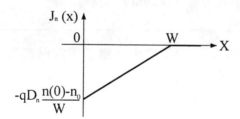

2. $\because J_n = nq\mu_n E + qD_n\frac{dn}{dx}$

$$\therefore E = - \frac{D_n}{n\mu_n}\frac{dn}{dx} = - \frac{V_T}{n}\frac{dn}{dx} = - \frac{aV_T}{n}$$

$$a = \frac{dn}{dx} = \frac{\Delta n}{\Delta x} = \frac{n_2 - n_1}{x_2 - x_1} = \frac{n_0 - n(0)}{W}$$

故 $n(x) = \begin{cases} ax + n(0) & 0 \le x \le W \\ n_0 & x > W \end{cases}$

$$\because E = -\frac{V_T}{n}\frac{dn}{dx}$$

$\therefore E(x) = \begin{cases} \dfrac{aV_T}{ax + n(0)} & 0 \le x \le W \\ 0 & x > W \end{cases}$

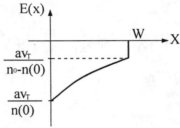

$3. \because V_{bi} = -\int_0^W E(x)dx = -\int_0^W -\frac{V_T}{n}\frac{dn}{dx} \cdot dx = \int_{n(0)}^{n_0}\frac{V_T}{n}dn = V_T\ln\frac{n_0}{n(o)}$

$$= V_T\ln\frac{1}{10^3} = -172.7\text{mV}$$

24.(1)在熱平衡狀態時，半導體中之電子與電洞濃度的乘積為定值
的關係稱 ① 定律。

(2)對 n 型 Si 半導體而言，磷原子濃度為10^{16}cm^{-3}，而室溫時電
阻係數為 0.48Ω-cm，則電子遷移率 μ_n 為 ② cm^2／V-sec。

（✦題型：半導體的濃度及電流）

【中正機研所】

解☞：

①質量作用定律

②∵ $\rho_R = \dfrac{1}{\sigma_n} = \dfrac{1}{nq\mu_n}$

$\therefore \mu_n = \dfrac{1}{nq\rho_R} = \dfrac{1}{N_Dq\rho_R} = \dfrac{1}{(10^{16})(1.6 \times 10^{-19})(0.48)}$

$\qquad = 1302 \text{cm}^2 \diagup \text{V-sec}$

---

25. 已知矽半導體的本質濃度為 $1.5 \times 10^{10}/\text{cm}^3$，今加入硼與磷濃度各為 10^{15} 個/cm^3，而 $\mu_n = 1250 \text{cm}^3/\text{V-sec}$，$\mu_p = 450 \text{cm}^2/\text{V-sec}$，$q = 1.6 \times 10^{-19} \text{coul}$ 求電阻係數。（✦題型：**半導體濃度及電阻係數**）

【大同電機所】

解☞：

∵ $N_A = N_D$，又電中性定律：$N_D + p = N_A + n$，且 $np = n_i^2$

$\therefore n = p = n_i = 1.5 \times 10^{10} \diagup \text{cm}^2$

因為

$\sigma = (n\mu_n + p\mu_P) q = n_iq (\mu_n + \mu_P)$

$\quad = (1.5 \times 10^{10})(1.6 \times 10^{-19})(1250 + 450) = 4.08 \times 10^{-6} \diagup \Omega\text{-cm}$

故 $\rho_R = \dfrac{1}{\sigma} = 0.245 \times 10^6 \ (\Omega\text{-cm})$

---

26. The donor impurity in a semiconductor specimen has the following distribution

$\qquad N_D(x) = N_o \exp(-x/a)$

(1) Find the built-in electric field existing in the specimen.

(2) Find the potential difference between $x = a$ and $x = 0$.

簡譯

一半導體樣品中施體雜質分布如下：$N_D(x) = n_o e^{-\frac{x}{a}}$，試求

(1)此樣品內建電場大小

(2) $x = a$ 與 $x = 0$ 兩點間電位差（❖題型：空乏區內，半導體的電流關係）

【大同電機所】

解☞：

(1)空乏區 $\Rightarrow J_n = 0 = nq\mu_n E + qD_n\dfrac{dn}{dx}$

$\therefore n(x) \approx N_D(x) = N_o e^{-\frac{x}{a}}$

又 $J_n = nq\mu_n E + qD_n\dfrac{dn}{dx} = 0 \Rightarrow nq\mu_n E = -qD_n\dfrac{dn}{dx}$

$\therefore E = -\dfrac{D_n}{ndn}\dfrac{dn}{dx} = -\dfrac{V_T}{n}\dfrac{dn}{dx}$

$\because \dfrac{dn}{dx} = \dfrac{d}{dx}\left(N_o e^{-\frac{x}{a}}\right) = -\dfrac{1}{a}N_o e^{-\frac{x}{a}} = -\dfrac{n}{a}$

$\therefore E = -\dfrac{V_T}{n}\dfrac{dn}{dx} = -\dfrac{V_T}{n}\left(-\dfrac{n}{a}\right) = \dfrac{V_T}{a}$

$\because E = -\dfrac{dv}{dx} \Rightarrow V = -\int E dx$

$\therefore V = -\int E dx = -\int_{x=a}^{x=0}\left(-\dfrac{V_T}{n}\dfrac{dn}{dx}\right)dx = \int_{x=a}^{x=0}\dfrac{V_T}{n}dn$

$\qquad = V_T\ln(n)\Big|_{x=a}^{x=0} = V_T\ln\dfrac{n(x=0)}{n(x=a)}$

$\qquad = V_T\ln\dfrac{N_o e^{-\frac{0}{a}}}{N_o e^{-\frac{a}{a}}} = V_T\ln\dfrac{1}{e^{-1}} = V_T\ln e^1 = V_T$

1-4〔題型四〕：霍爾效應

考型 10　霍爾效應的應用

一、電磁學領域：

$$\vec{F}_B = q\vec{V} \times \vec{B}，\vec{F}_B = i\vec{\ell} \times \vec{B}$$

$\vec{F}_B$：電荷所受的靜磁力

q：電荷電量

$\vec{V}$：電荷移動的速度，其方向即為電荷運動方向

$\vec{B}$：磁場

$\vec{\ell}$：導體延伸的方向，即電流方向

二、**磁力方向判斷的二種方法：**

1. **右手安培定則**：大姆指，指的是（電流方向），食指，指的是（磁場方向），中指，指的是（磁力方向）。

2. **右手開掌定則**：大姆指，指的是（電流方向），四指，指的是（磁場方向），掌心，指的是（磁力方向）。

三、**霍爾效應之應用**

1. 一塊金屬或半導體的材料，帶有電流 I，若被放在一個橫向的磁場 B 中，則在垂直於 I 與 B 的方向上就會感應出一個電場區。此效應稱之為霍爾效應。

2. 應用霍爾效應，可測知半導體為 n 型或 p 型。

3. 應用霍爾效應，亦可算出移動率，或傳導率。

四、**判斷半導體為 P 型或 N 型**

1. 若電流 I 與磁場 B 的方向，如下圖所示，則不論載體是電子

或電洞，均朝 a 的方向進行。（需先判斷 $\vec{F}_B = i\vec{\ell} \times \vec{B}$，$\vec{F}_B$ 的方向）。

(1)若半導體是 n 型：則電子聚集在 a 側，對 a 側而言，則呈負電性。

(2)若半導體是 p 型：則電洞聚集在 a 側，對 a 側而言，則呈正電性。

2. 因此其判斷半導體為 p 型或 n 型的方法為：

(1)若 $V_{ab} < 0$，則為 n 型材料。

(2)若 $V_{ab} > 0$，則為 p 型材料。

3. 此時在材料 a、b 側所產生的電位，即為霍爾電壓 V_H。

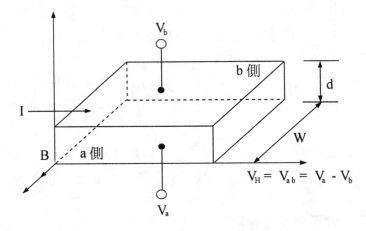

霍爾電壓：$\boxed{V_H = V_{ab} = Ed = Bv_d = \dfrac{BJd}{\rho} = \dfrac{BI}{\rho w}}$

其中，d：a 與 b 之距離　ρ：電荷密度

w：材料之寬度　B：磁場強度　E：電場強度，v_d：漂移速度

4. 若用電表量得，V_H、B、I、W，則由上式可求得電荷密度 ρ。

5. 若 σ 為已知，或量測得之。則由下式可求得移動率 μ。

$\boxed{\sigma = P\mu}$

歷屆試題

27. Describe the Hall-effect.　　What properties of a semiconductor are determined from a Hall-effect experiment?

簡譯

(1)何謂霍爾電壓？

(2)霍爾效應可用來測量什麼？

(3)霍爾效應所產生的霍爾電壓 V_H，如何求得？

（❖題型：霍爾效應）

【交大控制所、成大電機所、工技電子所】

解☞：

(1)一塊金屬或半導體的材料，帶有電流 I，若被放在一個橫向的磁場 B 中，則在垂直於 I 與 B 方向上就會感應出一個電場區。此效應稱之為霍爾效應。而在此半導體所感應出的電壓，即稱為霍爾電壓。

(2)①應用霍爾效應，可測知半導體為 n 型或 P 型。

　②應用霍爾效應，亦可算出移動率，或傳導率。

(3)$V_H = \dfrac{BI}{\rho W}$

　ρ：電荷密度

　W：半導體寬度

　I：電流

　B：磁場強度

---

28. 若圖的材料為 P 型矽。已知 $N_A = 10^{12}/cm^3$，$B = 0.1Wb/m^2$，$\mu_P = 500cm^2/V\text{-}S$；$d = w = 1mm$，$E = 5V/cm$，(1)試決定霍爾電壓 V_H 及其極性(2)霍爾效應的應用有那些？（❖題型：霍爾效應）

【工技電子】

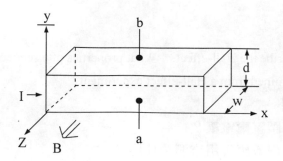

解☞：

∵ 此為 P 型 ⇒ ∴P≫n

(1)故 $J = (n\mu_n + p\mu_p)\, q \approx P\mu_p q$

又 $V_H = Ed = (Bv_d)\, d = B(\mu_P E)d$

$$= (0.1)(500)(10^{-2})^2\left(\frac{5}{10^{-2}}\right)(10^{-3}) = 2.5\text{mV}$$

又此為 P 型，故對 a 側而言，其極性為正。

(2)①決定半導體的 P 型或 N 型

②可算出移動率或傳導率

29.已知矽半導體如下圖，而電流計中心是為零的微安培計，試問如何以指針偏向來辨別半導體為 n 或 p 型？（✤題型：**熱擴散原理**）

【大同電機所】

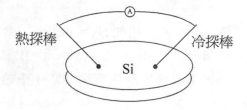

熱探棒　　　　　　　　　冷探棒

Si

解☞：

利用熱會向冷端擴散的原理，而驅動半導體中的多數載子。

如圖

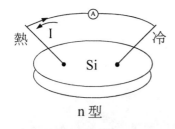

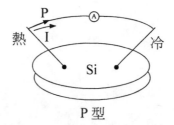

n 型   P 型

故知

(1)安培計指針偏熱探棒，則為 n 型

(2)安培計指針偏冷探棒，則為 p 型

CH2　二極體（Diode）

2-1〔題型五〕：有階半導體（PN 接面）

考型 11　有階半導體的基本觀念

一、半導體若是雜質濃度摻入的不均勻就形成有階。如下圖所示。

二、在 a 點及 b 點之間的電位，與濃度有關，而與距離無關。

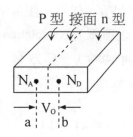

三、半導體材料：

　　1. 在無外加電場時，不會產生漂移電流。若載子濃度均勻相等，則不會產生擴散電流，此時半導體內不會有電位差及內建電場強度。

　　2. 在未加電源下，若載子濃度不相等，則產生擴散電流，且有內建電場強度，因而產生一種阻止擴散電流的漂移電流，經平衡後，擴散電流與漂移電流互相抵消，則總電流為零。

四、步階式 PN 接面：

　　1. 步階式 PN 接面，其接面處會感應出接觸電位 V_{bi}，其極性為 n 側高於 P 側，以阻止電洞擴散。

　　2. 由 PN 面會產生空乏區（depletion region），此區無自由電子和電洞。而此區的正負離子外圍沒有自由電子和電洞，故亦稱為空間電荷區（space charge region）典型寬度為 0.5μm。

五、有外加電壓 V_{DD} 時：

1. 若無外加電壓（$V_{DD}=0$），則在 PN 接面處（$X=0$）之**電場強度 E 最大**。

2. 若有外加電壓（$V_{DD}\neq0$），且為**順偏時**，則其**空乏區寬度 W 變小**。並有**擴散電容**（diffusion capacitance）〔又稱儲存電容（storage capacitance）〕C_D效應，而位障（內建電位）降低。（$C_D=KI_se^{V_D/\eta V_T}$）或（$C_D=\dfrac{\tau I_D}{\eta V_T}$）

3. 若有外加電壓（$V_{DD}\neq0$），且為**逆偏時**，則其**空乏區寬度 W 變大**。並有**空乏區電容**（depletion capacitance）〔又稱過渡電容（transition capacitor）〕C_T效應，而位障（內建電位）升高（$C_T=\dfrac{\varepsilon A}{W}$）。整理如下：

$$\begin{cases} 順偏：V_F\uparrow\Rightarrow V_{bi}\downarrow\Rightarrow w\downarrow\Rightarrow C_T\uparrow \\ 逆偏：V_R\uparrow\Rightarrow V_{bi}\uparrow\Rightarrow w\uparrow\Rightarrow C_T\downarrow \end{cases}$$

4. 外加電壓 V_{DD} 固定時，雜質濃度增加，（N_A或N_D變大）則空乏區寬度 W 變窄。（$N\uparrow\Rightarrow w\downarrow$）

5. 雜質濃度固定時，反向偏壓愈大（$V_{DD}<0$）則 W 愈寬空乏區電容 C_T 愈大。

6. 圖形說明

   (1)

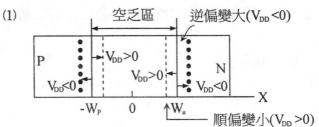

(2)

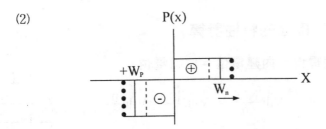

(3)

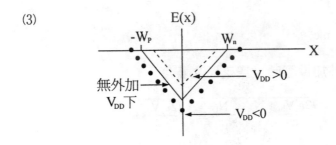

(4)

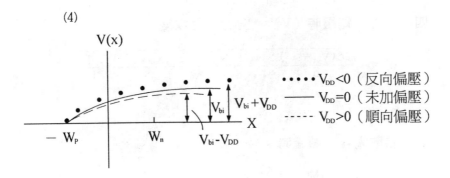

7. 利用逆偏V_{DD}之變化,而使PN接面電容隨之變化。此種設計之二極體,稱為**變容二極體**。

8. 對 pn 接面而言,若摻雜濃度增加,則內建電場、最大電場強度、切入電壓、空乏電容將會增加而空乏區寬度會愈小。且崩潰電壓、反向飽和電流會降低。

考型 12 PN 接面的特性計算

一、接觸電位＝內建電位＝位障電位

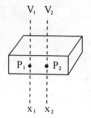

$$V_{21} = V_{bi} = V_T \ln \frac{N_A N_D}{n_i^2} = V_T \ln \frac{P_1}{P_2} = V_T \ln \frac{n_2}{n_1}$$

二、載子濃度與內建電位之關係

$$p_1 = p_2 e^{V_{21}/V_T}$$

$$n_1 = n_2 e^{-V_{21}/V_T}$$

三、無外加電壓時，空乏區之寬度

$$W = \sqrt{\frac{2\varepsilon_s V_{bi}}{q} \cdot \frac{N_A + N_D}{N_A N_D}} \cong \sqrt{\frac{2\varepsilon_s V_{bi}}{q} \cdot \frac{1}{N_b}}$$

N_b：濃度最小者。例 $N_D \gg N_A$，則 $N_b = N_A$

四、有外加電壓時（V），空乏區之寬度

$$W = \sqrt{\frac{2\varepsilon_s (V_{bi} - V)}{q} \cdot \frac{N_A + N_D}{N_A N_D}} \cong \sqrt{\frac{2\varepsilon_s (V_{bi} - V)}{q} \cdot \frac{1}{N_b}}$$

ε_s：電容率

五、擴散電容（順偏時）

$$C_D = \frac{dQ}{dV} = \frac{\tau I_D}{\eta V_T} = \frac{\tau}{r_d}$$

六、空乏區電容（逆偏時）

$$C_j = \frac{\varepsilon A}{W} = \frac{A}{2} \left[\frac{2\varepsilon_s q}{(V_{bi} - V)} \cdot \frac{N_A N_D}{N_A + N_D} \right]^{\frac{1}{2}} = \frac{A}{2} \left[\frac{2\varepsilon_s q}{(V_{bi} - V)} \cdot N_b \right]^{\frac{1}{2}}$$

考型 13 重要公式推導

一、證明 1：內建電位、接觸電位、位障電位

$$V_o = V_{21} = V_{bi} = V_T \ln \frac{P_1}{P_2} = V_T \ln \frac{n_2}{n_1} = V_T \ln \frac{N_A N_D}{n_i^2}$$

〔證明〕：

1. 在空乏區內，淨電流 $J_{P(net)} = 0$

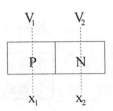

$$\therefore pq\mu_P \varepsilon - qD_n \frac{dP}{dx} = 0$$

$$\Rightarrow \varepsilon = \frac{D_n}{P\mu_P} \frac{dP}{dx} = \frac{V_T}{P} \frac{dP}{dx}$$

2. $\because \varepsilon = -\frac{dV}{dx} \Rightarrow dV = -\varepsilon dx$

$$\therefore V_{bi} = V_{X_2} - V_{X_1} = \int_{X_1}^{x_2} dv = -\int_{x_1}^{x_2} \varepsilon dx = -\int_{x_1}^{x_2} \frac{V_T}{P} \frac{dp}{dx} dx$$

$$= -V_T \int_{X_1}^{x_2} \frac{dP}{P} = -V_T \ln \frac{P_{X_2}}{P_{X_1}} = V_T \ln \frac{P_{X_1}}{P_{X_2}}$$

即 $\boxed{V_{bi} = V_T \ln \frac{P_{X_1}}{P_{X_2}}}$

3. $\because nP = n_i^2 \Rightarrow P = \frac{n_i^2}{n}$

$$\therefore V_{bi} = V_T \ln \frac{P_{X_1}}{P_{X_2}} = V_T \ln \frac{\dfrac{n_i^2}{n_{x1}}}{\dfrac{n_i^2}{n_{x2}}} = V_T \ln \frac{n_{x2}}{n_{x1}}$$

即 $\boxed{V_{bi} = V_T \ln \frac{n_{x2}}{n_{x1}}}$

4. 在 P 側：$P_{X_1} \approx N_A$，$n_{x_1} = \frac{n_i^2}{P_{X_1}} = \frac{n_i^2}{N_A}$

   在 N 側：$n_{X_2} \approx N_D$，$P_{X_2} = \frac{n_i^2}{n_{x_2}} = \frac{n_i^2}{N_D}$

$$\therefore V_{bi} = V_T \ln\frac{P_{x_1}}{P_{x_2}} = V_T \ln\frac{N_A}{\dfrac{n_i^2}{N_D}} = V_T \ln\frac{N_A N_D}{n_i^2}$$

即 $\boxed{V_{bi} = V_T \ln\dfrac{N_A N_D}{n_i^2}}$

說明：此式說明在濃度不均的半導體中，會有內建電位存在，使 $J_{net} = 0$。

二、證明二：載子濃度與內建電位的關係

$$\boxed{\begin{aligned} &\text{多數載子 } P_{x_1} = P_{x_2} e^{V_{21}/V_T} \\ &\text{少數載子 } n_{x_1} = n_{x_2} e^{-V_{21}/V_T} \end{aligned}}$$

【證明】

1. $\because V_{bi} = V_{21} = V_T \ln\dfrac{P_{x_1}}{P_{x_2}}$

$\therefore \dfrac{V_{21}}{V_T} = \ln\dfrac{P_{x_1}}{P_{x_2}}$ ，即

$$\boxed{P_{x_1} = P_{x_2} e^{V_{21}/V_T}}$$

2. $\because V_{bi} = V_{21} = V_T \ln\dfrac{n_{x_2}}{n_{x_1}}$

$\therefore \dfrac{V_{21}}{V_T} = \ln\dfrac{n_{x_2}}{n_{x_1}} = -\ln\dfrac{n_{x1}}{n_{x2}}$ ，即

$$n_{x_1} = n_{x_2} e^{-V_{21}/V_T}$$

3. 討論：若有外加電壓 V 存在時

(1) $\begin{cases} P_{x_1} = P_{x_2} e^{(V_{21} - V)/V_T} \\ n_{x_1} = n_{x_2} e^{-(V_{21} - V)/V_T} \end{cases}$

(2) $P_{x_1} = P_{P_o} = P$ 側的多數載子電洞 P

$P_{x_2} = P_{n_o} = N$ 側的多數載子電洞 P

$n_{x_2} = n_{n_o} = N$ 側的多數載子電子 n

$n_{x_1} = n_{P_o} = P$ 側的多數載子電子 n

三、證明三：空乏區寬度

$$W = \sqrt{\frac{2\varepsilon V_{bi}}{q} \cdot \frac{N_A + N_D}{N_A N_D}}$$

【證明】

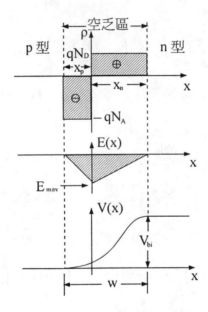

1. $\because N_A x_P = N_D x_n$，將 $W = x_n + x_P$ 代入，得

$$\begin{cases} x_n = \dfrac{N_A}{N_A + N_D} W & ① \\[2mm] x_P = \dfrac{N_D}{N_A + N_D} W & ② \end{cases}$$

2. 在 PN 接面處

① 電場強度

$$E(x) = -\frac{dV}{dx} \Rightarrow -E(x) = \frac{dV}{dx} \Rightarrow \boxed{-\frac{dE(x)}{dX} = \frac{d^2V}{dx^2}} \text{—poisson equ.}$$

② 最大電場強度發生在 PN 接面上，且

$$E_{max} = \frac{qN_Dx_n}{\varepsilon_s} = \frac{qN_Ax_p}{\varepsilon_s} \Rightarrow \frac{d^2V}{dx^2} = \begin{cases} \dfrac{qN_A}{\varepsilon_s} & -x_p < x < 0 - ③ \\ -\dfrac{qN_D}{\varepsilon_s} & 0 < x \leq x_n - ④ \end{cases}$$

③ $\because \displaystyle\int \frac{d^2V}{dx^2}dx = \int -\frac{dE}{dx}dx = -E(x)$

代入 E 邊緣條件，即 $E(x_n) = E(-x_P) = 0$，並將方程式③
④ 積分，得

$$E(x) = \begin{cases} \dfrac{qN_D}{\varepsilon_s}(x - x_n) & ,0 < x \leq x_n—⑤ \\ -\dfrac{qN_A}{\varepsilon_s}(x + x_P) & ,0 < x \leq x_n—⑥ \end{cases}$$

④ 內建電位 V_{bi} 的值，可將方程式③、④ 積分

$$V_{bi} = -\int_{-x_p}^{x_n} E(x)dx = -\int_{-x_p}^{0} E(x)dx - \int_{0}^{x_n} E(x)dx$$

$$= \frac{qN_Ax_P^2}{2\varepsilon_s} + \frac{qN_Dx_n^2}{2\varepsilon_s} = \frac{1}{2}E_{max}W—⑦$$

3. 將方程式①、②代入⑦得

$$W = \sqrt{\frac{2\varepsilon_s}{q}\left[\frac{N_A + N_D}{N_AN_D}\right]V_{bi}} = \sqrt{\frac{2\varepsilon_s}{q}\left[\frac{1}{N_A} + \frac{1}{N_D}\right]V_{bi}}$$

4. 討論

(1)若 $N_A \gg N_D$，或 $N_D \gg N_A$，則

$$W = \sqrt{\frac{2\varepsilon_s}{q} \left[\frac{1}{N_A} + \frac{1}{N_D} \right] V_{bi}} \approx \sqrt{\frac{2\varepsilon_s V_{bi}}{qN_b}} \text{，即}$$

$$\boxed{W = \sqrt{\frac{2\varepsilon_s}{qN_b} \cdot V_{bi}}}$$

其中 N_b，為濃度最小者

(2)有外加電壓時

$$W = \sqrt{\frac{2\varepsilon_s (V_{bi} - V)}{q} \cdot \frac{N_A + N_D}{N_A N_D}}$$

① 順偏：$V = V_F$

$$\therefore W = \sqrt{\frac{2\varepsilon_s (V_{bi} - V_F)}{q} \cdot \frac{N_A + N_D}{N_A N_D}}$$

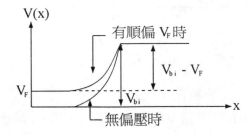

② 逆偏：$V = -V_R$

$$\therefore W = \sqrt{\frac{2\varepsilon_s (V_{bi} + V_R)}{q} \cdot \frac{N_A + N_D}{N_A N_D}}$$

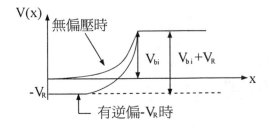

(3)此式說明

  a. 順偏時：空乏區寬度減小。

  b. 逆偏時：空乏區寬度增大。

  c. 若 V_{bi} 固定時，雜質濃度增加，則空乏區寬度變小。

四、證明四：空乏區電容

$$C_j = C_T = \frac{A}{2} \left[\frac{2\varepsilon_s q}{(V_{bi} - V)} \cdot \frac{N_A N_D}{N_A + N_D} \right]^{1/2}$$

【證明】

1. $\because C_j = \dfrac{\varepsilon_s A}{W} = \varepsilon_s A \left(\dfrac{q}{2\varepsilon_s (V_{bi} - V)} \cdot \dfrac{N_A N_D}{N_A + N_D} \right)^{1/2}$

$\qquad = \dfrac{A}{\sqrt{2}} \left(\dfrac{\varepsilon_s q}{V_{bi} - V} \cdot \dfrac{N_A N_D}{N_A + N_D} \right)^{1/2}$

$\qquad = \dfrac{\sqrt{2} A}{2} \left(\dfrac{\varepsilon_s q}{V_{bi} - V} \cdot \dfrac{N_A N_D}{N_A + N_D} \right)^{1/2}$

$\qquad = \dfrac{A}{2} \left(\dfrac{\varepsilon_s q}{V_{bi} - V} \cdot \dfrac{N_A N_D}{N_A + N_D} \right)^{1/2}$

  註：A：半導體的截面積

2. 此式說明：① 若逆偏 $V = -V_R$ 越大，則 C_j 越小

      ② PN 接面的截面積 A 越大，則 C_j 越大

      ③ C_j 即為過渡電容 C_T，又稱為空乏區電容。

五、證明五：擴散電容

$$C_D = \frac{\tau I_D}{\eta V_T}$$

【證明】

1. $C_D = \dfrac{dQ}{dV} = \tau \dfrac{dI}{dV} = \tau \dfrac{i_d}{V_d} = \dfrac{\tau}{r_d} = \dfrac{\tau I_D}{\eta V_T}$

其中

①r_d 為動態電阻，即小訊號分析時，二極體的等效電阻

②$r_d = \dfrac{i_d}{V_d} = \dfrac{\eta V_T}{I_D}$

2.此式說明，若順偏電壓 V 增大，使 I_D 變大，故使 C_D 變大。

考型 14 少數載子濃度分佈情形

一、順偏時

1. 不考慮空乏區寬度時

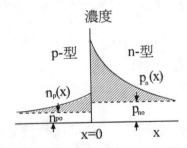

2. 考慮空乏區寬度時

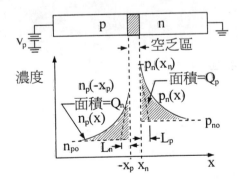

二、逆偏時

1. 不考慮空乏區寬度時

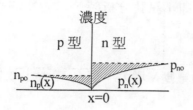

2. 考慮空乏區寬度時

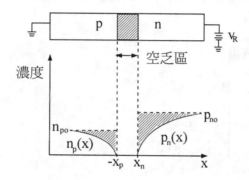

(1)L_p，L_n：電洞，自由電子在再結合前所行經的平均距離。

(2)τ_p，τ_n：電洞，自由電子在再結合前所經過的時間。

(3)$L_p = \sqrt{D_p \tau_p}$

(4)$L_n = \sqrt{D_n \tau_n}$

考型15 二極體的切換時間

一、當跨在二極體的電壓，突然改變時，二極體電壓狀態無法立即改變，此時猶如電容放電般，將少數載子排除，此種現象促使電流立即反轉成逆向電流，直至少數載子完全排除完後，電壓才反轉成逆偏。

二、二極體消除儲存少數載子的時間，稱為延遲時間。

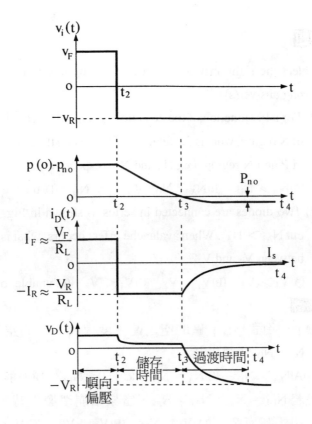

三、當逆偏 V_{R2} 加大，使得逆向電流 I_{R2} 增大，故能迅速排除少
　　數載子而縮短了儲存時間

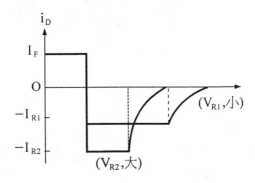

1. Select the right answer(s) in the following questions. No penalty for wrong answer(s).

(1) For a PN junction, if the depletion width of P region is longer than that of N region, what is the relationship between the doping concentrations of P and N region, i.e., N_A and N_D, respectively?

(A)$N_A > N_D$ (B)$N_A = N_D$ (C)$N_A < N_D$ (D) unable to determine

(2) Two diodes are connected in series as shown in Fig. Let $N_{D1} = N_{D2}$, but $N_{A1} > N_{A2}$. When avalanche effect occurs, what is the relationship between V_1 and V_2?

(A)$V_1 > V_2$ (B)$V_1 = V_2$ (C)$V_1 < V_2$ (D) unable to determine

簡譯

(1) pn 接面，若 p 區的空乏區寬度大於 n 區的空乏區寬度，則 N_A，N_D 的關係為：

(A)$N_A > N_D$ (B)$N_A = N_D$ (C)$N_A < N_D$ (D)未能決定。

(2)若 $N_{D1} = N_{D2}$，$N_{A1} > N_{A2}$，當累增崩潰發生時，V_1 與 V_2 間的關係為何？   (A)$V_1 > V_2$ (B)$V_1 = V_2$ (C)$V_1 < V_2$ (D)未能決定。（✣題型：PN 接面的特性）

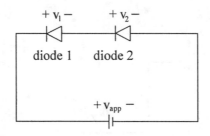

【台大電機所】

解☞：(1) (C)，(2) (C)

(1) $\because N_A W_P = N_D W_n$

$\therefore W_P > W_n \Rightarrow N_A < N_D$

(2) $\because I_{D1} = I_{D2} = I_D$

$\therefore$ 濃度高 $\Rightarrow$ 崩潰電壓低

$\therefore V_1 < V_2$

---

2. In the depletion layer of a p-n junction,

(A) all the holes and electrons have been completely depleted, and donor ions with concentration N_D^+ and accept ions with concentration N^-_A are left at n and p region, respectively.

(B) the electron concentration decreases but the hole concentration increases in the n region.

(C) the charge density in the n region can be expressed as $N_D^+ + P_n - n_n \simeq N_D^+$ where p_n and n_n are the hole and electron concentrations at n region, respectively.

(D) $W_p N_D = W_n N_A$, where I_n and I_p are the depletion widths of n and p regions, respectively.

(E) $W_n N_D = W_p N_A$.

簡譯

在 pn 接面的空乏區中

(A)所有電洞及電子完全空乏，又施體離子濃度 N_D^+ 與受體離子濃度 N^-_A 分別遺留在 n 與 p 區中。

(B) n 區中的電子濃度減少，而電洞濃度增加。

(C)n 區中的電荷密度為：$N_D^+ + P_n - n_n \simeq N_D^+$，其中 p_n，n_n 是 n 區中電洞，電子的濃度。

(D) $W_p N_D = W_n N_A$。

(E) $W_n N_D = W_p N_A$。（❖題型：PN 接面的特性）

【台大電機所】

解 ☞ :

(A)錯誤，在空乏區內是因電子與電洞後合而消失。

(D)錯誤，應是 $W_nN_D = W_pN_A$

---

3. Consider a one-sided PN junction.　If we decrease the doping concentration of the lightly doped side, what will happen?

(A) built-in potential will increase

(B) depletion width will increase at reverse bias

(C) depletion capcitance will increase at reverse bias

簡譯

單側 pn 接面二極體，若將摻雜較少側的雜質濃度再降低，問會產生何種現象？

(A)內建電位將會增加。

(B)逆偏時，空乏區寬度將會增加。

(C)逆偏時，空乏區電容將會增加。（✜題型：PN接面的特性）

【台大電機所】

解 ☞ :　(B)

(1) $V_{bi} = V_T \ln \dfrac{N_A \cdot N_D}{n_i^2}$ ，∴少數濃度 ↓ ⇒ V_{bi} ↓

(2) $W \approx \sqrt{\dfrac{2\varepsilon_s}{qN_B}} \cdot V_{bi}$ ，∴少數濃度 ↓ ⇒ W ↑

(3) $C_T = \dfrac{\varepsilon A}{W}$ ，∴W ↑ ⇒ C_T ↓

---

4. (1) For a pn junction silicon diode, write the current equation related to the voltage.

(2) Plot the I-V characteristics of silicon pn junction diode under different temperatures, i.e., T = 300K and T = 350K. (Please mark on your

plot as many information as possible.）

(3) Why is storage time eliminated in Schottky transistor?

簡譯

(1)寫出電流方程式（含電壓）。

(2)繪出矽二極體在不同溫度下：$T_1 = 300°K$，$T_2 = 350°K$，之 I-V 特性曲線。

(3)為何蕭特基電晶體無儲存時間？（❖題型：PN 接面的特性及蕭特基電晶體）

【交大電子所】

解☞：

(1) $I = I_s (e^{V/\eta V_T} - 1)$

(2)

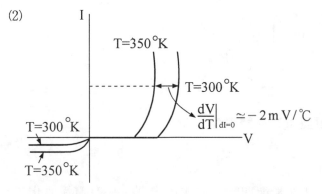

(3)因為蕭特基電晶體在基極為金屬接觸，所以在基極只有極少的少數載子的儲存，所以無儲存時間。

---

5. Using the small-signal diode model, one can realize that if a forward bi-ased diode is suddenly switched from state A to state B by the voltage source $V_s(t)$, the corresponding I-V path (represented by the dash line) should follow：

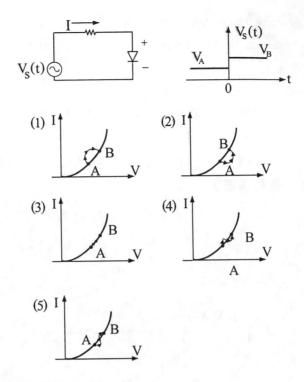

（❖題型：二極體暫態分析）

【交大電子所】

解☞：(1)

1. 二極體在暫態期間，猶如電容器，先有電流變化才有電壓變化。

2. 二極體由 V_A 到 V_B，在暫態間，並沒有立即上升，而是電阻電壓突然增大，再推動二極體至 V_B，故選(1)。

---

6. The junction capacitances of a pn diode measured at a forward bias, a zero bias and a reverse bias are C_F, C_O, and C_R respectively. Among C_F, C_O and C_R, _____ has the smallest value. （❖題型：PN 接面的特性）

解☞：在逆偏時，電容值最小。故為C_R

---

7. How does the diffusion capacitance in the p-n junction vary with dc current? (❖題型：PN 接面的特性)

解☞：∵$C_D = \dfrac{\tau I_D}{\eta V_T}$

　　∴C_D 與 I_D 成正比

---

8. An abrupt silicon p-n junction has dopant concentrations N_A and N_D. Assuming uniform doping and an abrupt junction approximation, (1) find the expression for the total width of the space-charge region in terms of the built-in potential barrier V_{bi} and N_A, N_D. (2) Derive the expression for the junction capacitance. (❖題型：PN 接面、空乏區寬度及接面電容公式推導)

解☞：

推導：

(1)

　　1. ∵$N_A X_P = N_D X_n$，將 $W = X_N + X_P$ 代入，得

$$\begin{cases} X_n = \dfrac{N_A}{N_A + N_D} W \text{---①} \\[2mm] X_P = \dfrac{N_D}{N_A + N_D} W \text{---②} \end{cases}$$

　　2. 在 PN 接面處

　　　①電場強度 $E(x) = -\dfrac{dV}{dx} \Rightarrow -E(x) = \dfrac{dV}{dx}$

　　　$\Rightarrow \boxed{-\dfrac{dE(x)}{dx} = \dfrac{d^2V}{dx^2}}$ ─poisson equ.

②最大電場強度發生在 PN 接面上，且

$$E_{max} = \frac{qN_D x_n}{\varepsilon_s} = \frac{qN_A x_p}{\varepsilon_s} \Rightarrow \frac{d^2V}{dx^2} = \begin{cases} \dfrac{qN_A}{\varepsilon_s} & -x_p < x < 0 - ③ \\[3mm] -\dfrac{qN_D}{\varepsilon_s} & 0 < x \le x_n - ④ \end{cases}$$

③ $\because \displaystyle\int \frac{d^2V}{dx^2}dx = \int -\frac{dE}{dx}dx = -E(x)$

代入 E 邊緣條件，即 $E(X_n) = E(-X_P) = 0$，並將方程式③④積分，得

$$E(X) = \begin{cases} \dfrac{qN_D}{\varepsilon_s}(X - X_n) & , \quad 0 < X \le X_n - ⑤ \\[3mm] -\dfrac{qN_A}{\varepsilon_s}(X + X_P) & , \quad 0 < X \le X_n - ⑥ \end{cases}$$

④內建電位 V_{bi} 的值，可將方程式③、④積分

$$V_{bi} = -\int_{-X_P}^{X_n} E(X)dx = -\int_{-X_P}^{0} E(X)dx - \int_{0}^{X_n} E(X)dx$$

$$= \frac{qN_A X_P^2}{2\varepsilon_s} + \frac{qN_D x_n^2}{2\varepsilon_s} = \frac{1}{2}E_{max}W - ⑦$$

3. 將方程式①、②代入⑦得

$$W = \sqrt{\frac{2\varepsilon_s}{q}\left[\frac{N_A + N_D}{N_A N_D}\right]V_{bi}} = \sqrt{\frac{2\varepsilon_s}{q}\left[\frac{1}{N_A} + \frac{1}{N_D}\right]V_{bi}}$$

得證之

(2) 1. $\because C = \left| \dfrac{dQ}{dV} \right| - ①$

2. 設 $N_A > N_D$，則

$$Q = qN_D X_n \approx qN_D W = qN_D \sqrt{\frac{2\varepsilon_s}{qN_D}V_{bi}} - ②$$

$$(\because W \cong \sqrt{\frac{2\varepsilon_s}{qN_D} V_{bi}})$$

3. 將②式代入①式，得

$$C_j = qN_D \left(\frac{1}{2} \cdot \frac{\frac{2\varepsilon_s}{qN_D}}{\sqrt{\frac{2\varepsilon_s}{qN_D} V_{bi}}} \right) = \frac{\varepsilon_s}{\sqrt{\frac{2\varepsilon_s}{qN_D} V_{bi}}} = \frac{\varepsilon_s}{W}$$

$$\therefore C_j = \frac{\varepsilon_s}{W}$$

註：ε_s：電容介電係數（permittivity）

---

9. When the impurity concentration of a diode decrease, point out all the incorrect ones from the following statements：

(A) the cut-in voltage increases　(B) the depletion capacitance increase

(C) the depletion capacitance decrease　(D) the reverse saturation current

increases. （✤題型：PN 接面的特性）

【交大控制所】

簡譯

二極體的雜質濃度減少時，下列何者不正確？　(A)切入電壓增加　(B)空乏電容增加　(C)空乏電容減少　(D)反向飽和電流增加。（✤題型：PN 接面分析）

【交大控制所】

解☞：(A) 、 (B)

(1) $V_{bi} = V_T \ln \dfrac{N_A N_D}{n_i^2}$

$\because N_A \downarrow$ ，$N_D \downarrow \Rightarrow V_{bi} \downarrow$ 故(A)錯誤

(2) $\because W = \sqrt{\dfrac{2\varepsilon_s}{q} \left[\dfrac{1}{N_A} + \dfrac{1}{N_D} \right] V_{bi}}$

又 $N_A \downarrow$ ，$N_D \downarrow \Rightarrow W \uparrow$

$$C_j = \frac{\varepsilon A}{W} \Rightarrow C_j \downarrow$$

∴(B)錯誤，而(C)正確

$$(3)\, I_s = A n_i^2 q \left[\frac{D_P}{N_D L_P} + \frac{D_N}{N_A L_N} \right]$$

$$\therefore N_D \downarrow N_A \downarrow \Rightarrow I_s \uparrow$$

故(D)正確

---

10. Let N_A and N_D be the impurity concentrations in the p and n sides of a diode with a step-graded junction. The contact difference of potential, V_0, of this diode is:

(A) $V_T \ln \dfrac{n_i^2}{N_A N_D}$ (B) $V_T \ln \dfrac{N_A N_D}{n_i^2}$

(C) $V_T \exp \dfrac{n_i^2}{N_A N_D}$ (D) $V_T \exp \dfrac{N_A N_D}{n_i^2}$ （❖題型：有階半導體）

解☞： (B)

---

11. For a pn junction diode, both n and p doping concentrations increases, which of the following is incorrect?

(A) The breakdown voltage increases.

(B) The depletion width decreases.

(C) The depletion capacitance increases.

(D) The max. electric field increases.

(E) None of the above. （❖題型：PN 接面的特性）

【交大材料所】

解☞： (A)

12. Explain why a contact difference of potential must develop across an open-circulted pn junction.

簡譯

何謂接觸電位？（✥**題型：PN 接面的特性**）

【成大電機所】

解☞：

P-N 接面由於兩側之多數載子濃度不同，所以產生擴散作用，N 的電子會通過接面而與 P 側的電洞結合。

N 側因失去電子而形成正離子

P 側因獲得電子而形成負離子

故在 PN 接面兩側形成空乏區，而此兩側的電位差即稱為內建電位 V_{bi}。

---

13. A PN junction diode with doping concentrations N_A and N_D, respectively. (1) Find barrier voltage. (2) Find barrier voltage if a voltage V is applied between two terminal in forward or reverse bias. （✥**題型：PN 接面的分析**）

【清大核工所】

解☞：

(1)位障電壓：$V_{bi} = V_T \ln \dfrac{N_A N_D}{n_i^2}$

(2)順偏時的位障電壓 $= V_{bi} - V_F = V_{bi} - V$

逆偏時的位障電壓 $= V_{bi} + V_R = V_{bi} + V$

---

14. 矽半導體形成Pn接面，一側均勻摻雜10^{15}cm^{-3}的硼原子，另一側均勻摻雜10^{18}cm^{-3}的磷原子。試求接觸電位V_0的大小和極性。（已知 300°K 時，，$V_T = 0.026V$，矽的本質濃度為 $1.5 \times$

10^{10}cm^{-3}）（❖ 題型：有階半導體）　　　　　　【清大電機】

解☞：

(1) $V_0 = V_T \ln\dfrac{N_A N_D}{n_i^2} = (0.026)\ln\dfrac{(10^{15})(10^{18})}{(1.5 \times 10^{10})^2} = 0.76V$

(2) $n = \dfrac{(N_D - N_A) + \sqrt{(N_D - N_A)^2 + 4n_i^2}}{2}$

$= \dfrac{(10^{18} - 10^{15}) + \sqrt{(10^{18} - 10^{15})^2 + (4)(1.5 \times 10^{10})^2}}{2}$

$= 9.99 \times 10^{17}\text{cm}^{-3}$

$\therefore P = \dfrac{n_i^2}{n} = \dfrac{(1.5 \times 10^{10})^2}{9.99 \times 10^{17}} = 225\text{cm}^{-3}$

$\therefore n \gg P$ 此為 n 型半導體

$\therefore$ 多數載子為電子

故極性為負

---

15. Sketch the minority carrier distributions of a PN junction diode $(N_A > N_D)$ under forward and reverse bias, respectively.（❖ 題型：少數載子分佈）　　　　　　　　　　　　　　　　【清大核工所】

解☞：

①順偏之少數載體分佈

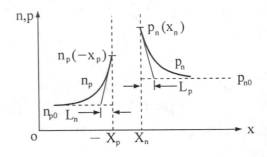

②逆偏之少數載體分佈

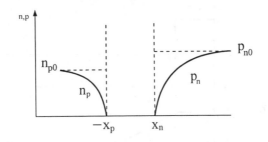

---

16. A diode in series with a resistor R_L is forward biased by a voltage V_F. After a steady state is reached, the input changes to $-V_R$（reverse biased the diode）.

(1) Please sketch the timing waveform of the applied voltage, the excess minority carrier at the junction edge, the diode current and the diode voltage.

(2) If V_R were increased, please sketch the waveform of diode current as compared to.(1)

(3) Explain the minority carrier storage time.

簡譯

二極體串聯電阻 R_L，且加順向偏壓V_F，當達穩定狀態時，輸入電壓變為逆向偏壓$-V_R$。

(1)試繪外加電壓，少數載子、電流及電壓對時間的波形圖。

(2)若 $|V_R|$ 值增加，試繪二極體電流對時間的波形圖。

(3)何謂少數載子儲存時間。（✣題型：二極體切換的暫態響應）

【清大核工所、交大電子所】

解☞：

(1)

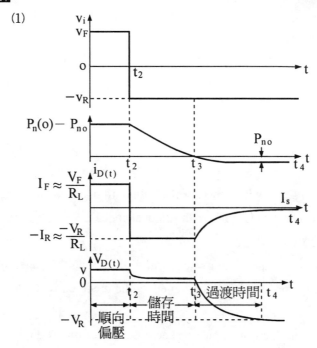

(2)當逆偏V_{R_2}加大，使得逆向電流I_{R_2}增大，故能迅速排除少數載子，而縮短了儲存時間

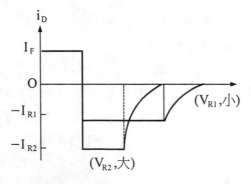

(3)二極體在順偏時，產生少數載子儲存效應。當順偏變至反偏時，儲存的少數載子須一段時間才能消除，此段時間，

即稱為儲存時間。

17. (1) Draw the minority carrier density distribution under forward and re-
verse bias conditions. (Assume no carrier generation or recombina-
tion in transition region)

(2) In Fig., according to the circuit and input voltage shown, draw the cor-
respondent curves of the diode current i, diode voltage v, and the ex-
cess charge carrier concentration $P_n - P_{n0}$.

(3) Explain the storage delay of a junction diode. (❖題型：二極體切
換的暫態響應)

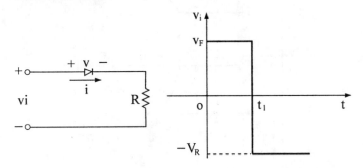

【成大電機所、中山電機所、交大光電所】

解☞：

(1)順偏

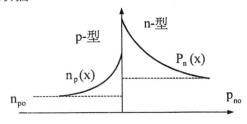

(2)逆偏

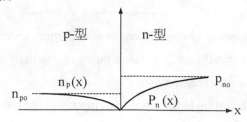

(b)

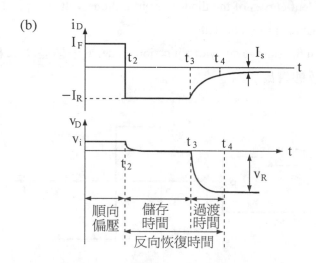

順向
偏壓　　儲存　　過渡
　　　時間　　時間
　　　反向恢復時間

　　說明：當跨在二極體的電壓，突然改變時，二極體電壓狀態
　　　　　無法立即改變，此時猶如電容放電般，將少數載子排
　　　　　除，此種現象促使電流立即反轉成逆向電流，直至少
　　　　　數載子完全排除完後，電壓才反轉成逆偏。
　　(c)二極體消除儲存少數載子的時間，稱為延遲時間。

_____

18.二極體的逆向偏壓愈大，其電容值亦愈大，是否正確？（✤題
　　型：PN 接面的特性）

【中央電機所】

　　解☞：錯

因為逆偏愈大,則空乏區寬度愈大,而

$$C = \frac{\varepsilon A}{W}$$

故知 $W \uparrow \Rightarrow C \downarrow$

---

19. 如圖為突變半導體,其 $N_D = 10^3 N_A$,而 N_A 相當於每 10^8 個 Ge 原子中,有一個受體原子,試計算室溫下的接觸電位 V_0?〔✣ 題型:PN 接面的特性〕

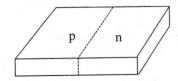

【高考】

解☞:

$$N_D = 10^3 N_A \, , \, N_A = \frac{4.4 \times 10^{22}}{10^8} = 4.4 \times 10^{14} \mathrm{cm}^{-3}$$

$(n_i = 2.5 \times 10^{13} \mathrm{cm}^{-3}$,原子數:$4.4 \times 10^{22} \mathrm{cm}^{-3})$

又 $N_D = 10^3 N_A = 4.4 \times 10^{17} \mathrm{cm}^{-3}$

$$\therefore V_0 = V_T \ln \frac{N_A N_D}{n_i^2} = 0.026 \ln \left[\frac{(4.4 \times 10^{14})(4.4 \times 10^{17})}{(2.5 \times 10^{13})^2} \right] = 0.33 \mathrm{V}$$

2-2〔題型六〕:二極體的工作區分析

考型 16 二極體的工作區

一、二極體特性曲線可分為三個區域:

1. 順向偏壓區（forward bias region）：$V_D > 0$
2. 反向偏壓區（reverse bias region）：$-V_z < V_D < 0$
3. 逆向崩潰區（reverse breakdown region）：$V_D < -V_z$

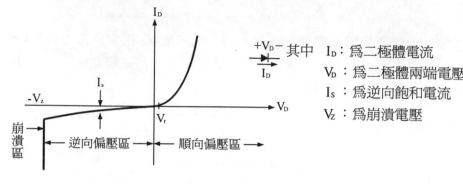

其中 I_D：為二極體電流
V_D：為二極體兩端電壓
I_s：為逆向飽和電流
V_z：為崩潰電壓

二、二極體電流方程式 $\qquad I = I_S\,(e^{\frac{V_D}{\eta V_T}} - 1)$

1. 在順偏壓時 $\qquad I \approx I_S\,(e^{\frac{V_D}{\eta V_T}})$
2. 在逆偏壓時 $\qquad I \approx -I_s$
3. 在截止時 $\qquad I = 0$

考型 17 二極體的物理特性

一、二極體有二種崩潰：

1. **累增崩潰**：當逆偏電壓增加時，空乏區電場隨著增加，使得自由電子的速度增加，而將共價鍵內的電子撞出，又形成另一自由電子。如此循環，使自由電子的數量以累增的方式加倍而至崩潰。此種崩潰方式為累增崩潰（Avalanche breakdown），通常累增崩潰電壓 $V_z > 7V$，**溫度係數為正的**。

2. **曾納崩潰**：當逆偏電壓增加時，空乏區電場亦隨之增加，而使共價鍵受力，因而破壞共價鍵，釋放出束縛電子，而形成自由電子，直至發生崩潰現象。此種崩潰方式為曾納崩潰（Zener breakdown）。通常曾納崩潰電壓 $V_z < 5V$。**溫度係數**

為負的。

3.觀念整理：

　(1) millman ⇒ 累增崩潰 $V_z > 6V$，曾納崩潰 $V_z < 6V$。

　　Smith ⇒ 累積崩潰 $V_z > 7V$，曾納崩潰 $V_z < 5V$。

　(2)由於逆向偏壓增加，空乏區的電場隨之增加。因此累增崩潰效應與曾納崩潰效應是同時發生的。

　(3)崩潰發生在：㊀$V_z > 7V$⇒ 累積崩潰效應。

　　　　　　　　㊁$V_z < 5V$⇒ 曾納崩潰效應。

　　　　　　　　㊂$5V < V_z < 7V$⇒ 難以判斷。

　④通常曾納崩潰是發生在高雜質濃度的二極體。而累增崩潰是發生在一般雜質濃度的二極體。

二、半導體材料採用矽，而較少採用鍺的原因：

　1. 矽產量多，較經濟。（矽的優點）

　2. 鍺的電特性較差。（鍺的缺點，矽的優點）

　　矽（Si）與鍺（Ge）之 i－V 特性曲線比較，可知：

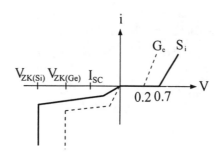

　(1) Ge 的切入電壓比矽小

　(2) Ge 的逆向飽和電流 I_s 比矽來的大。Ge 的 I_s 約為（μA），Si 的 I_s 約為（nA）

　(3) Ge 的崩潰電壓比矽來的小。

三、關於本質濃度（n_i）

1. $\boxed{n_i^2 = A_0 T^3 e^{-E_{G0}/KT}}$ 所以 $T\uparrow \Rightarrow n_i\uparrow\uparrow$

   即 $\boxed{n_i \propto T^{\frac{3}{2}}}$

2. $\boxed{I_s = Aq\left[\dfrac{D_P}{L_P N_P} + \dfrac{D_N}{L_n N_A}\right]n_i^2}$ ，所以 $I_s\uparrow \Rightarrow n_i\uparrow$

   即 $\boxed{n_i \propto I_s^{\frac{1}{2}}}$

四、逆向飽和電流

1. I_s 與 P_n 接面之截面積成正比。$\Rightarrow \boxed{I_s \propto A}$

2. I_s 與溫度之關係：溫度每升高 10℃，I_s 會加倍。$\Rightarrow \boxed{I_s \propto T}$

3. $\boxed{I_s(T_2) = I_s(T_1) \times 2^{\frac{T_2-T_1}{10}}}$

4. $\boxed{I_s \propto n_i^2}$

5. $\boxed{E_g \downarrow \Rightarrow n_i\uparrow \Rightarrow I_s\uparrow}$

五、二極體接面電位（接觸電壓）

1. 接面電位與溫度之關係：溫度每升高 1℃，則 V_D 約下降 2mV

2. $\dfrac{\Delta V_D}{\Delta T} \cong -2\text{mv/}℃$

3. $V_{D2} \approx V_{D1} - 0.002\,(T_1 - T_2)$

4. $V_D = \eta V_T \ln\left|\dfrac{I_D}{I_s}\right|$

5. 二極體在不同外加條件時的電壓差

   $V_{21} = V_{D_2} - V_{D_1} = \eta V_T \ln\dfrac{I_{D_2}}{I_{D_1}}$

六、V_T熱電壓（Thermal voltage）：

$$V_T = \frac{T(°K)}{11600} = \frac{°C + 273}{11600}$$

$$\begin{cases} T = 22°C \Rightarrow V_T = 25mV \\ T = 27°C \Rightarrow V_T = 26mV \end{cases}$$

七、η（理想因素）：

1. η為參數，稱為理想因素（ideality factor）或稱材料係數（material factor）。

2. η大小和半導體材料及二極體電流大小有關。

$$\eta = \begin{cases} 1 \text{ 鍺二極體} \\ 1 \text{ 矽二極體（} I_D \geqq 25mA \text{）} \\ 2 \text{ 矽二極體（} I_D < 25mA \text{）} \end{cases}$$

考型 18 重要公式推導

一、證明：波茲曼方程式（電流方程式）

$$I_D = I_S \left[e^{V_D/\eta V_T} - 1 \right]$$

$$I_s = Aq \left[\frac{D_P}{L_P N_D} + \frac{D_n}{L_n N_A} \right] n_i^2$$

〔證明〕

1. $\because P_{Po} = P_{no} e^{V_D/V_T}$, $n_{no} = n_{Po} e^{V_D/V_T}$

又 $J_p = - qD_P \frac{dP}{dx}$

$\therefore J_P (X_n) = - qD_P \dfrac{dP_n(X)}{dX}\bigg|_{X = X_n} = \dfrac{qD_P P_{no}}{L_P} \left(e^{V_D/V_T} - 1 \right)$

同理

$$J_n(-X_P) = -qD_n\frac{dn_P(X)}{dX}\bigg|_{X=-X_P} = \frac{qD_nn_{Po}}{L_n}\,(e^{V_D/V_T}-1)$$

2. $\because I = AJ$

$$\therefore I_{P_n}(0) = A \cdot J_P = \frac{AqD_PP_{no}}{L_P}\,(e^{V_D/V_T}-1)$$

$$I_{n_P}(0) = A \cdot J_n = \frac{AqD_nn_{Po}}{L_n}\,(e^{V_D/V_T}-1)$$

3. 故 $I = I_{P_n}(0) + I_{n_P}(0)$

$$= \left[\frac{AqD_PP_{n_o}}{L_P}+\frac{AqD_nn_{P_o}}{L_n}\right]\,(e^{V_D/V_T}-1)\ \text{——①}$$

$$= I_s\left[e^{V_D/V_T}-1\right]\ \text{——②}$$

$$= I_s\left[e^{V_D/\eta V_T}\right]\ \cdots\cdots\text{修正公式}$$

4. 由式①及式②比較，知

$$I_s = \left[\frac{AqD_PP_{n_o}}{L_P}+\frac{AqD_nn_{P_o}}{L_n}\right] = Aq\left[\frac{D_P\frac{n_i^2}{N_D}}{L_P}+\frac{D_n\frac{n_i^2}{N_A}}{L_n}\right]$$

$$= Aq\left[\frac{D_P}{L_PN_D}+\frac{D_n}{L_nN_A}\right]n_i^2$$

二、證明：二極體電壓

$$\boxed{V_D = \eta V_T\ln\frac{I_D}{I_s}}$$

〔證明〕

在順偏時

$$I_D \approx I_s e^{V_D/\eta V_T}$$

$$\therefore \frac{I_D}{I_s} = e^{V_D/\eta V_T}$$

$$\text{故 } V_D = \eta V_T \ln \frac{I_D}{I_s}$$

三、證明：對同一二極體，在不同條件下時的 V_{21}（非內建電位）

$$\boxed{V_{21} = V_{D_2} - V_{D_1} = \eta V_T \ln \frac{I_2}{I_1}}$$

〔證明〕

1. $\because V_{D_1} = \eta V_T \ln \left| \dfrac{I_{D_1}}{I_s} \right|$

   $V_{D_2} = \eta V_T \ln \left| \dfrac{I_{D_2}}{I_s} \right|$

2. $\therefore V_{21} = V_{D_2} - V_{D_1} = \eta V_T \left[\ln \left| \dfrac{I_{D_2}}{I_s} \right| - \ln \left| \dfrac{I_{D_1}}{I_s} \right| \right]$

   $= \eta V_T \ln \dfrac{\frac{I_{D_2}}{I_s}}{\frac{I_{D_1}}{I_s}} = \eta V_T \ln \dfrac{I_{D_2}}{I_{D_1}}$

3. 說明：此式可用來當疊代法，即

   $V_{D_2} = V_{D_1} + \eta V_T \ln \dfrac{I_{D_2}}{I_{D_1}}$

歷屆試題

20. How does the avalanche breakdown differ from Zener breakdown？（✛
    題型：二極體的崩潰）

    【交大電子所、清大核工所、大同電機所】

解☞：

1. avalanche breakdown：當偏壓增大時，空乏區內的少數載子被加速，而撞出其他的自由電子，如此循環，而產生極

大的電流，直至崩潰。

Zener breakdown：當偏壓增大時，空乏區內的電場亦增大，
而破壞共價鍵釋出自由電子，產生大電流，直至崩潰。

2. avalanche breakdown 的崩潰電壓 > 6V

Zener breakdown 的崩潰電壓 < 5V

3. avalanche breakdown：發生在低雜質濃度處。

Zener breakdown：發生在高雜質濃度處。

---

21. 曾納二極體有兩種崩潰的形成，分別為曾納崩潰及＿＿①＿＿，而
前者的崩潰電壓往往＿②＿後者。（②填 >，<，= ）。（✣
題型：二極體的崩潰）　　　　　　　【中央資訊及電子所】

解☞：① Avalanche breakdown

② <

---

22. 一 pn 二極體（Si）的順向電流-電壓特性曲線示於圖，試求：
(1)逆向飽和電流 I_s，(2)$I_D = 100mA$ 時的順向直流電阻 r_f。（✣題
型：二極體電流方程式）　　　　　　　【工技電子所】

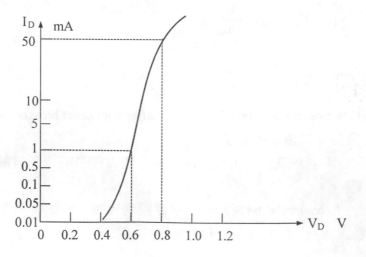

解☞：

(1) 1. ∵ $I_1 = I_s e^{v_1/\eta v_T} \Rightarrow 50mA = I_s e^{0.8v/\eta(25mv)}$ ——①

又 $I_2 = I_s e^{v_2/\eta v_T} \Rightarrow 1mA = I_s e^{0.6v/\eta(25mv)}$ ——②

$\dfrac{①}{②} = 50 = e^{(\frac{0.8V - 0.6V}{\eta(25mV)})} \Rightarrow \eta = \dfrac{0.8 - 0.6}{(25mV)\ln 50} = 2.04$

2. 故知

$I_s = I_2 e^{- V_{D2}/\eta V_T} = (1mA) \, e^{- \frac{0.6V}{(2.04)(25mV)}} = 7.77 \times 10^{-9}A$

(2) ∵ $V_{21} = V_2 - V_1 = \eta V_T \ln\dfrac{I_2}{I_1}$

∴ $V_2 = V_1 + \eta V_T \ln\dfrac{I_2}{I_1} = 0.6 + (2.04)(25mV)\ln\dfrac{10mA}{1mA} = 0.835V$

即當 $I_D = 100mA$ 時，$V_D = 0.835V$

∴ 直流電阻 $r_f = \dfrac{V_D}{I_D} = \dfrac{0.835V}{100mA} = 8.35\Omega$

2-3〔題型七〕：二極體的直流分析及交流分析

考型 19 二極體的直流分析─圖解法

方法有二：

$\begin{cases} 1. 圖解法 \\ 2. 電路分析法 \end{cases}$

一、直流分析前的處理：

1. 遇到電容C，則斷路，遇到電感L，則短路。
2. 將小訊號電壓源短路。
3. 選適當的直流等效模式。

二、二極體在順向偏壓區之直流模式：

1. 理想二極體模式：

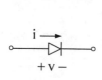 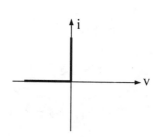

2. 定電壓模式：

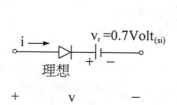 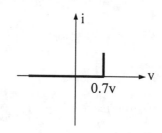

3. 電壓＋電阻模式：

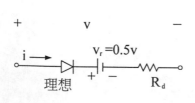 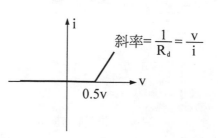

4. 指數模式：$I_{DQ} = I_s e^{\frac{V_{DQ}}{\eta V_T}}$

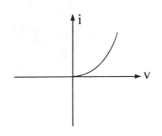

5. 以上模式之選用，則依題意。例如：

模式1：題意：理想二極體。

模式2：題意：二極體有切入電壓 V_r。

模式3：題意：二極體含有切入電壓 V_r 及內部電阻 R_d。

模式4：題意：題中註明有逆向飽和電流 I_s。

6. 不同材料的二極體導通電壓不同 $\begin{cases} \text{對矽而言：} V_{D(ON)} = 0.7V \\ \text{對鍺而言：} V_{D(ON)} = 0.25V \\ \text{對砷化鎵而言：} V_{D(ON)} = 1.2V \end{cases}$

三、直流分析—圖解法

（此種題型，必會附二極體的特性曲線）

1. 寫出迴路方程式

2. 繪出直流負載線。方法如下

　(1)求截止點　令 $I_D = 0 \Rightarrow$ 求 $V_D = ?$

　(2)求飽和點　令 $V_D = 0 \Rightarrow$ 求 $I_D = ?$

　(3)將此二點連線即是直流負載線。

3. 直流負載線與特性曲線之交叉點即為工作點（Q點）

4. 所對應的，即為 I_{DQ} 及 V_{DQ}（如下圖）

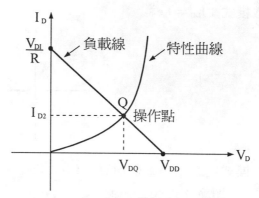

考型20 二極體的直流分析－電路分析法

直流分析－電路分析法的解題步驟：

一、先判斷二極體是 ON 或 OFF

二、繪出等效圖

三、寫出迴路方程式

四、求出 I_{DQ} 及 V_{DQ}

考型21 二極體的交流分析

一、交流分析前的處理

1. 遇到電容 C，則短路。遇到電感 L，則斷路

2. 將直流電壓源就地短路。

3. 將直流電流源斷路。

二、大訊號（直流）及小訊號（交流）符號的表示法

1. 大訊號：V_D （即直流訊號）

2. 小訊號：v_d （即交流訊號）

3. 完全訊號＝大訊號＋小訊號，即 $v_D = v_D + v_d$

三、完全嚮應的意義

直流訊號是作偏壓，而小訊號則建立在偏壓的工作區上。

（如下圖）

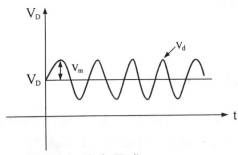

四、小訊號（交流訊號）的表示式：

$\upsilon_d = \upsilon_m \sin(\omega t + \phi)$

ϕ：相位差（即角度）

ω：角頻率。$\omega = 2\pi f$

f：頻率。 $f = \dfrac{1}{T}$

T：週期。

υ_m：振幅

υ_d：小訊號電壓值。

五、交流分析—小訊號分析法

1. 在直流分析後，求出參數：動態電阻r_d。

$$r_d = \frac{\eta V_T}{I_{DQ}}$$

2. 以動態電阻r_d，取代迴路中之二極體

3. 繪出等效圖

4. 寫出迴路方程式，求出 i_d 及 v_d

六、完全響應之步驟

1. 先作直流分析，求出I_{DQ}，及V_{DQ}，並求出動態電阻r_d

$$r_d = \frac{\eta V_T}{I_{DQ}}$$

2. 再作小訊號分析，以r_d替代二極體，繪出等效圖作分析，求

出 i_d 及 v_d

3.完全響應　$i_D = I_{DQ} + i_d$

$\qquad\qquad v_D = V_{DQ} + v_d$

歷屆試題

23. Consider the circuit shown in Fig. Assume that both the cut-in voltage and forward on-voltage of the diode D are 0.7V.

(1) When $V_s = 2V$, find V_0.

(2) When $V_s = 1V$, find V_0.

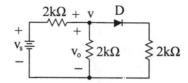

簡譯

二極體的切入電壓與導通電壓均為 0.7V，求

(1) $V_s = 2V$ 時之 V_0 值。

(2) $V_s = 1V$ 時之 V_0 值。（❖題型：二極體直流分析）

【交大控制所】

解☞：

(1)當 $V_s = 2V$，$D = ON$

用重疊法，得

$$\therefore V_0 = \frac{2K//2K}{2K + 2K//2K}V_s + \frac{2K//2K}{2K + 2K//2K}V_r$$

$$= \frac{1K}{3K}(2) + \frac{1K}{3K}(0.7) = 0.9V$$

(2)當 $V_s = 1V$，$D = $ OFF

$$\therefore V_0 = \frac{2K}{2K + 2K} V_s = \frac{2K}{4K}(1) = 0.5V$$

---

24. Consider the circuit as shown below：

Assume that the diodes are ideal, please draw the transfer characteristic curve of the circuit.（✤題型：直流分析）

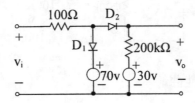

【交大控制所】

解☞：

1. 建表

	D_1	D_2	V_i	V_o
①	OFF	OFF	$V_i < 30V$	$V_o = 30V$
②	OFF	ON	$30 \leq V_i < 90V$	$V_o = \frac{2}{3}V_i + 10V$
③	ON	ON	$V_i \geq 90V$	$V_o = 70V$

2. 電路分析

< case1. >

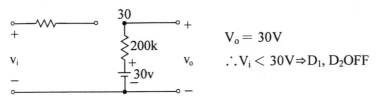

$V_o = 30V$

$\therefore V_i < 30V \Rightarrow D_1, D_2$ OFF

< case2. >

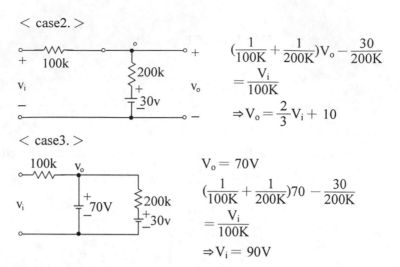

$$(\frac{1}{100K} + \frac{1}{200K})V_o - \frac{30}{200K}$$

$$= \frac{V_i}{100K}$$

$$\Rightarrow V_o = \frac{2}{3}V_i + 10$$

< case3. >

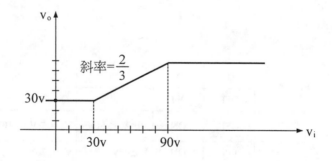

$$V_o = 70V$$

$$(\frac{1}{100K} + \frac{1}{200K})70 - \frac{30}{200K}$$

$$= \frac{V_i}{100K}$$

$$\Rightarrow V_i = 90V$$

3. 轉移特性曲線

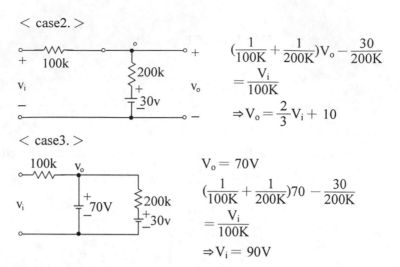

25. Consider the circuit shown in Fig. Assume that the breakdown voltage of the zener diode is 5V. Suppose the requires minimum current I_z is 1mA and the maximum power dissipation of the zener diode is 50mW. Please find the DC range of V_s such that the circuit can provide $V_0 = 5V$ normally. (❖題型：曾納二極體)

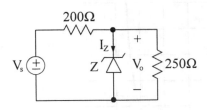

解☞：

$$\because I_L = \frac{V_0}{R_L} = \frac{5}{250} = 20mA$$

$$\therefore I_s = I_Z + I_L = I_Z + 20m$$

$$而\ I_{Z,max} = \frac{P}{V} = \frac{50mW}{5V} = 10mA$$

$$故\ 1mA \leq I_Z \leq 10mA$$

$$\therefore 21mA \leq I_s \leq 30mA$$

$$\because I_s = \frac{V_s - V_0}{R} = \frac{V_s - 5}{200}$$

$$故\ 9.2V \leq I_s \leq 11V$$

---

26. The I-V characteristics of a device is shown in Fig. A. If the device is used in a circuit of Fig. B, then the current through the device is _____ mA.

簡譯

二極體之I-V曲線如圖A，其電路如圖B，求電流。（✤題型：直流分析圖解法）

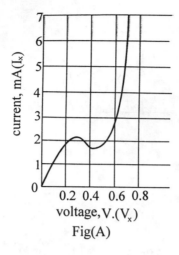

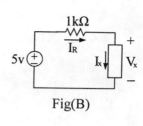

Fig(B)

Fig(A)

【交大電子所】

解☞： 1. $5 = (1k)I_R + V_x$

2. 令 $V_x = 0.8V \Rightarrow I_R = I_x = \dfrac{5-0.8}{1k} = 4.2mA$

令 $I_R = 0A \Rightarrow V_x = 5V$

繪出直流負載線

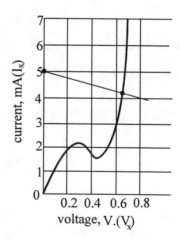

3. 由 Fig. A 查知 $I_x = 4.38mA$，$V_x = 0.62V$

27. The static power dissipation of the device in the above problem is_____
    __mW.

    簡譯

    求靜態功率損耗。   【交大電子所】

    解☞：

    $P = V_x I_x = (0.62)(4.38m) = 2.72mW$

---

28. Which of the following circuits give the I-V curve as?

    簡譯

    二極體為理想，問下列電路何者能產生如圖所示的I-V曲線。

    (✛題型：直流分析)   【交大電子所】

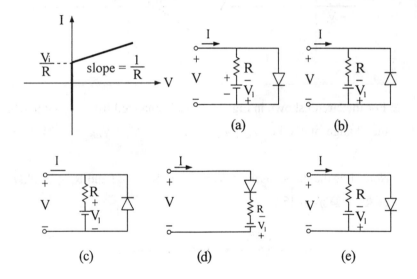

(a)   (b)

(c)   (d)   (e)

    解☞：(b)

    1. 在電路(b)中，當 $V < 0$，D：ON，$\therefore V_0 = 0$，$I = \dfrac{V_1}{R}$

    當 $V > 0$，D：OFF，$I = \dfrac{V + V_1}{R}$

    故知(b)正確

2. 其餘 I-V curve 如下

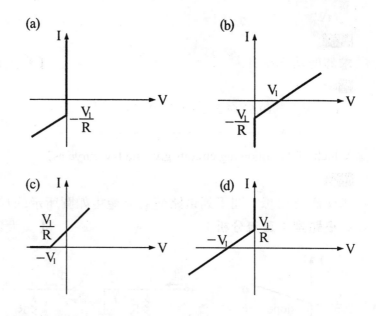

(a)

(b)

(c)

(d)

29. For the circuit shown in Fig. If V_{BB} is changed from $-3V$ to $6V$, then the change of V_0, i.e. V_0 ($V_{BB} = 6V$) $- V_0$ ($V_{BB} = -3V$) ，is ____ V.

Note: For the diode, assume $V_r = 0.7V$, $R_f = 5\Omega$ and $R_r = 300k\Omega$. (✦ 題型：直流分析)

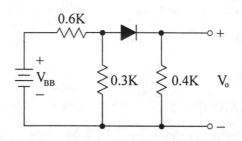

【交大電子所】

解☞ :

1. 當 $V_{BB} = -3V$，D：OFF，$R_r = 300k\Omega$

$$\begin{cases} (\dfrac{1}{0.6k} + \dfrac{1}{0.3k} + \dfrac{1}{300k})\ V_a = \dfrac{-3}{0.6k} + \dfrac{V_0}{300k} \\ (\dfrac{1}{300k} + \dfrac{1}{0.4k})\ V_0 = \dfrac{V_a}{300k} \end{cases}$$

$\therefore V_{01} = -1.33mV$

2. 當 $V_{BB} = 6V$，D：ON，$V_r = 0.7V$，$R_f = 5\Omega$

$$\begin{cases} (\dfrac{1}{0.6k} + \dfrac{1}{3k} + \dfrac{1}{5})\ V_b = \dfrac{6}{0.6k} + \dfrac{0.7}{5} + \dfrac{V_0}{5} \\ (\dfrac{1}{5} + \dfrac{1}{0.4k})\ V_0 = \dfrac{V_b}{5} - \dfrac{0.7}{5} \end{cases}$$

$\therefore V_{02} = 0.86V$

3. 故 $\Delta V_0 = V_{02} - V_{01} = 0.86 - (-1.33m) = 0.86133V$

30. If the diodes D_1 and D_2 have the I-V relations as follows:

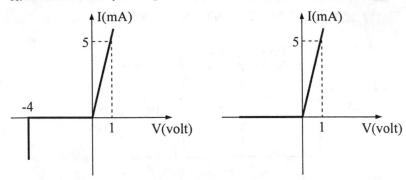

Please find the transfer curves V_0 vs. V_I for circuits (a) and (b).

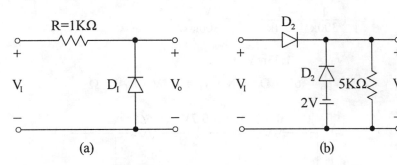

(a)   (b)

（✤題型：二極體直流分析）   【交大電信所】

解☞：

(a) 1. 建表（判斷二極體工作區）

	D_1	V_I	V_o
①	ON	$V_I < 0$	$V_o = \frac{1}{6}V_I$
②	OFF	$0 \le V_I < 4V$	$V_o = V_I$
③	OFF	$V_I > 4V$	$V_o = 4V$

2. 分析電路

①D_1：ON 時，由 I-V 特性曲線知，導通電阻為

$$r_D = \frac{1V}{5m} = 0.2K\Omega$$

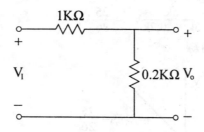

$$\therefore V_0 = \frac{0.2k}{1k + 0.2k} V_I = \frac{1}{6} V_I$$

② 當 D_1：OFF 時，$V_0 = V_I$

③ 當 $V_I \geqq 4V$ 時，$V_0 = V_I$，直至 D_1 崩潰為止。

3.轉移曲線

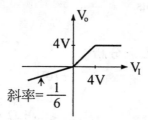

(b) 1. 建表

	D_{21}	D_{22}	V_I	V_o
①	OFF	OFF	$V_I < 0$	$V_o = 0V$
②	OFF	OFF	$V_I > 0V$	$V_o = \frac{25}{26} V_I$

2.分析電路（令上面$D_2 = D_{21}$，下面$D_2 = D_{22}$）

當D_{21}：ON，D_{22}：OFF 時

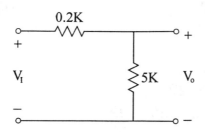

$$\therefore V_0 = \frac{5k}{5k + 0.2k} V_1 = \frac{25}{26} V_1$$

3. 轉移曲線

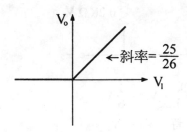

31. Assuming that the diode in the circuits are ideal, find the values of the labeled voltages and currents.

簡譯

求 I 及 V。（❖題型：直流分析）　　　　　　【清大電機所】

+10V   +10V

5KΩ   10KΩ

I↓ ▽D₁   ▽D₂   I↓ ▽D₁   ▽D₂

──○V   ──○V

10KΩ   5KΩ

-10V   -10V

(a)   (b)

解☞：

(a)若 D_1，D_2：ON，則

$$\left(\frac{1}{5k} + \frac{1}{10k}\right) V_a = \frac{10}{5k} - \frac{10}{10k}$$

$$V_a = \frac{10}{3}V$$

$D_1 , D_2 : ON , \therefore V = 0V$

$$I = \frac{10}{5k} - \frac{V + 10}{10k} = 1mA$$

(b)若 $D_1 , D_2 : ON ,$ 則

$$(\frac{1}{10k} + \frac{1}{5k}) V_a = \frac{10}{10k} - \frac{10}{5k}$$

$$\therefore V_a = -\frac{10}{3}V$$

故知 $D_1 : OFF , D_2 : ON ,$

$\therefore I = 0A$

$V = V_a = -3.33V$

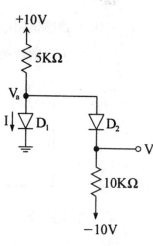

32. In the circuit, the dc and ac voltage sources, V_{dc} and V_{ac}, are ideal. The diode is characteristic by $I_D \approx I_s exp (V_D / V_T)$. The resistors are $R_1 = R_2 = 75$ and the capacitor $C = \infty$. If the V_{dc} is adjusted such that $I_D = 1mA,$

(1) find the ac voltage across the diode under the small signal approximation.

(2) give the condotion of V_{ac} for small signal approximation to be valid.

（❖題型：二極體小訊號分析）

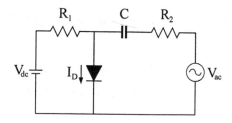

【清大電機所】

解 ☞ :

(1)① 動態電阻 $r_d = \dfrac{\eta V_T}{I_D} = \dfrac{V_T}{I_D} = \dfrac{25mV}{1mA} = 25\Omega$

② 小訊號等效圖

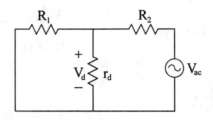

③ 電路分析

$$\left(\dfrac{1}{R_1} + \dfrac{1}{R_2} + \dfrac{1}{r_d}\right) V_d = \dfrac{V_{ac}}{R_2}$$

$$\Rightarrow \left(\dfrac{1}{75} + \dfrac{1}{75} + \dfrac{1}{25}\right) V_d = \dfrac{V_{ac}}{75}$$

$$\therefore 5V_d = V_{ac}$$

$$故\ V_d = \dfrac{1}{5} V_{ac}$$

(2) $\because V_{ac} = 5V_d = 5V_T = (5)(25m) = 125mV$

$(\Leftrightarrow V_T \gg V_d)$

---

33. Determine the output voltage V_0 in the circuit in Fig. for the following values of input voltage : (1) $V_1 = V_2 = 5V$; (2) $V_1 = 5V$, $V_2 = 0$; (3) $V_1 = V_2 = 0$; A silicon diode is used and has $R_f = 30\Omega$, $V_r = 0.6V$, $I_s = 0$ and $R_r = \infty$ 大 。（✤題型：直流分析）

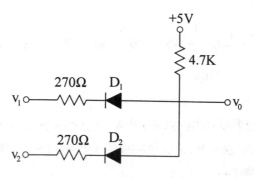

解☞ :

(1) $V_1 = V_2 = 5V \Rightarrow D_1$，$D_2$：OFF，$\therefore V_0 = 5V$

(2) $V_1 = 5V \Rightarrow D_1$：OFF，$D_2 = 0V \Rightarrow D_2 = ON$

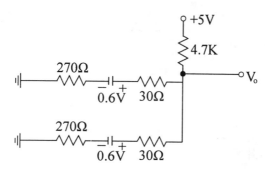

$$\left(\frac{1}{4.7K} + \frac{1}{270 + 30}\right) V_0 = \frac{5}{4.7K} + \frac{0.6}{270 + 30}$$

$$\therefore V_0 = 0.864V$$

(3) $V_1 = V_2 = 0V \Rightarrow D_1$，$D_2$：ON

$$\left(\frac{1}{4.7k} + \frac{1}{270 + 30} + \frac{1}{270 + 30}\right) V_0 = \frac{5}{4.7K} + \frac{(2)(0.6)}{270 + 30}$$

$$\therefore V_0 = 0.736V$$

---

34. (a) A silicon diode is in series with a 2-kΩ resistor and a 10V power supply. Approximately what is the current in the circuit, if the diode is forward-biased?

(b) If the measured diode drop is 0.6V at 1mA, obtain a more accurate value for the current in the circuit.

(c) If the battery is reversed and if the diode breakdown voltage is 7V, find the current in the circuit.

(d) A second indentical diode is added in series opposing (the two anodes are connected together).　Approximately what is the current in the circuit?

(e) The supply voltage in part (d) is reduced to 4V.　Find the current in the circuit and the voltage across each diode. (❖題型：直流分析)

【成大電機所】

解☞：

(a)電路

$$I_D = \frac{10 - V_D}{2k} = \frac{10 - 0.7}{2k} = 4.65mA$$

(b)利用疊代法

① $I_D = I_s \left[e^{V_D/\eta V_T} - 1 \right] = I_s \left[e^{0.6 / (2)(26mV)} - 1 \right] = 1mA$

∴ $I_s = 9.7nA$

② $V_{DD} = I_D R + V_D = (2k) \left[I_s \left(e^{V_D / (2)(26mV)} - 1 \right) \right] + V_D = 10$

∴ $V_D = 0.68V$

$I_D = I_s(e^{V_D / \eta V_T} - 1) = (9.7n) \left[e^{0.68 / (2)(26m)} - 1 \right] \simeq 4.635mA$

(c)電路

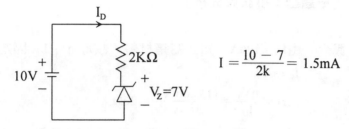

$I = \dfrac{10 - 7}{2k} = 1.5mA$

(d)由(c)知 $I \simeq 1mA$，又由(b)知 $I_D = 1mA$ 時，切入電壓 $V_r = 0.6V$

$\therefore I = \dfrac{10 - 0.6 - 7}{2k} = 1.2mA$

(e)電路同上

∵ $V_{DD} = 4V$，∴ V_Z未達崩潰

故 $I = I_s = I_D e^{-V_D / V_T} = 10^{-3}e^{-0.6 / (2)(0.026)} = 9.7nA$

故 $V_D \approx 0$，$V_Z \approx -4V$

35.已知二極體的 i-v 方程式可表示為 $i = I_s(e^{v/\eta V_T} - 1)$，$\eta = 1$，$V_T = 25mV$，則 $i = 1mA$ 時，動態電阻 $r_d = 25\Omega$ 是否為對？（✥
題型：小訊號分析）

解☞：對

$$r_d = \frac{\eta V_T}{I_D} = \frac{(1)(25mV)}{1mA} = 25\Omega$$

---

36. 設二極體電流為 1mA，$I_s = 10\mu A$，T = 300°K，試求動態電阻。
（❖題型：小訊號分析）

觀念：由$I_s = 10\mu A$，知此為鍺材料，故取 η = 1（因為矽材料，$I_s \approx nA$）

$$\therefore r_d = \frac{\eta V_T}{I_D} = \frac{(1)(26mV)}{1mA} = 26\Omega$$

---

37. 若輸入電壓 0 < V_I < 50V，試繪下圖電路的 v_o/v_I 轉移曲線。假設二極體為理想。（❖題型：直流分析）

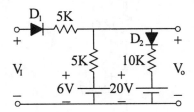

解☞：

1. 建表

	D_1	D_2	V_I	V_o
①	OFF	OFF	$0 \le V_I < 6V$	$V_o = 6V$
②	ON	OFF	$6V \le V_I < 34V$	$V_o = 3 + \frac{1}{2}V_I$
③	ON	ON	$V_I \ge 34V$	$V_o = \frac{2}{5}V_I + \frac{32}{5}$

2. 電路分析

(1) case ②

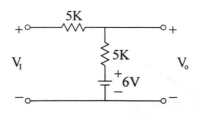

$$\left(\frac{1}{5k} + \frac{1}{5k}\right) V_0 = \frac{6}{5k} + \frac{V_I}{5k}$$

$$\therefore V_0 = 3 + \frac{1}{2}V_I$$

(2) case ③

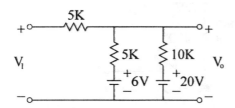

$$\left(\frac{1}{5k} + \frac{1}{5k} + \frac{1}{10k}\right) V_0 = \frac{V_I}{5k} + \frac{6}{5k} + \frac{20}{10k}$$

$$\therefore V_0 = \frac{2}{5}V_I + \frac{32}{5}$$

求 case ② 及 case ③ 的邊界電壓值

$$3 + \frac{1}{2}V_I = \frac{2}{5}V_I + \frac{32}{5} \qquad \therefore V_I = 34V$$

3.轉移曲線

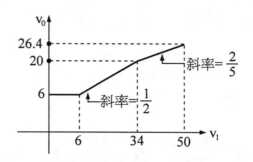

38. 利用三個串聯二極體以提供 2.1V 電壓，當電源發生 10％ 的變化，試求(1)無載時(2)負載為 1KΩ 時的輸出電壓變化？（✣題型：二極體順向偏壓）

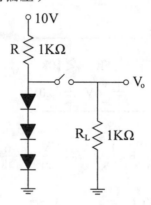

解☞：

　(1) $\Delta V_0 = \pm 18.5mV$　　(2) $\Delta V_0 = \pm 18mV$

　① 一、無載時　$I_D = \dfrac{10 - 2.1}{1K} = 7.9mA$

　② 動態電阻：$r_d = \dfrac{\eta V_T}{I_D} = \dfrac{2 \times 25m}{7.9m} = 6.3\Omega$

　③ 二極體總電阻

　　　$3 \times 6.3 = 18.9\Omega$

④ $V \times (\pm 10\%) = \pm 1V$

⑤ $\therefore \Delta V_0 = \Delta V \times \dfrac{18.9}{18.9 + 1K} = (\pm 1V) \times \dfrac{18.9}{18.9 + 1K} = \pm 18.5mV$

⑵加上負載 1KΩ時

同理

$V_0 = \Delta V \times \dfrac{(r//R_L)}{R + (r//R_L)} = (\pm 1V) \times \dfrac{(18.9 // 1000)}{(18.9 // 1000) + 1000}$

$= \pm 18.2mV$

---

39. 如圖中兩個相同二極體之V-I特性曲線示於圖(b)，試求 I_1，I_2，V_1 和 V_2。（❖題型：二極體直流模式）

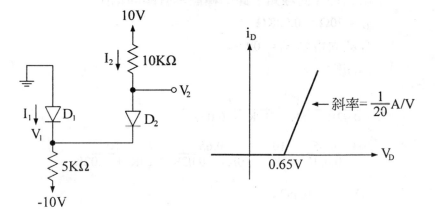

解☞：

1. 判斷二極體：D_1：ON，D_2：ON

2. 分析等效電路

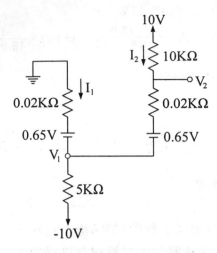

由此特性曲線知，此二極體具有順向電阻，

$r_D = 20\Omega = 0.02K\Omega$

且順向電壓 $V_r = 0.65V$

由節點法知

$$V_1 \left(\frac{1}{0.02K} + \frac{1}{5K} + \frac{1}{10K + 0.02K} \right)$$

$$= -\frac{0.65}{0.02K} - \frac{10}{5K} - \frac{0.65}{10K + 0.02K} + \frac{10}{10K + 0.02K}$$

$$\therefore V_1 = -0.667V$$

$$I_1 = \frac{-0.65 - V_1}{0.02K} = 0.867mA$$

$$I_2 = \frac{10 - 0.68 - V_1}{10K + 0.02K} = 1mA$$

$$V_2 = 10 - (10K)I_2 = 0V$$

40.圖為理想二極體，試繪出$V_o - V_I$轉移曲線。（✥題型：V_i與V_o之關係）

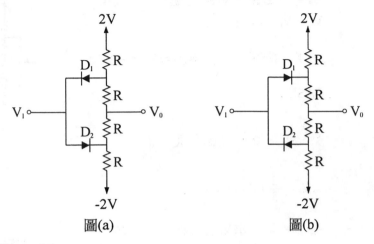

圖(a)　　　　　　　圖(b)

解☞：　圖(a)

1. 建表

CASE	D_1	D_2	V_I	V_o
1	ON	OFF	$-2 > V_I$	$V_o = \frac{2}{3}(V_I - 1)$
2	ON	ON	$-2 \leq V_I \leq 2$	$V_o = V_I$
3	OFF	ON	$2 < V_I$	$V_o = \frac{2}{3}(V_I + 1)$

2. 分析等效電路

CASE1：

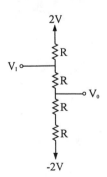

$$V_o(\frac{1}{R} + \frac{1}{2R}) = \frac{V_I}{R} - \frac{2}{2R}$$

$$\Rightarrow V_o = \frac{2}{3}(V_I - 1) \text{———①}$$

CASE2：

由等效電路，短路效應知

$V_I = V_o$ ——②

由①＝②可求V_I之界線⇒$V_I = -2V$

CASE3：

$$V_o \left(\frac{1}{2R} + \frac{1}{R}\right) = \frac{2}{2R} + \frac{V_I}{R}$$

$$\Rightarrow V_o = \frac{2}{3}(V_I+1) \text{——③}$$

由②＝③可求V_I之界線⇒$V_I = 2V$

將以上結果填入表中

3. $V_o - V_I$轉移曲線

由表可繪出轉移曲線

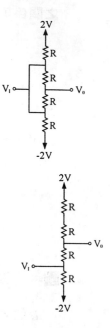

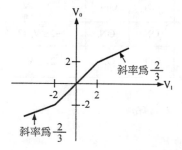

圖(b)：

1. 建表

CASE	D_1	D_2	V_I	V_o
1	OFF	ON	$V_I \leq -1V$	$V_o = \dfrac{2}{3}(V_I + 1)$
2	OFF	OFF	$-1V < V_I < 1V$	$V_o = 0$
3	ON	OFF	$V_I > 1V$	$V_o = \dfrac{2}{3}(V_I - 1)$

2. 分析等效電路

CASE1：

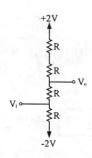

$$V_o\left(\frac{1}{2R} + \frac{1}{R}\right) = \frac{2}{2R} + \frac{V_I}{R}$$

$$\Rightarrow V_o = \frac{2}{3}(V_I + 1) \quad\text{——①}$$

< CASE2 >

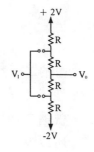

$V_o = 0V \quad\text{——②}$

由 equ ① = ②，得 V_I 界線

$\therefore V_I = -1V$

< CASE3 >

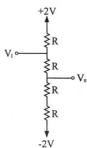

$$V_o\left(\frac{1}{R} + \frac{1}{2R}\right) = \frac{V_I}{R} - \frac{2}{2R}$$

$$\Rightarrow V_o = \frac{2}{3}(V_I - 1) \quad\text{——③}$$

由 equ ② = ③，得 V_I 界線

$\therefore V_I = 1V$

3. 轉移曲線

由表可繪出轉移曲線

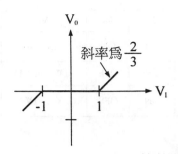

$$斜率為 \frac{2}{3}$$

2-4〔題型八〕：曾納（Zener）二極體

考型 22 曾納二極體電路分析

一、曾納二極體一般在崩潰區使用。（電子符號如下圖）

二、曾納二極體，若在崩潰區使用時，具有定位特性，即穩壓特性，（通常以並聯方式接線，且 $v > V_{ZK}$）（如下圖1）。

三、曾納二極體在逆偏時（即達到崩潰區），其等效如下圖2。
所以 $V_O = V_{ZK}$，不受 R_L 影響（注意 V_{ZK} 之極性）

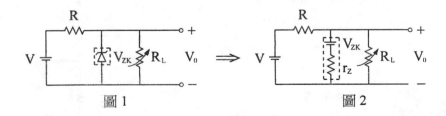

圖1　　　　　　　　　　　圖2

四、曾納二極體在順偏時，其等效與一般二極體相同。如下圖。

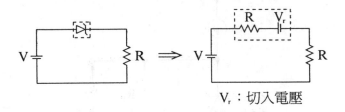

V_r：切入電壓

五、曾納二極體之特性曲線，如下圖。

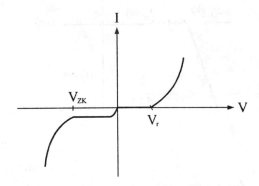

六、曾納二極體，若要發揮穩壓作用（電壓調整器），必須的條件為，流過 D_Z 之電流 I_Z 要大於 I_{ZK}。

歷屆試題

41. A shunt voltage regulator consists of a zener diode supplied by a constant current of 10mA. At this operating current the zener resistance is 5Ωand the zener voltage is 6.8V. The circuit and diode I-V characteristics are shown below. If the regulator is loaded by a resistor of 2kΩ, the output voltage decreases by (1) 17mV (2) 50mV (3) 68mV (4) 100mV (5) 28mV

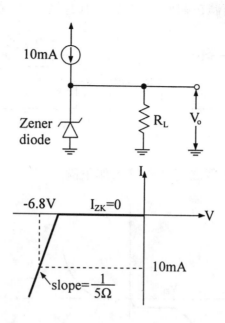

【交大電子所】

簡譯

如圖，$I_Z = 10mA$ 時，$V_Z = 6.8V$，且 $rz = 5\Omega$，求

(1)$R_L = 2K\Omega$

(2)$R_L = 0.2K\Omega$時之$\triangle V_o$。（❖題型：曾納二極體）

解☞： (1)

1. D_Z在這崩潰邊緣的電壓值為（由特性曲線圖知，$I_{ZK} = 0$）

∴$V_Z = 6.8 - (10m)(5) = 6.75V$，($r_Z = 5\Omega$)

等效圖如下：

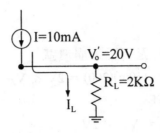

此時，電流全流向 R_L，$\therefore V_0' = (10mA)(2K) = 20V$
故使 D_Z 達崩潰區，故等效圖如下：

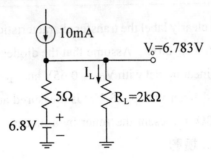

2. $\because I_L + I_Z = 10mA$

又 $I_L R_L = 6.8 - (10m - I_Z)(5)$

$\Rightarrow (2K)I_L = 6.8 - 5I_L$

$\therefore I_L = 3.3915mA$

故 $V_0 = I_L R_L = 6.783V$

3. 因此 $\Delta V_0 = V_Z - V_0 = 6.8 - 6.783 = 0.017V$

即 V_0 下降 17mV

---

42. As in the above problem, if the regulator is loaded by a resistor of 200Ω, the output voltage decreases by (A) 3.4V (B) 4.8V (C) 2.8V (D) 1.7V

(E) 5V。

解☞：(B)

1. 先驗證 D_Z 是否已達崩潰區

$V_0' = V_{RL} = (10m)(200) = 2V < V_Z$

故 D_Z：OFF

$\therefore V_0 = V_0' = V_{RL} = 2V$

2. 故 V_0 下降值 $= 6.8 - 2 = 4.8V$

---

43. Sketch and clearly label the transfer characteristic of the circuit shown for $-20V \leq V_I \leq +20V$. Assume that the diodes can be represented by a piecewise-linear model with $V_{D0} = 0.65V$ and $r_D = 20\Omega$. Assuming that the specified zener voltage (8.2V) is measured at a current of 10mA and that $r_Z = 20\Omega$, represent the zener by a piecewise-linear model.（✛題型：曾納二極體）

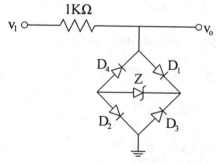

【成大工研所】

解☞：

1. 曾納二極體在 10mA 之下，$V_Z = 8.2V$，即

$V_z = 8.2 = V_{Z0} + (10mA)r_Z = V_{Z0} + (10mA)(20\Omega)$

$\therefore V_{Z0} = 8V$

2.建表

	Z	$D_1 \cdot D_2$	$D_3 \cdot D_4$	V_I
①	崩潰	ON	OFF	$V_I > (V_{D01} + V_{ZO} + V_{D02}) \Rightarrow V_I > 9.3V$
②	崩潰	OFF	ON	$V_I < (V_{D03} + V_{ZO} + V_{D04}) \Rightarrow V_I < -9.3V$
③	OFF	OFF	OFF	$-9.3V < V_I < 9.3V$

3.電路分析

① case 1：$(D_1 \cdot D_2)$：ON，$(D_3 \cdot D_4)$：OFF，Z：崩潰

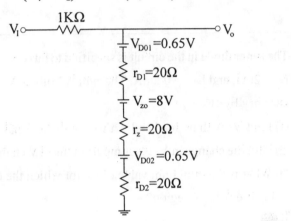

$$\therefore V_0 = (V_{D0_1} + V_{Z0} + V_{D0_2}) + \frac{r_D1 + r_Z + r_D2}{1K + r_{D1} + r_Z + r_{D2}} V_I$$

$$= 9.3V + 0.057V_I$$

② case2，$(D_1 \cdot D_2)$：OFF，$(D_3 \cdot D_4)$：ON，Z：崩潰

同理 case 1，可得

$$V_0 = -(9.3V + 0.057V_I)$$

③ case 3，$D_1 \cdot D_2 \cdot D_3 \cdot D_4$，Z：OFF

$$\therefore V_0 = V_I$$

4. 轉移特性曲線

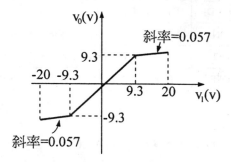

---

44. The zener diode in the circuit is specified to have $V_Z = 6.8V$ at $I_Z = 5mA$, $r_Z = 20\Omega$, and $I_{ZK} = 0.2mA$. The supply voltage V^+ is nominally 10V but can vary by±1V.

(1) Find V_0 with no load and with V^+ at its nominal value.

(2) Find the change in V_0 resulting from the±1V change in V^+.（no load）

(3) What is the minimum value of R_L for which the diode still operates in the breakdown region?

簡譯

$I_Z = 5mA$ 時，$V_Z = 6.8V$，$r_Z = 20\Omega$，$I_{ZK} = 0.2mA$，電壓源 V^+ 為 10V 且有 ±1V 的變化範圍，求

(1)無載且 V^+ 為標準值的 V_0。

(2)無載時，V^+ 有 ±1V 的 V_0 變化值。

(3)二極體剛好在崩潰區工作的 $R_{L(min)}$。（❖題型：曾納二極體）

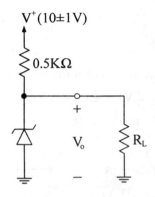

$V^+(10\pm1V)$

$0.5K\Omega$

$+$

V_o

R_L

$-$

解☞：

(1) $\because V_Z = V_{Z0} + I_Z r_Z \Rightarrow 6.8 = V_{ZO} + (5mA)(20\Omega)$

$\therefore V_{Z0} = 6.7V$

故 $I_Z = \dfrac{V^+ - V_{Z0}}{r_Z + R} = \dfrac{10 - 6.7}{0.5K + 20} = 6.35mA$

$\therefore V_0 = V_{Z0} + I_Z r_Z = 6.7 + (6.35m)(20) = 6.83V$

(2) $\Delta V_0 = \Delta V^+ \dfrac{r_Z}{R + r_Z} = (\pm1)(\dfrac{20}{0.5K + 20}) = \pm38.5mV$

(3) 觀念：

$R_{L,min}$ 是發生在曾納二極體崩潰區的邊緣，

$\therefore V_{ZK} = V_{Z0} + I_{ZK} r_Z = 6.7 + (0.2m)(20) = 6.704V$

求 $R_{L,min}$ 的條件為：選最小的 $V^+_{min} = 10 - 1 = 9V$

$\therefore I = \dfrac{V^+_{min} - V_{ZK}}{R} = \dfrac{9 - 6.704}{0.5K} = 4.6mA$

$I_L = I - I_Z = 4.6m - 0.2m = 4.4mA$

$$\text{故 } R_{L},min = \frac{V_L}{V_I} = \frac{V_{ZK}}{I_L} = \frac{6.704}{4.4m} = 1.53K\Omega$$

---

45. As shown in Figure, assume that the pn and Zener diodes are ideal, and $V_Z = 5V$. Find V_2 and V_3 when the voltage of V_1 is (1) $-$ 12V, (2) $-$ 6V, (3) $+$ 6V, (4) $+$ 12V, and (5) $+$ 16V.

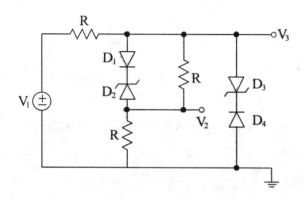

簡譯

已知 $V_Z = 5V$，若 V_1 為下列數值求 V_2，V_3。(1) $-$ 12V, (2) $-$ 6V, (3) $+$ 6V, (4) $+$ 12V, and (5) $+$ 16V。（❖題型：曾納二極體）

【清大電機所】

解☞：

(1)當 $V_1 = -$ 12V 時 $\Rightarrow$（D_1，D_2）：OFF，D_4：ON，D_3：崩潰

$$\therefore V_3 = V_{Z3} = -5V$$

$$V_2 = \frac{R}{R+R}V_3 = \frac{1}{2}V_3 = -2.5V$$

(2)當 $V_1 = -$ 6V 時 $\Rightarrow D_1$，D_2，D_3，D_4：OFF

$$\therefore V_3 = \frac{R+R}{R+R+R}V_1 = \frac{2}{3}V_1 = -4V$$

$$V_2 = \frac{1}{2}V_3 = -2V$$

(3) 當 $V_1 = 6V$ 時 $\Rightarrow D_1$，D_2，D_3，D_4 ：OFF

$$\therefore V_3 = \frac{2}{3} V_1 = 4V$$

$$V_2 = \frac{1}{2} V_3 = 2V$$

(4) 當 $V_1 = 12V$ 時 $\Rightarrow D_1$，D_2，D_3，D_4 ：OFF

$$\therefore V_3 = \frac{2}{3} V_1 = 8V$$

$$V_2 = \frac{1}{2} V_3 = 4V$$

(5) 當 $V_1 = 16V$ 時 $\Rightarrow D_1$ ：ON，D_2 ：崩潰，D_3，D_4 ：OFF

$$\therefore V_2 = (V_1 - V_{Z2}) \frac{R}{R + R} = \frac{1}{2}(16 - 5) = 5.5V$$

$$V_3 = V_2 + V_{Z2} = 5.5 + 5 = 10.5V$$

---

46. It is required to design a zener shunt regulator to provide an output voltage of about 10V. The raw supply available varies between 15 and 25V and the load current varies over the range 0 to 20 mA. The available 10V zener of type 1N4740 is specified to have a 10V drop at a test current of 25mA. At this current its r_Z is 7Ω. Design for a minimum zener current of 5mA.

(1) Find V_{Z0}.

(2) Calculate the required value of R.

(3) Find the line regulation. What is the change in V_0 expressed as a percentage, corresponding to the ±25% change in V_s?

(4) Find the load regulation. By what percentage does V_0 change from the

no-load to the full-load condition?

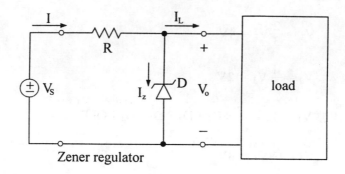

Zener regulator

簡譯

設計曾納分壓器以提供輸出約 10V 的穩壓，原電壓源範圍為 15~25V，負載電流的範圍為 0~20mA，而額定值 10V 的 IN4740 型齊納二極體的規格為：測試電流 25mA，壓降是 10V，r_Z 是 7Ω。設計齊納二極體最小電流為 5mA。

(1) 求 V_{Z0}。

(2) 求滿足條件的 R 值。

(3) 求線上穩壓。在 V_s 為 ±25% 變化率時，求 V_0 的變化率。

(4) 求負載穩壓。在無載至滿載時，求 V_0 的變化率。（✤題型：曾納二極體）　　　　　　　　　　　　　　　　【清大電機所】

解☞：

(1) ∵ $V_Z = V_{Z0} + I_Z r_Z \Rightarrow 10 = V_{zo} + (25m)(7)$

　　∴ $V_{zo} = 9.825V$

(2) $R_{min} = \dfrac{V_{s,min} - V_{0,max}}{I} = \dfrac{V_{s,min} - V_{0,max}}{I_{L,max} + I_{Z,min}}$

　　　　$= \dfrac{15 - 9.85}{20m + 5m} = 205.6\Omega$

其中

$$V_{0,max} = V_{Z0} + I_Z r_Z = 9.825 + (5m)(7) = 9.86V$$

(3)用重疊定理知

$$V_0 = V_{Z0}\frac{R}{R + r_Z} + V_s\frac{r_z}{R + r_Z} - I_L(R /\!/ r_Z) = 10V$$

$$\Rightarrow 10 = 9.825\ (\frac{205.6}{205.6 + 7}) + V_s(\frac{7}{205.6 + 7}) - (20m)(205.6/\!/7)$$

$$\Rightarrow V_s = 19.252V$$

$$\therefore \frac{\Delta V_0}{\Delta V_s} = \frac{r_z}{R + r_Z} = \frac{7}{205.6 + 7} = 0.033$$

依題意知 $\frac{\Delta V_s}{V_s} = \pm 25\%$，即

$$\Delta V_s = \pm 25\% V_S = \pm(0.25)(19.252) \approx \pm 4.8V$$

故 $\Delta V_0 = (0.033)(\Delta V_s) = (0.033)(\pm 4.8) \approx \pm 0.16V$

$$\therefore \frac{\Delta V_0}{V_0} = \frac{\pm 0.16}{10} = \pm 1.6\%$$

(4) $\because \frac{\Delta V_0}{\Delta I_L} = -(R/\!/r_Z) = -(7/\!/205.6) = -6.77\Omega$

故 $\Delta V_0 = (-6.77)(\Delta I_L) = (-6.77)(20mA) = -135.4mV$

$$\therefore \frac{\Delta V_0}{V_0} = \frac{-0.1354}{10} = -1.35\%$$

47.考慮圖中所示之調節器。

(1)假設 V_s 為一未調節之電源且其值在 9V 至 11V 之間變動且

曾納二極體可針對 $I_z > 0$ 提供調節，現在吾人欲針對 500mA 以下的所有負載電流提供 5V 的輸出電壓，問所需 R 值為何？

(2)計算曾納二極體上之最大功率散逸。

(3)將(a)中計算之 R 值代入，而曾納二極體之元件參數如下：$V_z = 5V$，$I_{z(min)} = 1mA$，$I_{z(max)} = 750mA$。現欲針對 500mA 以下的所有負載電流（$0 \leq I_L \leq 500mA$）提供調節，試決定未調節電源 V_s 可允許的振幅範圍。（❖題型：曾納二極體）

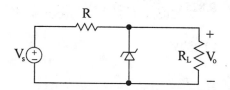

【特考】

解☞：

(1)依題意條件知，若 $V_s = 9V$，$I_z = 0$，$I_L = 500mA$，而 $V_0 = 5V$

$$\therefore I = I_L = \frac{V_s - V_0}{R} = \frac{9 - 5}{R} = 500mA$$

$$\therefore R = 8\Omega$$

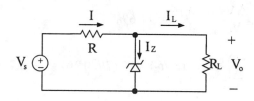

(2)令 $I_{L(min)} = 0$，且 $V_s = 11V$ 時，則

$$I_{z(max)} = I = \frac{V_s - V_0}{R} = \frac{11 - 5}{8} = 0.75A$$

$$\therefore P_{D(max)} = V_z I_{z(max)} = (5)(0.75) = 3.75W$$

(3) *1.* 若 $I_{z(min)}$ 、 $I_{L(max)}$，則可求 $V_{s(min)}$

$\therefore V_{s(min)} = IR + V_z = (I_{z(min)} + I_{L(max)})R + V_z$

$= (1mA + 500mA)(8\Omega) + 5 = 9.008V$

2. 若 $I_{z(max)}$，$I_{L(min)}$，則可求 $V_{s(max)}$

$\therefore V_{s(max)} = IR + V_z = (I_{z(max)} + I_{L(min)})R + V_z$

$= (750mA + 0)(8\Omega) + 5 = 11V$

3. 故知 V_s 的振幅範圍為

$9.008V \leqq V_s \leqq 11V$

---

48. 已知 $V_z = 50V$，V_s 使用範圍為 $10V \sim 100V$，求(1)$I_{z(min)}$，$I_{z(max)}$
(2)$I_z - V_s$ 轉移曲線。（❖題型：曾納二極體）

【乙等特考】

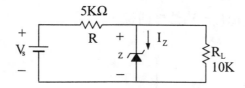

解☞：

(1) *1.* 若$V_s = 100V$，則 D_z：崩潰，此時 $I_z = I_{z(max)}$

$\therefore I = I_{z(max)} + I_L \Rightarrow \dfrac{V_s - V_z}{5K} = I_{z(max)} + \dfrac{V_z}{R_L}$

即 $\dfrac{100 - 50}{5K} = I_{z(max)} + \dfrac{50}{10K}$

$$\therefore I_{z(max)} = 5mA$$

2. 若 $V_s = 10$，則 D_z：OFF，$\therefore I_{z(min)} = 0A$

(2) 1. 若 D_z 位於崩潰邊緣點時，$I = I_L$

$$V_s = I(5K) + V_z = \frac{50}{10K} + 50 = 75V$$

故知 $V_s \geq 75V$ 時，D_z：崩潰

2. 所以 D_z 在崩潰區時

$$V_s = I(5K) + V_z = (I_z + I_L)(5K) + V_z$$

$$= (I_z + \frac{50}{10K})(5K) + 50 = 75 + I_z(5K)$$

令 $I_z = 0 \Rightarrow V_s = 75V$

令 $V_s = 100 \Rightarrow I_z = 5mA$

3. 故 $I_z - V_s$ 轉移曲線，如下：

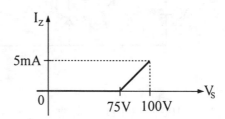

2-5〔題型九〕：截波器（Clipper）電路

考型 23　截波器電路的分析

一、前言

　1. 亦稱為限制器。

　2. 通常為二極體電阻器所組成。

　3. 是將輸入電壓在某個電壓準位以上或以下的部份截去的電路。

二、解題技巧

　1. 假設二極體為 ON 或 OFF，以列出 V_i 範圍。

　2. 將 D 以等效圖代替。

　3. 求出 v_i 及 v_o 關係。

　4. 繪出 v_i-v_o 轉移特性曲線，或繪出 v_o 波形。

三、截波器輸出波形觀察法

　1. 並聯截波器：

　　(1)二極體箭頭朝上⇒截上面

　　(2)二極體箭頭朝下⇒截下面

　　至於所截的準位，則要看二極體串聯的電壓而定。

　2. 串聯截波器：

　　分析技巧如下：

　　(1)二極體順偏⇒截下面。

　　(2)二極體逆偏⇒截上面。

　　至於所截的準位，亦是決定於二極體所串聯的電壓而定。

　　(1)串聯正電壓 V_R ⇒截 $+ V_R$

　　(2)串聯負電壓 V_R ⇒截 $- V_R$

歷屆試題

49. Consider the circuit shown in Fig. Assume the diodes D_1 and D_2 are ideal.
When $V_s(t) = 5\sin(t)$, draw $V_0(t)$ v.s. t in detail.

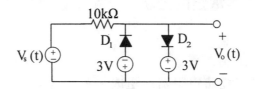

簡譯

二極體 D_1、D_2 為理想，$V_s(t) = 5\sin(t)$ 繪出 $V_0(t)$ 之波形。（✛題型：截波器電路） 　　　　　　　　　　　　【交大控制所】

解☞：

1. 建表

	D_1	D_2	V_s	V_0
①	ON	OFF	$V_s < -3V$	$V_0 = -3V$
②	OFF	OFF	$-3V \leq V_s < 3V$	$V_0 = V_s$
③	OFF	ON	$V_s \geq 3V$	$V_0 = 3V$

2. 轉移特性曲線

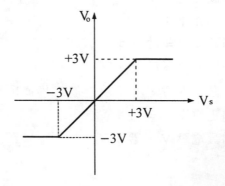

3. 輸出波形

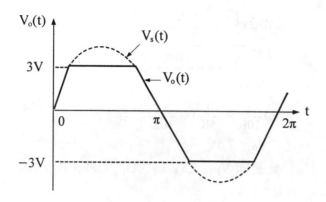

50. Calculate the break points and sketch the transfer characteristic for the double-ended clipper. Assume ideal diodes.

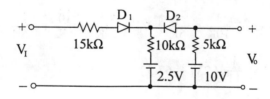

簡譯

繪轉移曲線。　　　　　　　　　　【基層特考、交大電子所】

解☞：

一、建表

	D_1	D_2	V_I	V_o
①	OFF	ON	$V_I < 7.5V$	$V_o = 7.5V$
②	ON	ON	$7.5 \leq V_I < 21.25V$	$V_o = \frac{1}{11}(2V_i + 67.5)$
③	ON	OFF	$V_I \geq 21.25V$	$V_o = 10V$

二、分析電路

case 1：

$$V_0(\frac{1}{10K} + \frac{1}{5K}) = \frac{2.5}{10K} + \frac{10}{5K}$$

$$\therefore V_0 = 7.5V$$

此意即 $V_I < 7.5V$ 時，D_1：OFF，D_2：ON

case 2：

$$(\frac{1}{15K} + \frac{1}{10K} + \frac{1}{5K})\ V_0 = \frac{2.5}{10K} + \frac{10}{5K} + \frac{V_I}{15K}$$

$$\therefore V_0 = \frac{1}{11}\ (2V_i + 67.5)$$

case 3：

$$\therefore V_0 = 10V$$

求 case 2 上限電壓

$$V_0 = \frac{1}{11}(2V_i + 67.5) = 10V$$

$$\therefore V_i = 21.25V$$

---

51. 設二極體含有切入電壓 V_r 及順向電阻 R_f，畫出下圖截波電路之轉換特性曲線：（✤題型：V_i 與 V_o 之關係）

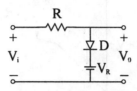

解☞：

1. 建表

CASE	D_i	V_i	V_o
1	OFF	$V_i < V_R + V_r$	$V_o = V_i$
2	ON	$V_i \geq V_R + V_r$	$V_o = \dfrac{R_f}{R_f + R}V_i + \dfrac{R}{R_f + R}(V_R + V_r)$

2. 分析等效電路

< CASE1 >

$V_0 = V_i \cdots\cdots ①$

< CASE2 >

$(\dfrac{1}{R} + \dfrac{1}{R_f})V_0 = \dfrac{V_i}{R} + \dfrac{V_R + V_r}{R_f}$

$\therefore V_0 = \dfrac{R_f}{R_f + R}V_i + \dfrac{R}{R_f + R}(V_R + V_r)$

$\cdots\cdots ②$

由 equ ① ＝ ②，求出 V_i 之界線

$V_i = V_R + V_r$

3. $V_i - V_0$ 轉移特性曲線

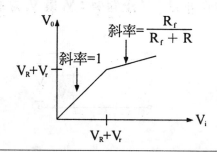

52.下圖之 V_0 波形如何？（若二極體為一理想二極體）（❖題型：V_i 與 V_0 之關係）

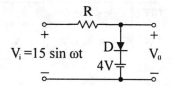

$V_i = 15 \sin \omega t$

解☞：

1. 建表

CASE	D	V_i	V_0
1	OFF	$V_i < 4V$	$V_0 = V_i$
2	ON	$V_i \geq 4V$	$V_0 = 4V$

2. 分析等效電路

< CASE1 >

$V_0 = V_i \cdots\cdots ①$

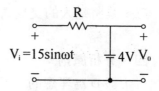

< CASE2 >

$V_0 = 4V \cdots\cdots ②$

由 equ ① = ② 知 V_i 之界線

$V_1 = 4V$

3. 轉移曲線及輸出波形

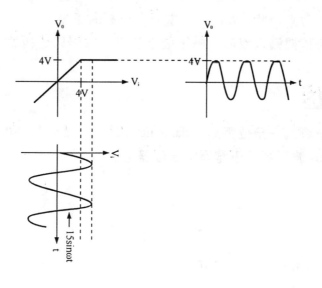

2-6〔題型十〕：定位器（Clamper）電路

考型 24 定位器電路的分析

一、亦稱為直流復位器（dcrestorers）

二、一般為二極體，電容器以及電阻器所組成的。

三、是將輸入的交流信號往上或往下移位，但不會改變其波形的電路。

四、分析原則：

1. 設 D 為理想的，且 RC > 10T，T 為輸入信號的週期，故 C 的效應可忽略。

2. 考慮前一個狀態，若 D 為 ON，則 C 為迅速充電至某個電壓。

3. 考慮現狀，v_i 再加上電容 C 已有的電壓。

4. 依據輸入波形，繪出輸出波形（繪出只是穩態波形）。

歷屆試題

53. 下圖為一箝位電路（clamping circuit），E_{in} 為 ±30V 之方波，同 E_{out} 波形為（❖題型：定位器）

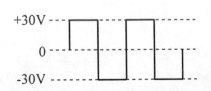
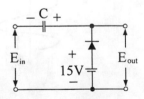

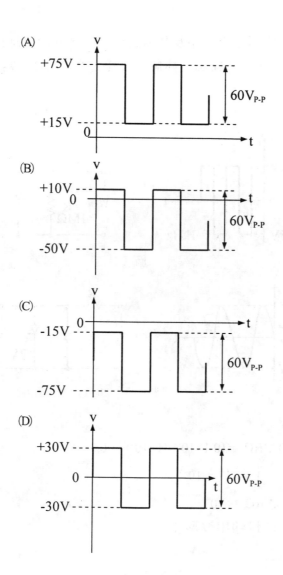

解☞：(A)

因為二極體朝上，所以波形移至 15V 之上

54.如圖1，圖2所示之電路及其輸入信號，請繪出其輸出波形（假設所有 Diode 均為理想二極體）（✤題型：(1)定位器　(2)截波器）

【81 年丙等特考】

(1)
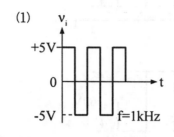
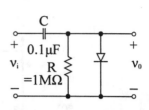

圖 1

(2)
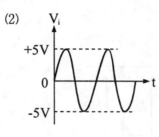
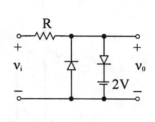

圖 2

解☞：

(1)∵RC $= (0.1\times10^{-6})(1\times10^{6}) = 0.1$

　　T $= \dfrac{1}{f} = 10^{-3}$

　　∴RC > 10T

　　所以輸出波形為

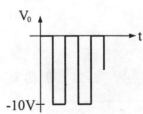

(2)此為截波器

　　所以輸出波形為

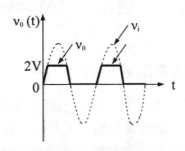

55.試求下圖之輸出波形（✛題型：定位器）

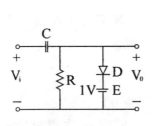

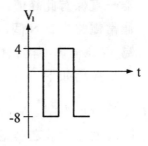

解☞：因為二極體朝下，所以輸出波形並偏移至 E 以下，輸
　　出波形

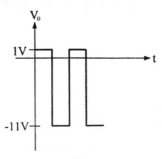

2-7〔題型十一〕：倍壓器（Voltage multiplier）電路

考型 25 倍壓器電路的分析

一、通常為二極體與電容器的組合。（通常無電阻器）

二、是取輸入信號的峰值電壓，利用二極體⇒電容的電壓定位效能，使輸出具有數倍峰值的直流電壓。

三、∵沒有電阻器⇒C可迅速充電至輸入的峰值電壓。

四、利用 D 的單向導通特性，於此時切斷充電回路，因之電容器一直保有此峰值電壓。

五、通常電路中有 N 個電容即為 N 倍倍壓電路。但至於輸出 V_0 為 V_i 幾倍，則需視電路而定。

六、分析技巧如下：

1. 先分析正半週之V_i，即（$V_i > 0$）
2. 取最近輸入端之迴路，求出電容 C_1 之電壓值。
3. 再分析負半週之V_i，即（$V_i < 0$）
4. 迴路取次近輸入端之迴路，求出電容 C_2 之電壓值。
5. 重複步驟①至④，迴路分析由近至遠。即可。

歷屆試題

56. Assume diode is ideal and v_i is a sinusoidal wave form.　Draw the output signal v_0 for the following circuits.

簡譯

繪出下圖輸出波形。（二極體為理想，且輸入訊號為正弦波）。

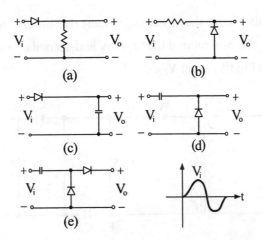

(a)

(b)

(c)

(d)

(e)

解☞ :

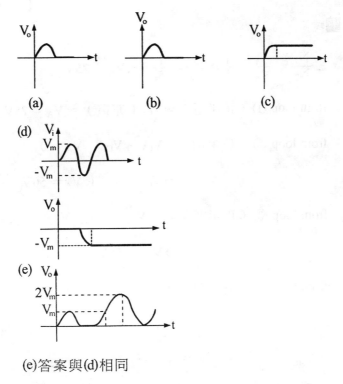

(a)

(b)

(c)

(d)

(e)

(e)答案與(d)相同

57. Consider the circuit shown below. Assume that the diodes and transformer are ideal. The turn ratio of the primary and secondary coils is 1：5. $v_s = 5 \sin\omega t$ V. Find V_{AB} and V_{EF}.

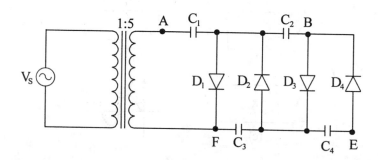

解☞ :

$$\because \frac{N_1}{N_2} = \frac{V_s}{V_A} = \frac{1}{5} \Rightarrow \frac{5}{V_A} = \frac{1}{5} \quad \therefore V_A = 25V$$

from loop ① （正半週）$\Rightarrow V_{C1}$（充電）$= V_A = 25V$

from loop ② （負半週）$\Rightarrow V_{C3} - V_{C1} - V_A = 0$

$$\Rightarrow V_{C3} = V_{C1} + V_A = 50V$$

from loop ③ （正半週）$\Rightarrow -V_A + V_{C1} + V_{C2} - V_{C3} = 0$

$$\Rightarrow V_{C2} = 50V$$

from loop ④ （負半週）$\Rightarrow -V_A + V_{C3} + V_{C4} - V_{C2} - V_{C1} = 0$

$$\Rightarrow V_{C4} = 50V$$

$$\therefore V_{AB} = V_{C1} + V_{C2} = 25 + 50 = 75V\cdots\cdots Ans$$

$$V_{EF} = -(V_{C3} + V_{C4}) = -100V \cdots\cdots Ans$$

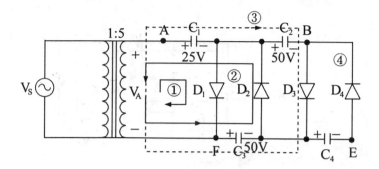

58. Find the operation principle and $V_0(t)$ shown in Fig.

簡譯

繪出 $V_0(t)$ 的波形。（❖題型：倍壓器）

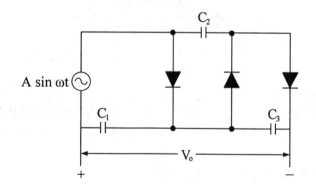

【清大電機所】

解☞ :

1. 工作原理

loop ①（正）：$V_{C1} - A = 0 \Rightarrow V_{C1} = A$

loop ②（負）：$-A - V_{C1} + V_{C2} = 0 \Rightarrow V_{C2} = 2A$

loop ③（正）：$- A - V_{C2} + V_{C3} + V_{C1} = 0 \Rightarrow V_{C3} = 2A$

$\therefore V_0 = - (V_{C1} + V_{C3}) = - (A + 2A) = - 3A$

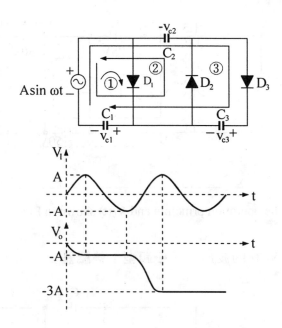

2-8〔題型十二〕：整流器（Rectifier）電路

考型 26 各類整流器的分析

一、定義

　1. 是將交流信號輸入，轉換為直流信號輸出的電路。

　2. 有半波及全波整流器。

　3. 半波整流。

　4. 整流電路的種類：

(1)半流整流電路：

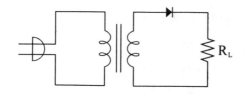

(2)全波整流電路：

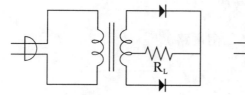

(3)橋式全波整流電路：

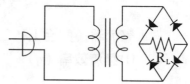

5. 交流訊號之大小，通常是以平均值或有效值表示

6. 電表的讀值為有效值

二、交流訊號表示法：

1. $\boxed{v(t) = V_m \sin(\omega t + \phi)}$

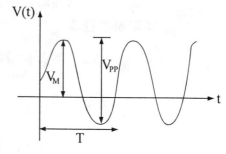

V_m：振幅，ω：角頻率

sin：波形，ϕ：相位差

V_{pp}：峰對峰值，

T：週期

2. $\omega = 2\pi f$，$f = \dfrac{1}{T}$，f：頻率

3. 波形計算

(1)平均值　$V_{av} = \dfrac{1}{T}\displaystyle\int_0^T V(t)\, dt$

(2)有效值　$V_{rms} = \sqrt{\dfrac{1}{T}\displaystyle\int_0^T V^2(t)\, dt}$

（均方根值）

(3) **波形因數**（Form Factor，FF）

$$F.F. = \frac{V_{rms}}{V_{av}} = \frac{\text{有效值}}{\text{平均值}}$$

(4) **波峰因數**

$$C.F. = \frac{V_m}{V_{rms}} = \frac{\text{振幅}}{\text{有效值}}$$

4. 整流器（配合上述三個電路）

(1) **整流效率**（η）

$$\eta = \frac{P_{0(dc)}}{P_{i(ac)}} = (\frac{I_{dc}}{I_{rms}})^2(\frac{1}{1+\frac{R_f}{R_L}}) \times 100\%$$

R_f：二極體順偏內部電阻

(2) **峰值逆電壓**（Peak inverse voltage, PIV）

當二極體逆偏時，所承受的最大逆向電壓。

(3) **電壓調整率**

$$V.R. = \frac{V_{NL}（無負載電壓）- V_{FL}（全負載電壓）}{V_{FL}（全負載電壓）} \times 100\%$$

① 若電壓源含內阻時，則用下式

$$電壓調整率\ V.R.\% = \frac{R_0（電壓源內阻）}{R_L（負載）} \times 100\%$$

② 電壓調整率愈小愈好，理想的電壓源供應器，其 V.R = 0

三、三種整流器之比較（理想二極體）

輸入為弦波	半波整流器	中心抽頭全波整流器	橋式全波整流器
輸出平均值	$\dfrac{V_m}{\pi} = 0.318V_m$	$\dfrac{2V_m}{\pi} = 0.636V_m$	$\dfrac{2V_m}{\pi} = 0.636V_m$
輸出有效值	$\dfrac{V_m}{2} = 0.5V_m$	$\dfrac{V_m}{\sqrt{2}} = 0.707V_m$	$\dfrac{V_m}{\sqrt{2}} = 0.707V_m$
波形因數	$F.F = \dfrac{\pi}{2}$	$F.F = \dfrac{\pi}{2\sqrt{2}} = 1.11$	$F.F. = \dfrac{\pi}{2\sqrt{2}}$
波峰因數	$C.F. = 2$	$C.F. = \sqrt{2} = 1.414$	$C.F = \sqrt{2}$
漣波因數	1.21	0.482	0.482
峰值逆電壓	V_m	$2V_m$	V_m
平均頻率	$\dfrac{V_m}{\pi^2 R_L}$	$\dfrac{4V_m}{\pi^2 R_L}$	$\dfrac{4V_m}{\pi^2 R_L}$
漣波頻率	f	$2f$	$2f$
整流效率	$\eta = \dfrac{40.5}{1+\dfrac{R_f}{R_L}}\%$	$\eta = \dfrac{0.81}{1+\dfrac{R_f}{R_L}}\%$	$\eta = \dfrac{0.81}{1+\dfrac{R_f}{R_L}}\%$
漣波電壓 （理想二極體）	$V_r = \dfrac{V_m}{Rcf}$	$V_r = \dfrac{V_m}{2Rcf}$	$V_r = \dfrac{V_m}{2Rcf}$
漣波電壓 （含順偏電壓V_D）	$V_r = \dfrac{V_m - V_D}{Rcf}$	$V_r = \dfrac{V_m - V_D}{2Rcf}$	$V_r = \dfrac{V_m - 2V_D}{2Rcf}$

四、三種整流器之比較（二極體含順向偏壓 V_D）

	半波整流器	中心抽頭全波整流器	橋式全波整流器
輸入波形	$V_m \sin \omega t$	$V_m \sin \omega t$	$V_m \sin \omega t$
輸出峰值	$V_m - V_D$	$V_m - V_D$	$V_m - 2V_D$
平均值	$\dfrac{(V_m - V_D)}{\pi}$	$\dfrac{2(V_m - V_D)}{\pi}$	$\dfrac{2(V_m - 2V_D)}{\sqrt{2}}$
均方根值	$\dfrac{V_m - V_D}{2}$	$\dfrac{V_m - V_D}{\sqrt{2}}$	$\dfrac{V_m - 2V_D}{\sqrt{2}}$
PIV	V_m	$2V_m - V_D$	$V_m - V_D$
波形因素 F.F.（忽略 V_{DO}）	$\dfrac{\pi}{2}$	$\dfrac{\pi}{2\sqrt{2}}$	$\dfrac{\pi}{2\sqrt{2}}$
漣波因素 RF（忽略 V_{DO}）	$\sqrt{(\dfrac{\pi}{2})^2 - 1}$ $= 121\%$	$\sqrt{(\dfrac{\pi}{2\sqrt{2}})^2 - 1}$ $= 48.3\%$	$\sqrt{(\dfrac{\pi}{2\sqrt{2}})^2 - 1}$ $= 48.3\%$

五、各種波形之參數特性比較（**理想二極體**）

波 形	有效值 V_{rms}	平均值 V_{av}	波形因素 $F.F = \dfrac{V_{rms}}{V_{av}}$	波峰因素 $C.F. = \dfrac{V_m}{V_{rms}}$
全波弦波	$\dfrac{V_m}{\sqrt{2}} = 0.707 V_m$	$\dfrac{2V_m}{\pi} = 0.636 V_m$	$\dfrac{\pi}{2\sqrt{2}} = 1.11$	$\sqrt{2} = 1.414$
半波整流	$\dfrac{V_m}{2}$	$\dfrac{V_m}{\pi}$	$\dfrac{\pi}{2}$	2
半波三角波	$\dfrac{V_m}{\sqrt{3}}$	$\dfrac{V_m}{2}$	$\dfrac{2}{\sqrt{3}}$	$\sqrt{3}$
鋸齒波	$\dfrac{V_m}{\sqrt{3}}$	$\dfrac{V_m}{2}$	$\dfrac{2}{\sqrt{3}}$	$\sqrt{3}$
直流	V_m	V_m	1	1

考型 27 含電容濾波之整流器

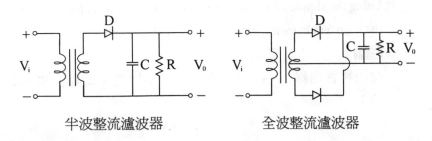

半波整流濾波器　　　　　　　全波整流濾波器

一、**濾波**：是將脈波直流電壓變成一個平穩的直流電壓，如上圖。

二、**濾波必須考慮的因素**：

　　1. 漣波因素 $r = \dfrac{V_{r(rms)} \text{漣波電壓有效值}}{\text{平均直流電壓}}$

　　2. 漣波因素愈小，表示濾波效果愈佳。

三、**半波整流濾波之漣波電壓**：$V_r = \dfrac{V_p}{Rcf}$

　　半波整流濾波之導通角度：$\theta = \sqrt{\dfrac{2V_r}{V_m}}$

　　半波整流濾波之導通時間：$\Delta t = \dfrac{\theta}{\omega} = \dfrac{1}{\omega}\sqrt{\dfrac{2V_r}{V_m}}$

四、**全波整流濾波之漣波電壓**：$V_r = \dfrac{V_P}{2Rcf}$

　　$V_r = \dfrac{V_p}{2Rcf}$

　　1. 上二式，若二極體為理想則以 $V_P = V_m$ 代入

　　2. 若二極體含順偏電壓 V_D，則以

　　　$V_P = V_m - V_D$（半波與中心抽頭全波整流）

　　　$V_P = V_m - 2V_D$（橋式整流）代入。

歷屆試題

59. Using the simple constant-voltage-drop (0.7V) for each of the diodes, find the transfer characteristic of the circuit shown in Fig.

簡譯

繪出特性曲線，V_D＝（0.7V）。（✣**題型：二極體橋式全波整流**）

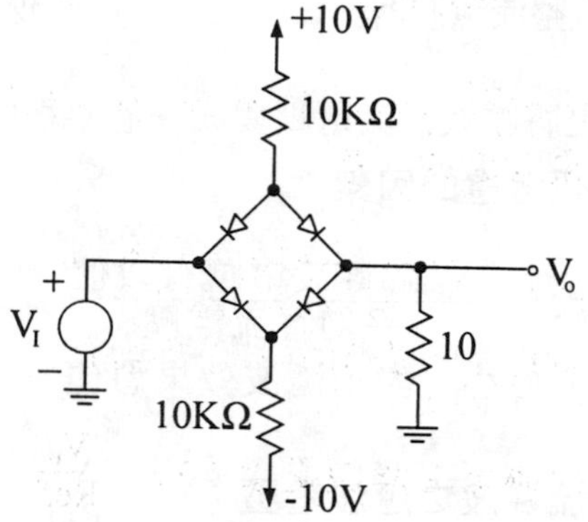

【台大電機所】

解☞：

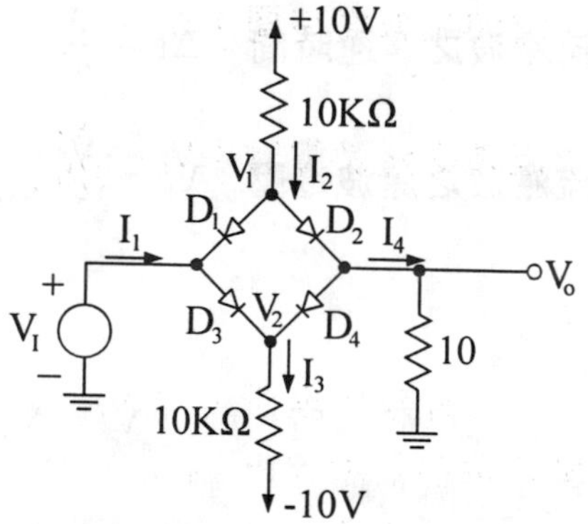

1. 分析正半週

設 $\boxed{V_I = 0}$ $\Rightarrow D_1 \cdot D_2 \cdot D_3 \cdot D_4 :$ ON

$\therefore V_1 = 0.7V = V_{D1}$

又 $V_0 = V_I + V_{D1} - V_{D2} = 0 \Rightarrow \boxed{I_4 = 0}$

$\therefore \boxed{I_2} = \dfrac{10 - V_1}{10K} = \dfrac{10 - 0.7}{10K} = \boxed{0.93mA}$

$- V_I + V_{D3} + I_3 R - 10 = 0$

$\Rightarrow \boxed{I_3} = \dfrac{10 - V_{D3} + V_I}{R} = \dfrac{10 - 0.7}{10K}$

$= \boxed{0.93mA}$

又由 KCL $\Rightarrow I_1 + I_2 = I_3 + I_4 \Rightarrow \boxed{I_1 = 0}$

整理 $V_I = 0 \Rightarrow V_0 = 0 \cdot I_1 = 0 \cdot I_2 = 0.93mA \cdot I_3 = 0.93mA \cdot I_4 = 0$

2. 設 $\boxed{V_I = 3V}$ $\Rightarrow D_1 \cdot D_2 \cdot D_3 \cdot D_4 :$ ON

$\therefore V_1 = V_I + V_{D1} = 3 + 0.7 = 3.7V$

$\Rightarrow \boxed{V_0 =} V_I + V_{D1} - V_{D2}$

$= 3 + 0.7 - 0.7 = \boxed{3V}$

$\therefore \boxed{I_2} = \dfrac{10 - V_1}{10K} = \dfrac{10 - 3.7}{10K} = 0.63mA$

$\boxed{I_3} = \dfrac{10 - V_{D3} + V_I}{10K} = \dfrac{10 - 0.7 + 3}{10K} = \boxed{1.23mA}$

$\boxed{I_4 =} \dfrac{V_0}{R} = \dfrac{3}{10K} = \boxed{0.3mA}$

$\because KCL \Rightarrow I_1 + I_2 = I_3 + I_4 \Rightarrow \boxed{I_1 = 0.9mA}$

①整理：$V_I = 3V \Rightarrow V_0 = 3V$，$I_1 = 0.9mA$，$I_2 = 0.63mA$，

$\qquad I_3 = 1.23mA$，$I_4 = 0.3mA$

②討論：當$V_I \uparrow \Rightarrow I_1 \uparrow$，$I_2 \downarrow$，$I_3 \uparrow$，$I_4 \uparrow$，$V_0 \uparrow$

3. 若$I_2 = I_4 \Rightarrow D_1$，$D_2$皆 OFF，此時

$$V_0 = V_{cr} = (10 - 0.7)(\frac{10K}{10K + 10K}) = 4.65V = V_I$$

$\begin{cases} ① \therefore 0 \leqq V_I \leqq 4.65V \Rightarrow V_0 = V_I \\ ② \; V_I > 4.65V \quad \Rightarrow V_0 = 4.65V \end{cases}$

4. 同理負半週$\begin{cases} -4.65V \leqq V_I \Rightarrow V_0 = V_I \\ V_I < -4.65V \Rightarrow V_0 = -4.65V \end{cases}$

5. 轉移特性曲線

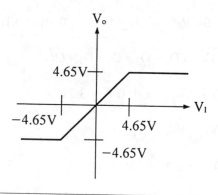

60.已知二極體的I-V曲線，求下圖電路(1) V_o／ V_1 轉移曲線(2) V_o 對 V_1 波形圖。（❖題型：全波整流器）

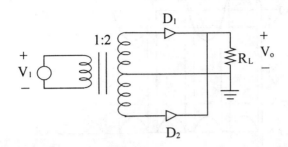

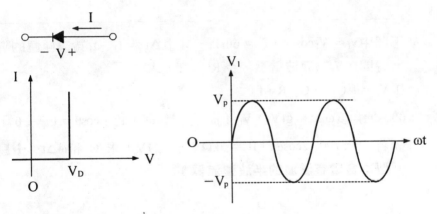

【成大電機所】

解☞：

(1)

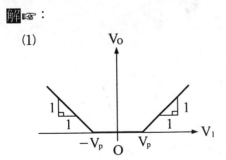

(2)

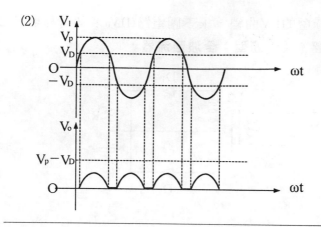

61. 下圖中 $v_I = V_P\cos\omega t$，$f = 60Hz$，其中 $\Delta t = t_2 - t_1$ 為二極體的導通時間，V_r 為漣波電壓，令 $RC \gg T$，求

(1) $V_r = f(V_P, C, R, f)$

(2) 導通角度 $\omega\Delta t = g(V_P, V_r)$〔提示：當 θ 很小時，$\cos\theta = 1 - \dfrac{1}{2}\theta^2$〕

(3) 若 $V_I = 100\sqrt{2}\cos\omega t$，$R = 5k\Omega$，$V_r = 1V$，求 C 和 $\omega\Delta t$（❖題型：含電容濾波的半波整流器）

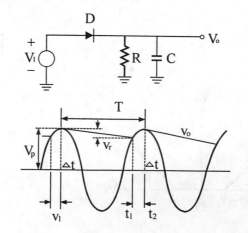

【台技電子所】

解☞：

$(1) V_r = \dfrac{V_P}{RCf}$

$(2) \omega \Delta t = \theta = \sqrt{\dfrac{2V_r}{V_P}}$

$(3)①\because V_r = \dfrac{V_P}{RCf}$

$\quad\quad \therefore C = \dfrac{V_P}{RfV_r} = \dfrac{100\sqrt{2}}{(5K)(60)(1)} = 471\mu F$

$\quad ②\because \theta = \omega \Delta t = \sqrt{\dfrac{2V_r}{V_P}} = \sqrt{\dfrac{(2)(1)}{100\sqrt{2}}} = 0.119rad$

---

62. 如下圖所示之濾波整流器，設次級圈電壓為$100V_{rms}$，C=1000 μf，
$I_{dc} = 10$ mA，設二極體導通壓降為 0.7V，試求：

(1)輸出的漣波電壓峰對峰值（$V_{r(p-p)}$）

(2)輸出的直流電壓（V_{dc}）

(3)漣波因素（r）

（❖題型：全波整流器）

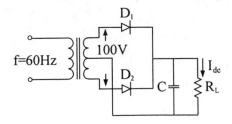

解☞：

$(1) V_{r(p-p)} = \dfrac{V_m}{2fRC} = \dfrac{I_m}{2fC} = \dfrac{I_{dc}}{2fC} = \dfrac{10\ mA}{(2)\ (60)\ (1000\mu)} = 0.0833V$

$(2) V_{dc} = V_m - V_D - \dfrac{1}{2}V_{r(p-p)} = \dfrac{100}{\sqrt{2}} - 0.7 - \dfrac{0.0833}{2} = 70V$

$$(3)\ V_{r(rms)} = \frac{V_{r(p-p)}}{2\sqrt{3}} = 0.024V$$

$$\therefore r = \frac{V_{r(rms)}}{V_{dc}} \times 100\% = \frac{0.024}{70} \times 100\% = 0.034\%$$

63. 如下圖，(1)變壓器之次級線圈標示$12V_{rms}$，則C_2之耐壓至少須為何？(2) C_3兩端之電壓為何？(3) AB兩端電壓為何？（✦題型：全波整流器）

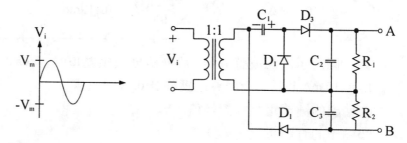

解☞：

$$(1)\ V_m = \sqrt{2}V_{rms} = 12\sqrt{2}v$$

$$V_{c2} = V_m = 12\sqrt{2}V$$

$$(2)\ V_{c3} = 2V_m \approx 34V$$

$$(3)\ V_{AB} = 3V_m = 36\sqrt{2}V$$

64. 如下圖中所示為整流及濾波之電路，試回答以下之問題：
(1)繪出經整流後之波形（以虛線表示），以及經濾波之後的波形（以實線表示）。
(2)根據圖示之信號導出負載兩端電壓之直流成份（V_{dc}）及流過負載電流之直流成份（I_{dc}）。

(3)當 $V_c = 100\sqrt{2} \sin (2\pi \times 50) t$，$C = 200 \mu F$，$R_L = 100 \Omega$時，求
V_{dc}及I_{dc}之值。（✣題型：含濾波電容之抽頭式全波整流器）

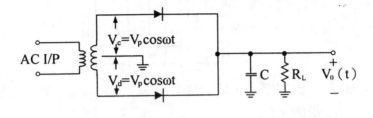

解☞：(1)全波濾波整流器

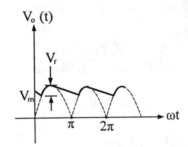

(2) $V_r = \dfrac{V_m}{2fRC}$

$V_{dc} = V_m - \dfrac{V_r}{2} = V_m - \dfrac{V_m}{4fRC}$

$I_{dc} = \dfrac{V_{dc}}{R_L} = \dfrac{V_m}{R_L}(1 - \dfrac{1}{4fRC})$

(3) $V_r = \dfrac{V_m}{2fRC} = \dfrac{100\sqrt{2}}{2 (50) (100) (200\mu)} = 50\sqrt{2} \ (V)$

$V_{dc} = V_m - \dfrac{V}{2} = 100\sqrt{2} - \dfrac{50\sqrt{2}}{2} = 75\sqrt{2} \ (V)$

$I_{dc} = \dfrac{V_{dc}}{R_L} = \dfrac{75\sqrt{2}}{100} = 1.06 \ (A)$

65. 如下圖，$V_s(t) = A \sin \dfrac{2\pi}{T} t$，D 為理想，RC≫T

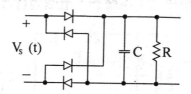

(1)求輸出電壓中，峰對峰之漣波大小（$V_{r(p-p)}$），與輸出峰值之關係。

(2)若要求 $V_r \leq 0.01 V_p$ 時，應如何選用 C？（✤題型：橋式全波整流器）

解☞：

(1) $V_{r(P-P)} = \dfrac{V_m}{2fRC} = \dfrac{V_m T}{2RC} = \dfrac{AT}{2RC}$

(2) $\because V_{r(p-p)} = \dfrac{AT}{2RC} \leq 0.01 V$

$\therefore C \geq \dfrac{AT}{(2)(0.01)R} = 50 \dfrac{T}{R}$

2-9〔題型十三〕：特殊二極體及閘流體

考型 28 特殊二極體觀念題

	電路符號	偏壓	特　性
曾納二極體		逆偏	(1)曾納二極體（崩潰二極體），工作於逆向崩潰區。崩潰電壓取決於雜質濃度，濃度高，則崩潰電壓低。 (2)崩潰電壓 > 6V，屬於累增崩潰，具有正溫係數。崩潰電壓 < 6V，屬於曾納崩潰，具有負溫係數。 (3)曾納二極體使用在穩壓、保護及截波電路上。
發光二極體		順偏	由電產生光。
光電二極體		逆偏	由光產生電，電流大小與入射光強弱成正比。
蕭特基二極體		順偏	(1)金屬與摻雜濃度少的半導體製成。 (2)電流為多數載子的漂移電流，無少數載子儲存特性，故適合高速使用。 (3)形成歐姆接觸。
變容二極體		逆偏	(1)經由逆向偏壓，而改變空乏區寬度，以改變內部電容量。 (2)用在自動頻率控制電路、自動平衡電橋

透納二極體	 ▷	順偏	(1)又稱隧道或江崎二極體。 (2)高摻雜濃度、空乏層很薄，小偏壓便可穿透。 (3)適合震盪及高頻電路。 (4)具負電阻特性。 (5)高轉換增益，低消耗功率。 (6)特性曲線： 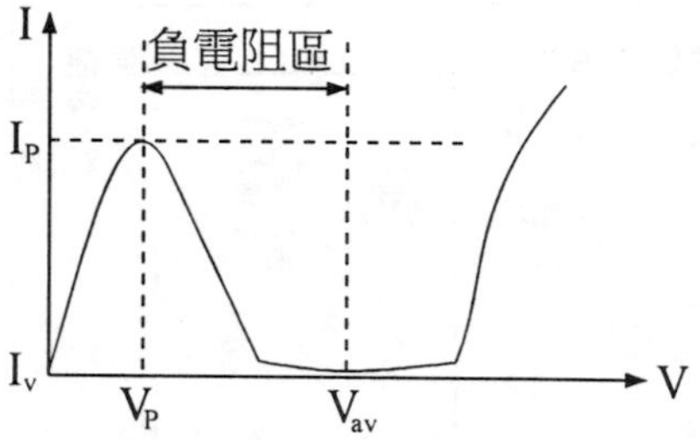
光電晶體	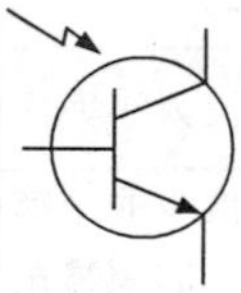	順偏	以 I^λ 表基極電流，集極電流 $I_c = \beta I^\lambda$
LCD			(1)利用外加電壓使液晶分子排列受到擾動。 (2)耗費功率低、須光源、反應時間慢。

考型 29 閘流體 UJT

一、閘流體：閘流體是擔任高功率輸出的開關上。

二、閘流體的種類

  1. 單接面電晶體（UJT）

  2. 雙向激發二極體（DIAC）

  3. 矽控整流器（SCR）

4. 交流矽控整流器（TRIAC）

三、單接面電晶體（UJT）

1. UJT 是三腳元件

2. UJT 只有一個 PN 接面

3. UJT 的電子符號

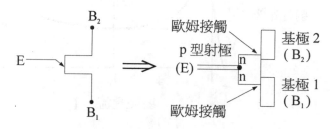

4. UJT 的等效電路（當 $I_E = 0$ 時）

$$(1)\; V_{RB1} = \frac{(R_{B1})(V_{BB})}{R_{B1} + R_{B2}} = \eta V_{BB}$$

(2)本質比 intrinsic ratio　$\eta = \dfrac{R_{B1}}{R_{B1} + R_{B2}}$（通常 $\eta = 0.47 \sim 0.85$）

(3)電路分析

　　$V_E > \eta V_{BB} + V_D \Rightarrow$ UJT：ON

　　$V_E \leq \eta V_{BB} + V_D \Rightarrow$ UJT：OFF

5. UJT 的特性曲線

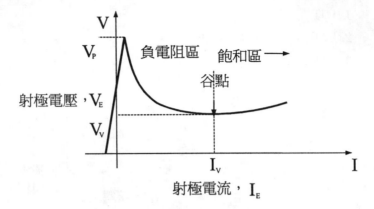

6. 常用的 UJT 編號

(1) 2N 489

(2) 2N 1671

(3) 2N 2646

(4) 2N 2647

7. UJT 的應用：振盪器

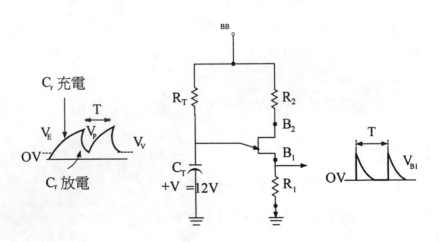

(1)電容上的電壓

$$V_{CT}(t) = V_{BB}(1-e^{-\frac{1}{R_T C_T}})$$

(2)週期

$$T = R_T C_T \ln\left(\frac{1}{1-\eta}\right)$$

考型 30 · 閘流體 DIAC

1. DIAC 是二腳元件

2. DIAC 是二個 PN 接面

3. DIAC 主要用途為功率控制電路

4. DIAC 可雙向導通

5. DIAC 的電子符號

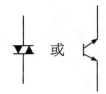

6. DIAC 的結構

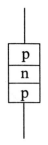

7. DIAC 的特性曲線

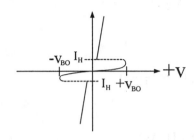

(1) $V \geq |\pm V_{B0}| \Rightarrow DIAC : ON$

(2) DIAC：ON 時，電壓會降至最低值

(3) 保持電流 I_H，為保持 DIAC ON 時的最小電流。

8. DIAC 的應用：振盪器

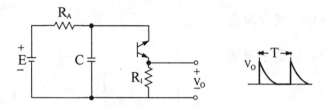

(1) 電容電壓

$$V_c (t) = E (1 - e^{-\frac{1}{R_A C}})$$

(2) 週期

$$T \approx R_A C \ln (\frac{E}{E - V_{BO}})$$

9. 常用的 DIAC 編號：ST2

考型 31 閘流體 SCR

1. SCR 是三腳元件

2. SCR 是三個 PN 接

3. SCR 只能單向導通

4. SCR 主要用途為控制提供負載的電流大小

5. SCR 的電子符號

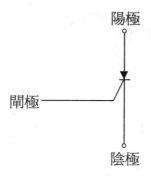

陽極

閘極

陰極

6. SCR 的結構

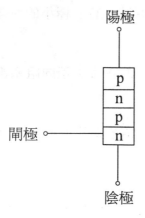

陽極

| p |
| n |
| p |
| n |

閘極

陰極

7. SCR 的特性曲線

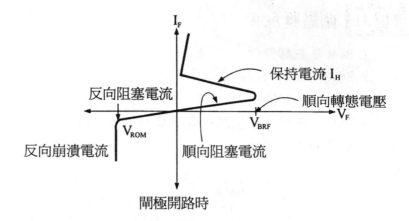

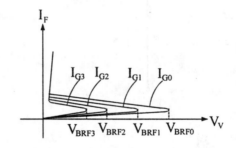

(1)當陽極——陰極（V_F）逆偏時，有一極小的逆向電流：反向阻塞電流

(2)當 $0 < V_F < V_{BRF}$ 時（順偏）的電流：順向阻塞電流，其值亦小。

(3)當 $V_F > V_{BRF}$ 時，順向電流（陽極電流）增大，而 V_F 變小。

(4)$I_F > I_H$ 時，SCR：ON

(5)$I_{G3} > I_{G2} > I_{G1} > I_{G0}$ 時 $\Rightarrow V_{BRF3} < V_{BRF2} < V_{BRF1} < V_{BRF0}$

8. SCR 的觸發方式

   (1)直流觸發

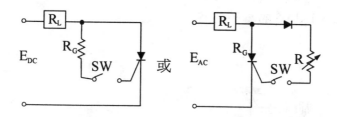

   (2)交流移相觸發

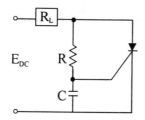

   (3)脈波觸發

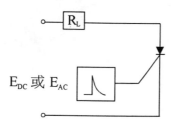

9. 常用的 SCR 編號

   (1) C106R

   (2) 2SF106B

考型 32 閘流體 TRIAC

一、TRIAC 可雙向導通。

二、TRIAC 的電子符號

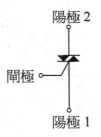

陽極 2

閘極

陽極 1

三、TRIAC 的等效電路

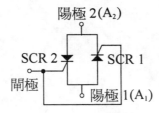

陽極 2(A₂)

SCR 2   SCR 1

閘極   陽極 1(A₁)

四、TRIAC 的特性曲線

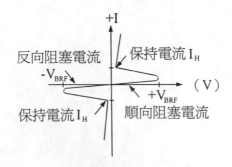

+I

反向阻塞電流   保持電流 I_H

-V_BRF   （V）

+V_BRF

保持電流 I_H   順向阻塞電流

五、TRIAC 的觸發方式

1. 比較 A₂ 對於 A₁ 為正或負，共有 4 種導通觸發的方式：

（如下）

方式	①	②	③	④
A₂	+	+	−	−
閘極	+	−	+	−
TRIAC	ON			

2.接線方式

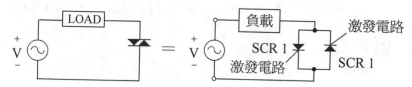

六、常用的 TRIAC 編號

1. 2N 5567

2. 2N 5568

3. 2N 6342

歷屆試題

66. Select the semiconductor devices which operation bias voltages are forward, (A) Zener diode (B) LED(Light emitting diode) (C) Photodetector (D) Tunnel diode (E) Solar cell (F) Varactor.

簡譯

下列那些半導體元件是工作於順偏？

(A)齊納二極體 (B)LED (C)光檢測器 (D)透納二極體 (E)太陽能電池 (F)變容二極體。（✛題型：特殊二極體）

【台大電機所】

解☞： (B) 、 (D) 、 (E)

67. 請說明蕭特基二極體。（✥題型：特殊二極體）

【台大電機所】

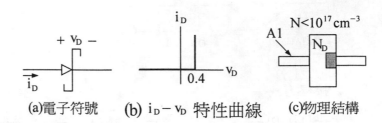

(a)電子符號　(b) $i_D - v_D$ 特性曲線　(c)物理結構

解☞：

說明：

1. 蕭特基二極體為金屬接觸，所以沒有儲存電荷，故無逆向恢復時間，因此操作速度較快。適用在高頻電路中。

2. 蕭特基二極體的切入電壓較一般二極體小。約為 $0.3 \sim 0.4V$

---

68. What are the main different properties between Schottky diodes and pn junction diodes?（✥題型：特殊二極體）

【交大控制所】

解☞：

1. PN 接面二極體具有少數載子儲存效應。而蕭特基二極體則無，所以蕭特基二極體操作速度極快。

2. 蕭特基二極體的切入電壓較小，而逆向飽和電流較大。

---

69. What is the major property of a varactor diode?

簡譯

說明變容二極體的重要特性。（✥題型：特殊二極體）

【成大電機所】

解☞：

說明：

1. 變容二極體的電子符號

2. 其工作區採逆偏方式，經由逆偏，而改變空乏區寬，以改變內部電容量。即

$$C_j \propto (V_{bi} + V_R)^{-n}$$

$$\because V_R \gg V_{bi}$$

$$\therefore C_j \propto V_R^{-n}$$

若是線性接面，則 $n = \dfrac{1}{3}$

若是突變接面，則 $n = \dfrac{1}{2}$

---

70. Explain or answer briefly

(1) How is an alluminum contact made with n-type silicon so that it is ① ohmic; ② rectifying?

(2) What is a Schottky transistor? Why is storage time eliminated in such a transistor. (✤題型：蕭特基二極體)

【中山電機所、大同電機所】

解☞：

1. 以蕭特基二極體為例

①電子符號及物理結構

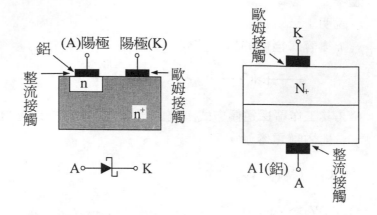

②特性曲線

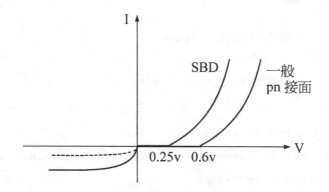

③說明

   1. 歐姆效應：用鋁（三價）與N^+接觸，因N^+代表雜質
      濃度極高，所以位障極小，而無法擋住電子，形成雙
      向導通。此種接觸，稱為歐姆接觸，或稱電阻接觸。
   2. 整流效應：用鋁（三價）與N接觸，如同PN接面，
      具有整流效應，即單向導通。此種接觸，稱為整流接
      觸。

2. 以蕭特基電晶體為例

①電子符號及物理結構

　　a. MESFET

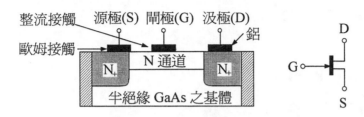

　　b. 蕭特基電晶體

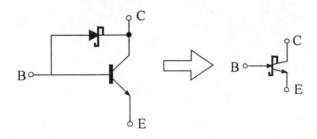

②說明

　　a. 此類電晶體，又稱為非飽和型電晶體。即可防止電晶
　　　體進入飽和區，所以可縮短電晶體的切換時間，縮短
　　　儲存時間 t_s。故速度較快。

---

71. 蕭特基的切換時間一般均較 PN 二極體為快？（✦**題型：特殊
二極體**）

【中央電機所】

解☞：正確

CH3　BJT 直流分析

3-1 〔題型十四〕：BJT 的物理特性

考型 33 BJT 特性的基本觀念

1. BJT 是電流控制型的元件。

2. BJT 是雙載子元件，即多數載子及少數載子之電流。

3. BJT 有四個工作區，即，主動區，飽和區，逆向主動區，截止區。

4. BJT 的工作區判斷法，如下

〔方法一〕：四象限法

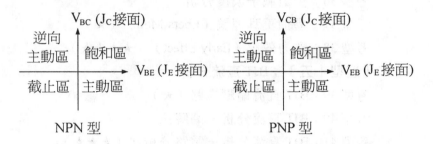

NPN 型　　　　　　　　　　　　　　　　PNP 型

〔方法二〕：millman 及 smith 理論

	J_E接面	J_C接面
主動區	順偏	逆偏
飽和區	順偏	順偏
逆向主動區	逆偏	順偏
截止區	逆偏	逆偏

5. BJT 的工作區，是由直流偏壓決定的。

6. BJT 的發展，是沿二極體 PN 接面技術而得，故 BJT 有二個 PN

接面。

7. BJT 各工作區域之特性，可由易伯莫耳理論推導之。

8. 易伯莫耳理論，即以二個二極體，視為二個 PN 接面，依順偏、逆偏而推導出，BJT 之各工作區的特性。

9. **易伯莫耳（Ebers-Moll）理論的接線方式如下：**

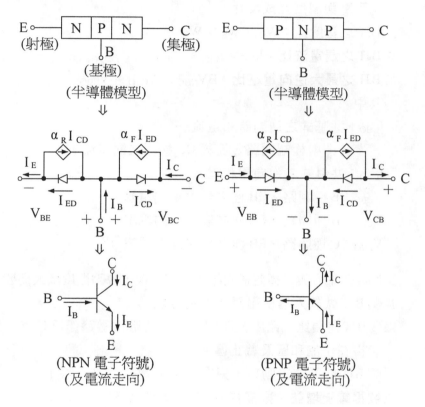

(NPN 電子符號)　　　　　(PNP 電子符號)
(及電流走向)　　　　　　(及電流走向)

10.由克希荷夫電流定律及易伯莫耳分析知：

$I_E = I_B + I_C$

(1)I_B 與 I_C 永為同向。（即同時流入或同時流出）

(2)I_E 與 I_C 永為反向。（即一個流入，另一個流出）

11. **BJT 各極的任務**

(1)射極：發射載子。

(2)基極：是載子擴散穿越及復合之處。

(3)集極：收集載子。

12. BJT 之濃度比：$N_E > N_B > N_C$

13. BJT 之耐壓比：$C > B > E$

（耐壓與濃度互成反比）

14. BJT 之寬度比：$W_C > W_E > W_B$

15. BJT 之漏電流比：$I_{CEO} \gg I_{CES} > I_{CBO}$

16. BJT 之最大逆向電壓比：$BV_{CBO} > V_{CEO} > V_{EBO}$

其中

I_{CBO}：共基式之逆向飽和電流

（即射極端開路，流經 CB 接面之漏電流）

I_{CEO}：共射式之逆向飽和電流

V_{CBO}：E 極開路，CB 極之最大逆向電壓

V_{CEO}：B 極開路，CE 極之最大逆向電壓

V_{EBO}：C 極開路，EB 極之最大逆向電壓

17. I_{CBO} 與 I_{CEO} 與二極體逆向飽和電流一樣，會因溫度增大而變大。

18. ① BJT 做放大器使用需在：**主動區**

②BJT在類比電路中做開關使用，或數位電路作反相器使用，
需在：**飽和區及截止區。**

③ BJT 的逆向主動區，只有在 TTL 數位電路中需用。

19. **欲提電流增益，則需提高β值，其法如下：**

①減小基極寬度。

（此法不佳）

②降低基極雜質濃度

③增加射極雜質濃度

20. **基極寬度太小，會有以下不良因素：**

(1)極際電容增大，使高頻工作受限制。

(2)易被電壓打穿。

(3)耐壓越低。

21. BJT 之接線方式有三種組態

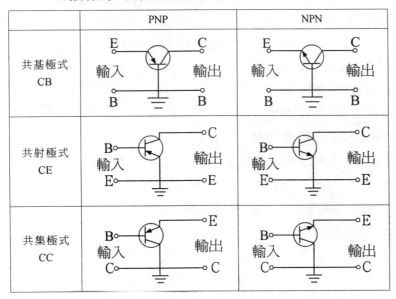

	PNP	NPN
共基極式 CB	E — C 輸入 輸出 B — B	E — C 輸入 輸出 B — B
共射極式 CE	B C 輸入 輸出 E E	B C 輸入 輸出 E E
共集極式 CC	B E 輸入 輸出 C — C	B E 輸入 輸出 C — C

22. BJT 的理想輸出特性曲線與實際的輸出特性曲線之比較（以 NPN 共射極為例）

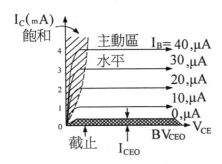

圖 1　理想 CE 的輸出特性曲線

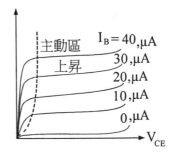

圖 2　實際 CE 的輸出特性曲線

討論

(1)輸出特性曲線之繪製法：

   a. 固定 I_B 值，b. 調變 V_{CE} 值，c. 測量出 I_C 值

(2)在理想的主動區時，其 I_C 為固定值，並不隨 V_{CE} 調變而變化。

(3)實際情況的主動區，其 I_C 會受 V_{CE} 影響。

(4)此種差異，即是歐力效應（Early Effect）

23. BJT 的額定值

(1)最大集極電流 I_C（max）

(2)最大功率散逸 P_C（max）

(3)最大輸出額定值 V_C（max）

(4)當基極開路時之射極接面最大逆向偏壓 BV_{CEO}（max）

24. 以 PN 接面之特性形成之元件，順偏工作，則為雙載子元件
（例如：BJT）。若以逆偏工作，則為單載子元件。（例如：
FET）

25. npn 元件 I_C 主要成分是多數載子電子流。

pnp 元件 I_C 主要成分是多數載子電洞流。

考型 34 電流分量推導

一、 以 PNP BJT 在主動區為例（$V_{EB} > 0$，$V_{CB} < 0$）

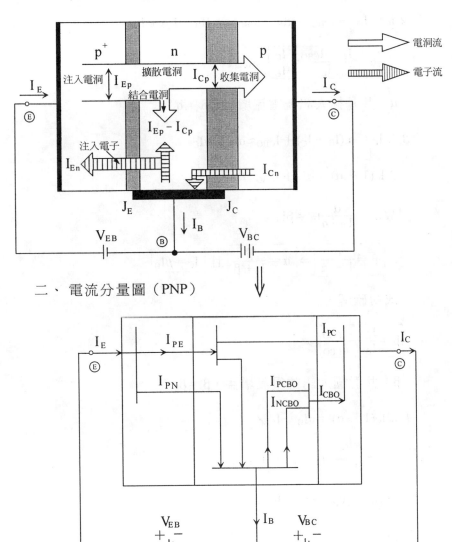

二、 電流分量圖（PNP）

三、公式推導

1. $I_E = I_{EP} + I_{En}$

2. $I_C = I_{PC} + I_{CBO} = \alpha I_E + I_{CBO} = \alpha(I_B + I_C) + I_{CBO}$

   $$\therefore \boxed{\alpha = \frac{I_c - I_{CBO}}{I_E} \approx \frac{I_C}{I_E}} \Rightarrow \alpha \leq 1$$

   α：共基極大訊號電流增益，$\alpha = \alpha_F$

3. $\because I_C = \alpha(I_B + I_C) + I_{CBO} \approx \alpha I_B + \alpha I_C$

   $\therefore I_C(1 - \alpha) = \alpha I_B + I_{CBO}$

   故 $I_C = \dfrac{\alpha}{1 - \alpha} I_B = \beta I_B$

   $$\therefore \boxed{\beta = \frac{\alpha}{1 - \alpha}} \Rightarrow \boxed{\alpha = \frac{\beta}{1 + \beta}} \text{ 且 } \boxed{I_C = \beta I_B}$$

   或精確解

   $$\boxed{\beta = \frac{I_C - I_{CBO}}{I_B + I_{CBO}}}$$

   β：共射極大訊號電流增益，$\beta = \beta_F$

4. $\because I_C(1 - \alpha) = \alpha I_B + I_{CBO}$

   $$\therefore I_C = \frac{\alpha}{1 - \alpha} I_B + \frac{1}{1 - \alpha} I_{CBO}$$

   故 $\boxed{I_C = \beta I_B + (1 + \beta) I_{CBO}}$

5. 結論

   ① $I_E = I_B + I_C$

$② \alpha = \dfrac{I_C}{I_E} = \dfrac{I_C - I_{CBO}}{I_E} = \dfrac{\beta}{1 + \beta} = \alpha_F$

$③ \alpha \leq 1$

$④ \beta = \dfrac{I_C}{I_B} = \dfrac{I_C - I_{CBO}}{I_C + I_{CBO}} = \dfrac{\alpha}{1 - \alpha} = \beta_F$

$⑤ I_C = \beta I_B + (1 + \beta) I_{CBO}$

四、 增益控制（Gain Control）（以 PNP 為例）

$1. \ \alpha = \dfrac{I_C}{I_E} \approx \dfrac{I_{CP}}{I_{En} + I_{Ep}} = \left(\dfrac{I_{EP}}{I_{En} + I_{Ep}} \right)\left(\dfrac{I_{CP}}{I_{EP}} \right) = \gamma \cdot \alpha_T$

① 注入效率 $\gamma = \dfrac{I_{EP}}{I_{En} + I_{Ep}}$

② 傳輸因子 $\alpha_T = \dfrac{I_{CP}}{I_{EP}}$

2. 如何提高 β 值：

① $\because \beta = \dfrac{\alpha}{1 - \alpha}$，需 $\alpha \approx 1$，則 β 可提高許多

又 $\alpha = \gamma \cdot \alpha_T$，故知方法有＝

   a. $\gamma \approx 1$，$\because \gamma = \dfrac{I_{EP}}{I_{En} + I_{Ep}} \Rightarrow I_{EP} \gg I_{En} \Rightarrow \boxed{N_E \gg N_B}$

   b. $\alpha_T \approx 1$，$\because \alpha_T = \dfrac{I_{CP}}{I_{EP}} \Rightarrow$ 與電洞復合機率 $= 0 \Rightarrow \boxed{W_B \ll L_n}$

② 結論：提高 β 值的方法：

   a. 減小基極寬度。（此法不佳）

   b. 降低基極雜質濃度

c. 增加射極雜質濃度

③ **基極寬度太小，會有以下不良因素：**

a. 極際電容增大，使高頻工作受限制。

b. 易被電壓打穿。

c. 耐壓越低。

五、BJT 的逆向飽和電流（I_S）－（以 PNP 為例）

1. 若 $I_C = I_E = I_{EP}$

$$即 I_{EP} = A_E J_P = A_E \left[-qD_P\frac{dP_n}{dX}\Big|_{x=0} \right] = \frac{A_E qD_P P_n(0)}{W_B}$$

$$= \left[\frac{A_E qD_P P_{no}}{W_B} \right] e^{V_{EB}/V_T} = I_S e^{V_{EB}/V_T}$$

2. 故知，在主動區內

$$PNP 型：I_C = I_S e^{V_{EB}/V_T} = \left[\frac{A_E qD_P P_{no}}{W_B} \right] e^{V_{EB}/V_T}$$

$$NPN 型：I_C = I_S e^{V_{BE}/V_T} = \left[\frac{A_E qD_n n_{PO}}{W_B} \right] e^{V_{BE}/V_T}$$

3. 結論

$$I_s : \begin{cases} I_s 與本質濃度關係：I_s \propto n_i^2（二極體觀念） \\ I_s 與製作設計關係：\begin{cases} I_s \propto \dfrac{1}{w_B}（成正比） \\ I_s \propto A_E（A_E：J_E 的截面積） \end{cases} \end{cases}$$

六、基極區儲存的少數載子（stored charye，Q_B）

$$Q_B = \left[\frac{1}{2} W_B \cdot P_n(0) \right] A_E q$$

七、基極區的轉移時間（Base Transit time，τ_B）

$$\because \tau_B = \frac{Q_B}{I_C} = \frac{w_B^2}{2D_P}$$

故知縮短儲存時間的方法有：

$$\tau_B \downarrow \Rightarrow \begin{cases} 減小基極寬度（w_B \downarrow） \\ 加大擴散常數（D_p \uparrow） \end{cases}$$

考型 35 漏電流及崩潰電壓

一、定義

    1. I_{CBO}：①共基式的逆向飽和電流。

            ②在射極端開路時，流經 CB 接面的漏電流

            ③I_{CBO}的測量方法

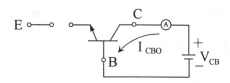

            ④由電路可知

$$\boxed{I_C = \alpha I_E + I_{CBO}}$$

    2. I_{CEO}：①共射式的逆向飽和電流

            ②在基極端開路時，流經 CE 接面的漏電流

            ③I_{CEO}的測量方法

B ○━━○ ... I_{CEO} ... $+ \overline{\underline{}} V_{CE}$ ... B

④由電路可知

$$I_C = \beta I_B + I_{CEO}$$

二、I_{CBO}與I_{CEO}的關係

1. 公式推導

$$I_C = \alpha I_E + I_{CBO} = \alpha (I_B + I_C) + I_{CBO}$$

$$\therefore I_C = \frac{\alpha}{1-\alpha} I_B + \frac{1}{1-\alpha} I_{CBO} = \beta I_B + (1+\beta) I_{CBO}$$

故 $I_C = \beta I_B + I_{CEO}$

$$\therefore \boxed{I_{CEO} = (1+\beta) I_{CBO}} \Rightarrow \boxed{I_{CEO} \gg I_{CBO}}$$

2. 通常 I_{CBO} 記為 I_{CO}

三、漏電流與溫度之關係

1. $I_{CBO1} = (I_{CBO2}) \left[2^{\frac{T_1 - T_2}{10}} \right]$

2. $I_{CEO1} = (I_{CEO1}) \left[2^{\frac{T_1 - T_2}{10}} \right]$

3. T 為攝氏℃之單位

四、漏電流與崩潰電壓關係

1. 定義：

①BV_{CBO}：共基式的崩潰電壓（E極開路）

②BV_{CEO}：共射式的崩潰電壓（B極開路）

2. I_{CBO}，I_{CEO} 與 BV_{CBO}，BV_{CEO} 之特性曲線

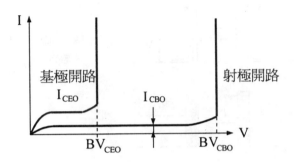

①$I_{CEO} \gg I_{CES} > I_{CBO}$

②$V_{CBO} > V_{CEO} > V_{EBO}$

3. 電路說明

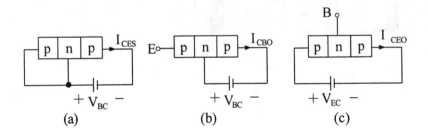

考型 36 少數載子濃度分析

一、未加偏壓時：（熱平衡）

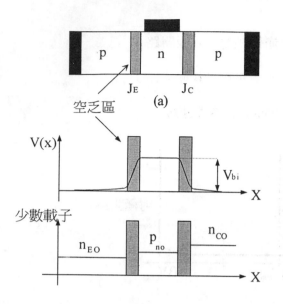

①射極接面與集極接面的位
　障（V_{bi}）相等。

二、在主動區時（$V_{EB} > 0$，$V_{CB} < 0$）

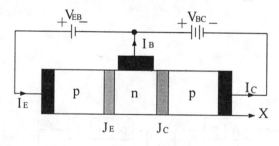

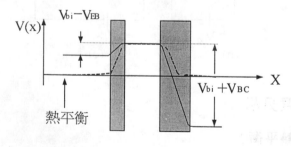

①射極接面的位障縮小，
　　$V_{biE} = V_{bi} - V_{EB}$
②集極接面的位障增大
　　$V_{biC} = V_{bi} + V_{BC}$

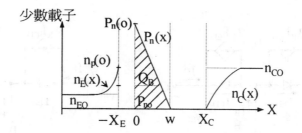

$n_E(x)$：射極區少數載體電子濃度之分佈

$P_n(x)$：基極區少數載體電洞濃度之分佈

$n_C(x)$：集極區少數載體電子濃度之分佈

Q_B：有效基極區內的少數載體儲存電荷

n_{EO}：熱平衡時射極內的少數載體濃度

P_{no}：熱平衡時基極內的少數載體濃度

n_{co}：熱平衡時集極內的少數載體濃度

考型37　易伯莫耳理論（Ebers − Moll）

一、以二極體工作模式模擬 BJT

1. NPN

2. PNP

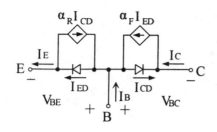 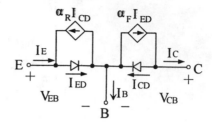

二、分析技巧

1. $I = I_S (e^{V_j／V_T} - 1)$

2. $V_j \begin{cases} 順偏：I \approx I_S e^{v_j/v_T} \\ 逆偏：I \approx - I_S \end{cases}$

3. 倒置理論：$\alpha_F I_{ED} = \alpha_R I_{CD} \Rightarrow \alpha_F I_{ES} = \alpha_R I_{CS}$

三、各工作區分析（以 NPN 為例）

1. 順向主動區（forward active mode）：（$V_{BE} > 0$，$V_{BC} < 0$）

(1) $I_E = I_{ED} - \alpha_R I_{CD} = I_{ES}(e^{V_{BE}／V_T} - 1) - \alpha_R I_{CS}(e^{V_{BC}／V_T} - 1)$

即 $\boxed{I_E \approx I_{ES} e^{V_{BE}／V_T} + \alpha_R I_{CS}} \Rightarrow I_{ES} e^{V_{BE}／V_T} = I_E - \alpha_R I_{CS}$

(2) $I_C = \alpha_F I_{ED} - I_{CD} = \alpha_F I_{ES}(e^{V_{BE}／V_T} - 1) - I_{CS}(e^{V_{BC}／V_T} - 1)$

即 $\boxed{I_C = \alpha_F I_{ES} e^{V_{BE}／V_T} + I_{CS}} = \alpha_F(I_E - \alpha_R I_{CS}) + I_{CS}$

$= \alpha_F I_E + (1 - \alpha_F \alpha_R)I_{CS} = \alpha_F I_E + I_{CBO}$

$\therefore I_{CBO} = (1 - \alpha_F \alpha_R)I_{CS}$

$I_{CEO} = (1 + \beta)I_{CBO} = \dfrac{1}{1 - \alpha_F}I_{CBO} = \dfrac{1 - \alpha_F \alpha_R}{1 - \alpha_F}I_{CS}$

(3)結論 ::

   ① $I_E = I_{ES}e^{V_{BE}/V_T} + \alpha_R I_{CS} = I_{ED} + \alpha_R I_{CS}$

   ② $I_C = \alpha_F I_{ES}e^{V_{BE}/V_T} + I_{CS} = \alpha_F I_{ED} + I_{CS}$

   ③ $I_{CBO} = (1 - \alpha_F\alpha_R)I_{CS}$

$\left.\begin{array}{l}\\ \end{array}\right\}$由主動區推論出

   ④ $I_{CEO} = \dfrac{1 - \alpha_F\alpha_R}{1 - \alpha_F}I_{CS}$

   ⑤ $\alpha = \alpha_F$

   ⑥ $\beta = \beta_F = \dfrac{\alpha_F}{1 - \alpha_F}$

2. 逆向主動區（Reverse Active mode）： $V_{BE} < 0$，$V_{BC} > 0$

  (1) $I_C = \alpha_F I_{ED} - I_{CD} = \alpha_F I_{ES}(e^{V_{BE}/V_T} - 1) - I_{CS}(e^{V_{BC}/V_T} - 1)$

$$\boxed{I_C \approx -\alpha_F I_{ES} - I_{CS}e^{V_{BC}/V_T}}$$

    $\Rightarrow I_{CS}e^{V_{BC}/V_T} = -(I_C + \alpha_F I_{ES})$

  (2) $I_E = I_{ED} - \alpha_R I_{CD} = I_{ES}(e^{V_{BE}/V_T} - 1) - \alpha_R I_{CS}(e^{V_{BC}/V_T} - 1)$

      $= -I_{ES} - \alpha_R I_{CS}e^{V_{BC}/V_T} = -I_{ES} + \alpha_R(I_C + \alpha_F I_{ES})$

    即 $\boxed{I_E = \alpha_R I_C + (\alpha_R\alpha_F - 1)I_{ES}} = -\beta_R I_B + \dfrac{\alpha_F\alpha_R - 1}{1 - \alpha_R}I_{ES}$

    $\therefore \beta_R = \dfrac{\alpha_R}{1 - \alpha_R}$

  (3)結論

   ① $I_C \approx -\alpha_F I_{ES} - I_{CS}e^{V_{BC}/V_T}$

   ② $I_E = \alpha_R I_C + (\alpha_R\alpha_F - 1)I_{ES}$

   ③ $\beta_R = \dfrac{\alpha_R}{1 - \alpha_R}$，$\alpha_R = \dfrac{\beta_R}{1 + \beta_R}$（由逆向主動區推論出）

   ④ 反向電流增益： $\beta_R \ll \beta_F$

     即射極及集極互換使用，放大率極小。

3. 截止區（Cutoff mode）：$V_{BE} < 0$，$V_{BC} < 0$

(1) $I_E = I_{ED} - \alpha_R I_{CD} = I_{ES}(e^{V_{BE}/V_T} - 1) - \alpha_R I_{CS}(e^{V_{BC}/V_T} - 1)$

$\approx -I_{ES} + \alpha_R I_{CS} = -I_{ES} + \alpha_F I_{ES} = (\alpha_F - 1)I_{ES}$

即 $\boxed{I_E = (\alpha_F - 1)I_{ES}}$

(2) $I_C = \alpha_F I_{ED} - I_{CD} = \alpha_F I_{ES}(e^{V_{BE}/V_T} - 1) - I_{CS}(e^{V_{BC}/V_T} - 1)$

$\approx -\alpha_F I_{ES} + I_{CS} = -\alpha_R I_{CS} + I_{CS}$

即 $\boxed{I_C = (1 - \alpha_R)I_{CS}}$

註：倒置理論：$\alpha_F I_{ES} = \alpha_R I_{CS}$

(3) 結論

① $I_E = (\alpha_F - 1)I_{ES}$

② $I_C = (1 - \alpha_R)I_{CS}$

4. 飽和區（Saturation mode）：$V_{BE} > 0$，$V_{BC} > 0$

(1) $I_E = I_{ED} - \alpha_R I_{CD} = I_{ES}(e^{V_{BE}/V_T} - 1) - \alpha_R I_{CS}(e^{V_{BC}/V_T} - 1)$

即 $\boxed{I_E \approx I_{ES}e^{V_{BE}/V_T} - \alpha_R I_{CS}e^{V_{BC}/V_T}}$ —①

$\Rightarrow I_{ES}e^{V_{BE}/V_T} = I_E + \alpha_R I_{CS}e^{V_{BC}/V_T}$ —②

(2) $I_C = \alpha_F I_{ED} - I_{CD} = \alpha_F I_{ES}(e^{V_{BE}/V_T} - 1) - I_{CS}(e^{V_{BC}/V_T} - 1)$

即 $\boxed{I_C \approx \alpha_F I_{ES}e^{V_{BE}/V_T} - I_{CS}e^{V_{BC}/V_T}}$ —③

$\Rightarrow I_{CS}e^{V_{BC}/V_T} = \alpha_F I_{ES}e^{V_{BE}/V_T} - I_C$ —④

(3)將式④代入式①，得

$$I_E = I_{ES}e^{V_{BE}/V_T} - \alpha_R(\alpha_F I_{ES}e^{V_{BE}/V_T} - I_C)$$

$$= \alpha_R I_C + (1 - \alpha_R \alpha_F)I_{ES}e^{V_{BE}/V_T}$$

$$= \frac{-\alpha_R}{1-\alpha_R}I_B + \frac{1-\alpha_R\alpha_F}{1-\alpha_R}I_{ES}e^{V_{BE}/V_T}$$

即 $I_E = -\beta_R I_B + \dfrac{1-\alpha_R\alpha_F}{1-\alpha_R}I_{ES}e^{V_{BE}/V_T}$ ——⑤

(4)將式②代入式③，得

$$I_C = \alpha_F I_{ES}e^{V_{BE}/V_T} - I_{CS}e^{V_{BC}/V_T}$$

$$= \alpha_F(I_E + \alpha_R I_{CS}e^{V_{BC}/V_T}) - I_{CS}e^{V_{BC}/V_T}$$

$$= \alpha_F I_E + (\alpha_F\alpha_R - 1)I_{CS}e^{V_{BC}/V_T}$$

$$= \frac{\alpha_F}{1-\alpha_F}I_B - \frac{1-\alpha_F\alpha_R}{1-\alpha_F}I_{CS}e^{V_{BC}/V_T}$$

即 $I_C = \beta_F I_B - \dfrac{1-\alpha_F\alpha_R}{1-\alpha_F}I_{CS}e^{V_{BC}/V_T}$ ——⑥

(5) $\dfrac{⑤}{⑥} = \dfrac{I_E + \beta_R I_B}{I_C - \beta_F I_B} = -\dfrac{1-\alpha_F}{1-\alpha_R} \cdot \dfrac{I_{ES}}{I_{CS}} \cdot e^{V_{CE}/V_T}$

$$\Rightarrow \frac{I_C + (1+\beta_R)I_B}{I_C - \beta_F I_B} = -\frac{1-\alpha_F}{1-\alpha_R}\frac{I_{ES}}{I_{CS}}e^{V_{CE}/V_T}$$

其中 $\beta_R = \dfrac{\alpha_R}{1-\alpha_R}$，$\beta_F = \dfrac{\alpha_F}{1-\alpha_F}$ 代入上式，求 V_{CE}

(6) $\therefore V_{CE}(\text{sat}) = V_T l_n \left(\dfrac{1 + \dfrac{I_C}{I_B}(1-\alpha_R)}{\alpha_R \left[1 - \dfrac{I_C}{I_B}(\dfrac{1-\alpha_F}{\alpha_F}) \right]} \right)$

①若 $I_C = 0$，則

$$補偏電壓 \Delta V_{CE} = V_T \ln \left(\frac{1}{\alpha_R}\right)$$

(7)結論

a. $I_E = I_{ES} e^{V_{BE}/V_T} - \alpha_R I_{CS} e^{V_{BC}/V_T}$

b. $I_C = \alpha_F I_{ES} e^{V_{BE}/V_T} - I_{CS} e^{V_{BC}/V_T}$

c. $V_{CE}(\text{sat}) = V_T \ln \left(\dfrac{1 + \dfrac{I_C}{I_B}(1 - \alpha_R)}{\alpha_R \left[1 - \dfrac{I_C}{I_B}(\dfrac{1 - \alpha_F}{\alpha_F}) \right]} \right)$

d. $\Delta V_{CE} = V_T \ln \left(\dfrac{1}{\alpha_R}\right)$

考型 38 歐力效應（Early Effect）

一、歐力效應

1. BJT 在作用區時，V_{BE} 為順偏，BE 接面之空乏區寬度減小。而 V_{BC} 為逆偏，所以 BC 接面之空乏區寬度變大。

2. 若 V_{BC} 逆偏續增大，則 BC 接面之空乏區寬度更大，而使基極之有效寬度變更小。

3. 基極有效寬度變更小，使得載子在基極中復合的機率變更少，因而使 I_C 更大。

4. 若 V_{BC} 逆偏增更大，而使基極有效寬度 $W_B' = 0$ 時，即引起電晶體崩潰。

5. 此種崩潰，稱為**穿透**（punch through）

6. 綜論 $V_{CE} \uparrow \Rightarrow V_{CB} \uparrow$（即逆偏）$\Rightarrow$ Jc 之空乏區寬度 $\uparrow \Rightarrow$ 基極有效寬度 $W_B' \downarrow$

$$\Rightarrow \beta \uparrow \Rightarrow I_C \uparrow$$

7. 此種因 V_{BC} 逆偏（即 V_{CB}）調變，而使基極有效寬度發生調變，所以**歐力效應又稱基極寬度調變**。

8. 因歐力效應使電晶體發生穿透崩潰之 V_{CE} 值稱為歐力電壓 V_A。

二、歐力效應之影響

1. 在主動區，I_C 不再是固定值，而是隨 V_{CE} 增大而增大。

2. 影響基極有效寬度。

3. 發生穿透崩潰。

三、改善歐力效應之法

即提高歐力電壓 V_A 值，其法如下：

1. 提高基極寬度（W_B），使其不易發生崩潰，但此法會使得 β 值降低，所以不佳。

2. 降低集極雜質濃度 N_C，使 $N_B \gg N_C$

3. 增加基極雜質濃度

4. V_A 與濃度有關（$V_A = \dfrac{qN_BW^2}{2\varepsilon_x}$），一般約 $30 \sim 150V$

四、考題中，若註明有歐力電壓 V_A 存在，即代表有 BJT 含有輸出電阻 r_0

$$r_0 \cong \frac{V_A}{I_{CQ}}$$

1. 考題中，若有 V_A，r_0，則代表輸出特性曲線在主動區時，是微幅以正斜率上升。即為實際情況。此時小訊號分析之等效電路，需含 r_0。而若作直流分析，則

$$I_C' = I_S e^{V_{BE}/V_T}[1 + \frac{V_{CE}}{V_A}] = I_{C(ideal)}[1 + \frac{V_{CE}}{V_A}]$$

I_{C0} 為理想情況下之 I_C 值。

2. 考題中，若註明 $V_A = \infty$，$r_0 = 0$，則代表此題為理想 BJT。則小訊號等效電路不含 r_0，而直流分析

$$I_C = \beta I_B$$

五、BJT 的崩潰有二種

1. 穿透崩潰（punch-through）：

(1)當逆偏 V_{EC} 過大時，J_E 和 J_C 空乏區碰在一起，造成基極被穿透，即基極有效寬度 $W_B' = 0$，而使集極電流過大，造成元件崩潰。此種崩潰稱為穿透崩潰，是由歐力效應引起的。

(2)改善法：同改善歐力效應的方法一樣。

2. 累增崩潰（Avalanche）

(1)因自由電子在空乏區中，獲得電場的能量，而加速撞擊出其他的自由電子，如此循環，而形成大的電流，造成電晶體崩潰。稱之。

(2)累增崩潰發生在元件電場較大之地方。如 J_C 接面空乏區。

歷屆試題

1. (1) Two P^+-N-P transistors as shown in Fig. have same structure except the doping concentration of emitter, then　(A)$\beta_1 > \beta_2$　(B)$\beta_1 = \beta_2$　(C)$\beta_1 < \beta_2$　(D)unable to determine

(2) Let I_{CBO} be the reverse leakage current between collector and base when emitter is opened. For the transistors shown in Fig. ，　(A)$I_{CBO1} > I_{CBO2}$　(B) $I_{CBO1} = I_{CBO2}$　(C)$I_{CBO1} < I_{CBO2}$　(D)unable to determine

(3) Let I_{CEO} be the current between emittor and collector when base is opened. For the transistors shown in Fig (A)$I_{CEO1} > I_{CEO2}$ (B)$I_{CEO1} = I_{CEO2}$ (C)$I_{CEO1} < I_{CEO2}$ (D)unable to detemine

簡譯

(1)兩個pnp電晶體有相同之結構，但是射極摻雜濃度不同，則
(A)$\beta_1 > \beta_2$ (B)$\beta_1 = \beta_2$ (C)$\beta_1 < \beta_2$ (D)無法決定。

(2)上例中，若I_{CBO}代表E開路時，C，B極間的反向飽和電流，則
(A)$I_{CBO1} > I_{CBO2}$ (B)$I_{CBO1} = I_{CBO2}$ (C)$I_{CBO1} < I_{CBO2}$ (D)無法決定。

(3)上例若I_{CEO}代表B開路時，C，E極流動之電流，則
(A)$I_{CEO1} > I_{CEO2}$ (B)$I_{CEO1} = I_{CEO2}$ (C)$I_{CEO1} < I_{CEO2}$ (D)無法決定。

（❖題型：漏電流）

【台大電機所】

解☞：(1) (A) ，(2) (B) ，(3) (A)

(1)射極濃度N_E↑⇒注入效率γ↑⇒（共基電流增益α↑，共射電流增益β↑）

∴$N_{A1}^* > N_{A2}^* \Rightarrow \gamma_1 > \gamma_2 \Rightarrow \beta_1 > \beta_2$

(2)∵J_C接面條件一樣，$N_{D1} = N_{D2}$，$N_{A1} = N_{A2}$

(3)∵$\beta_1 > \beta_2$，$I_{CBO1} = I_{CBO2}$，又$I_{CEO} = (1 + \beta)I_{CBO}$

∴$I_{CE01} > I_{CE02}$

---

2. For a bipolar junction transistor, I_{CEO} is the leakage current between collector and emitter when base is opened, I_{CBO} is the leakage current between collector and base when emitter is opened, and I_{CES} is the leakage current between collector and emitter when base is shorted to emitter, what is the relationship among them ?

(A)$I_{CES} > I_{CEO} > I_{CBO}$ (B)$I_{CES} > I_{CBO} > I_{CEO}$ (C)$I_{CEO} > I_{CES} > I_{CBO}$ (D)$I_{CEO} > I_{CBO} > I_{CES}$ (E)$I_{CBO} > I_{CES} > I_{CEO}$ (F)$I_{CBO} > I_{CEO} > I_{CES}$

試比較 I_{CBO}，I_{CEO} 和 I_{CES} 的大小關係。（❖題型：漏電流）

【台大電機所】

解☞：(C)

觀念：擴散電流主要是由載子濃度梯度（$\dfrac{dp}{dx}$ or $\dfrac{dn}{dx}$）決定的

依題意知：

$I_{CES} \Rightarrow$

$I_{CES} = I_{CBO} + I_B$

$I_{CEO} \Rightarrow$

$I_{CEO} = (1 + \beta) \cdot I_{CBO}$

$I_{CBO} \Rightarrow$

$I_{CBO} = I_{CO}$

---

3. For a npn bipolar transistor with a base width of $W_B = 2\mu m$ and doping concentrations of $N_E = 1 \times 10^{16} cm^{-3}$，$N_B = 4 \times 10^{14} cm^{-3}$，and $N_C = 1 \times 10^{14} cm^{-3}$ for emitter, base, and collector, respectiyely, as shown in Fig.

   (1) sketch the approximate distributions of the net charge density $\rho(x)$, the electron concentration $n(x)$, and the hole concentration $p(x)$ in the tran-

sistor when it is at thermal equilibrium.

(2) repeat question (1) except that the transistor is now biased at normal active mode.

(3) if the built-in voltage of BC junction is 0.5V. without considering the depletion width of EB junction and the avalanche effect in BC junction, find the maximum reverse voltage across the BC junction before the transistor reaches the punch through condition.

$n_i = 1.45 \times 10^{10} cm^{-3}$, $\epsilon_s = 11.9\epsilon_0$

$\epsilon_0 = 8.85 \times 10^{-14} F / cm$, $q = 1.6 \times 10^{-19} C$

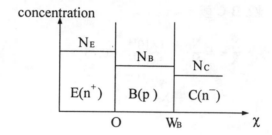

concentration

簡譯

已知 $W_B = 2\mu m$ ， $N_E = 1 \times 10^{16} cm^{-3}$ ， $N_B = 4 \times 10^{14} cm^{-3}$ ，

$N_C = 1 \times 10^{14} cm^{-3}$ ， $n_i = 1.45 \times 10^{10} cm^{-3}$ ， $\epsilon_s = 11.9\epsilon_0$ ， $\epsilon_0 = 8.85 \times 10^{-14} F / cm$ ， $q = 1.6 \times 10^{-19} coul$ 。

(1)熱平衡時繪出電荷密度ρ(x)，電子濃度n(x)和電洞濃度p(x)的分佈圖

(2)當電晶體偏壓在順向主動區時，重新繪出(1)的分佈圖

(3) J_C 接面的內建電位為 0.5V，且不考慮 J_E 接面的空乏區寬度時，求電晶體達到穿透時的 J_C 接面最大逆向偏壓值。（✛

題型：少數載子分佈） 【台大電機所】

解☞：

(1) 1. 計算空乏區寬度

$$\because N_A X_P = N_D X_n \Rightarrow \frac{X_P}{X_n} = \frac{N_D}{N_A}$$

① E-B 極

$$\frac{X_B}{X_E} = \frac{N_E}{N_B} = \frac{1 \times 10^{16}}{4 \times 10^{14}} = 25$$

$$\therefore X_E = \frac{1}{25} X_B$$

$$\text{故} \rho_E = 25 \rho_B$$

② B-C 極

$$\frac{X_B}{X_C} = \frac{N_C}{N_B} = \frac{1 \times 10^{14}}{4 \times 10^{14}} = 0.25$$

$$\therefore X_C = \frac{1}{0.25} X_B = 4 X_B$$

$$\text{故} \rho_C = \frac{1}{4} \rho_B$$

2. 求 n 及 p 的濃度

$$\therefore n_{EO} \approx N_E = 10^{16}/cm^3 \Rightarrow P_{EO} \approx \frac{n_i{}^2}{N_E} = 2.1 \times 10^4/cm^3$$

$$P_{BO} \approx N_B = 4 \times 10^{14}/cm^3 \Rightarrow n_{BO} \approx \frac{ni^2}{N_B} \approx 5.25 \times 10^5/cm^3$$

$$n_{CO} \approx N_C = 10^{14}/cm^3 \Rightarrow P_{CO} \approx \frac{n_i{}^2}{N_C} \approx 2.1 \times 10^6/cm^3$$

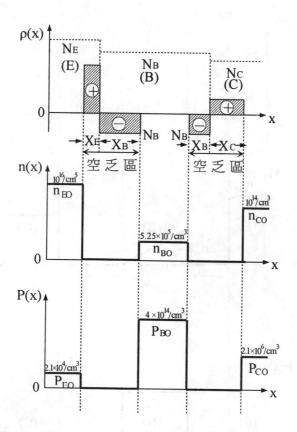

(2)在主動區時，$V_{BE} > 0 \Rightarrow$ 空乏區寬度變小，

              $V_{BC} < 0 \Rightarrow$ 空乏區寬度變大

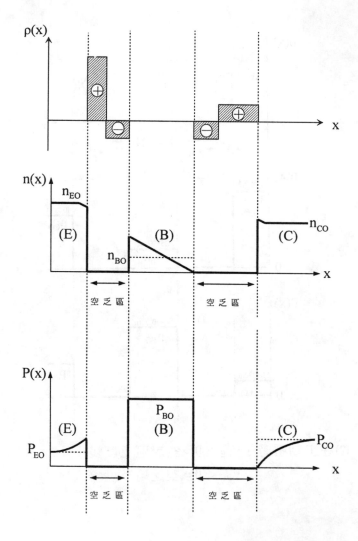

(3)在 C-B 接面中

$1. \because N_A x_P = N_D x_n \Rightarrow \dfrac{x_B}{x_C} = \dfrac{N_C}{N_B} = \dfrac{1 \times 10^{14}}{4 \times 10^{14}} = \dfrac{1}{4}$

$\therefore x_C = 4x_B$

$\because W_{CB} = X_C + X_B = 5X_B = 5W_B = (5)(2\mu m) = 10\mu m$

（穿透時 $X_B = W_B$）

2. $\because W_{CB} = \sqrt{\dfrac{2\varepsilon_s}{q}\left(\dfrac{1}{N_B} + \dfrac{1}{N_c}\right)(V_{bi} + V_R)} = 10\mu m = 10^{-3}m$

$\therefore 10^{-6} = \dfrac{(2)(11.9)(8.85\times10^{-14})}{1.6\times10^{-19}}\left(\dfrac{1}{4\times10^{14}} + \dfrac{1}{10^{14}}\right)(0.5 + V_R)$

故 $V_R \approx 6V$

---

4. Draw the d.c. Ebers-Moll Model of an npn transistor. Indicate all the device parameters：$\alpha_F, \alpha_R, I_S \cdots\cdots$

簡譯

請繪 NPN 電晶體的 Ebers-Moll 模型等效電路。（✤題型：Ebers-Moll）　　　　　　　　　　　　　　　　　　【台大電機所】

解☞：

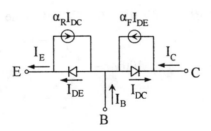

$$\begin{cases} I_E = I_{DE} - \alpha_R I_{DC} = I_{ES}(e^{V_{BE}/V_T} - 1) - \alpha_R I_{cs}(e^{V_{BC}/V_T} - 1) \\ I_c = \alpha_F I_{DE} - I_{DC} = \alpha_F I_{ES}(e^{V_{BE}/V_T} - 1) - I_{CS}(e^{V_{BC}/V_T} - 1) \end{cases}$$

---

5. briefly explain the following questions：

(1) Can two back-to-back connected P-N diodes be used as a transistor？Why？

(2) If we interchange the roles of emitter and collector of a transistor, what will happen to its performance as　(A) an amplifier　(B) a switch？

簡譯

(1)可否將兩個 pn 二極體背對背連接，當作電晶體用？

(2)若將電晶體的射極與集極角色互換，則從　(A)放大器　(B)開關觀點，試說明其特性的影響。（❖題型：Ebers-Moll）

【台大電機所】

解☞：

　　(1)不行。用二個背對背的二極體相接充當放大器，會使基極寬度遠超過基極中少數載子的擴散長度，因而無放大作用。

　　(2)(A)若當放大器，會使得耐降壓低，同時增益亦降。

　　　(B)若當開關，會使得儲存時間增長，而操作速度變慢。同時耐壓亦降。

---

6. For the circuit shown, assume $BV_{CEO} = -60V$, $BV_{CBO} = -70V$, $BV_{EBO} = -6V$, what is V_O

(A)99.3V　(B)94V　(C)60V　(D)30V　(E)None of the above.

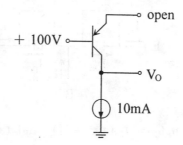

簡譯

$BV_{CEO} = -60V$，$BV_{CBO} = -70V$，$BV_{EBO} = -6V$，求 V_O 值。（❖題型：BJT 的漏電流）

【交大電子所、交大電信所】

解☞：　(D)

　∵射極 open

　∴使用 $V_{CBO} = BV_{CBO} = -70V$

故 $V_O = V_{BB} + V_{CBO} = 100 - 70 = 30V$

---

7. When a npn BJT is operated in the active region, which of the follwing statements are incorrect?

(A) For a fixed collector current I_c, the more the holes entering the emitter region from the base region, the higher the CB short-circuited current gain α.

(B) Electrons emitted from the emitter enter the base region and diffuse across the base neutral region to reach the collector.

(C) When the collector-base voltage $|V_{CB}|$ increases, α increases.

(D) The narrower the base width, the larger the value of α.

(E) The narrower the base width, the easier the punch-through breakdown.

簡譯

npn 在作用區時，下列敘述何者為錯：

(A)I_c 固定下，由基極注入射極的電洞愈多，CB 短路電流增益α 就愈大。

(B)電子由射極注入基極，並擴散穿越基極而達集極。

(C)$|V_{CB}|$ 增加時，α 會增加。

(D)基極寬度愈窄時，α 會增加。

(E)基極寬度愈窄時，穿透崩潰現象愈容易發生。（✛題型： BJT 物理特性）　　　　　　　　　　【交大電子所】

解☞：(A)

∵由基極射入射極的電洞愈多，

⇒I_E↑，因 I_C 固定，而 $\alpha = \dfrac{I_C}{I_E} \Rightarrow \alpha \downarrow$

---

8. To increase the C-E short-circuit current gain β_F of a BJT.we should

(A)Reduce both the base doping concentration and the base width.

(B)Reduce both the emitter doping concentration and increase the base width.

(C)Reduce the collector doping concentration.

(D)Increase both the doping concentration of both base and emitter.

(E)None of the above.

簡譯

提升 BJT 的電流增益 β_F 的方法為：

(A)降低基極濃度及基極寬度。

(B)降低射極濃度及增加基極寬度。

(C)降低集極濃度。

(D)增加基極與射極濃度。

(E)以上皆非。（✥題型：BJT 物理特性）

【交大電子所】

解☞：(A)

提高 β 值，其法如下：

①減小基極寬度。此法不佳，因為會使電容效應增大，而使高頻響應受限（∵ $C = \dfrac{\varepsilon A}{W}$）

②降低基極雜質濃度

③增加射極雜質濃度

---

9. General speaking, the BJT has two breakdown mechanisms, purch-through and avalanche breakdown, If we desire the purch-through to occur before the avalanche breakdown, how should we adjust the base width and doping concentration.

簡譯

BJT有穿透（punch-through）及累增崩潰兩種現象，若穿透現象發生在累增崩潰之前，則如何調整基極寬度與基極雜質濃度？

（✦題型：Early-effect）　　　　　　　　　　【交大電子所】

解☞：

①降低基極寬度

②降低基極雜質濃度

---

10. Measurements on a pnp transistor in a particular circuit provide the following terminal voltages：Emitter, $V_E = 4.9V$ Base, $V_B = 4.2V$ and collector, $V_C = 4.7V$, The transistor is operating in the mode of　(A)active　(B)cutoff　(C)reverse active　(D)saturation　(E)reverse cutoff.

簡譯

已知 pnp：$V_E = 4.9V$，$V_B = 4.2V$，$V_C = 4.7V$，則工作於：

(A)作用區　(B)截止區　(C)反向作用區　(D)飽和區　(E)反向截止區。（✦題型：BJT 工作區的判斷）　　　　　　【交大電子所】

解☞：(D)

已知 $V_E = 4.9V$，$V_B = 4.2V$，$V_C = 4.7V$

$\because V_{EB} = V_E - V_B = 4.9 - 4.2 = 0.7V > 0$

$V_{CB} = V_C - V_B = 4.7 - 4.2 = 0.5V > 0$

$\Rightarrow V_{EB} > 0$，$V_{CB} > 0$

$\therefore$ BJT 工作於飽和區

---

11. In Si integrated circuits, which of the following diode connections will have the highest breakdown voltage and the lowest diode leakage current？

(a) — (no connection)

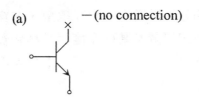

(b)

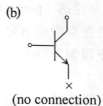

(no connection)

(c)   (d)   (e)

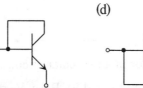

簡譯

問在 Si 的積體電路中，何種連接方式具有最高的崩潰電壓及最低的漏電流。（❖題型：崩潰電壓及漏電流）

【交大電子所】

解☞：(B)

1. (A)及(C)是利用 E-B，故BV$_{EBO}$較小

2. (B)及(D)是利用 C-B，故BV$_{CBO}$較大，

   且 (B) 的 I$_{CBO}$ 小於 (D)的 I$_{CES}$

3. (E)是 E-C 短路，故崩潰電壓亦小所以選(B)

12.(1)當 − npn BJT 於順向偏壓區操作時，其 I$_C$ 值隨 V$_{CE}$ 增加而增加（如下圖所示），試解釋其原因。

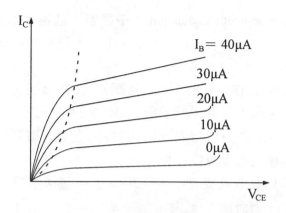

(2) 在上題中，若 V_{CE} 繼續增加，BJT 可能發生崩潰，解釋其原因。（✛題型：Early effect）

【交大電子所】

解☞：

 (1)①在主動區 V_{BE} 為固定值，且 $V_{CB} = V_{CE} - V_{BE}$，所以 V_{CE} 增大，V_{CB} 亦隨之增大，亦即 V_{BC} 逆偏增大。

  ②若 V_{BC} 逆偏續增大，則 BC 接面之空乏區寬度更大，而使基極之有效寬度變更小。

  ③基極有效寬度變更小，使得載子在基極中復合的機率變更少，因而使 I_C 更大。

 (2)①若 V_{BC} 之逆偏增更大，而使基極有效寬度 $W'_B = 0$ 時，即引起電晶體崩潰。

  ②此種崩潰，稱為穿透（punch through）（即集基接面的累增崩潰）

  ③綜論 $V_{CE}\uparrow \Rightarrow V_{CB}\uparrow$（即逆偏）$\Rightarrow J_C$ 之空乏區寬度 $\uparrow \Rightarrow$ 基極有效寬度 $W'_B \downarrow \Rightarrow \beta \uparrow \Rightarrow I_C \uparrow$

13. Explain base-width modulation. （❖題型：基極寬度調變）

【交大控制所、交大電子所】

解☞：

① BJT 在作用區時，V_{BE} 為順偏，BE 接面之空乏區寬度減小。而 V_{BC} 為逆偏，所以 BC 接面之空乏區寬度變大。

②若 V_{BC} 逆偏續增大，則 BC 接面之空乏區寬度更大，而使基極之有效寬度變更小。

③基極有效寬變更小，使得載子在基極中復合的機率變更少，因而使 I_C 更大。

④若 V_{BC} 之逆偏增更大，而使基極有效寬度 $W'_B = 0$ 時，即引起電晶體崩潰。

⑤此種崩潰，稱為穿透（punch through）

⑥綜論 $V_{CE}\uparrow \Rightarrow V_{CB}\uparrow$（即逆偏）$\Rightarrow J_C$ 之空乏區寬度$\uparrow \Rightarrow$基極有效寬度 $W'_B \downarrow \Rightarrow \beta\uparrow \Rightarrow I_C\uparrow$

⑦此種因 V_{BC} 逆偏（即 V_{CB}）調變，而使基極有效寬度發生調變。所以歐力效應又稱基極寬度調變。

⑧因歐力效應，而使電晶體發生穿透崩潰的 V_{CE} 值，稱為歐力電壓 V_A

---

14. Explain gualitatively the three conseguences of base-width modulation. （❖題型：基極寬度調變） 【交大電子所】

解☞：

①在主動區，I_C 不再是固定值，而是隨 V_{CE} 增大而增大。

②影響基極有效寬度。

③發生穿透崩潰。

---

15. From the following statements, choose a best cause which results in small Early voltage, $|V_A|$, of a BJT：

(A) Samll base width　　(B)large reverse bias of $|V_{CE}|$　　(C)low impurity concentration in collector　　(D)the BJT is biased in saturation.

簡譯

問能產生較小 Early 電壓 $|V_A|$ 的理由：

(A)基極寬度較小。

(B) $|V_{CE}|$ 逆向偏壓值較大。

(C)集極雜質濃度較小。

(D)BJT 偏壓在飽和區。（✛題型：Early effect）

【交大控制所】

解☞：(A)

---

16. In a BJT circuit, which of the following is caused by the Early effect？

(A)punch-through breakdown occurs　　(B)avalanchs breakdown occurs

(C)the width of emitter becomes larger　　(D)I_C saturation occurs.

簡譯

下列何者是由 Early 效應所產生

(A)穿透崩潰（punch-through breakdown）。

(B)累增崩潰（avalanche breakdown）。

(C)射極寬度變大。

(D)I_C飽和。（✛題型：Early effect）　　　　【交大控制所】

解☞：(A)

---

17. Let us apply a voltage to an npn BJT and measure three breakdown voltages V_{CEO}, V_{CBO} and V_{EBO}. Which one will be the largest？　　(A)V_{CEO}

(B)V_{CBO}　　(C)V_{EBO}

簡譯

問V_{CEO}，V_{CBO}和V_{EBO}的崩潰電壓值何者較大。（✛題型：崩潰電壓比較）　　　　　　　　　　　　　　　　　【交大控制所】

解☞：(B)

$\because V_{CBO} > V_{CEO} > V_{EBO}$

---

18. If a BJT is forward biased in active region, it may be biased as
    (A)B-E conducts and $V_{BC} = 0V$　(B)B-E and B-C junctions conduct　(C)
    B-E conducts and B-C is reverse-biased　(D) both of B-E and B-C are re-
    verse-biased.（✤題型：工作區判斷）　　　　【交大控制所】

解☞：(C)

---

19. The large-signal representation of an npn transistor is shown in Figure
    where $I_{ED} = I_{ES} (e^{-V_{EB}/V_T} - 1)$

    $$I_{CD} = I_{CS} (e^{-V_{CB}/V_T} - 1)$$

    (1) What is the reciprocity condition ?

    (2) Let $I_C = -\alpha_F I_E - I_{CO} (e^{-V_{CB}/V_T} - 1)$. Formulate I_{CO} by using the para-
        meters given in Figure

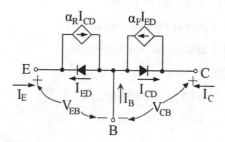

簡譯

npn 的 Ebers-Moll 模型如下，而其方程式，如下

$I_{ED} = I_{ES} (e^{-V_{BE}/V_T} - 1)$

$I_{CD} = I_{CS} (e^{-V_{BC}/V_T} - 1)$

(1)說明倒置定理。

(2)若$I_C = -\alpha_F I_E - I_{CO}(e^{-V_{CB}/V_T} - 1)$，請用上述參數表示 I_{CO}。（✤

題型：Ebers-Moll）　　　　　　　　　　　【交大控制所】

解☞：

(1)倒置條件：$\alpha_F I_{ES} = \alpha_R I_{CS}$

(2)由圖知

①$I_E = \alpha_R I_{CD} - I_{ED}$
$= \alpha_R I_{CS} (e^{-V_{CB}/V_T} - 1) - I_{ES} (e^{-V_{EB}/V_T} - 1)$
$\Rightarrow I_{ES} (e^{-V_{EB}/V_T} - 1) = -I_E + \alpha_R I_{CS} (e^{-V_{CB}/V_T} - 1)$

②$I_C = \alpha_F I_{ED} - I_{CD} = [\alpha_F I_{ES} (e^{-V_{EB}/V_T} - 1)] - I_{CS} (e^{-V_{CB}/V_T} - 1)$
$= \alpha_F [-I_E + \alpha_R I_{CS} (e^{-V_{CB}/V_T} - 1)] - I_{CS} (e^{-V_{CB}/V_T} - 1)$
$= -\alpha_F I_E - (1 - \alpha_F \alpha_R) I_{CS} (e^{-V_{CB}/V_T} - 1)$
$= -\alpha_F I_E - I_{CO} (e^{-V_{CB}/V_T} - 1)$ ⎫ 比較

$\therefore I_{CO} = (1 - \alpha_F \alpha_R) I_{CS}$

20.(1) Draw the Ebers-Moll representation of a pnp transistor.

(2) Write the reciprocity condition of the BJT.

簡譯

(1)繪出 PNP 電晶體的 Ebers-Moll 模型與方程式。

(2)寫出 BJT 的倒置定理。（✤題型：Ebers-Moll）

【交大控制所】

解☞：

(1)

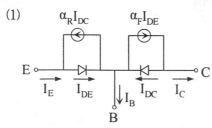

(2) 1. 用 Ebers － Moll 來描述 BJT，主要的變數為

$I_E = I_{DE} - \alpha_R I_{DC} = I_{ES} (e^{V_{EB}/V_T} - 1) - \alpha_R I_{CS} (e^{V_{CB}/V_T} - 1)$

$$I_C = \alpha_F I_{DE} - I_{DC} = \alpha_F I_{ES} (e^{V_{EB}/V_T} - 1) - I_{CS} (e^{V_{CB}/V_T} - 1)$$

2.其中四個主要參數為:

I_{ES},I_{CS},α_F,α_R此四個參數的關係,可由電路結構決定。

3.然無論何種條件下,此四個參數均符合倒置理論(reciprocity theorem):

$$\alpha_F I_{ES} = \alpha_R I_{CS}$$

21.(1) Let α_F and α_R denote the common-base forward and reverse short-circuit current gain respectively. Draw the Ebers-Moll model of an npn transistor.

(2) An npn transistor is operated with collector-base junction reverse-biased by at least a few tenths of a volt and with the emitter open circuited. Show that the transistor is operated in the cutoff mode.

簡譯

(1)繪出 NPN 的 Ebers-Moll 模型與方程式。

(2)若集極接面在逆偏為零點幾 V 以上,而射極保持開路時,証明電晶體工作於截止區。(❖題型:Ebers-Moll)

【交大電信所】

解☞:

(1)

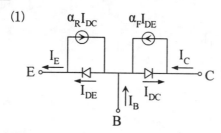

(2) 1. ∵ J_C:逆偏,J_E:開路

2. $I_E = I_{DE} - \alpha_R I_{DC}$

　　$= I_{ES} (e^{V_{BE}/V_T} - 1) - \alpha_R I_{CS} (e^{V_{BC}/V_T} - 1)$

$$\approx I_{ES}e^{V_{BE}/V_T} + \alpha_R I_{CS} = 0$$

3. $I_C = \alpha_F I_{DE} - I_{DC} = \alpha_F I_{ES}(e^{V_{BE}/V_T} - 1) - I_{CS}(e^{V_{BC}/V_T} - 1)$

$\cong \alpha_F I_{ES}e^{V_{BE}/V_T} + I_{CS} = 0 + I_{CS} = I_{CBO}$

4. 所以 BJT 確定截止區

---

22. What is the Early effect in the biploar transistor？（✤題型：Early effect） 【交大電物所】

解☞：

1. Early effect 的說明同 13. 題
2. 歐力效應之影響
   ①在主動區，I_C 不再是固定值，而是隨 V_{CE} 增大而增大。
   ②影響基極有效寬度。
   ③發生穿透崩潰。
3. 改善歐力效應之法即提高歐力電壓 V_A 值，其法如下：
   ①提高基極寬度（W_B），使其不易發生崩潰，但此法會使得β值降低，所以不佳。
   ②降低集極雜質濃度 N_C，使 $N_B \gg N_C$
   ③增加基極雜質濃度
   ④V_A 與濃度有關（$V_A = \dfrac{qN_BW^2}{2\varepsilon_x}$），一般約 30～150V

---

23. When a NPN BJT is operated in the forward-active mode, which of the following current components usually has a largest value？

(A)electron diffusion current in the base.

(B)hole diffusion current in the base.

(C)electron diffusion current in the collector.

(D)hole diffusion current in the collector.

(E)hole drift current in the base.

簡譯

npn 工作於主動區時，向下列那一個電流成份最大：

(A)基極中的電子擴散電流。(B)基極中的電洞擴散電流。(C)集極中的電子擴散電流。(D)集極中的電洞擴散電流。(E)基極中的電洞漂移電流。（✦題型：BJT 的物理特性）　【交大材料所】

解☞：(A)

　　NPN 在 forward-active mode 時，電子是由射極進入基極

---

24. The minority carrier hole distributions P_1, P_2, P_3 and P_4 in the base of PNP BJT are shown as follows. I_{C1}, I_{C2}, I_{C3} and I_{C4} are the corresponding collector currents for P_1, P_2, P_3 and P_4 respectively. Which of the following is true?

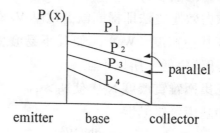

(A) $I_{C1} > I_{C2} > I_{C3} > I_{C4}$

(B) $I_{C4} > I_{C3} > I_{C2}$ and $I_{C1} = 0$

(C) $I_{C1} = I_{C2}$, $I_{C3} = I_{C4}$

(D) $I_{C1} = 0$, $I_{C2} = I_{C3} < I_{C4}$

(E) None of the above

簡譯

問在 pnp 基極內的四種電洞濃度分佈，I_{C1}, I_{C2}, I_{C3}, I_{C4}的大小

關係。（❖題型：BJT 物理特性） 【交大材料所】

解☞：(D)

觀念：擴散電流是由濃度梯度決定的

(1) $\because \dfrac{dP_1}{dx} = 0 \Rightarrow I_{C1} = 0$

(2) $\because \dfrac{dP_2}{dx} = \dfrac{dP_3}{dx} \Rightarrow I_{C2} = I_{C3}$

(3) $\because \dfrac{dP_4}{dx} > \dfrac{dP_2}{dx} \Rightarrow I_{C4} > I_{C2}$

所以選 (D)

25.是非題：

(1)就一個在飽和區操作的 npn BJT 而言，當 i_C 為零時，其 v_{CE} 亦為零。

(2)一個 BJT 的 $\beta_{dc} = h_{FE}$ 值，隨元件溫度上升或其 I_C 值增加而遞增。（❖題型：BJT 物理特性） 【中央電機所】

解☞：(1)×　(2)×

(1)對實際的 BJT 而言，因存有偏移電壓值 V_{OS}，所以 V_{CE} 不等於零。典型值約為 0.1V

(2)由下圖知，在某一區間，$T\uparrow \Rightarrow \beta_{dc}\downarrow$

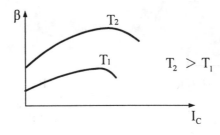

3-2〔題型十五〕：BJT 直流分析

考型 39 BJT 直流偏壓電路

一、基極固定偏壓法（Base fixed bias）

1. 以下三種電路，均屬於基極固定偏壓法

   (1)

   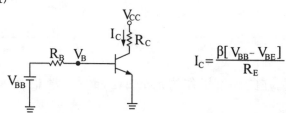

   $$I_C = \frac{\beta[V_{BB} - V_{BE}]}{R_E}$$

   (2)

   $$I_C = \frac{\beta[V_{CC} - V_{BE}]}{R_B}$$

   (3)

   $$I_C = \frac{\beta[V_{CC} \cdot \frac{R_2}{R_1 + R_2} - V_{BE}]}{R_1 // R_2}$$

2.分析

  (1)所謂基極固定偏壓，即指 V_B 為固定值。

  (2)電路中之 R_B，R_1，R_2 即為偏壓電阻

  (3)當 $T\uparrow \Rightarrow I_{CO}\uparrow \Rightarrow I_C\uparrow$，造成電路不穩定，所以此法穩定度最差。

二、射極回授偏壓（emitter feedback bias）

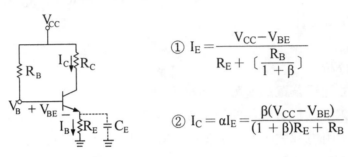

$$① \quad I_E = \frac{V_{CC} - V_{BE}}{R_E + \left[\dfrac{R_B}{1 + \beta} \right]}$$

$$② \quad I_C = \alpha I_E = \frac{\beta(V_{CC} - V_{BE})}{(1 + \beta)R_E + R_B}$$

分析

1. 此法為電流串聯負回授。

2. 負迴授具有：降低增益（缺點），而增加穩定度（優點）

3. 由方程式①知，若 $\beta R_E \gg R_B$，則 β 受溫度影響之效應，即可忽略。

4. 所以此電路之穩定條件為 $\beta R_E \gg R_B$。

5. R_E 具有補償 I_{CO} 溫度的效應：

  $T\uparrow \Rightarrow I_{CO}\uparrow \Rightarrow I_C\uparrow \Rightarrow I_E\uparrow \Rightarrow V_E\uparrow \Rightarrow I_B\downarrow \Rightarrow I_C\downarrow$

6. 此電路為消除 β 的溫度效應，所以 R_E 值均較大，由方程式②知，I_C 值則降低，而造成電壓增益降低。

7. 改善法，則在 R_E 並聯射極電容 C_E，如此則在小訊號分析時，可因 C_E 視為短路而消除 R_E 之效應。

8. 若 $R_B > R_E$，一般可設此 BJT 之工作區為主動區。

三、集極回授偏壓（Collector-feedback bias）

$$① \quad I_E = \frac{V_{CC} - V_{BE}}{R_C + \left[\dfrac{R_B}{1 + \beta}\right]}$$

$$② \quad I_C = \alpha I_E = \frac{\beta(V_{CC} - V_{BE})}{(1 + \beta)(R_C) + R_B}$$

分析

1. 此法為電壓並聯負回授。

2. 所以具有較佳的穩定度（優點），及增益降低（缺點）

3. 由方程式①知，若 $\beta R_C \gg R_B$，則可消除 β 的溫度效應。

4. 此電路具有消除 I_{CO} 的溫度效應，因為

$$T \uparrow \Rightarrow I_{CO} \uparrow \Rightarrow I_C \uparrow \Rightarrow V_{CE} \downarrow \Rightarrow I_B \downarrow \Rightarrow I_C \downarrow$$

5. 雖然加入 R_B 形成電壓並聯負迴授，但欲降低交流增益，其改善法如下：

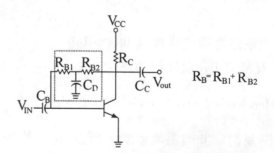

$$R_B = R_{B1} + R_{B2}$$

6. 此種偏壓法，BJT 必在主動區。切記!!

四、自給偏壓（Self-Bias）

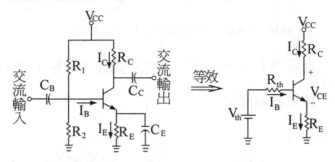

電路分析

1. $V_{th} = V_{CC} \dfrac{R_2}{R_1 + R_2}$

2. $R_{th} = R_1 \mathbin{/\mkern-4mu/} R_2$

3. $V_{th} = R_B \left[\dfrac{I_E}{1 + \beta} \right] + V_{BE} + R_E I_E$

4. $I_E = \dfrac{V_{th} - V_{BE}}{R_E + \left[\dfrac{R_{th}}{1 + \beta} \right]}$

5. $I_C = \alpha I_E = \dfrac{\beta(V_{th} - V_{BE})}{(1 + \beta)R_E + R_{th}}$

6. $I_B = \dfrac{I_E}{1 + \beta} = \dfrac{V_{th} - V_{BE}}{(1 + \beta)R_E + R_{th}}$

7. $V_{CE} = V_{CC} - I_C R_C - I_E R_E$

8. 由方程式(4)知，若

　　a. $V_{th} \gg V_{BE}$，則可消除 V_{BE} 之溫度效應

　　b. $\beta R_E \gg R_{th}$，則可消除 β 之溫度效應

9. 由電路知，R_E 具有消除 I_{CO} 之溫度效應，因為

$$T \uparrow \Rightarrow I_{CO} \uparrow \Rightarrow I_C \uparrow \Rightarrow I_E \uparrow \Rightarrow V_E \uparrow \Rightarrow I_B \downarrow \Rightarrow I_C \downarrow$$

10. 此電路若 $R_1 \gg R_2$，則 BJT 可設在主動區工作。

五、雙電源偏壓法

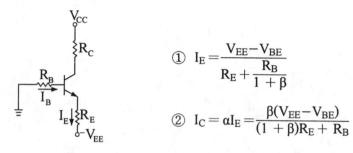

① $I_E = \dfrac{V_{EE} - V_{BE}}{R_E + \dfrac{R_B}{1 + \beta}}$

② $I_C = \alpha I_E = \dfrac{\beta(V_{EE} - V_{BE})}{(1 + \beta)R_E + R_B}$

分析

1. 此法是利用 $-V_{EE}$，而形成 I_E 之固定值，即 I_C 為固定值。
2. 此種電路，可設 BJT 在主動區工作
3. 若 $\beta R_E \gg R_B$，則可消除 β 之溫度效應，而使電路穩定。
4. 但 R_E 值太大，則太浪費積體電路 IC 的面積，因此通常以電流鏡來替代此種電路。

六、積體電路偏壓法

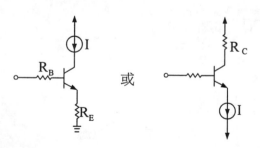

分析：

1. I 為恆流源，通常以電流鏡替代。
2. 此種電路，可設 BJT 在主動區工作
3. 電流鏡另章討論。

考型 40 BJT 直流分析－圖解法

一、此種題型，必會附輸出或輸入特性曲線圖。

二、先檢查題目所附的特性曲線是輸入的，或輸出的？

三、若是輸入特性曲線，則可求出 I_{BQ}，及 V_{BEQ}

四、若是輸出特性曲線，則可求出 I_{CQ}，及 V_{CEQ}

五、以輸出特性曲線為例，其解題步驟如下：

1. 寫出輸出迴路方程式

2. 繪出直流負載線：

   在輸出迴路方程式中

   (1)令 $I_C = 0$，求出 $V_{CE} = ?$（令為 a 點）

   (2)令 $V_{CE} = 0$，求出 $I_C - ?$（令為 b 點）

   (3)將 a 點、b 點聯線，即為直流負載線

3. 直流負載線與輸出特性曲線之交叉點，即為工作點

4. 工作點所在之位置，即工作區。工作點所對應的即為（I_{CQ}，V_{CEQ}）

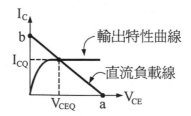

考型 41 │ BJT 直流分析－電路分析法

一、BJT 在主動區之特性（$|V_{BE}|$：順偏，$|V_{BC}|$：逆偏）

1. $I_C = \beta I_B$，$I_E = (1 + \beta) I_B$

2. $I_E = \alpha I_C = \dfrac{\beta}{1 + \beta} I_C$

3. $\alpha = \dfrac{\beta}{1 + \beta}$

4. $|V_{BE,act}|$ 為固定值：
$\begin{cases} \text{(1)矽材料：} |V_{BE,act}| = 0.7V \\ \text{(2)鍺材料：} |V_{BE,act}| = 0.2V \\ \text{(3)砷化鎵材料：} |V_{BE,sat}| = 1.2V \end{cases}$

5. $\beta = h_{FE} = \dfrac{I_C}{I_B}$

（h_{FE} 為 millman 符號，β 為 smith 符號，意即共射極之電流增益）

二、BJT 在飽和區之特性（$|V_{BE}|$：順偏，$|V_{BC}|$：逆偏）

1. $\beta_{sat} \geq \dfrac{I_{C,sat}}{I_{B,sat}}$

2. 此區，C 極及 E 極可視為短路

3. 此區，$|V_{BE}|$ 及 $|V_{CE}|$ 之值為固定值

① $|V_{BE,sat}|$：
$\begin{cases} \text{(1)矽材料：} |V_{BE,sat}| = 0.8V \\ \text{(2)鍺材料：} |V_{BE,sat}| = 0.3V \\ \text{(3)砷化鎵材料：} |V_{BE,sat}| = 1.3V \end{cases}$

② $|V_{CE,sat}|$：
$\begin{cases} \text{(1)矽材料：} |V_{CE,sat}| = 0.2V \\ \text{(2)鍺材料：} |V_{CE,sat}| = 0.1V \\ \text{(3)砷化鎵材料：} |V_{CE,sat}| = 0.3V \end{cases}$

三、BJT 在截止區之特性（$|V_{BE}|$ 為逆偏，$|V_{BC}|$ 為逆偏）

1. $I_B = 0$，$I_C = 0$，$I_E = 0$

2. 此區，E 極及 C 極可視為斷路

四、BJT 直流電路分析法

1. 先判斷 BJT 之工作區

2. 以該工作區之特性解題
　　(1)在主動區時之解題技巧
　　　　a. 列出包含 V_{BE} 之迴路方程式
　　　　b. 利用 $I_C = \beta I_B$，$I_E = (1 + \beta)I_B$ 代入上式即可求出 I_B、I_C、I_E
　　(2)在飽和區時之解題技巧
　　　　a. 列出包含 V_{BE} 之迴路方程式
　　　　b. 列出包含 V_{CE} 之迴路方程式
　　　　c. 聯立上二式方程式，即可求出 I_B 及 I_C
　　(3)若遇多迴路電路時，則將其電路化為戴維寧等效電路，再
　　　　依第 1、2 步驟解之。

五、以戴維寧等效電路為例（工作區判斷）

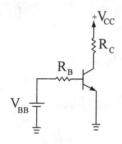

　　(1)R_B 愈小 $\Rightarrow I_B$ 愈大，Q 可假設成飽和
　　(2)R_C 愈大 $\Rightarrow I_C$ 愈小，Q 可假設成飽和
　　(3)β 愈大 $\Rightarrow$ Q 愈可能飽和

歷屆試題

26. Assume that $\beta_F = 10$，$V_{BE} = 0.75V$，and $V_D = 0.3V$.　　(1) For no load, $I_L = 0$. Find the diode current I_D.　　(2) Determine the maximum load current that the transistor can sink and still remain at the edge of saturation.

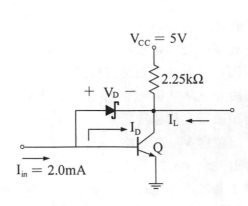

簡譯

圖中電路的$\beta_F = 10$，$V_{BE} = 0.75V$，$V_D = 0.3V$，(1)無負載時，請求電流I_D，(2)試求電晶體飽和邊緣的最大負載電流。（✤題型：BJT直流分析） 【台大電機所】

解☞：

1. $\because I_{in} = I_D + I_{B(sat)} \Rightarrow 2mA = I_D + I_{B(sat)} - ①$

2. 飽和邊緣條件 $\quad \beta = \dfrac{I_{C(sat)}}{I_{B(sat)}} \Rightarrow I_{C(sat)} = \beta I_{B(sat)}$

$V_C = -V_D + V_{BE} = -0.3 + 0.75 = 0.45V$

$\therefore I_{C(sat)} = I_D + I_L + \dfrac{V_{CC} - V_C}{2.25K} = I_D + I_L + 2.02mA = 10I_{B(sat)} - ②$

3. 解聯立方程式①、②得

$11I_D = 20mA - 2.02mA - I_L$

(1)當$I_L = 0$時，$I_D = 1.635mA$

(2)當$I_L \neq 0$時，$I_D \geq 0$

$\quad \therefore 20mA - 2.02mA - I_L \geq 0$

$\quad$ 故 $I_L \leq 17.98mA$

即 $I_{L(max)} = 17.98mA$

---

27. 已知 $\dfrac{KT}{q} = 25mV$，S_i 的 $\varepsilon_r = 11.9$，$n_i^2 = 2 \times 10^{20}/cm^3$，$\varepsilon_0 = 8.854 \times$

$10^{-14}F/cm$，$V_{BE,act} = 0.7V$，$\beta = 200$，$r_0 = 5k\Omega$，$r_b = 100\Omega$

(1)求 V_B，V_C，V_E 及 I_B，I_C，I_E。

(2)繪出低頻小訊號 π 模型，求 r_π，g_m，$\dfrac{V_{out}}{V_S}$。

(3)若射極、基極、集極各區的掺雜為 $10^{19}/cm^3$、$10^{17}/cm^3$、$10^{16}/cm^3$，

且射極、基極、集極各區之寬度各為 $1.5\mu m$、$0.5\mu m$、$3.5\mu m$，求

射極－基極間之內建電位和基極－集極間的內建電位。

(4)求射極－基極接面的空乏區寬度和單位面積空乏電容 C_{BE} 及

基極－集極接面之空乏區寬度及單位面積空乏電容 C_{BC}。

(5)說明 Early effect，而降低 Early effect 的有效方法是提高或降低

基極雜質掺雜濃度？（✣題型：CE Amp）【台大電機所】

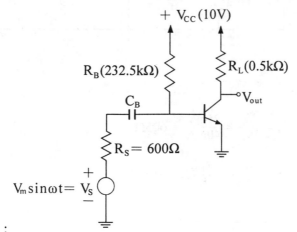

解☞：

(1)直流分析

$$I_B = \frac{V_{CC} - V_{BE}}{R_B} = \frac{10 - 0.7}{232.5k} = 40\mu A$$

$$I_C = \beta I_B = (200)(40\mu) = 8mA$$

$$I_E = (1 + \beta)I_B = (201)(40\mu) = 8.04mA$$

$$V_B = V_{BE} = 0.7V$$

$$V_C = V_{CC} - I_C R_C = 10 - (8m)(0.5k) = 6V$$

$$V_E = 0V$$

(2)小訊號分析

　1. 小訊號模型

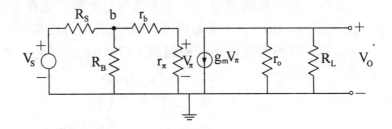

　2. 求參數

$$r_\pi = \frac{V_T}{I_B} = \frac{25mV}{40mA} = 625\Omega$$

$$g_m = \frac{I_C}{V_T} = \frac{8mA}{25mV} = 0.32A/V$$

$$\frac{V_{out}}{V_S} = \frac{V_{out}}{V_\pi} \cdot \frac{V_\pi}{V_b} \cdot \frac{V_b}{V_S}$$

$$= - g_m (r_o//R_L)(\frac{r_\pi}{r_\pi + r_b})[\frac{R_B//(r_\pi + r_b)}{R_S + R_B//(r_\pi + r_b)}] = - 68.5$$

(3) $V_{JE} = V_T l_n \frac{N_B N_E}{n_i^2} = (25m)\ln [\frac{(10^{19})(10^{17})}{2\times10^{20}}] = 0.9V$

$$V_{JC} = V_T \ln \frac{N_B N_C}{n_i^2} = (25m) \ln \left[\frac{(10^{17})(10^{16})}{2 \times 10^{20}} \right] = 0.73V$$

(4) $W_{JC} = \sqrt{\left[\frac{2\varepsilon_r\varepsilon_o (V_{jc} + V_{CB})}{q} \right] \left[\frac{N_C + N_B}{N_C N_B} \right]}$

$$= \sqrt{\frac{(2)(11.9)(8.854 \times 10^{-14})(0.73 + 6 - 0.7)(10^{16} + 10^{17})}{(1.6 \times 10^{-19})(10^{16})(10^{17})}}$$

$$= 0.93 \mu m$$

$$W_{JE} = \sqrt{\left[\frac{2\varepsilon_r\varepsilon_o (V_{JE} + V_{EB})}{q} \right] \left[\frac{N_B + N_E}{N_B N_E} \right]}$$

$$= \sqrt{\frac{(2)(11.9)(8.854 \times 10^{-14})(0.9 - 0.7)(10^{19} + 10^{17})}{(1.6 \times 10^{-19})(10^{19})(10^{17})}} = 0.05 \mu m$$

$$C_{BE} = \frac{\varepsilon_r\varepsilon_o}{W_{JE}} = \frac{(11.9)(8.854 \times 10^{-14})}{0.05 \times 10^{-4}} = 0.21 \mu F/cm^2$$

$$C_{BC} = \frac{\varepsilon_r\varepsilon_o}{W_{JC}} = \frac{(11.9)(8.854 \times 10^{-14})}{0.93 \times 10^{-4}} = 11.3 nF/cm_2$$

(5) 見題 22。

---

28. If the silicon transistor used in Fig. has a minimum value of $\beta = h_{FE} = 30$ and if $I_{CBO} = 10nA$ at $25°C$：

(1) Find V_o for $V_I = 12V$ and show that Q is in saturation.

(2) Find the minimum value of R_1 for which the transistor in part (1) is in the active region.

(3) If $R_1 = 15k$ and $V_I = 1V$, find V_0 and show that Q is at cutoff.

(4) Find the maximum temperature at which the transistor in part (3) remains at cutoff.

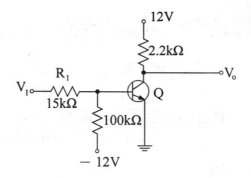

下圖β = 30，在25°C時 I_{CBO} = 10nA

(1)求 V_i = 12V 時 V_0 值。

(2)求(1)在主動區內的最小 R_1 值。

(3)若 R_1 = 15KΩ，V_i = 1V，試求 V_0 值。

(4)求(3)中電晶體保持在截止區的最高溫度。（❖題型：BJT直流分析）   【特考】【台大電機所】

解☞：

(1) *1.* 取戴維寧等效電路（用節點分析法）

$$(\frac{1}{15K} + \frac{1}{100K})V_{th} = \frac{12}{15K} - \frac{12}{100K} \Rightarrow V_{th} = 8.87V$$

$$R_{th} = 15K \mathbin{//} 100K = 13.04KΩ$$

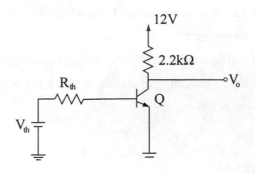

2. 設在飽和區 ⇒ ∴ $V_0 = V_{CE,sat} = 0.2V$

3. 取含 V_{BE} 迴路 ⇒ 求 I_B

$$I_B = \frac{V_{th} - V_{BE,sat}}{R_{th}} = \frac{8.87 - 0.8}{13.04K} = 0.62mA$$

4. 取含 V_{CE} 迴路 ⇒ 求 I_C

$$I_C = \frac{V_{CC} - V_{CE,sat}}{R_C} = \frac{12 - 0.2}{2.2K} = 5.36mA$$

5. check

$$\therefore \frac{I_C}{I_B} = \frac{5.36m}{0.62m} = 8.65 < \beta$$

故 Q 確在飽和區

$$\therefore V_0 = V_{CE,sat} = 0.2V$$

(2) Q 在主動區

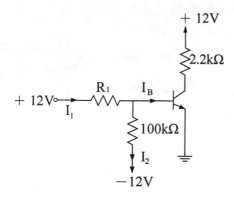

1. $I_1 = \dfrac{12 - V_{BE}}{R_1} = \dfrac{12 - 0.7}{R_1} = \dfrac{11.3}{R_1}$

$$I_2 = \frac{12 + V_{BE}}{100K} = \frac{12 + 0.7}{100K} = 0.127mA$$

$$\therefore I_B = I_1 - I_2 = \frac{11.3}{R_1} - 0.127mA$$

$$I_C = \beta I_B = \frac{339}{R_1} - 3.81mA$$

2. $V_C = V_{CC} - I_C R_C = 12 - (2.2K)[\frac{339}{R_1} - 3.81mA]$

$$= 20.382 - \frac{745.8K}{R_1}$$

3. $\because V_{BC} = V_B - V_C = V_{BE} - V_C = 0.07 - 20.382 + \frac{745.8K}{R_1} \leq 0$

$$\therefore R_1 \geq 37.9K\Omega$$

故知 $R_{1,min} = 37.9K\Omega$

(3)設 Q：OFF $\Rightarrow V_0 = V_{CC} = 12V$

1. 取截維寧等效電路（用節點分析法）

$$(\frac{1}{15K} + \frac{1}{100K})V_{th} = \frac{1}{15K} - \frac{12}{100K} \text{，} R_{th} = 15K//100K = 13.04K\Omega$$

$$\therefore V_{th} = V_{BE} = -0.7V < 0$$

故 Q 確在截止區

$$\therefore V_0 = V_{CC} = 12V$$

(4)

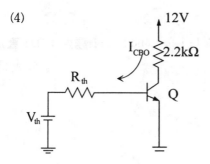

1. Q 在截止區

$$\because - V_{th} - I_{CBO}R_{th} + V_{BE} = 0$$

$$\therefore V_{BE} = V_{th} + I_{CBO}R_{th} = -0.7 + (13.04K)I_{CBO}$$

$$= -0.7 + (13.4K)(10\times10^{-9})(2^{\frac{T-25}{10}}) \leq 0$$

故 $T \leq 148.85\,^{\circ}C$

$$\therefore T_{max} = 148.85\,^{\circ}C$$

---

29. Assume the transistor $\beta \geq 50$, $V_{BE} = 0.7V$; find I_E , I_B , and I_C

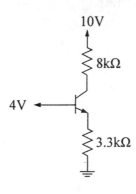

已知β≥50，$V_{BE}=0.7V$ 求 I_E，I_B，and I_C（ ✤題型：BJT直流分析）

【清大電機所】

解☞：

1. 設 BJT 在飽和區

2. 取含 V_{BE} 的迴路

$$4 = V_{BE} + (I_B + I_C)R_E$$

$$\Rightarrow 3.3 = (I_B + I_C)(3.3K) = (3.3K)I_B + (3.3K)I_C \text{——①}$$

3. 取含 V_{CE} 的迴路

$$V_{CC} = I_C(8K) + V_{CE} + (I_C + I_B)(3.3K)$$

$$\Rightarrow 10 - 0.2 = 9.8 = (3.3K)I_B + (11.3K)I_C \text{——②}$$

4. 解聯立方程式①、②，得

$$I_C = 0.8125mA，I_B = 0.1875mA$$

$$I_E = I_C + I_B = 1mA$$

5. check

$$\therefore \frac{I_C}{I_B} = \frac{0.8125mA}{0.1875mA} = 4.33 < \beta$$

故 BJT 確在飽和區

30. For $|V_{BE}| = 0.7V$ and $\beta = \infty$, find V_A and V_B

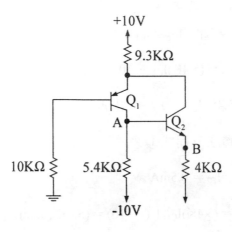

簡譯

圖中電晶體$|V_{BE}| = 0.7V$，且$\beta = \infty$，求V_A 及 V_B（❖題型：BJT

直流分析） 【清大電機所】

解☞：

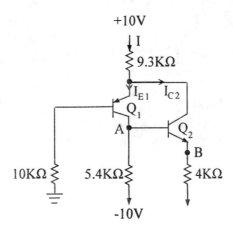

1. $\because \beta = \infty$

$\therefore I_{B1} = I_{B2} = 0$

$V_{E1} = V_{B1} + V_{EB1} = 0 + 0.7V = 0.7V$

2. $\therefore I = \dfrac{V_{CC} - V_{E1}}{9.3K} = \dfrac{10 - 0.7}{9.3K} = 1mA$

$I = I_{E1} + I_{C2} = I_{C1} + I_{E2} = 1mA$———①

3. $\because V_A = (5.4K)I_{C1} + 10 = V_{BE2} + (4K)I_{E2} + 10$

$\therefore (5.4K)I_{C1} = 0.7 + (4K)I_{E2}$———②

4. 解聯立方程式①②

$I_{C1} = I_{E2} = 0.5mA$

5. $V_A = (5.4K)I_{C1} + (-10) = (5.4K)(0.5m) - 10 = -7.3V$

$V_B = (4K)I_{E2} + (-10) = (4K)(0.5m) - 10 = -8V$

---

31. Find (1) $V_C = $?   (2) $V_E = $?   (3) $I_E = $?   (4) $V_B = $?

in the following circuit, given $V_{BE} = 0.7$volt, $\beta = 49$ （❖題型：BJT 直流分析）

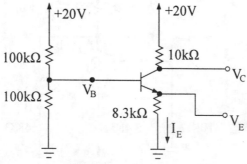

【清大電機所】

解☞：

1. 取戴維寧等效電路

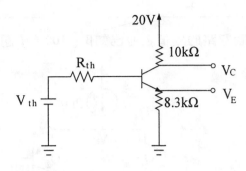

$$V_{th} = \frac{(100K)20}{100K + 100K} = 10V$$

$$R_{th} = 100K // 100K = 50K$$

2. 設 BJT 在主動區

3. 取 V_{BE} 迴路，求 I_B

$$I_B = \frac{V_{th} - V_{BE}}{R_{th} + (1 + \beta)R_E} = \frac{10 - 0.7}{50K + (50)(8.3K)} = 0.02mA$$

$$I_C = \beta I_B = (49)(0.02mA) = 0.98mA$$

$$I_E = (1 + \beta)I_B = (50)(0.02mA) = 1mA$$

4. $V_B = V_{th} - I_B R_{th} = 10 - (0.02mA)(50K) = 9V$

$$V_C = V_{CC} - I_C R_C = 20 - (0.98mA)(10K) = 10.2V$$

$$V_E = I_E R_E = (1mA)(8.3K) = 8.3V$$

5. check

$$\because V_{BC} = V_B - V_C = 9 - 10.2 = -1.2V < 0$$

$\therefore$ BJT 確在主動區

32.試求下圖電路的V_2值，並已知$\beta = 100$（❖題型：直流分析）

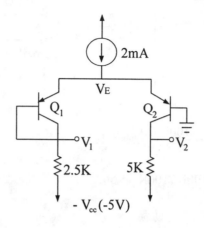

【清大電機所】

解☞：

1. 設Q_1，Q_2皆在主動區

∵$V_E = V_{EB2} = 0.7V = V_{EB1}$

∴$I_{C1} = \dfrac{V_E - V_{EB} - (-V_{CC})}{2.5} = \dfrac{0.7 - 0.7 + 5}{2.5K} = 2mA$

2. 但$I_E = I_{E1} + I_{E2} \approx I_{C1} + I_{C2} = 2mA = 2mA + I_{C2}$

∴$I_{C2} = 0A \Rightarrow Q_2$：OFF

3. 故$V_2 = -5V$

---

33. Design R_B and R_C to obtain a dc emitter current of 1mA and to ensure a $|2|V$ signal swing at the collector. Let $V_{BE} = 0.7V$, $V_{CC} = 10V$, and $\beta = 100$

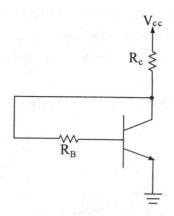

簡譯

已知$V_{BE} = 0.7V$, $V_{CC} = 10V$, and $\beta = 100$，求R_B，R_C值，但需滿足 $I_E = 1mA$且集極端的訊號擺幅為$|2V|$（❖題型：集極回授偏壓法）

【清大電機所】

解☞：

　　1. 集極回授必在主動區

　　　　$\therefore V_{BC} \leq 0 \Rightarrow V_{BC} = V_B - V_C = V_{BE} - V_C \leq 0$

　　　　即$V_C \geq V_{BE} \Rightarrow V_{C(min)} = V_{BE}$

　　2. 又V_C的訊號擺幅為$|2|V$

　　　　$\therefore V_{CQ} = 2 + 0.7 = 2.7V$

　　3. 故知

$$R_C = \frac{V_{CC} - V_{CQ}}{I_C + I_B} = \frac{V_{CC} - V_{CQ}}{I_E} = \frac{10 - 2.7}{1mA} = 7.3K\Omega$$

　　4. $V_{CQ} = I_B R_B + V_{BE} = \dfrac{I_E R_B}{1 + \beta} + V_{BE}$

$$\therefore R_B = \frac{(V_{CQ} - V_{BE})(1 + \beta)}{I_E} = \frac{(2.7 - 0.7)(101)}{1mA} = 202K\Omega$$

34. In the following circuit, when the switch S is closed, the transistor is operated in the forward-active mode and $V_{BE(on)} = 0.7V, I_C = 10mA$. When the switch S is open, $I_C = 0.1mA$. Please find the value of β. (Note:$I_C = \beta I_B + (1 + \beta)I_{CO}$)

(A) 10　(B) 100　(C) 990　(D) 999　(E) 1000

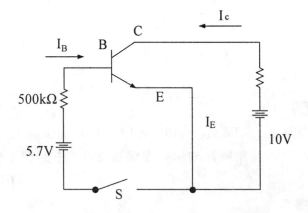

簡譯

當 S close 時，BJT 工作於主動區，且 $V_{BE(ON)} = 0.7V, I_C = 10mA$，問 S open 時，$I_C = 0.1mA$，求 β 值。（❖題型：BJT 直流分析）

【交大電子所】

解☞：　(C)

1. S：open→$I_B = 0$

$I_C = \beta I_B + (1 + \beta)I_{CBO} = (1 + \beta)I_{CBO} = 0.1mA$

2. S：close；Q：act.

取含 V_{BE} 的迴路

$\therefore I_B = \dfrac{5.7 - 0.7}{500K} = 0.01mA$

3. $\because I_C = \beta I_B + (1 + \beta)I_{CBO}$

   $\Rightarrow 10mA = (0.01m)\beta + 0.1mA$

   $\therefore \beta = 990$

---

35. npn 的 β 與 V_{BE} 值為已知，如圖(a)，而 R_1，R_2 是提供偏壓，其等
    效電路如圖(b)

    (1)為何須偏壓電路。

    (2)求 V_{BB}，R_B 值（以 R_1，R_2，V_{CC} 表示）

    (3)求 I_E

    (4)I_E 增加，則 I_C 變化如何？

    (5)R_E 的動作為正回授或負回授？（❖題型：BJT 直流偏壓）

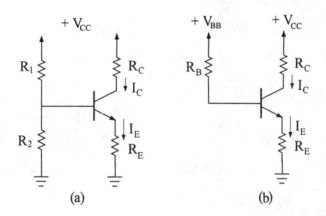

(a)　　　　　　(b)

【交大控制所】

解☞：

   (1)偏壓電路可決定工作點位置，意即決定工作區。

   (2)$R_B = R_1 /\!/ R_2$,

   $$V_{BB} = \frac{R_2 V_{CC}}{R_1 + R_2}$$

   (3)設 BJT 在主動區，則

$$I_B = \frac{V_{BB} - V_{BE}}{R_B + (1 + \beta)R_E}$$

$$\therefore I_E = (1 + \beta)I_B = \frac{(1 + \beta)(V_{BB} - V_{BE})}{R_B + (1 + \beta)R_E}$$

(4)$\because V_{BB} = I_B R_B + V_{BE} + I_E R_E = I_B R_B + V_{BE} + V_E$

$\therefore I_E \uparrow \Rightarrow V_E \uparrow \Rightarrow I_B \downarrow \Rightarrow I_C \downarrow$

(5)負回授

36.已知電晶體之$|V_{BE}| = 0.7$且$\beta = \infty$，試求V_A，V_B，V_C及V_D。（❖ 題型：BJT 直流分析）

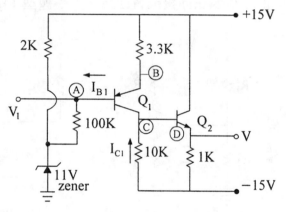

【交大】

解☞：

1. 設Q_1及Q_2皆在主動區

2. $\because \beta = \infty$且$I_{B1} = \frac{I_C}{\beta} = 0 = I_{B2}$

$\therefore 100K\Omega$上無電流$\Rightarrow V_A = V_{ZK} = 11V$

3. $Q_1 : |V_{BE}| = V_{E1} - V_{B1} = V_{E1} - V_A = 0.7V$

$$\therefore V_{E1} = V_B = V_A + 0.7 = 11.7V$$

$4.\ I_{E1} = \dfrac{V_{CC} - V_B}{3.3K} = \dfrac{15 - 11.7}{3.3K} = 1mA$

$$\because I_{B1} = 0 \therefore I_{C1} = I_{E1} - I_{B1} = 1mA$$

$$\because V_C - I_{C1}(10K) - (-15) = 0 \Rightarrow V_C = -15 + I_{C1}(10K)$$

$$= -15 + (1m)(10K) = -5V$$

$5.\ Q_2 : \ 又\ V_{BE} = V_{B2} - V_{E2} = V_C - V_D = 0.7$

$$\Rightarrow V_D = V_C - 0.7 = -5.7V$$

$6.$ check:

$\quad Q_1 : \because V_{EB} = 0.7V > 0 \ , \ V_{CB} = V_{C1} - V_{B1} = V_C - V_A$

$$= -5 - 11 = -16V \Rightarrow V_{CB} < 0$$

$\quad Q_2 : \because V_{BE} > 0 \ , \ V_{BC}\ 且\ V_{B2} - V_{C2} = V_C - V_{CC} = -5 - 15$

$$= -20V \Rightarrow V_{BC} < 0$$

$\quad \therefore Q_1\ \&\ Q_2 :$ Act 所設無誤!!

---

37. Assume that all the transistors in the four circuits shown have the same characteristics: the DC current gain $\beta_F = 200$, the breakdown voltages $V_{CBO} = 18V$, and $V_{CEO} = 12V$. Consider that $V_{BE,ON} = 0.6V$. Calculate the α values of four transistors, and four output voltages, V_{01} , V_{02} , V_{03},and V_{04}. Point the reasons if the solutions cannot be found exactly.

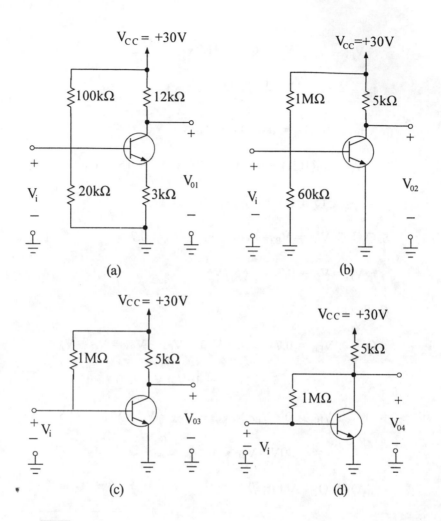

(a)

(b)

(c)

(d)

簡譯

已知 $\beta = 200$, $V_{CBO} = 18V$, $V_{CEO} = 12V$，$V_{BE,ON} = 0.6V$，試求下圖電路的 α 和 V_{01}，V_{02}，V_{03}，V_{04} 值。（✢題型：偏壓電路分析）

【交大控制所】

解☞：

(a)自給偏壓法

1. 取戴維寧電路

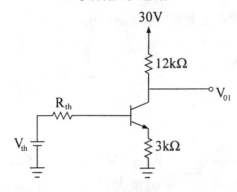

$$R_{th} = 100K//20K = 16.67K\Omega$$

$$V_{th} = \frac{(20K)V_{CC}}{20K + 100K} = 5V$$

2. 設此電路在主動區

3. 取含 V_{BE} 的迴路，求 I_B

∵ $V_{th} = I_B R_{th} + V_{BE} + (1 + \beta)R_E I_B$

∴ $I_B = \dfrac{V_{th} - V_{BE}}{R_{th} + (1 + \beta)R_E} = \dfrac{5 - 0.6}{16.67K + (201)(3K)} = 7.1uA$

$I_C = \beta I_B = 1.42mA$ ，

$I_E = (1 + \beta)I_B = 1.427mA$

4. $V_{01} = V_{CC} - I_C R_C = 30 - (1.42m)(12K) \cong 13V$

$\alpha = \dfrac{\beta}{1 + \beta} = \dfrac{200}{201} = 0.995$

5. check

$V_B = V_{th} - I_B R_{th} = 4.9V$

∴ $V_{CB} = V_C - V_B = V_{01} - V_B = 13 - 4.9 = 8.1V < V_{CBO}$

$V_{CE} = V_C - V_E = V_{01} - I_E R_E = 8.7V < V_{CEO}$

故知

BJT 未崩潰，且確在主動區（$\because V_{BC} < 0$）

(b)固定偏壓法

　　1. 取戴維寧等效電路

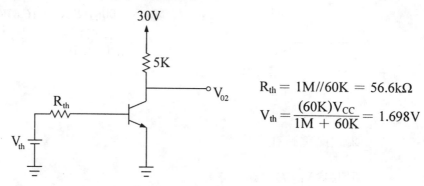

$$R_{th} = 1M//60K = 56.6k\Omega$$

$$V_{th} = \frac{(60K)V_{CC}}{1M + 60K} = 1.698V$$

　　2. 設在主動區

　　3. 取含 V_{BE} 的迴路，求 I_B

$$I_B = \frac{V_{th} - V_{BE}}{R_{th}} = \frac{1.698 - 0.6}{56.6K} = 19.4\mu A$$

$$\therefore I_C = \beta I_B = (200)(19.4\mu) = 3.88mA$$

故知

$$V_{02} = V_{CC} - I_C R_C = 30 - (3.88m)(5K) = 10.6V$$

$$\alpha = \frac{\beta}{1 + \beta} = \frac{200}{201} = 0.995$$

　　4. check

$$V_B = V_{BE} = 0.6V$$

$$\because V_{CB} = V_C - V_B = V_{02} - V_B = 10.6 - 0.6 = 10V < V_{CBO}$$

$$V_{CE} = V_{02} = 10.6V < V_{CEO}$$

故知

BJT 未崩潰，且確在主動區（$\because V_{BC} < 0$）

(c)固定偏壓法

1. 設在主動區

2. 取含 V_{BE} 的迴路，求 I_B

$$I_B = \frac{V_{CC} - V_{BE}}{1M} = \frac{30 - 0.6}{1M} = 29.4\mu A$$

$$I_C = \beta I_B = (200)(29.4\mu) = 5.88mA$$

$$V_{03} = V_{CC} - I_C R_C = 30 - (5.88m)(5K) = 0.6V$$

$$\alpha = \frac{\beta}{1 + \beta} = \frac{200}{201} = 0.995$$

3. check

$$V_B = V_{BE} = 0.6V$$

$$V_{CB} = V_C - V_B = V_{03} - V_B = 0.6 - 0.6 = 0V < V_{CBO}$$

$$V_{CE} = V_{03} = 0.6V < V_{CEO}$$

故知

BJT 未崩潰，且確在主動區（ $\because V_{BC} = 0$ ，在主動區邊緣）

(d)集極回授偏壓法

1. 設在主動區

2. $V_{CC} = (1 + \beta)I_C R_C + I_B R_M$

$$\therefore I_B = \frac{V_{CC} - V_{BE}}{(1 + \beta)R_C + 1M} = \frac{30 - 0.6}{(201)(5K) + 1M} = 15\mu A$$

$$I_C = \beta I_B = 2.93mA$$

$$\therefore V_{04} = V_{CC} - (1 + \beta)R_C = 30 - (201)(5K) = 15.3V$$

$$\alpha = \frac{\beta}{1 + \beta} = \frac{200}{201} = 0.995$$

3. $V_{CB} = V_C - V_B = V_{04} - V_{BE} = 15.3 - 0.6 = 14.7 < V_{CBO}$

$$V_{CE} = V_{04} = 15.3V > V_{CEO}$$

4. 因此 BJT 崩潰，$\therefore V_{04} = V_{CEO} = 12V$

---

38. Consider the circuit shown below. The transistors Q_1 and Q_2 are identical and have $\beta_F = 100$ and negligible reverse saturation current.
    (1) When $V_I = 0$, determine V_0
    (2) When $V_I = 6V$, determine V_0

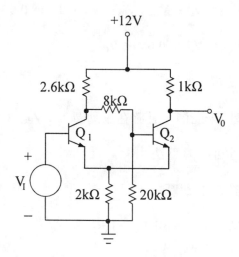

簡譯

若Q_1，Q_2完全相同，$\beta = 100$，而反向飽和電流可忽略不計，求
(1)$V_i = 0V$　(2)$V_i = 6V$ 時的V_0值。（❖題型：BJT 直流分析）

解☞：

(1) $V_I = 0$，（所以設 Q_1：OFF，Q_2：act）

    1. 此時電路，可化為

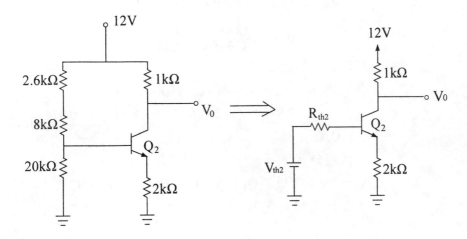

$$R_{th2} = (2.6K + 8K)//20K = 6.93K\Omega$$

$$V_{th2} = \frac{(20K)(12V)}{2.6K + 8K + 20K} = 7.843V$$

    2. 取含 V_{BE2} 的迴路求 I_B

$$\because V_{th2} = I_B R_{th2} + V_{BE2} + (1 + \beta_F)I_B R_E$$

$$\therefore I_{B2} = \frac{V_{th2} - V_{BE2}}{R_{th2} + (1 + \beta_F)R_E} = \frac{7.843 - 0.7}{6.93K + (101)(2K)} = 34.2\mu A$$

$$\therefore I_{C2} = \beta I_{B2} = 3.42mA$$

$$\text{故 } V_O = V_{CC} - I_{C2}R_{C2} = 12 - (3.42m)(1K) = 8.58V$$

    3. check

① $\because V_{BE1} = V_{B1} - V_{E1} = V_I - V_{E2} = 0 - (1 + \beta_F)I_B R_E$

$$= -(101)(34.2\mu)(2K) = -6.9V < 0$$

$V_{BC1} = V_{B1} - V_{C1} = V_I - V_{C1}$

$$= 0 - \frac{(2.6K)(12V)}{2.6K + 8K + 20K} = -1.02V < 0$$

∴Q_1在截止區

② $\because V_{BC2} = V_{B2} - V_{C2} = (V_{th2} - I_B R_{th2}) - V_0$

$$= 7.843 - (34.2\mu)(6.93K) - 8.58 = -0.974V < 0$$

∴Q_2在主動區

所設無誤。

(2) $V_I = 6V$（所以設Q_1：sat，Q_2：OFF）$\Rightarrow V_0 = 12V$

    1. 此時電路可化為

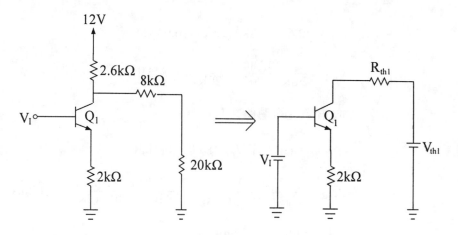

$$R_{th1} = (8K + 20K)//(2.6K) = 2.38k\Omega$$

$$V_{th1} = \frac{(8K + 20K)(12V)}{2.6K + 8K + 20K} \approx 11V$$

    2. 設 $V_{BE(sat)} = 0.8V$，$V_{CE(sat)} = 0.2V$

3.取含 V_{BE1} 迴路，

$V_I = V_{BE} + (I_C + I_B)R_E$

$\Rightarrow 6 = 0.8 + (2K)(I_{C1} + I_{B1})$

$\Rightarrow 5.2 = (2K)I_{B1} + (2K)I_{C1}$ ——①

4.取含 V_{CE1} 迴路，求 I_{C1}

$V_{th1} = I_{C1}R_{th1} + V_{CE1} + (I_{C1} + I_{B1})R_E$

$\Rightarrow 11 = (2.38K)I_{C1} + 0.2 + (I_{C1} + I_{B1})(2K)$

$\Rightarrow 10.8 = (2K)I_{B1} + (4.38K)I_{C1}$ ——②

5.解聯立方程式①，②得

$I_{B1} = 0.25mA \qquad I_{C1} = 2.35mA$

$I_{E1} = I_{B1} + I_{C1} = 2.6mA$

6. check

①$Q_1 : \because \dfrac{I_{C1}}{I_{B1}} = \dfrac{2.35m}{0.25m} = 9.4 < \beta_F$

故知 Q_1 確在飽和區

②$Q_2 : V_{B2} = (V_{th1} - I_{C1}R_{th1})(\dfrac{20K}{8K + 20K})$

$= [\,11 - (2.35m)(2.38K)\,]\,[\dfrac{20K}{8K + 20K}] = 3.862V$

$\therefore V_{BC2} = V_{B2} - V_{C2} = V_{B2} - V_0 = 3.862 - 12 = -8.138V$

$V_{BE2} = V_{B2} - V_{E2} = V_{B2} - I_{E1}R_E = 3.862 - (2.6m)(2k)$

$= -1.34V$

故知 Q_2 確在截止區

7.所以 $V_0 = V_{CC} = 12V$

39. A silicon transistor is used as in the ckt below, with $V_{CC} = 22.5V$, $R_C = 5.6K\Omega$, $R_e = 1K\Omega$, $R_2 = 10K\Omega$, and $R_1 = 90K\Omega$, $\beta = 50$, $C_b = 1\mu F$, Find I_C and I_B（✤題型：BJT直流分析）

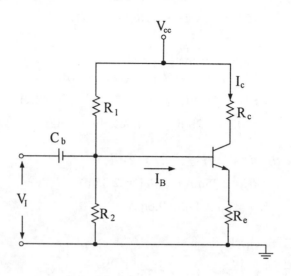

【交大光電所】

解☞：

1. 取戴維等效電路

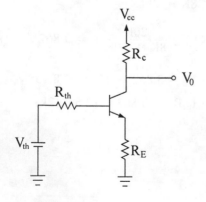

$R_{th} = R_1//R_2 = 90K//10K = 9K\Omega$

$V_{th} = \dfrac{R_2 V_{CC}}{R_1 + R_2} = \dfrac{(10K)(22.5)}{10K + 90K} = 2.25V$

2.設 BJT 在主動區，求 I_B

$$V_{th} = I_B R_{th} + V_{BE} + (1 + \beta) I_B R_e$$

$$\therefore I_B = \frac{V_{th} - V_{BE}}{R_{th} + (1 + \beta) R_E} = \frac{2.25 - 0.7}{9K + (51)(1K)} = 0.026mA$$

$$I_C = \beta I_B = (50)(0.026mA) = 1.3mA$$

3. check

$$V_{BC} = V_B - V_C = (V_{th} - I_B R_{th}) - (V_{CC} - I_C R_C)$$

$$= 2.25 - (0.026m)(9K) - 22.5 + (1.3m)(5.6K)$$

$$= -15.31V < 0$$

所以 BJT 在主動區，所設無誤。

40.圖中電晶體電路，試求I_B，I_C，V_{CE}及($h_{FE} = 100$)($\beta_F = 100$)。（✤
題型：BJT 直流分析）

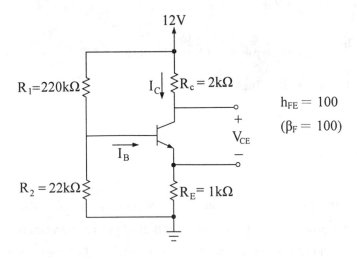

解☞：

1. 取戴維寧等效電路

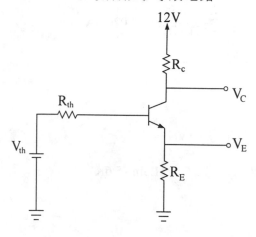

$R_{th} = 220K // 22K = 20K\Omega$

$V_{th} = \dfrac{(22K)(12)}{220K + 22K} = 1.091V$

2. 設 BJT 在主動區

3. 取含 V_{BE} 的迴路

$V_{th} = I_B R_{th} + V_{BE} + (1 + \beta)I_B R_E$

$\therefore I_B = \dfrac{V_{th} - V_{BE}}{R_{th} + (1 + \beta)R_E} = \dfrac{1.091 - 0.7}{20K + (101)(1K)} = 3.23\mu A$

$I_C = \beta I_B = 0.323mA$

$I_E = (1 + \beta)I_B = 0.326mA$

4. $V_{CE} = V_{CC} - I_C R_C - I_E R_E = 11V$

---

41. A transistor Q has the parameters $h_{FE} = 50$, $V_{BE(act)} = 0.7V$, $V_{BE(sat)} = 0.8V$, and $V_{CE(sat)} = 0.2V$. If the transistor is arranged as shown in the circuit, please indicate the operating region and calculate the base current I_B, collector current I_C and V_o。

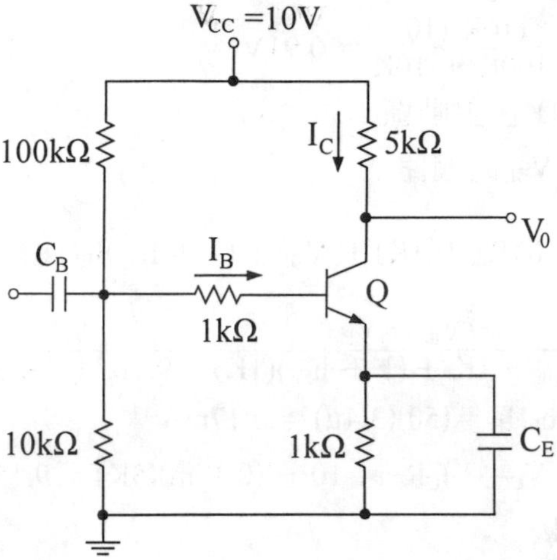

簡譯

已知$\beta = 50$，$V_{BE(act)} = 0.7V$，$V_{BE(sat)} = 0.8V$，$V_{CE(sat)} = 0.2V$，求工作區域，I_B，I_C，V_0（❖**題型：BJT 直流分析**）

【交大電信所】

解☞：

1. 取戴維寧等效電路

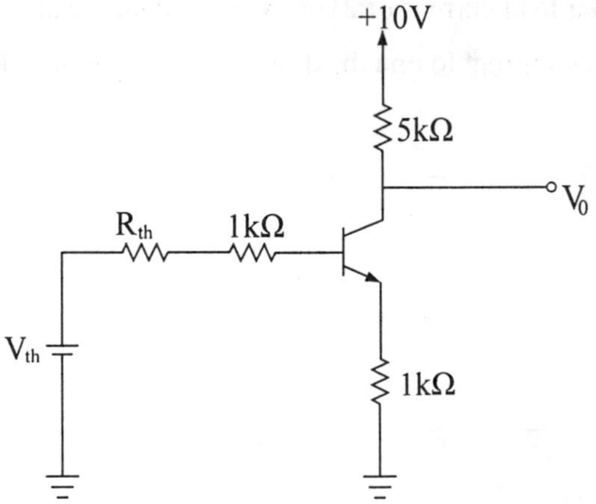

$$R_{th} = 100K \,//\, 10K = 9.1K\Omega$$

$$V_{th} = \frac{(10K)(10)}{100K + 10K} = 0.91V$$

2. 設 BJT 在主動區

3. 取含 V_{BE} 的迴路

$$V_{th} = I_B(R_{th} + 1K) + V_{BE} + (1 + h_{FE})I_B(1K\Omega)$$

$$\therefore I_B = \frac{V_{th} - V_{BE}}{R_{th} + 1K + (1 + h_{FE})(1K)} = \frac{9.1 - 0.7}{9.1K + 1K + 51(1K)} = 3.4\mu A$$

4. $I_C = h_{FE}I_B = (50)(3.4\mu) = 0.17mA$

5. $V_0 = V_{CC} - I_C R_C = 10 - (0.17m)(5K) = 9.15V$

6. check

$$V_{BC} = V_B - V_C = [V_{th} - I_B(R_{th} + 1K)] - V_0$$

$$= 9.1 - (3.4\mu)(9.1K + 1K) - 9.15$$

$$= -0.084V < 0$$

∴假設成立，確在主動區

42.(1) Describe briefly the operation of the circuit shown in Fig.

(2) Assume a 5V Zener diode a current gain from base to emitter of 70, and a load current of 210mA. Calculate a value for R that will set the Zener current to one third of the base current of the transistor.

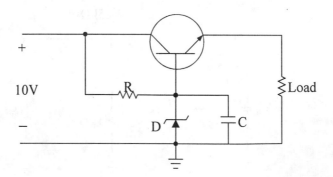

(1)說明下列電路的工作情形。

(2)已知齊納二極體為 5V，由基射極的電流增益為 70，負載電流為 210mA，求齊納二極體電流為基極電流的 1/3 時的R值。

（❖題型：BJT 直流分析）　　　　　　　　【成大電機所】

解☞：

(1)①此為見有負迴授的穩壓電路

　②工作說明

　　D 可提供固定的參考電壓V_Z，$V_0 = V_Z - V_{BE}$

　　若 $V_0 \uparrow \Rightarrow V_{BE} \downarrow \Rightarrow I_C \downarrow \Rightarrow I_E \downarrow \Rightarrow I_L \downarrow \Rightarrow V_0 \downarrow$

　　所以具有穩壓作用。

　③電容 C，則可濾除高頻雜訊

(2)由題意知

$$I_L = I_E = 210mA = 70I_B \qquad \therefore I_B = 3mA$$

$$又 I_Z = \frac{1}{3}I_B = 1mA$$

$$\therefore I_R = I_Z + I_B = 1m + 3m = 4mA$$

$$且 I_R = \frac{10 - V_Z}{R} = \frac{10 - 5}{R} = 4mA$$

$$故 R = 1.25K\Omega$$

43.圖示電晶體均有相同特性，若忽略基極電流。

　(1)求 V 及 I　(2)若$R_1 = R_2$，且$R_3 = R_4$，求 V 及 I。（❖題型：BJT 直流分析）　　　　　　　　【大同電機所】

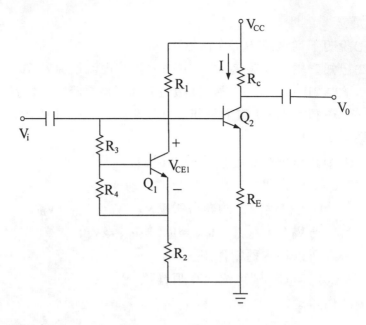

解☞：

(1) $V_{BE1} = \dfrac{R_4 V_{CE1}}{R_3 + R_4}$, $V_{BE1} = V_{BE2} = V_{BE}$

$\therefore V_{CE1} = \dfrac{R_3 + R_4}{R_4} V_{BE}$

由題知 $I_{B1} = I_{B2} = 0$

$\therefore I = I_{C2} = I_{E2} - I_{B2} = I_{E2}$

$\because V_A = (V_{CC} - V_{CE1})(\dfrac{R_2}{R_1 + R_2}) + V$

$\therefore I_{E2} = I = \dfrac{V_A - V_{BE2}}{R_E} = \dfrac{(V_{CC} - V_{CE1})(\dfrac{R_2}{R_1 + R_2}) + V_{CE1} - V_{BE}}{R_E}$

$\qquad = \dfrac{V_{CC}R_2 + R_1 V_{CE1} - (R_1 + R_2)V_{BE}}{(R_1 + R_2)R_E}$

(2)$R_1 = R_2$，$R_3 = R_4$

$$\therefore V_{CE1} = 2V_{BE} \text{————Ans}$$

$$I = \frac{V_{CC}R_2 + R_1V_{CE1} - (R_1 + R_2)V_{BE}}{(R_1 + R_2)R_E}$$

$$= \frac{V_{CC}R_1 + R_1(2V_{BE}) - 2R_1V_{BE}}{2R_1R_E} = \frac{V_{CC}}{2R_E}$$

44.已知$\beta = 100$，$|V_{BE(sat)}| = 0.8V$，$|V_{CE(sat)}| = 0.2V$，求下列電路的 R值，使得電晶體介於飽和區與線性區的臨界。（✣題型：直流偏壓）　　　　　　　　　　　　　　　　　　　　【高考】

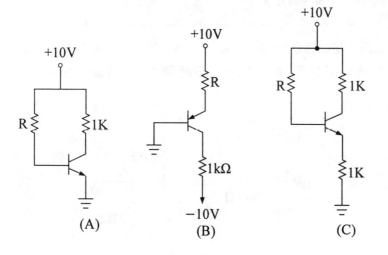

(A)　　　　　　　(B)　　　　　　　(C)

解☞：

(A) 1. $V_{CC} = I_{B(sat)}R + V_{BE(sat)} \Rightarrow 10 = I_{B(sat)}R + 0.8$ ——①

　　 $V_{CC} = I_{C(sat)}(1K) + V_{CE(sat)} \Rightarrow 10 = \beta I_{B(sat)}(1K) + 0.2$——②

　　（飽和區與主動區邊緣條件$\beta = \dfrac{I_{C(sat)}}{I_{B(sat)}}$）

　 2. 解聯立方程式①，②得

　　 $R = 93.88K\Omega$

(B) 1. $V_{CC} = I_{E(sat)}R + V_{EB(sat)} = (1 + \beta)I_{B(sat)}R + V_{EB(sat)}$

$\Rightarrow 10 = (101)I_{B(sat)}R + 0.8$———③

2. $V_{EB(sat)} = V_{EC(sat)} + \beta I_{B(sat)}(1K) - 10$———④

3. 解聯立方程式③，④得

$R = 0.86K\Omega$

(C) 1. $V_{CC} = I_{B(sat)}R + V_{BE(sat)} + (1 + \beta)I_{B(sat)}(1K)$

$\Rightarrow 10 = I_{B(sat)}R + 0.8 + (101)I_{B(sat)}(1K)$———⑤

2. $V_{CC} = \beta I_{B(sat)}(1K) + V_{CE(sat)} + (1 + \beta)I_{B(sat)}(1K)$

$\Rightarrow 10 = \beta I_{B(sat)}R + 0.2 + (101)I_{B(sat)}(1K)$———⑥

3. 解聯立方程式⑤、⑥得

$R = 87.7K\Omega$

---

45. 圖示電晶體之$\beta = 40$，$V_{BE} = 0.7V$，$V_{BE(sat)} = 0.8V$及$V_{CE(sat)} = 0.2V$，

假$V_i = 15V$，試求V_0。（✤題型：BJT直流分析）

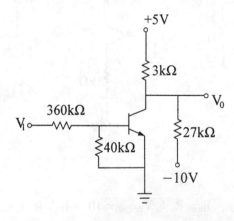

【高考】

解☞：

1. 先化為戴維寧

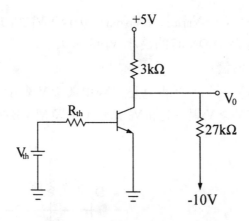

$R_{th} = (360K)//(40K) = 36K$

$V_{th} = (\dfrac{40K}{360K + 40K})(V_i) = \dfrac{40}{400}(15) = 1.5V$

2. 設 Q 在 Act

則 $I_B = \dfrac{V_{th} - V_{BE}}{R_{th}} = \dfrac{1.5 - 0.7}{36K} = 0.0222mA$

$\Rightarrow I_C = \beta I_B = (40)(0.0222m) = 0.888mA$

3. $(\dfrac{1}{3K} + \dfrac{1}{27K})V_0 - \dfrac{5}{3K} - \dfrac{-10}{27K} = -0.888mA$

$\Rightarrow (9 + 1)V_0 - (9)(5) + 10 = (-0.888m)(27K) \Rightarrow V_0 = 1.1V$

4. check

$V_{BC} = V_B - V_C = V_B - V_0 = 0.7 - 1.1 = -0.4V \Rightarrow V_{BC} < 0$

∴Q：Act，假設無誤

46. 下圖 $\beta = 30$，$V_{BE(ON)} = V_{D(ON)} = 0.6V$，$V_1$ 為 D_1ON 時的最小 V_I
值，V_2 為 D_2ON 時的最小 V_I 值，求

(1) V_1，V_2 值

(2) 求當 $V_1 < V_I < V_2$ 時，I_C 和 V_0 值（以 V_I 表示）

(3) 求當 $V_i > V_2$ 時，I_C 和 V_0 值。（❖ 題型：BJT 直流分析）

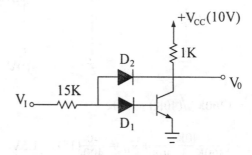

【高考】

解☞：

(1)① $V_1 = V_{D1} + V_{BE} = 0.6 + 0.6 = 1.2V$

② 當 D_2 ON時

$V_0 = V_{D2} - V_{D1} + V_{BE} = 0.6V$

$\therefore I_C = \dfrac{V_{CC} - V_0}{1K} = \dfrac{10 - 0.6}{1K} = 9.4mA$

$I_B = \dfrac{I_C}{\beta} = \dfrac{9.4m}{30} = 0.313mA$

故 $V_2 = I_B(15K) + V_{D1} + V_{BE} = (15K)(0.313m) + 0.6 + 0..6 = 5.9V$

(2) 當 $V_1 < V_I < V_2$ 時 $\Rightarrow D_1：ON$，$D_2：OFF$

① 取含 V_{BE} 迴路

$\therefore I_B = \dfrac{V_I - V_{D1} - V_{BE}}{15K} = \dfrac{V_I - 0.6 - 0.6}{15K} = \dfrac{V_I - 1.2}{15K}$

$$I_C = \beta I_B = (30)(\frac{V_I - 1.2}{15K}) = (2V_I - 2.4)mA$$

②$V_0 = V_{CC} - (1K)I_C = 10 - (1K)(2V_I - 2.4)mA$

$$= 12.4 - 2V_I$$

(3)①當 $V_I > V_2$ 時 $\Rightarrow D_1$，D_2：ON

$$V_0 = V_{D2} - V_{D1} + V_{BE} = 0.6V$$

$$V_I = (15K)(I_B + I_{D2}) + V_{D1} + V_{BE1}$$

$$= (15K)[\frac{I_C}{30} + I_{D2}] + 1.2——①$$

$$10V = (I_C - I_{D2})(1K) + 0.6V——②$$

②解聯立方程式①，②得

$$I_C = (0.065V_I + 9.02)mA$$

47.如圖示電路，BJT 的 $\beta_F = 100$，$V_{CE(sat)} = 0.2V$，$V_{BE(Act)} = 0.7V$，$V_{BE(sat)} = 0.8V$，若 $R_C = 5K\Omega$，$R_2 = 10K\Omega$，求(1)使 I_C 飽和之最大 R_1 值，及 I_C 之飽和電流 $I_{C(sat)}$ 值？ (2)使 $I_C = \frac{1}{2}I_{C(sat)}$ 之 R_1 值，此時 $V_0 = ?$ （❖題型：BJT 直流分析）

【特考】

解☞：

(1) sat 時，$V_{BE} = 0.8V$，$V_{CE} = 0.2V$

$$\therefore I_C = \frac{V_{CC} - V_{CE}}{R_C} = \frac{10 - 0.2}{5K} = 1.96mA——Ans$$

$$I_2 = \frac{V_{BE}}{R_2} = \frac{0.8}{10K} = 0.08mA$$

from loop ①

$$① I_1 = \frac{V_{CC} - V_{BE}}{R_1} = \frac{10 - 0.8}{R_1} = \frac{9.2}{R_1}$$

$\because$ 飽和條件：$\frac{I_C}{I_B} \leqq \beta$

$$\therefore \frac{I_C}{I_B} = \frac{I_C}{I_1 - I_2} = \frac{1.96}{\frac{9.2}{R_1} - 0.08} \leqq 100 \Rightarrow R_{1,max} \approx 92.4K\Omega$$

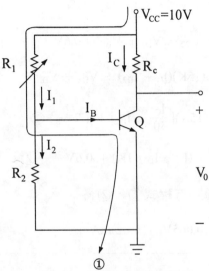

①

$$I_C = \frac{1}{2} I_{C,sat} \Rightarrow Q：act$$

$$(2) I_C = \frac{1}{2} I_{C,sat} = (\frac{1}{2})(1.96m) = 0.98mA$$

$$\Rightarrow I_B = \frac{I_C}{\beta} = \frac{0.98m}{100} = 9.8\mu A$$

$$\therefore I_2 = \frac{V_{BE}}{R_2} = \frac{0.7}{10K} = 0.07mA$$

$$\therefore R_1 = \frac{V_{CC} - V_{BE}}{I_1} = \frac{10 - 0.7}{I_2 + I_B} = \frac{10 - 0.7}{9.8\mu + 0.07m} = 116.5K\Omega$$

而 $V_0 = V_{CC} - I_C R_C = 10 - (0.98m)(5K) = 5.1V$

check

$V_{BC} = (I_2 R_2) - V_0 = (0.07m)(10K) - 5.1 = -4.4V$

$\therefore$ Q:Act

---

48. 圖示BJT放大器,已知 $h_{fe} = 50$,$h_{re} = h_{oe} = 0$,所有旁路及耦合電容均假設在信號頻率時電抗為零。試求:(1)靜態值 I_{BQ},I_{CQ} 及 V_{CEQ};(2)求小信號等效電路,(3)並計算 I_L/I_S,(4)信號源觀察到的輸入阻抗 R_i,(5)及由 1KΩ負載觀察到的輸出阻抗 R_0。(✤ 題型:不含 R_E 之共射極放大器)

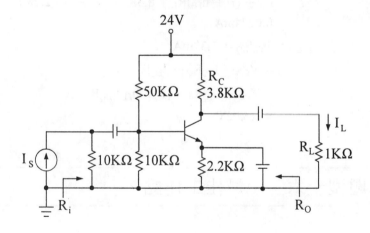

解☞:

一、直流分析

①戴維寧等效電路

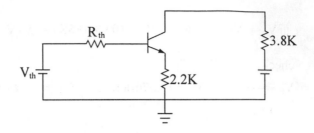

$$V_{th} = \frac{(10K)(24)}{(10K) + (50K)} = 4V$$

$$R_{th} = 50K//10K = 8.3K\Omega$$

②取含V_{BE}之迴路方程式

$$V_{th} = I_B R_{th} + V_{BE} + I_E R_E = I_B R_{th} + V_{BE} + (1 + h_{FE})I_B R_E$$

$$\therefore I_{BQ} = \frac{V_{th} - V_{BE}}{R_{th} + (1 + h_{FE})R_E} = \frac{4 - 0.7}{8.3K + (1 + 50)(2.2K)}$$

$$= 0.0274mA$$

$$I_{CQ} = h_{FE}I_{BQ} = 1.37mA$$

$$V_{CEQ} = V_{CC} - I_{CQ}R_C - I_{EQ}R_E$$

$$= V_{CC} - I_{CQ}R_c - (1 + h_{FE})I_{BQ}R_E$$

$$= 15.72V$$

3-3〔題型十六〕：最佳工作點

考型 42 交流及直流負載線

一、基本觀念：

1. **探討電晶體穩定度時，需考慮以下因素：**

(1)直流偏壓：決定工作點，是否穩定。

(2)直流負載線：可由直流偏壓的條件，而繪製出直流負載線
（DC load line）。直流負載線與輸出特性曲線之交點，即

工作點。意即直流負載線為決定工作區。

(3)交流負載線：可決定輸出之最大不失真的振幅。

(4)穩定因數：計算出電晶體受 β，I_{CO}，V_{BE} 之溫度效應的程度。

(5)熱穩定：評估電晶體是否會造成熱跑脫而燒燬。（此項，在功率放大器中討論）

2. 靜態電阻 R_{DC}：

(1)BJT作直流分析，在輸出迴路方程式中，等效出之電阻。（可直接由觀察法得之）

(2)R_{DC}為直流負載線之斜率，即斜率 $= -\dfrac{1}{R_{DC}}$

3. 動態電阻 R_{AC}：

(1) BJT 作交流分析，在輸出迴路方程式中，等效出之電阻（可直接由觀察法得之）。

(2)R_{AC}為交流負載線之斜率，即斜率 $= -\dfrac{1}{R_{AC}}$

二、交流（動態）及直流（靜態）負載線的求法

〔例〕

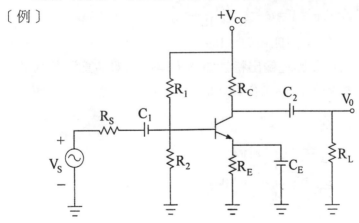

1. 直流負載線

(1)直流等效圖

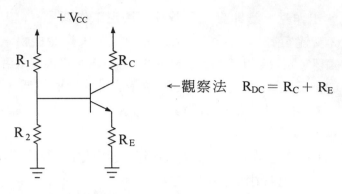

←觀察法　$R_{DC} = R_C + R_E$

(2)列出輸出迴路方程式

$$V_{CC} = I_C R_C + V_{CE} + (I_C + I_B)R_E$$

$$\Rightarrow \boxed{V_{CC} \approx I_C(R_C + R_E) + V_{CE}}$$

(3)求出截止點$(I_C = 0)$及飽和點$(V_{CE} = 0)$

$$\begin{cases} 令 I_C = 0 \Rightarrow V_{CE} = V_{CC} \\ 令 V_{CE} = 0 \Rightarrow I_C = \dfrac{V_{CC}}{R_C + R_E} = \dfrac{V_{CC}}{R_{DC}} \end{cases}$$

（R_{DC}：靜態電阻，$R_{DC} = R_C + R_E$）

(4)將此二點在輸出特性曲線上連線，即為直流負載線，而所對應的即為工作點（I_{CQ}, V_{CEQ}）

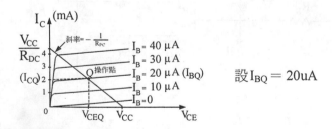

設 $I_{BQ} = 20uA$

2.交流負載線（電路同上例）

(1)交流等效圖

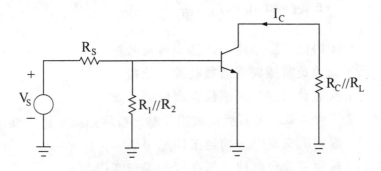

⇒ 觀察法 $R_{AC} = R_C//R_L$

(2)寫出輸出迴路方程式

a. $\because i_C(R_C//R_L) + v_{ce} = 0$

$$\therefore i_c = -\frac{v_{ce}}{R_C//R_L}$$

b. $\because i_C = i_c + I_{CQ} \rightarrow i_c = i_C - I_{CQ}$

同理

$$v_{ce} = v_{CE} - V_{CEQ}$$

$$\therefore i_c = i_C - I_{CQ} = (-\frac{v_{CE}}{R_C//R_L}) - (-\frac{V_{CEQ}}{R_C//R_L})$$

$$= \frac{V_{CEQ}}{R_C//RL} - \frac{v_{CE}}{R_C//R_L}$$

c. 故 $i_C = I_{CQ} + \frac{V_{CEQ}}{R_C//R_L} - \frac{v_{CE}}{R_C//R_L}$

(3)求出截止點及飽和點

a. $i_C = 0 \rightarrow v_{CE} = I_{CQ}(R_C // R_L) + V_{CEQ}$

b. $v_{CE} = 0 \rightarrow i_C = I_{CQ} + \dfrac{V_{CEQ}}{R_C // R_L} = I_{CQ} + \dfrac{V_{CEQ}}{R_{AC}}$

(4)將此二點聯線，即為交流負載線

三、交流負載線與直流負載線之比較

1. 交流負載線之斜率較直流負載線陡。

2. 交流負載線，直流負載線及輸出特性曲線，這三條線中任二條線的交叉點，均為工作點。

3. 繪製直流負載線，是在探知工作區何在。

4. 繪製交流負載線，是在探知輸出最大不失真的振幅。

5. 若電晶體不含R_E及R_L，則交直流負載線為重疊。

6. 以共射極電路圖(a)為例，其交直流負載線如圖(b)

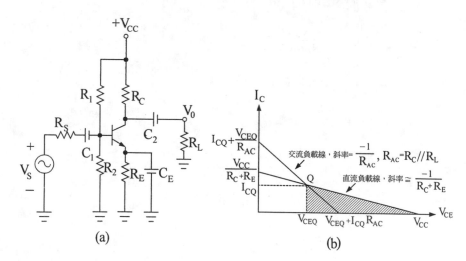

(a)　　　　　　　　　　(b)

四、最佳工作點

1. 最佳工作點，意即電路中最大輸出且不失真之工作點。

2. 最佳工作點，在交流負載線之正中央。

考型 43 最佳工作點

一、求最佳工作點相關問題之技巧

　　1. 用觀察法，求出電路中之動態電阻 R_{AC} 及靜態電阻 R_{DC}

　　2. $I_{CQ} = \dfrac{V_{CC}}{R_{AC} + R_{DC}}$ $\left.\right\}$ 最佳工作點

　　3. $V_{CEQ} = I_{CQ}R_{Ac}$

　　4. 此時最大不失真之輸出電流振幅為 I_m

　　　$I_m = I_{CQ}\dfrac{R_C}{R_C + R_L}$

　　5. 此時最大不失真之輸出電壓振幅為 V_m

　　　$V_m = I_m R_L$

　　6. 此時最大輸出功率

　　　$P_{L,max} = \dfrac{1}{2}I_m^2 R_L = \dfrac{V_m^2}{2R_L} = \dfrac{1}{2}I_m V_m$

二、求工作點為非最佳工作點時之相關問題

　　1. 先求出該電路之最佳工作點之 $I_{CQ}{}'$ 及 $V_{CEQ}{}'$

　　2. 用電路分析法，求出該電路之 I_{CQ}

　　3. 判斷 $I_{CQ}{}'$ 及 I_{CQ} 之大小關係

　　(1)若 $I_{CQ} < I_{CQ}{}'$ 則

　　　①最大不失真之輸出電流振幅為 $I_m = I_{CQ}\dfrac{R_C}{R_C + R_L}$

　　　②最大不失真之輸出電壓振幅為 $V_m = I_m R_L$

③最大輸出功率 $P_{L,max} = \frac{1}{2}I_m^2 R_L = \frac{V_{m^2}}{2R_L} = \frac{1}{2}I_m V_m$

(2)若 $I_{CQ} > I_{CQ}'$ 則

①最大不失真之輸出電流振幅為 $I_m = (2I_{CQ}' - I_{CQ})\frac{R_C}{R_C + R_L}$

②最大不失真之輸出電壓振幅為 $V_m = I_m R_L$

③最大輸出功率 $P_{L,max} = \frac{1}{2}I_m^2 R_L = \frac{V_m{}^2}{2R_L} = \frac{1}{2}I_m V_m$

三、由交流負載線可知輸出電壓擺輻範圍

1. $\begin{cases}最大正向擺動限制為 I_{CQ}R_{AC} \\ 最大負向擺動限制為 V_{CEQ}\end{cases}$

2. 輸出波形 $V_{0(p-p)} = 2Min(I_{CQ}R_{AC}, V_{CEQ})$

3. 若為最佳工作點 $V_{0(p-p)} = 2V_{CEQ} = \frac{2R_{AC}}{R_{DC} + R_{AC}}V_{CC}$

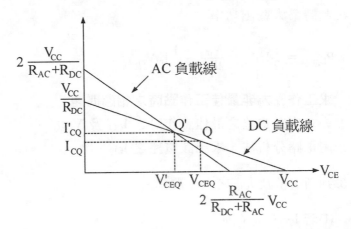

4. 最佳工作點圖形說明（Q和Q′分別為直流和交流負載線最佳工作點）。

$$\begin{cases} 座標\ Q\ (I_{CQ}\ ,\ V_{CEQ})\ =\ (\ \dfrac{V_{CC}}{2R_{DC}}\ ,\ \dfrac{V_{CC}}{2}\ ) \\[3mm] 座標\ Q'\ (I'_{CQ}\ ,\ V'_{CEQ})\ =\ (\ \dfrac{V_{CC}}{R_{DC}+R_{AC}}\ ,\ \dfrac{R_{AC}}{R_{DC}+R_{AC}}V_{CC}\ ) \end{cases}$$

5. 最大功率損耗

(1) 共射組態：$P_{C(max)} = V_{CE(max)} \times I_{C(max)}$

(2) 共基組態：$P_{C(max)} = V_{CB(max)} \times I_{C(max)}$

(3) 共集組態：$P_{C(max)} = V_{CE(max)} \times I_{C(max)}$

歷屆試題

49. 請畫出圖中的直流負載線與交流負載線。（❖題型：交直流負載線）

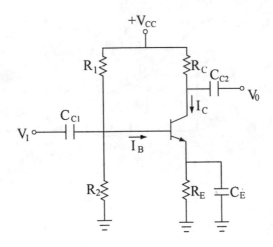

【成大電機所】

解☞：

一、DC load line

1. 列出輸出迴路方程式

$$V_{CC} = I_C R_C + V_{CE} + I_E R_E \approx (R_C + R_E)I_C + V_{CE}$$

2. 找出截止點與飽和點

令 $I_C = 0 \Rightarrow V_{CE} = V_{CC}$

令 $V_{CE} = 0 \Rightarrow I_C = \dfrac{V_{CC}}{R_C + R_E}$

3. 聯線即為 DC load line

二、AC load line

1. $R_{AC} = R_C$

2. $\because i_C = I_{CQ} + \dfrac{V_{CEQ}}{R_C} - \dfrac{v_{CE}}{R_C}$

令 $i_C = 0 \Rightarrow v_{CE} = I_{CQ}R_C + V_{CEQ}$

令 $v_{CE} = 0 \Rightarrow i_C = I_{CQ} + \dfrac{V_{CEQ}}{R_C}$

3. 聯線即為 AC load line

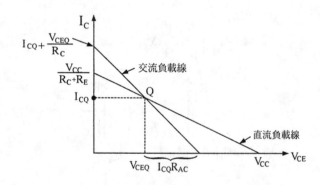

50. 若以圖為後級放大電路，且負載為 R_L。

試求(1)在何工作點（V_Q, I_Q）時，可得最大對稱之輸出信號。

(2)其最大輸出峰值電壓。〔✢題型：最佳工作點〕

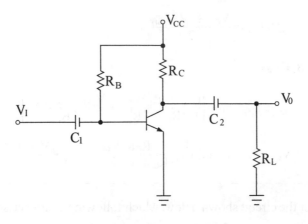

設 C_1，C_2 相當大

【工技電子所】

解☞：

1. 若工作點為最佳工作點時

$R_{DC} = R_C$

$R_{AC} = R_C // R_L = \dfrac{R_C R_L}{R_C + R_L}$

① $I_{CQ} = \dfrac{V_{CC}}{R_{DC} + R_{AC}} = \dfrac{V_{CC}}{R_C + \dfrac{R_C R_L}{R_C + R_L}} = \dfrac{(R_C + R_L)V_{CC}}{R_C R_L + R_C(R_C + R_L)}$

$= \dfrac{(R_C + R_L)V_{CC}}{R_C(R_C + 2R_L)}$

② $V_{CEQ} = I_{CQ}R_{AC} = \dfrac{(R_C + R_L)V_{CC}}{R_C R_L + R_C(R_C + R_L)} \cdot \dfrac{R_C R_L}{R_C + R_L}$

$= \dfrac{R_C R_L V_{CC}}{R_C R_L + R_C(R_C + R_L)}$

2. 若工作點非最佳工作點時

① $I_{CQ} = \dfrac{V_{CC} - V_{CE(sat)}}{2R_C}$

② $V_{CER} = \dfrac{V_{CC} + V_{CE(sat)}}{2}$

3. 綜論

$$I_Q = I_{CQ} = \min\left\{\dfrac{(R_C + R_L)V_{CC}}{R_c(R_c + 2R_L)} , \dfrac{V_{CC} - V_{CE(sat)}}{2R_C}\right\}$$

$$V_Q = V_{CEQ} = \min\left\{\dfrac{R_C R_L V_{CC}}{R_C R_L + R_c(R_c + R_L)} , \dfrac{V_{CC} + V_{CE(sat)}}{2}\right\}$$

51. For the circuit shown below, which following characteristics the load line may exhibit? (❖題型：直流負載線)

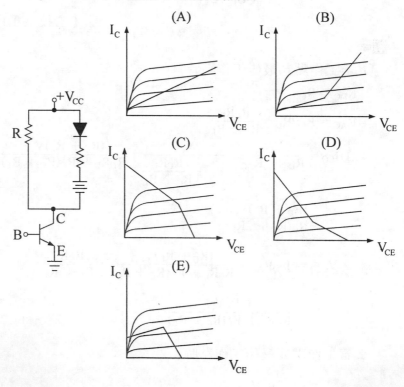

解☞：(D)

---

52. 如圖所示，若 β＝50，V_{BE}＝0.7V，R_C＝6KΩ，V_{CC}＝12V，試求 R_B 值，使得輸出可得到最大不失真振幅。另外，求工作點 I_{CQ} 和 V_{CEQ}。

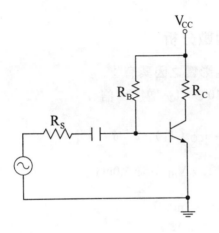

解☞：

1. ∵ R_E＝0，R_L＝∞

∴交直流負載線為重疊，即

$$R_{DC}＝R_{AC}＝R_C＝6KΩ$$

$$∴I_{CQ}＝\frac{V_{CC}}{R_{AC}＋R_{DC}}＝\frac{12}{12K}＝1mA$$

$$V_{CEQ}＝I_{CQ}R_{AC}＝6V$$

2. $I_{BQ}＝\frac{I_{CQ}}{β}＝\frac{1mA}{50}＝20μA$

又 $I_{BQ}＝\frac{V_{CC}－V_{BE}}{R_B}＝\frac{12－0.7}{R_B}＝20μA$

$$\therefore R_B = 556K\Omega$$

3-4〔題型十七〕：穩定因數及補償法

考型 44 穩定因數分析

一、BJT 受溫度影響之因素有：

　　1. 溫度上升 10℃，I_{CO} 增加一倍

$$I_{CO}(T_2) = I_{CO}(T_1) \times 2^{\frac{T_2 - T_1}{10}}$$

　　2. 溫度上升 1℃，V_{BE} 下降 2.0mV

$$\Delta V_{BE}/\Delta T = -2mV/℃$$

　　3. 溫度升高時，β 值亦隨之升高。

$$\beta(T_1) \approx \beta(T_2)(\frac{T_1}{T_2})，n \approx 1.7$$

二、溫度效應對 BJT 的影響

　　溫度變化效應：溫度上升，I_C 亦隨之上升。

　　1. 對小信號放大器而言，工作點漂移，放大器不穩定。

　　2. 對大信號放大器而言，造成輸出信號失真，嚴重時發生熱跑脫現象（thermal runaway），燒毀電晶體。

三、將此三因數，並在 I_C 中探討則

$$1. \frac{\partial I_c(I_{CO}, V_{BE}, \beta)}{\partial T} = \frac{\partial I_C}{\partial I_{CO}} \cdot \frac{\partial I_{CO}}{\partial T} + \frac{\partial I_C}{\partial V_{BE}} \cdot \frac{\partial V_{BE}}{\partial T} + \frac{\partial I_C}{\partial \beta} \cdot \frac{\partial \beta}{\partial T}$$

$$= S \cdot \frac{\partial I_{CO}}{\partial T} + S' \frac{\partial V_{BE}}{\partial T} + S'' \frac{\partial \beta}{\partial T} \quad (\text{millman 符號})$$

$$= S_I \cdot \partial \frac{I_{CO}}{\partial T} + S_V \frac{\partial V_{BE}}{\partial T} + S_\beta \frac{\partial \beta}{\partial T} \quad (\text{smith 符號})$$

其中（S，S'，S'' ）或（S_I，S_V，S_β）即穩定度因數

2. 穩定因數

(1)$S = S_I = \dfrac{\partial I_C}{\partial I_{CO}}$

(2)$S' = S_V = \dfrac{\partial I_C}{\partial V_{BE}}$

(3)$S'' = S_\beta = \dfrac{\partial \beta}{\partial T}$

3. 各種偏壓電路的穩定度分析
   (1)基極固定偏壓法

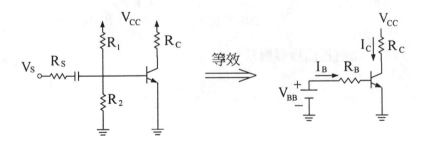

等效 $\Longrightarrow$

①$R_B = R_1 \ /\!/ \ R_2$

②$V_{BB} = \dfrac{R_2 V_{CC}}{R_1 + R_2}$

③$S = S_I = \dfrac{\Delta I_C}{\Delta I_{CO}} = \beta + 1$

$$④ S' = S_V = \frac{\Delta I_C}{\Delta V_{BE}} = -\frac{\beta}{R_B}$$

$$⑤ S'' = S_\beta = \frac{\Delta I_C}{\Delta \beta} = \frac{I_{C1}}{\beta_1}$$

(2)集極回授偏壓法

$$① S = S_I = \frac{\Delta I_C}{\Delta I_{CO}} = \frac{(\beta + 1)(R_B + R'_C)}{R_B + (\beta + 1)R'_C}$$

$$② S' = S_V = \frac{\Delta I_C}{\Delta V_{BE}} = -\frac{\beta}{R_B + (\beta + 1) R'_C}$$

$$③ S'' = S_\beta = \frac{\Delta I_C}{\Delta \beta} = \frac{I_C (R_B + R'_C)}{\beta[R_B + (\beta + 1) R'_C]}$$

(3)射極回授偏壓法

$$① S = S_I = \frac{\Delta I_C}{\Delta I_{CO}} = \frac{(\beta + 1)(R_B + R_E)}{R_B + (\beta + 1)R_E}$$

$$②S' = S_V = \frac{\Delta I_C}{\Delta V_{BE}} = -\frac{\beta}{R_B + (\beta + 1)R_E}$$

$$③S'' = S_\beta = \frac{\Delta I_C}{\Delta \beta} = \frac{I_C(R_B + R_E)}{\beta[R_B + (\beta + 1)R_E]}$$

(4)**自偏法**

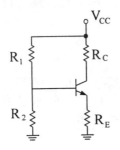

$$①S = S_I = \frac{\Delta I_C}{\Delta I_{CO}} = \frac{(\beta + 1)][(R_1 /\!/ R_2) + R_E]}{(R_1 /\!/ R_2) + (\beta + 1)R_E}$$

$$②S' = S_V = \frac{\Delta I_C}{\Delta V_{BE}} = -\frac{\beta}{(R_1 /\!/ R_2) + (\beta + 1)R_E}$$

$$③S'' = S_\beta = \frac{\Delta I_C}{\Delta \beta} = \frac{I_C[(R_1 /\!/ R_2) + R_E]}{\beta[(R_1 /\!/ R_2) + (\beta + 1)R_E]}$$

4. S值愈小，代表電路愈穩定。（通常範圍為 $1 < S < 1 + \beta$）

5. **解題技巧**

(1)寫下 $I_C = \beta I_B + (1 + \beta)I_{CO}$

(2)取一包含 V_{BE} 的迴路方程式

(3)聯立方程式①、②，求出包含 $(I_C, I_{CO}, V_{BE}, \beta)$ 之方程式

(4)解出 S, $(S_I) = \frac{\partial I_C}{\partial I_{CO}}$

$$S', (S_V) = \frac{\partial I_C}{\partial V_{BE}}$$

$$S'', (S_\beta) = \frac{\partial I_C}{\partial \beta}$$

6. 穩定因數之簡易求法：

(1) $S = \dfrac{\partial I_C}{\partial I_{CO}} = \dfrac{I_B \text{流過的電阻總和}}{I_B \text{流過的電阻總和(其中} R_B \text{須除以}(1+\beta))}$

一般 S 在 $1 \sim (1+\beta)$ 之間。

(2) $S_\beta = \dfrac{\Delta I_C / I_C}{\Delta \beta / \beta} = \dfrac{1}{1 + (\beta + \Delta\beta)(\dfrac{R_B \text{除外，} I_B \text{流過的電阻和}}{I_B \text{流過的電阻和}})}$

⇒ 對穩定性影響最大的為 β 之變化。

考型 45 偏壓補償技術

一、穩定法（stabilization method）：在電阻性偏壓電路中常用。
    如集極回授偏壓，自給偏壓。

二、補償法（compensation method）：在溫度敏感裝置中常用，
    如：二極體，熱阻器。

三、補償法之電路

1. 用二極體補償 I_{co}

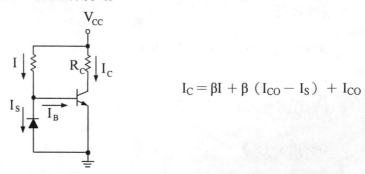

$$I_C = \beta I + \beta (I_{CO} - I_S) + I_{CO}$$

若二極體與 BJT 材料同，則 $I_{CO} = I_S$，故可補償 I_{CO}

2. 用二極體補償 V_{BE}

〔方法一〕

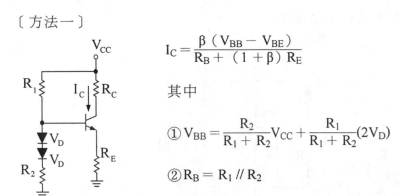

$$I_C = \frac{\beta\ (V_{BB} - V_{BE})}{R_B + (1 + \beta)\ R_E}$$

其中

$$\textcircled{1}\ V_{BB} = \frac{R_2}{R_1 + R_2}V_{CC} + \frac{R_1}{R_1 + R_2}(2V_D)$$

$$\textcircled{2}\ R_B = R_1 \mathbin{/\mkern-4mu/} R_2$$

討論

(1)若二極體材料和電晶體相同（$V_D = V_{BE}$），則 $R_1 = R_2$ 達補償效果。

(2)若補償二極體僅有一個，則選擇 $R_1 \gg R_2$ 可達補償效果。

〔方法二〕

$$V_{BB} = I_B R_B + V_{BE} + I_E R_E - V_D$$

討論：

因 $V_{BE} \approx V_D$ ∴ $V_{BB} = I_B R_B + I_E R_E$

故不受 V_{BE} 影響

3. 用熱阻器補償 β

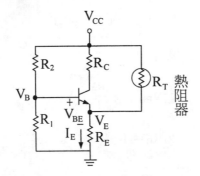

討論：

$$T\uparrow \Rightarrow R_T\downarrow \Rightarrow V_E\uparrow \Rightarrow I_C\downarrow$$

（未補償前：$T\uparrow \Rightarrow \beta\uparrow \Rightarrow I_C\uparrow$）

4. 用敏阻器補償 β

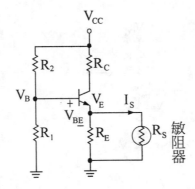

討論：

$$T\uparrow \Rightarrow R_S\uparrow \Rightarrow R_E \mathop{/\!/} R_S\uparrow \Rightarrow V_E\uparrow \Rightarrow I_B\downarrow \Rightarrow I_C\downarrow$$

（未補償前：$T\uparrow \Rightarrow \beta\uparrow \Rightarrow I_C\uparrow$）

53.試求I_{CQ}及S_B（$= \dfrac{\triangle I_{CQ}}{\triangle \beta}$）。（✣題型：穩定因數）

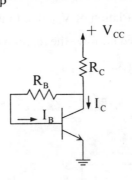

【成大電機所】

解☞：

1.列出$I_C = \beta I_B + (1 + \beta)I_{C0} \Rightarrow I_B = \dfrac{I_C - (1 + \beta)I_{C0}}{\beta}$——①

2.取包含V_{BE}的迴路方程式

$V_{CC} = (I_B + I_C)R_C + I_B R_B + V_{BE}$——②

3.解聯立方程式①，②

$V_{CC} = (R_B + R_C) \left[\dfrac{I_C - (1 + \beta)I_{C0}}{\beta} \right] + V_{BE} + I_C R_C$——③

4.求$S_\beta = \dfrac{\partial I_C}{\partial \beta}$（將③式對$\beta$微分）

$\therefore 0 = (R_B + R_C) \left\{ \dfrac{(S_\beta - I_{C0})\beta - [I_C - (1 + \beta)I_{C0}]}{\beta^2} \right\} + S_\beta R_C$

故$S_\beta = \dfrac{(R_B + R_C)[\beta I_{C0} + I_C - (1 + \beta)I_{C0}]}{(R_B + R_C)\beta + R_C \beta^2}$

54. Bias stabilization is important consideration in transistor stages construc-
ted from discrete component. Here the four-resistor bias circuit is shown
in Fig. In order to stabilize the bias circuit in Fig. (a) Fig. (b)is used to
compensate the variation of V_{BE} due to temperature. Prove the compen-
sation circuit indeed improve the relation between I_C and V_{BE} with the rate
of $\dfrac{R_2}{R_1 + R_2}$, but $\beta_F \gg 1$, and $I_B R_B \ll V_{BB}$ (where $R_B = R_1 /\!/ R_2$, $V_{BB} = \dfrac{R_2}{R_1 + R_2} \times V_{CC}$). (❖題型：穩定度分析)

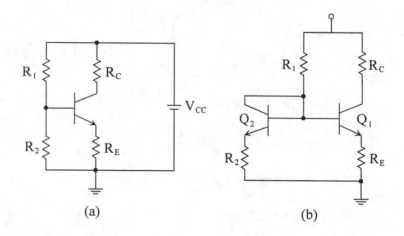

(a)   (b)

【淡江資訊所】

解☞：

（圖(a)）

1. 取戴維寧等效電路

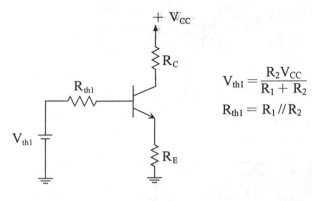

$$V_{th1} = \frac{R_2 V_{CC}}{R_1 + R_2}$$

$$R_{th1} = R_1 /\!/ R_2$$

$$I_B = \frac{V_{th1} - V_{BE}}{R_{th1} + (1 + \beta)R_E}$$

$$I_C = \beta I_B = \beta \left[\frac{V_{th1} - V_{BE}}{R_{th1} + (1 + \beta)R_E} \right]$$

由此可知I_C受V_{BE}隨溫度變化的影響

（圖 b ）

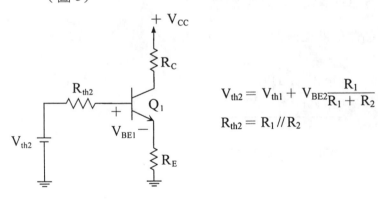

$$V_{th2} = V_{th1} + V_{BE2}\frac{R_1}{R_1 + R_2}$$

$$R_{th2} = R_1 /\!/ R_2$$

$$\therefore I_{B2} = \frac{V_{th2} - V_{BE1}}{R_E + (1 + \beta)R_{th2}}$$

$$\therefore I_{C2} = \beta I_{B2} = \beta \left[\frac{V_{th2} - V_{BE1}}{R_E + (1 + \beta)R_{th2}} \right]$$

$$= \beta \left[\frac{V_{th1} + V_{BE2}\dfrac{R_1}{R_1 + R_2} - V_{BE1}}{R_E + (1 + \beta)R_{th2}} \right]$$

如果設計成

$$V_{BE1} = V_{BE2}\frac{R_1}{R_1 + R_2} \text{，則}$$

$$I_C = \beta \left[\frac{V_{th1}}{R_E + (1 + \beta)R_{th2}} \right]$$

如此，則可補償先前 I_C 受 V_{BE} 的影響

3-5〔題型十八〕：BJT 開關及速度補償

考型 46 BJT 開關及速度補償

1. 電晶體的四個時間：t_d，t_r，t_s，t_f。

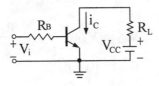

圖 1　電晶體電路體

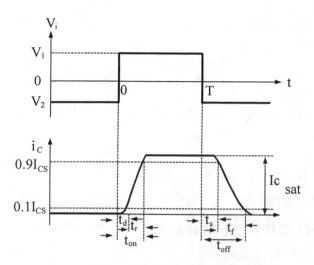

圖 2 集極電流波形 Millman 版

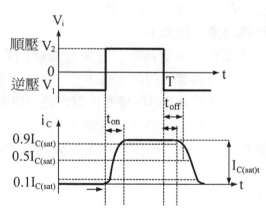

圖 3 Smith 版

2. t_{ON} 及 t_{OFF} 之定義

	Smith 版	Millman 版
t_{ON}	$t_{on} = t_d + t_1$ $t_1 = $ 由 $0.1I_{C(sat)} \sim 0.5I_{C(sat)}$ 的時間	$t_{on} = t_d + t_r = $ 由 $0 \sim 0.9I_{C(sat)}$
t_{OFF}	$t_{off} = t_s + t_2$ $t_2 = $ 由 $0.9I_{C(sat)} \sim 0.5I_{C(sat)}$ 的時間	$t_{off} = t_s + t_f = $ 由 $100\% \sim 0.1I_{C(sat)}$

3. BJT 選擇在截止區和飽和區，當作開關的理由：

(1)BJT在截止區和飽和區時，其電流和電壓較不受參數（例：β）的影響。

(2) BJT 在截止區之功率損耗近似於零。而在飽和區時，因為 $V_{CE,sat}$ 值很小，功率損耗 $P_C \approx I_C V_{CE,sat}$ 也極小。

4. 構成延遲時間的因素：

(1)當輸入信號加到電晶體，需要一段時間才能使空乏電容充電，以使電晶體離開截止區。

(2)即使少數載子通過射極接面仍需經過一段時間才能越過基區到達集極接面成為集極電流。

(3)集極電流需要一些時間才能上升到它最大值的百分之十。

5. 儲存時間的成因：

電晶體要等到載子密度全部移掉之後才開始進行關閉過程。

6. 當速率是 BJT 開關的主要考慮因素時，應縮短儲存時間，高速數位電路應避免在飽和區操作。

7. 縮短 t_s 之方法——主要排除儲存在基極內之過量電荷時間。

8. 加速 BJT 操作速度之法

(1)在基極電阻兩端，並聯一電容

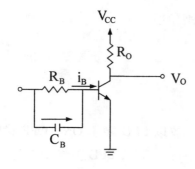

$$i_C = C\frac{dV_C}{dt}$$

加速基極電流，排除改善交換過度

(2)在 BJT 之 BC 端並聯一個蕭特基二極體

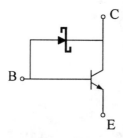

蕭特基二極體主要是作 BJT 基極和集極間的定位器 ⇒ 使 BJT 必在作用區內

(3)採用蕭特基電晶體

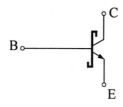

可防止電晶體進入飽和區

→消除 t_s 時間

歷屆試題

55. 如圖：Q 作為開關用，並以 LED 顯示 ON，OFF 狀態，試說明
工作原理並求得 $I_{C(sat)}=$ ？（假設 LED 壓降為 2V）

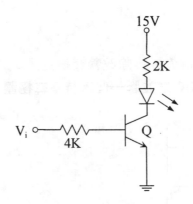

解☞：

(1)當 $V_i=H_i$ 時，使 BJT 進入飽和區，$V_{CE,sat}\approx0.2V$

∴LED：ON（亮）

(2)當 $V_i=L_0$ 時，使 BJT 進入截止區，

∴LED：OFF（暗）

$$(3) I_{C,sat}=\frac{V_{CC}-V_r-V_{CE,sat}}{2K}=\frac{15-2-0.2}{2K}=6.4mA$$

56. 如圖之電路，$v_{CC}=5V, R_C=1.5K\Omega$，β值在 80-200 之間，試求 R_B
之值。

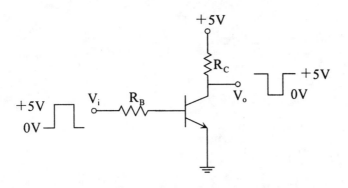

解☞：

$$\because I_{C,sat} = \frac{V_{CC} - V_{CE,sat}}{R_C} = \frac{5 - 0.2}{1.5K} = 3.2mA$$

又飽和條件為

$$\beta_{sat} \geq \frac{I_{C,sat}}{I_{B,sat}} \Rightarrow \beta_{min} = \frac{I_{c,sat}}{I_{B,sat}}$$

$$\therefore I_{B,sat} = \frac{I_{c,sat}}{\beta_{min}} = \frac{3.2mA}{80} = 40\mu A$$

$$即 I_{B,sat} = \frac{V_I - V_{BE,sat}}{R_B} = 40\mu A$$

$$\therefore R_B = \frac{V_I - V_{BE,sat}}{40\mu A} = \frac{5 - 0.8}{40\mu A} = 105K\Omega$$

即 $R_B \leq 105K\Omega$

CH4　BJT 放大器

4-1〔題型十九〕：雙埠網路參數的互換

考型 47 **雙埠網路的種類及參數互換技巧**

一‧BJT 小訊號模型的由來：

  1. BJT 小訊號之等效模型是由雙埠網路觀念推導而來。

  2. **雙埠網路共有六種模型：**

    (1) Z 參數模型（戴維寧模型）

    (2) Y 參數模型（諾頓模型）

    (3) A、B、C、D 參數模型（傳輸模型）（T 參數模型）

    (4) b 參數模型（反傳輸模型）

    (5) h 參數模型

    (6) G 參數模型

  3. 所有雙埠網路模型之由來，均是利用在未知電路中之輸入端、輸出端，測出電壓及電流（V_1，V_2，I_1，I_2），用此四變數相互關係，而以簡單的模型模擬出此未知電路之等效電路。BJT 之小訊號模型亦由此推導而來。

  4. millman 的 h 模型是在輸入端，採用戴維寧模型，而在輸出端採用諾頓模型。

  5. 考法：求各參數之意義及單位。此類解法以下例說明。

    例：Z 參數

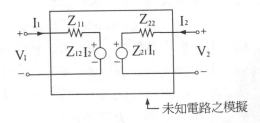

└─ 未知電路之模擬

(1)由電路可知

$$\begin{cases} V_1 = Z_{11}I_1 + Z_{12}I_2 \\ V_2 = Z_{21}I_1 + Z_{22}I_2 \end{cases}$$

(2)矩陣表示法

$$\begin{bmatrix} V_1 \\ V_2 \end{bmatrix} = \begin{bmatrix} Z_{11} & Z_{12} \\ Z_{21} & Z_{22} \end{bmatrix} \begin{bmatrix} I_1 \\ I_2 \end{bmatrix}$$

(3)求 Z 參數之意義及單位

　①由方程式可知

$$Z_{11} = \frac{V_1}{I_1}\bigg|_{I_2 = 0} \leftarrow 即輸出端開路時$$

　②由上式可知 Z_{11} 之意義

　　Z_{11} 之意義為：在輸出端開路時之輸入電阻。

　　（因為 V_1 及 I_1 均為輸入端之變數）

　③由上式亦可知，Z_{11} 之單位為歐姆（Ω）。

　④其餘參數的意義及單位，均用此法可得。

(4)此類考型，一般而言，均會給方程式。所以可由方程式的應
　　用，即可知定義及單位，而不需死背。

二、h 模型參數之意義及單位

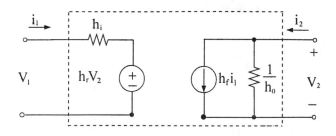

參數定義：	物理意義：	單　位
$h_i = h_{11} \equiv \dfrac{v_1}{i_1}\bigg|_{v_2} = 0$	輸出短路時，輸入阻抗	歐姆（Ω）
$h_r = h_{12} \equiv \dfrac{v_1}{v_2}\bigg|_{i_1} = 0$	輸入開路時，反向電壓增益	無單位
$h_f = h_{21} \equiv \dfrac{i_2}{i_1}\bigg|_{v_2} = 0$	輸出短路時，順向電流增益	無單位
$h_o = h_{22} \equiv \dfrac{i_2}{v_2}\bigg|_{i_1} = 0$	輸入開路時，輸出導納	姆歐（$\mho$）

三、各類雙埠網路

1. Z 參數：（戴維寧模型）

$$\begin{bmatrix} V_1 \\ V_2 \end{bmatrix} = \begin{bmatrix} Z_{11} & Z_{12} \\ Z_{21} & Z_{22} \end{bmatrix}\begin{bmatrix} I_1 \\ I_2 \end{bmatrix}$$

2. Y 參數：（諾頓模型）

$$\begin{bmatrix} I_1 \\ I_2 \end{bmatrix} = \begin{bmatrix} Y_{11} & Y_{12} \\ Y_{21} & Y_{22} \end{bmatrix}\begin{bmatrix} V_1 \\ V_2 \end{bmatrix}$$

3. A、B、C、D 參數：（傳輸模型）

$$\begin{bmatrix} V_1 \\ I_1 \end{bmatrix}\begin{bmatrix} A & B \\ C & D \end{bmatrix}\begin{bmatrix} V_2 \\ -I_2 \end{bmatrix}$$

4. A′，B′，C′，D′參數：（反傳輸模型）

$$\begin{bmatrix} V_2 \\ I_2 \end{bmatrix} = \begin{bmatrix} A' & B' \\ C' & D' \end{bmatrix}\begin{bmatrix} -V_1 \\ -I_1 \end{bmatrix}$$

5. h 參數

$$\begin{bmatrix} V_1 \\ I_2 \end{bmatrix} = \begin{bmatrix} h_{11} & h_{12} \\ h_{21} & h_{22} \end{bmatrix}\begin{bmatrix} I_1 \\ V_2 \end{bmatrix}$$

6. G 參數（反 h 參數）

$$\begin{bmatrix} I_1 \\ V_2 \end{bmatrix} = \begin{bmatrix} G_{11} & G_{12} \\ G_{21} & G_{22} \end{bmatrix} \begin{bmatrix} V_1 \\ I_2 \end{bmatrix}$$

四、參數互換的技巧

1. 解題技巧

(1)由已知模型中，提出欲轉換模型的主要變數。

(2)以行列式解此聯立方程式。求出欲轉換模型之主要變數。

(3)比較欲轉換模型之方程式，即可求答。

2. 舉下例說明：

〔例〕：已知 Z 參數：$\begin{bmatrix} V_1 \\ V_2 \end{bmatrix} = \begin{bmatrix} Z_{11} & Z_{12} \\ Z_{21} & Z_{22} \end{bmatrix} \begin{bmatrix} I_1 \\ I_2 \end{bmatrix}$，將 Z 參數轉換成

h 參數：$\begin{bmatrix} V_1 \\ I_2 \end{bmatrix} = \begin{bmatrix} h_{11} & h_{12} \\ h_{21} & h_{22} \end{bmatrix} \begin{bmatrix} I_1 \\ V_2 \end{bmatrix}$，求 h 參數用 Z 參數

表示。

解 ☞：(1)由 Z 參數中，提出 h 參數之主要變數

$$\begin{cases} V_1 = Z_{11}I_1 + Z_{12}I_2 \\ V_2 = Z_{21}I_1 + Z_{22}I_2 \end{cases}$$

由上二式，提出 h 參數之主要變數（V_1，I_2）

$$\begin{cases} V_1 - Z_{12}I_2 = Z_{11}I_1 \\ 0V_1 - Z_{22}I_2 = Z_{21}I_1 - V_2 \end{cases}$$

(2)以行列式求解：

$$V_1 = \frac{\begin{vmatrix} Z_{11}I_1 & -Z_{12} \\ Z_{21}I_1 - V_2 & -Z_{22} \end{vmatrix}}{\begin{vmatrix} 1 & -Z_{12} \\ 0 & -Z_{22} \end{vmatrix}} = \frac{Z_{11}Z_{22} - Z_{12}Z_{21}}{Z_{22}}I_1 + \frac{Z_{12}}{Z_{22}}V_2$$

$$I_2 = \dfrac{\begin{vmatrix} 1 & Z_{11}I_1 \\ 0 & Z_{21}I_1 - V_2 \end{vmatrix}}{\begin{vmatrix} 1 & -Z_{12} \\ 0 & -Z_{22} \end{vmatrix}} = -\dfrac{Z_{21}}{Z_{22}}I_1 + \dfrac{1}{Z_{22}}V_2$$

(3)比較 h 模型之方程式

$$\begin{cases} V_1 = h_{11}I_1 + h_{12}V_2 \\ I_2 = h_{21}I_1 + h_{22}V_2 \end{cases}$$

故知

$$\begin{cases} h_{11} = \dfrac{Z_{11}Z_{22} - Z_{12}Z_{21}}{Z_{22}} \\[2mm] h_{12} = \dfrac{Z_{12}}{Z_{22}} \\[2mm] h_{21} = -\dfrac{Z_{21}}{Z_{22}} \\[2mm] h_{22} = \dfrac{1}{Z_{22}} \end{cases}$$

歷屆試題

1. The [h] parameter of a two port network is

defined as $\begin{bmatrix} V_1 \\ I_2 \end{bmatrix} = \begin{bmatrix} h_{11} & h_{12} \\ h_{21} & h_{22} \end{bmatrix}\begin{bmatrix} I_1 \\ V_2 \end{bmatrix}$ A circuit with $h_{11} = \dfrac{1}{2}\Omega$, $h_{12} = -\dfrac{1}{2}$,

$h_{21} = 1$, and $h_{22} = 1\Omega^{-1}$ is shown in Fig. Find

(1) the voltage gain V_2/V_1

(2) input and output resistsance(R_{in} and R_o).

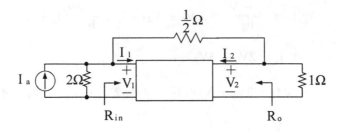

簡譯

雙埠網路的 h 參數定義為 $\begin{bmatrix} V_1 \\ I_2 \end{bmatrix} = \begin{bmatrix} h_{11} & h_{12} \\ h_{21} & h_{22} \end{bmatrix} = \begin{bmatrix} I_1 \\ V_2 \end{bmatrix}$ 且 $h_{11} = \dfrac{1}{2}\Omega$，

$h_{12} = -\dfrac{1}{2}$，$h_{21} = 1$，$h_{22} = 1\Omega^{-1}$，求(1)電壓增益 $\dfrac{V_2}{V_1}$　(2)R_{in} 和

R_{out}（❖題型：雙埠網路）　　　　　【高考，交大電信所】

解 ☞：

(1)

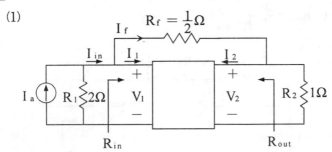

$$①\begin{bmatrix} V_1 \\ I_2 \end{bmatrix} = \begin{bmatrix} h_{11} & h_{12} \\ h_{21} & h_{22} \end{bmatrix}\begin{bmatrix} I_1 \\ V_2 \end{bmatrix} = \begin{bmatrix} \dfrac{1}{2} & -\dfrac{1}{2} \\ 1 & 1 \end{bmatrix} = \begin{bmatrix} I_1 \\ V_2 \end{bmatrix}$$

$$\therefore \begin{cases} V_1 = \dfrac{1}{2}I_1 - \dfrac{1}{2}V_2 \Rightarrow I_1 = 2V_1 + V_2 \\ I_2 = I_1 + V_2 \qquad \Rightarrow I_1 = I_2 - V_2 \end{cases}$$

$$\Rightarrow I_1 = 2V_1 + V_2 = I_2 - V_2$$

$$② I_f = \frac{V_1 - V_2}{R_f} = 2(V_1 - V_2) = I_2 + \frac{V_2}{R_2} = I_2 + V_2$$

$$\therefore I_2 = 2V_1 - 3V_2$$

$$又 I_1 = 2V_1 + V_2 = I_2 - V_2 = 2V_1 + V_2 = 2V_1 - 4V_2$$

$$\therefore V_2 = 0$$

$$故 \frac{V_2}{V_1} = 0$$

(2)

$$① R_{in} = \frac{V_1}{I_{in}} = \frac{V_1}{I_1 + I_f} = \frac{V_1}{(2V_1 + V_2) + 2(V_1 - V_2)} = \frac{V_1}{4V_1} = 4\Omega$$

$$② R_{out} = \frac{V_o}{I_o}\bigg|_{I_s = 0, V_2 = V_o}$$

$$I_f' = \frac{V_0 - V_1}{R_f} = 2(V_0 - V_1) = \frac{V_1}{R_1} + I_1 = \frac{1}{2}V_1 + I_1$$

$$= \frac{1}{2}V_1 + (2V_1 + V_0)$$

$$即 \ 2(V_0 - V_1) = \frac{3}{2}V_1 + V_0 \Rightarrow V_1 = \frac{2}{9}V_0$$

$$\Rightarrow I_f' = 2(V_0 - V_1) = 2(V_0 - \frac{2}{9}V_0) = \frac{14}{9}V_0$$

$$\because I_2 = I_1 + V_0 = (2V_1 + V_0) + V_0 = \frac{22}{9}V_0$$

$$\therefore R_{out} = \frac{V_0}{I_0} = \frac{V_0}{I_2 + I_f} = \frac{V_0}{\frac{22}{9}V_0 + \frac{14}{9}V_0} = \frac{1}{4}\Omega$$

2. A transistor is a two-port network. Its T-equivalent is shown in Fig with the terminal voltage and current given in the figure,

(1) Write the loop equations in the form

$$\begin{bmatrix} V_1 \\ V_2 \end{bmatrix} = \begin{bmatrix} z_{11} & z_{12} \\ z_{21} & z_{22} \end{bmatrix} \begin{bmatrix} I_1 \\ I_2 \end{bmatrix}$$

What are the values of z_{11}, z_{12}, z_{21}, and z_{22},

(2) If this two — port transistor can also be represented by h parameters in the following form

$$\begin{bmatrix} V_1 \\ I_2 \end{bmatrix} = \begin{bmatrix} h_{ie} & h_{re} \\ h_{fe} & h_{oe} \end{bmatrix} \begin{bmatrix} I_1 \\ V_2 \end{bmatrix}$$

find h_{ie} and h_{fe} in terms of r_b , r_e , r_c and β by assuming that $r_c \gg r_e$（✛

題型：參數互換） 【高考，工技電機所】

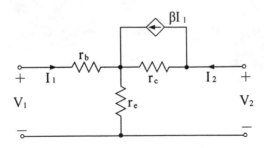

解☞：

(1)用網目分析法

1.

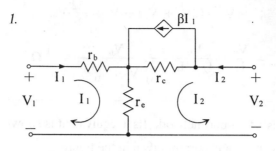

$$\therefore V_1 = I_1 r_b + (I_1 + I_2)r_e = (r_b + r_e)I_1 + I_2 r_e$$

$$v_2 = r_c(I_2 - \beta I_1) + (I_1 + I_2)r_e = (r_e - \beta r_c)I_1 + (r_c + r_e)I_2$$

2. 故 $\begin{bmatrix} V_1 \\ V_2 \end{bmatrix} = \begin{bmatrix} r_b + r_e & r_e \\ r_e - \beta r_c & r_c + r_e \end{bmatrix} \begin{bmatrix} I_1 \\ I_2 \end{bmatrix} = \begin{bmatrix} z_{11} & z_{12} \\ z_{21} & z_{22} \end{bmatrix} \begin{bmatrix} I_1 \\ I_2 \end{bmatrix}$

$$\therefore z_{11} = r_b + r_e \quad z_{12} = r_e$$

$$z_{21} = r_e - \beta r_c \quad z_{22} = r_c + r_b$$

(2) *1.* $\because V_1 = (r_b + r_e)I_1 + r_e I_2 \Rightarrow V_1 - r_e I_2 = (r_b + r_e)I_1$——①

$$V_2 = (r_e - \beta r_c)I_1 + (r_c + r_e)I_2 \Rightarrow$$

$$(r_c + r_e)I_2 = -(r_e - \beta r_c)I_1 + V_2$$——②

2. 用行列式解 V_1 , I_2（式①,②）

$$V_1 = \dfrac{\begin{vmatrix} (r_b + r_e) & -r_e \\ -(r_e - \beta r_c)I_1 + V_2 & r_c + r_e \end{vmatrix}}{\begin{vmatrix} 1 & -r_e \\ 0 & r_c + r_e \end{vmatrix}}$$

$$= \dfrac{(r_b + r_e)(r_c + r_e)I_1 - r_e(r_e - \beta r_c)I_1 + r_e V_2}{r_c + r_e}$$

$$\cong\frac{(r_b+r_e)r_cI_1-r_e(-\beta r_c)I_1+r_eV_2}{r_c}=(r_b+r_e+\beta r_e)I_1+\frac{r_e}{r_c}V_2$$

$$I_2=\frac{\begin{vmatrix}1&(r_b+r_e)\\0&-(r_e-\beta r_c)I_1+V_2\end{vmatrix}}{r_c+r_e}=\frac{-(r_e-\beta r_c)I_1+V_2}{r_c+r_e}$$

$$\approx\frac{-(-\beta r_c)I_1+V_2}{r_c}=\beta I_1+\frac{1}{r_c}V_2$$

$$\therefore\begin{bmatrix}V_1\\I_2\end{bmatrix}=\begin{bmatrix}r_b+(1+\beta)r_e&\dfrac{r_e}{r_c}\\[2mm]\beta&\dfrac{1}{r_c}\end{bmatrix}\begin{bmatrix}I_1\\V_2\end{bmatrix}=\begin{bmatrix}h_{ie}&h_{re}\\h_{fe}&h_{oe}\end{bmatrix}\begin{bmatrix}I_1\\V_2\end{bmatrix}$$

$$\therefore h_{ie}=r_b+(1+\beta)r_e\quad,\quad h_{re}=\frac{r_e}{r_c}\approx0$$

$$h_{fe}=\beta\qquad\qquad,\quad h_{oe}=\frac{1}{r_c}$$

---

3. 求從 2-2′ 端看入之戴維寧等效電路（✥題型：雙埠網路）

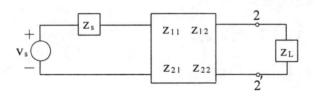

【工技電機所】

解☞：

1. [Z]網路

$$\begin{cases}V_1=I_1Z_{11}+I_2Z_{12}\\V_2=I_1Z_{21}+I_2Z_{22}\end{cases}$$代入圖中，則

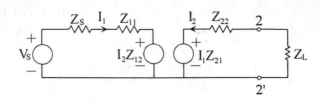

2. 由此圖知

$$\begin{cases} V_s = I_1(Z_s + Z_{11}) + I_2Z_{12} & \text{——①} \\ V_2 = I_1Z_{21} + I_2Z_{22} & \text{——②} \end{cases}$$

3. 戴維寧等效電路為

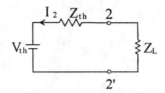

即 $V_2 = I_2Z_{th} + V_{th}$ ——③

4. 由式③可知

$V_{th} = V_2|_{I_2=0}$，代入式②得

$V_{th} = I_1Z_{21}|_{I_2=0}$　代入式①得

$V_{th} = I_1Z_{21}|_{I_2=0} = \dfrac{Z_{21}}{Z_s + Z_{11}}V_s$ ——④

5. 由式③及④知

$Z_{th} = \dfrac{V_2}{I_2}\bigg|_{V_{th}=0} = \dfrac{V_2}{I_2}\bigg|_{V_s=0}$　代入式②,得

$Z_{th} = \dfrac{I_1Z_{21} + I_2Z_{22}}{I_2}\bigg|_{V_s=0} = \left(Z_{22} + \dfrac{I_1}{I_2}Z_{21}\right)\bigg|_{V_s=0}$

又由式①知，$V_s = 0$時

$$\frac{I_1}{I_2} = -\frac{Z_{12}}{Z_s + Z_{11}}$$

$$\therefore Z_{th} = \left(Z_{22} + \frac{I_1}{I_2}Z_{21}\right)\bigg|_{V_s = 0} = Z_{22} - \frac{Z_{12}Z_{21}}{Z_s + Z_{11}}$$

6. 即

$$V_{th} = \frac{Z_{21}}{Z_s + Z_{11}}V_s$$

$$Z_{th} = Z_{22} - \frac{Z_{12}Z_{21}}{Z_s + Z_{11}}$$

---

4. 已知一電路如圖已知，電晶體放大器的 h 參數為

$V_1 = h_{ie}I_1' + h_{re}V_2$

$I_2 = h_{fe}I_1' + h_{oe}V_2$

試求h_{11}、h_{12}、h_{21}、h_{22}值。（❖題型：雙埠網路）

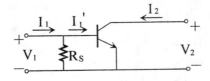

【高考】

解☞：

1. h 參數等效圖

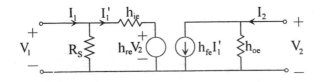

2.用節點分析法

① $(\dfrac{1}{R_s} + \dfrac{1}{h_{ie}})\ V_1 = I_1 + \dfrac{h_{re}V_2}{h_{ie}}$ ————①

② $\because I_1' = \dfrac{V_1 - h_{re}V_2}{h_{ie}}$

$\therefore h_{oe}V_2 = I_2 - h_{fe}I_1' = I_2 - h_{fe}\left[\dfrac{v_1 - h_{re}V_2}{h_{ie}}\right]$

$= I_2 + \dfrac{h_{fe}}{h_{ie}}V_1 + \dfrac{h_{fe}h_{re}}{h_{ie}}V_2$ ————②

③整理式 ①②

$(\dfrac{1}{R_s} + \dfrac{1}{h_{ie}})V_1 = I_1 + \dfrac{h_{re}V_2}{h_{ie}}$

$\dfrac{h_{fe}}{h_{ie}}V_1 + I_2 = V_2\left[\,h_{oe} - \dfrac{h_{fe}h_{re}}{h_{ie}}\,\right]$

④以行列式求解 V_1, I_2

$$V_1 = \dfrac{\begin{vmatrix} I_1 + \dfrac{h_{re}}{h_{ie}}V_2 & 0 \\[2ex] V_2(h_{oe} - \dfrac{h_{fe}h_{re}}{h_{ie}}) & 1 \end{vmatrix}}{\begin{vmatrix} \dfrac{1}{R_s} + \dfrac{1}{h_{ie}} & 0 \\[2ex] \dfrac{h_{fe}}{h_{ie}} & 1 \end{vmatrix}} = \dfrac{h_{ie}R_s}{h_{ie} + R_s}I_1 + \dfrac{h_{re}R_s}{h_{ie} + R_s}V_2$$

$= h_{11}I_1 + h_{12}V_2$

$$I_2 = \cfrac{\begin{vmatrix} \dfrac{1}{R_s} + \dfrac{1}{h_{ie}} & I_1 + \dfrac{h_{re}}{h_{ie}}V_2 \\[3ex] \dfrac{h_{fe}}{h_{ie}} & V_2(h_{oe} - \dfrac{h_{fe}h_{re}}{h_{ie}}) \end{vmatrix}}{\begin{vmatrix} \dfrac{1}{R_S} + \dfrac{1}{h_{ie}} & 0 \\[3ex] \dfrac{h_{fe}}{h_{ie}} & 1 \end{vmatrix}}$$

$$= (h_{fe} - \frac{h_{fe}h_{ie}}{R_s + h_{ie}})I_1 + (h_{oe} - \frac{h_{fe}h_{re}}{R_s + h_{ie}})V_2 = h_{21}I_1 + h_{22}V_2$$

⑤所以

$$h_{11} = \frac{h_{ie}R_s}{h_{ie} + R_s} \qquad , \qquad h_{12} = \frac{h_{re}R_s}{h_{ie} + R_s}$$

$$h_{21} = h_{fe} - \frac{h_{fe}h_{ie}}{R_s + h_{ie}} \qquad , \qquad h_{22} = h_{oe} - \frac{h_{fe}h_{re}}{R_s + h_{ie}}$$

4-2〔題型二十〕：BJT 小訊號的模型及參數

考型 48 BJT 小訊號的模型及參數

以共射極為例

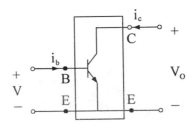

一、一階模型

    1. 一階 T 型模型

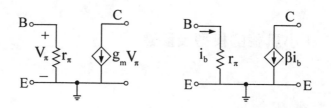

                (a)   (b)   (c)

小訊號模型參數有 r_e，g_m，α，β

    2. 一階 π 模型

小訊號模型參數有 r_π，g_m，β

3. 一階 H 模型

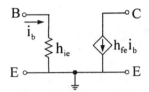

小訊號模型參數有 h_{ie}，h_{fe}

二、二階模型

1. 二階 H 模型

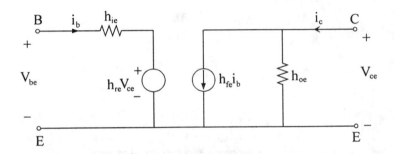

小訊號模型參數有：h_{ie}，h_{re}，h_{fe}，h_{oe}

2. 二階混合 π 模型

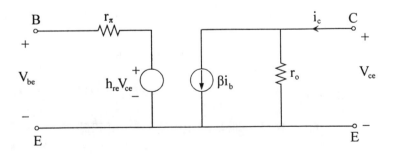

小訊號模型參數有：r_π，h_{re}，β，r_o

三、共射極 h 參數之定義

1. $h_{ie} = \dfrac{v_{be}}{i_b}\bigg|_{v_{ce}=0} = \dfrac{\Delta V_{BE}}{\Delta I_B}\bigg|_{V_{BEQ}} = \dfrac{\partial V_{BE}}{\partial I_B}\bigg|_{V_{BEQ}}$

h_{ie}：共射極輸入電阻

2. $h_{re} = \dfrac{v_{oe}}{v_{ce}}\bigg|_{i_b=0} = \dfrac{\Delta V_{BE}}{\Delta V_{CE}}\bigg|_{V_{BEQ}} = \dfrac{\partial V_{BE}}{\partial V_{CE}}\bigg|_{V_{BEQ}}$

h_{re}：共射極反向電壓增益

3. $h_{fe} = \dfrac{i_c}{i_b}\bigg|_{V_{ce}=0} = \dfrac{\Delta I_C}{\Delta I_B}\bigg|_{V_{BEQ}} = \dfrac{\partial I_C}{\partial I_B}\bigg|_{V_{BEQ}}$

h_{fe}：共射極順向電流增益

4. $h_{oe} = \dfrac{i_c}{i_b}\bigg|_{i_b=0} = \dfrac{\Delta I_C}{\Delta I_B}\bigg|_{I_{BQ}} = \dfrac{\partial I_C}{\partial I_B}\bigg|_{I_{BQ}}$

四、h 模型一階及二階等效電路之選用時機

1. 當 $I_e = 1.3\ mA$ 時，h 參數之典型值為

$h_{ie} = 2.1K\Omega$，$h_{re} = 10^{-4}$，$h_{fe} = 100$，$h_{oe} = 10^{-5}$ A/V

2. 當 $\dfrac{1}{h_{oe}} > 10R_L$ 時，$\dfrac{1}{h_{oe}}$ 可忽略（或 $h_{oe}(R_L + R_e) < 0.1$）

例：$h_{oe} = 10^{-5}$，則 $R_L < 10K\Omega$ 時，h_{oe} 可忽略

3. 當 $h_{re}A_v < 0.1$ 時，h_{re} 可忽略→通常可忽略

例：$h_{ie} = 10^{-4}$，則 $A_v < 10^3$ 時，h_{re} 可忽略

五、各模型參數公式及互換關係

1. π 模型

(1) $r_\pi = \dfrac{V_{be}}{i_b} = \dfrac{V_T}{I_B} = \dfrac{\beta}{g_m} = (1+\beta) r_e = h_{ie}$

(2) $g_m = \dfrac{I_C}{V_T} = \dfrac{\beta}{r_\pi} \approx \dfrac{1}{r_e}$

(3) 投射關係：$r_\pi = (1+\beta) r_e$ 或 $r_e = \dfrac{r_\pi}{1+\beta}$

(4) $\beta = g_m r_\pi = h_{fe}$

(5) $r_o = \dfrac{V_A}{I_C} = \dfrac{1}{h_{oe}}$

2. T 模型

(1) $r_e = \dfrac{V_{be}}{i_e} = \dfrac{V_T}{I_E} = \dfrac{r_\pi}{1+\beta} \approx \dfrac{1}{g_m}$

(2) $\alpha = \dfrac{\beta}{1+\beta}$

3. h 模型

(1) $h_{ie} = r_\pi$

(2) $h_{fe} = \beta$

(3) $h_{oe} = \dfrac{1}{r_o}$

4. 理想的 BJT：

(1) 歐力電壓　$V_A = \infty$

(2) $r_o = \infty$

(3) $h_{oe} = 0$

(4) $h_{re} = 0$

歷屆試題

5. For a NPN BJT operated at room temperature, the collector current is 1mA. Its g_m is: (A) 25mV, (B) 40m/Ω, (C) 40Ω, (D) 25m/Ω.

簡譯

已知 npn BJT 在室溫工作，且 $I_c = 1mA$，則 g_m 值為： (A) 25mV (B) 40m/Ω (C) 40Ω (D) 25m/Ω。（❖題型：BJT 參數）

【台大電機所】

解☞： (B)

$$g_m = \frac{I_c}{V_T} = \frac{1mA}{25mV} = 40m\mho$$

---

6. 下圖為一等效二極體的電晶體，在常溫下，$I_c = 1mA$，$\beta_o = 100$，$r_o = 100K$，問此電路的交流小訊號電阻約為多少？

(A) 2.5K 之電阻
(B) 25Ω 之電阻
(C) 100K 之電阻
(D) 100K 之電阻與一電流源並聯
(E) 2.5K 之電阻與一電流源並聯（❖

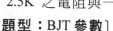

題型：BJT 參數〕

【交大電子所】

解☞：

(1) 此電路可等效如下：

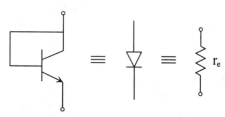

(2) $r_e = \dfrac{V_T}{I_E} \approx \dfrac{V_T}{I_C} = \dfrac{25mV}{1mA} = 25\Omega$

7. 雙載子電晶體內 I_c 是 V_{BE} 和 V_{CE} 之函數，$I_C = f(V_{BE}, V_{CE})$，在小訊號分析時，BJT 可用 h-π 模型表示如下：

假設 $f(V_{BE}, V_{CE}) = 2V_{BE}^2 + 3V_{CE}^{1/2}$ 操作點為 $V_{BE} = 1V$，$V_{CE} = 4V$ 試求 g_m 和 r_o 值（上式中 I_c 之單位為安培，V_{BE} 和 V_{CE} 之單位為伏特）（✤題型：BJT 參數）

【交大電子所】

解☞：

$$(1)\, g_m = \frac{i_c}{v_{be}} = \frac{\partial I_c}{\partial V_{BE}}\bigg|_Q = \frac{\partial}{\partial V_{BE}}\left[2V_{BE}^2 + 3V_{CE}^{1/2}\right]\bigg|_Q = 4V_{BE}$$

$$= (4)(1) = 4\frac{A}{V}$$

$$(2)\, \because r_o = \frac{V_{ce}}{i_c} = \frac{\partial V_{CE}}{\partial I_C}$$

$$\Rightarrow \frac{1}{r_o} = \frac{\partial I_C}{\partial V_{CE}} = \frac{\partial}{\partial V_{CE}}\left[2V_{BE}^2 + 3V_{CE}^{1/2}\right]\bigg|_Q = \frac{3}{2}V_{CE}^{-\frac{1}{2}}$$

$$= \frac{3}{2\sqrt{V_{CE}}} = \frac{3}{4}\mho$$

$$\therefore r_o = \frac{4}{3}\Omega$$

8. 下圖電路，已知電流增益 $\beta_o = 200$，$V_T = 25mV$，小訊號 r_π 應為多少？　(A) 1K 歐姆　(B) 500 歐姆　(C) 250 歐姆　(D) 125 歐姆　(E) 5K 歐姆（✤題型：BJT 參數）

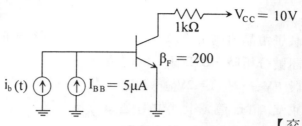

$$\text{【交大電子】}$$

解☞：

$$r_\pi = \frac{V_T}{I_B} = \frac{25mV}{5\mu A} = 5K\Omega$$

4-3〔題型二十一〕：共射極放大器

一、小訊號分析之解題技巧

    1. 先作直流分析，求出 I_{BQ}，I_{CQ}，I_{EQ}

      (1)遇到電容斷路。

      (2)遇到電感短路。

      (3)遇到小訊號電壓源短路。

    2. 求出小訊號模型上之參數（r_π，g_m，等）

    3. 繪出等效小訊號模型

      (1)遇到電容短路

      (2)遇到電感斷路

      (3)遇到直流電壓源就地短路接地。

      (4)遇到直流電源就地斷路。

    4. 分析小訊號模型電路，求出 A_v，A_I，R_i，R_o

二、注意事項：

    1. 求電壓增益，要注意題目之意：

$(1) A_v = \dfrac{V_o}{V_i}$（即不含訊號源電阻 R_s）

$(2) A_{vs} = \dfrac{V_o}{V_s}$（即需含訊號源電阻 R_s）

2. 求電流增益，要注意題目之意

$(1) A_I = \dfrac{I_o}{I_i}$（即不含偏壓電阻 R_B）

$(2) A_I = \dfrac{I_o}{I_s}$（即需含偏壓電阻 R_B）

3. 求輸入電阻 R_i，需注意題目之意：
   注意 R_i 看入之處，是否有含偏壓電阻 R_B 或訊號源電阻 R_s。
4. 求輸出電阻 R_o，需注意題目之意：
   注意 R_o 看入之處，是否有含負載電阻 R_L，或是否需要考慮 BJT 內部的輸出電阻 r_o。
5. 繪小訊號等效電路時，需注意是否需含 r_o。
   (1)若題目註明，歐力電壓（early voltage）V_A，或 r_o，則需包含 r_o。
   (2)若題目未註明 V_A 或 r_o，或 $V_A = \infty$，$r_o = \infty$，則不需要包含 r_o。

三、共射極放大器之特點：

1. 輸入阻抗中等（r_π 約數 $k\Omega$）。
2. 輸出阻抗很高。
3. 電流電壓增益均很高。
4. 輸出反相。
5. 高頻響應欠佳（因 C_μ 受米勒效應而放大在輸入端形成一低通濾波器）

考型 49 不含 R_E 的 CE Amp

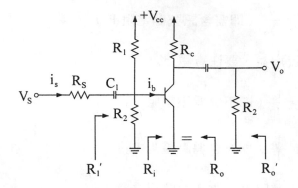

一、繪出小訊號模型等效電路

1. 一階 h 模型

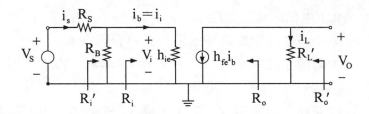

2. 一階 π 模型

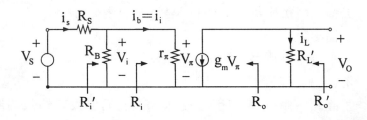

3. 一階 T 模型

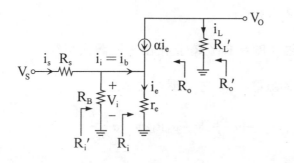

二、電路分析結果

1. 不含偏壓電阻 R_B 的電流增益 A_I

(1) $A_I = \dfrac{i_L}{i_i} = -h_{fe} = -\beta = -g_m r_\pi$

(2) **觀察法**：$A_I = -h_{fe} = -\beta = -g_m r_\pi$

註：共射極之放大器的輸出為反相，所以 A_v 及 A_I 均為負號。

2. 含偏壓電阻 R_B 的電流增益 A_{IS}

(1) $A_{IS} = \dfrac{i_L}{i_s} = \dfrac{i_L}{i_i} \cdot \dfrac{i_i}{i_s} = A_I \cdot \dfrac{R_B}{R_B + R_i}$

(2) **觀察法**：$A_{IS} = A_I \cdot$（由訊號源看入之分流法）

3. 不含偏壓電阻 R_B 的輸入電阻 R_i

(1) $R_i = h_{ie} = r_\pi$

(2) **觀察法**：$R_i =$（由基極端看入之等效電阻）

4.含偏壓電阻 R_B 的輸入電阻 $R_i{}'$

(1)$R_i{}' = R_B \mathbin{/\mkern-5mu/} R_i$

(2)**觀察法**：$R_i{}' = R_B \mathbin{/\mkern-5mu/} R_i$ 直接由電路觀察可得

5.不含訊號源電阻 R_s 之電壓增益 A_v

(1)$A_v = \dfrac{V_o}{V_i} = -h_{fe}\dfrac{R_L{}'}{R_i} = -g_m R_L{}' = -\alpha\dfrac{R_L{}'}{r_e} \approx -\dfrac{R_L{}'}{r_e}$

(2)**觀察法**：

①h 模型：$A_v = (-h_{fe}) \cdot \dfrac{（集極所有電阻）}{（基極內部電阻）}$

②π 模型：$A_v = (-g_m) \cdot （集極所有電阻）$

③T 模型：$A_v = (-\alpha) \cdot \dfrac{（集極所有電阻）}{（射極內外所有電阻）}$

6.含訊號源電阻 R_s 的電壓增益 A_{vs}

(1)$A_{vs} = A_v \cdot \dfrac{R_i{}'}{R_i{}' + R_s}$

(2)**觀察法**：$A_{vs} = A_v \cdot （由訊號源看入之分壓法）$

7.不含負載電阻 $R_L{}'$ 的輸出電阻 R_o

(1)$R_o = \infty$

(2)**觀察法**：由輸出端看入，看不到電阻 $\therefore R_o = \infty$

8. 含負載電阻 R_L' 的輸出電阻 R_o'

   (1) $R_o' = R_o // R_L' = R_L'$

   (2) **觀察法**：直接由電路觀察可知

9. 本題若含 BJT 的輸出電阻 r_o，則其等效電路如下，此時
   $R_L' = r_o // R_C // R_L$，分析法與上同

   (1) 一階 h 模型含 r_o

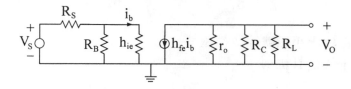

   (2) 一階 π 模型含 r_o

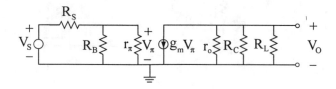

   (3) 一階 T 模型含 r_o

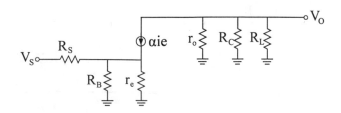

考型 50 含 R_E 的 CE Amp

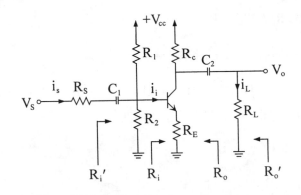

一、繪出小訊號等效模型

1. 一階 H 模型

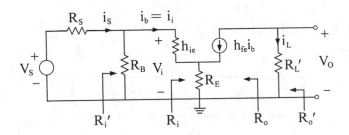

2. 一階 π 模型

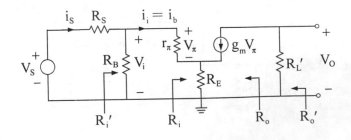

3. 一階 T 模型

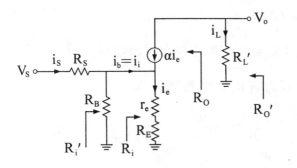

二、電路分析結果

1. 不含偏壓電阻 R_B 的電流增益 A_I

(1) $A_I = \dfrac{i_L}{i_i} = - h_{fe} = - \beta = - g_m r_\pi$

(2) 觀察法：$A_I = - h_{fe} = - \beta = - g_m r_\pi$

註：共射極之放大器的輸出為反相，所以 A_v 及 A_I 均為負號

2. 含偏壓電阻 R_B 的電流增益 A_{IS}

(1) $A_{IS} = \dfrac{i_L}{i_s} = \dfrac{i_L}{i_i} \cdot \dfrac{i_i}{i_s} = A_I \cdot \dfrac{R_B}{R_B + R_i}$

(2) 觀察法：$A_{IS} = A_I \cdot$（由輸入端看流入之分流法）

3. 不含偏壓電阻 R_B 的輸入電阻 R_i

(1) $R_i = h_{ie} + (1 + \beta)R_E = r_\pi + (1 + \beta)R_E = (1 + \beta)(r_e + R_E)$

(2) 觀察法：

$R_i \begin{cases} = （由基極端看入等效電阻）+（投射，射極外部電阻）\\ = （投射，射極內外部所有電阻） \end{cases}$

4. 含偏壓電阻 R_B 的輸入電阻 R_i'

(1) $R_i' = R_B /\!/ R_i$

(2) **觀察法**：$R_i' = R_B /\!/ R_i$ 直接由電路觀察可得

5. 不含訊號源電阻 R_s 之電壓增益 A_v

(1) $A_v = \dfrac{V_o}{V_i} = \dfrac{i_L R_L'}{i_b R_i} = A_I \dfrac{R_L'}{R_i} = -\alpha \dfrac{R_L'}{r_e + R_E} \approx \dfrac{R_L'}{r_e + R_E}$

(2) **觀察法**：$A_V = A_I \cdot \dfrac{(\text{集極所有電阻})}{(\text{不含 } R_B \text{ 之輸入電阻 } R_i)}$

$\qquad\qquad\quad = -\alpha \cdot \dfrac{(\text{集極所有電阻})}{(\text{射極內外所有電阻})}$ ← T 模型獨用

6. 含訊號源電阻 R_s 的電壓增益 A_{vs}

(1) $A_{vs} = A_v \cdot \dfrac{R_i'}{R_i' + R_s}$

(2) **觀察法**：$A_{vs} = A_v \cdot$（由訊號源看入之分壓法）

7. 不含負載電阻 R_L' 的輸出電阻 R_o

(1) $R_o = \infty$

(2) **觀察法**：由輸出端看入，看不到電阻，$R_o = \infty$

8. 含負載電阻 R_L' 的輸出電阻 R_o'

(1) $R_o' = R_o /\!/ R_L' = R_L'$

(2) **觀察法**：直接由電路觀察法可知

9. 本題若含BJT的輸出電阻 r_o ，則其等效電路如下，（設 $r_o \neq 0$ ）

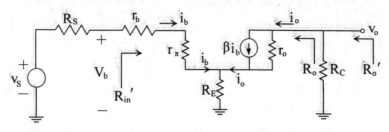

(1) ∵ $i_o R_c + (i_o - \beta i_b)r_o + (i_b + i_o)R_E = 0$

$\Rightarrow i_o(R_c + R_E + r_o) = i_b(\beta r_o - R_E) \Rightarrow i_o = \dfrac{i_b(\beta r_o - R_E)}{R_c + R_E + r_o}$

$\therefore A_I = -\dfrac{i_o}{i_b} = \dfrac{\beta r_o - R_E}{R_c + R_E + r_o}$

(2) $V_b = i_b(r_b + r_\pi) + (i_b + r_o)R_E$

$= i_b(r_b + r_\pi + R_E) + i_b\dfrac{R_E(\beta r_o - R_E)}{R_c + R_E + r_o}$

$\therefore R_{in}' = \dfrac{V_b}{i_b} = r_b + r_\pi + R_E + \dfrac{R_E(\beta r_o - R_E)}{R_c + R_E + r_o}$

$R_{in} = \dfrac{V_s}{i_b} = R_S + R_{in}' = R_S + r_b + r_\pi + R_E + \dfrac{R_E(\beta r_o - R_E)}{R_c + R_E + r_o}$

(3) $A_V = \dfrac{V_o}{V_b} = \dfrac{-i_o R_c}{i_b R_{in}'} = A_I \dfrac{R_c}{R_{in}'}$

$A_{VS} = \dfrac{V_o}{V_s} = \dfrac{V_o}{V_b} \cdot \dfrac{V_b}{V_s} = A_V \cdot \dfrac{R_{in}'}{R_s + R_{in}'} = \dfrac{A_I R_C}{R_s + R_{in}'}$

(4) $R_o = \dfrac{V_o}{i_o}\Bigg|_{V_s = 0}$

等效圖如下

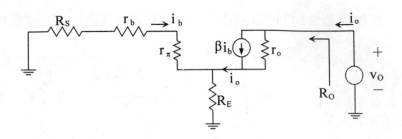

$$\because V_o = (i_o - \beta i_b)r_o + [(R_s + r_b + r_\pi) // R_E]\,i_o \quad \text{——①}$$

$$而 - i_b = i_o \frac{R_E}{R_s + r_b + r_\pi + R_E} \quad \text{——②}$$

由②代入①，得

$$R_o = \frac{V_o}{i_o} = r_o(1 + \frac{\beta R_E}{R_s + r_b + r_\pi + R_E}) + [R_E // (R_s + r_b + r_\pi)]$$

(5) $R_o{}' = R_o // R_c$

綜論：

1. 含 R_E（但不含 r_o）之共射極放大器與不含 R_E 之共射極放大器之分析結果，只有 R_i 值不一樣，其餘全部一樣：

考型 A：不含 R_E 時，$R_i = h_{ie} = r_\pi = (1 + \beta)r_e$

考型 B：含 R_E 時，$R_i = h_{ie} + (1 + \beta)R_E = r_\pi + (1 + \beta)R_E$

$$= (1 + \beta)(r_e + R_E)$$

其實觀察法都是一樣，即均將射極內外電阻投射至基極，即可。

2. 若含 R_E 且含 r_o 時，則其等效圖如下：

(1)一階 h 模型含 R_E，r_o

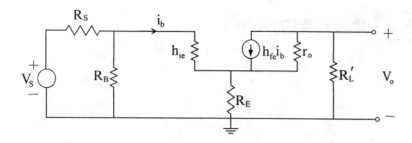

(2)一階 π 模型含 R_E，r_o

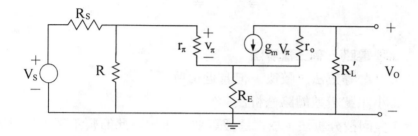

(3)一階 T 模型含 R_E，r_o

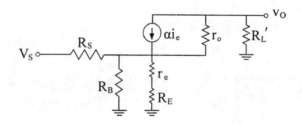

3. 若含 R_E，則會使輸入電阻及輸出電阻增加，並形成電流串聯負回授，因而增加頻寬，卻降低電壓增益。

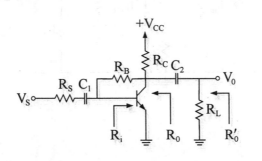

考型 51 集極回授的 CE Amp

求：

① R_i

② $A_v = \dfrac{V_o}{V_s}$

③ $A_I = \dfrac{I_L}{I_S}$

④ R_o

⑤ R_o'

此種電路，有三種解法

1. 米勒等效法（較快，但為近似解）

2. 小訊號模型網路分析法

3. 負回授分析法（依負迴授等效法求出，此節暫不用）以下將

　介紹第一種方法

一、米勒等效法

　1. 繪出小訊號等效模型

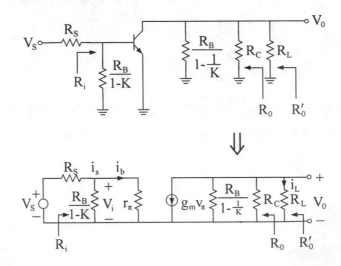

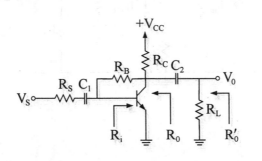

二、電路分析

  1. 電壓增益 A_v

    (1)$A_v = \dfrac{V_o}{V_i} = -\,g_m R_L' = K$

    (2)**觀察法**：$A_v = (-\,g_m)$（集極所有電阻）$= K$

  2. 電壓增益 A_{vs}

    (1)$A_{vs} = \dfrac{V_o}{V_s} = \dfrac{V_o}{V_i} \cdot \dfrac{V_i}{V_s} = A_v \cdot \dfrac{R_i}{R_i + R_s}$

    (2)**觀察法**：$A_{vs} = A_v \cdot$（由訊號源看入之分壓法）

  3. 輸入電阻 R_i

    (1)$R_i = \dfrac{R_B}{1 - K} /\!/ \, r_\pi$

    (2)**觀察法**：$R_i =$ 可直接由米勒等效電路觀察出

  4. 電流增益 A_{IS}

    (1)$A_{IS} = \dfrac{i_L}{i_s} = A_v \dfrac{(R_s + R_i)}{R_L}$

    (2)**觀察法**　$A_{IS} = A_v \cdot \dfrac{（由訊號源看入之電阻）}{負載電阻\,R_L}$

  5. 不含 R_L 的輸出電阻

    (1)①若 R_B 極大，則設 $\dfrac{R_B}{1 - \dfrac{1}{K}} \gg R_C /\!/ R_L$

        $\therefore R_L' = R_C /\!/ R_L$

        故　$R_o = R_C$

②若 R_B 不是極大值，則設 $|K| \gg 1$，$\Rightarrow \dfrac{R_B}{1 - \dfrac{1}{K}} \approx R_B$

$\therefore R_L' = R_B /\!/ R_C /\!/ R_L$

故　$R_o = R_B /\!/ R_C$

③若求含 r_o 時之精確解

$$R_o = R_C /\!/ (R_B + R_S /\!/ r_\pi) /\!/ r_o /\!/ \dfrac{R_B + (R_S /\!/ r_\pi)}{g_m \cdot (R_S /\!/ r_\pi)}$$

(2)**觀察法**：配合米勒效應的K值判斷，直接由電路觀察可得

6. 含負載電阻 R_L 的輸出電阻 R_o'

(1)$R_o' = R_o /\!/ R_L$

(2)觀察法：可直接由電路觀察可知。

綜論：

1. 此類題型可先算出米勒效應　$K = \dfrac{V_o}{V_i} = A_v$　值

2. 再用觀察法直接求出輸入電阻 $R_i = \dfrac{R_B}{1 - K} /\!/ r_\pi$

3. 用(1)步驟判斷 K 之效應，即可用觀察法求出 R_o

4. $A_v = K$

5. $A_{vs} = K \cdot$（由訊號源看入之分壓法）

6. $A_I = K \cdot \dfrac{（由訊號源看入之電阻）}{負載電阻\ R_L}$

9. A single stage BJT amplifier is shown below. The β_F of transistor Q is 100 and the capacitance of the blocking capacitor C is ∞.

(1) Find I_c and V_{CE}

(2) Draw the small singal equivalent circuit of this amplifier.

(3) Find transconductance g_m and r_π and A_V (small signal voltage gain).

　　Assume $r_b = 0$ and $r_o = \infty$

簡譯

若 $\beta = 100$, $r_b = 0$, $r_o = \infty$

(1)求 I_C, V_{CE}。(2)繪出放大器的小訊號模型。(3)求 g_m, r_π, A_V 值。

（❖題型：含 R_E 的 CE Amp）

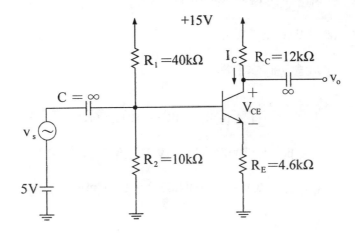

【台大電機所】

解☞：

(1)一、直流分析

　①取戴維寧等效

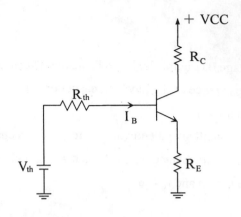

$$V_{th} = \frac{R_2 V_{cc}}{R_1 + R_2} = \frac{(10K)(15)}{40K + 10K} = 3V$$

$$R_{th} = R_1 // R_2 = 40K // 10K = 8K\Omega$$

②設 BJT 在主動區

③取含 V_{BE} 的電路

$$I_B = \frac{V_{th} - V_{BE}}{R_{th} + (1 + \beta_F)R_E} = \frac{3 - 0.7}{8K + (101)(4.6K)} = 4.87\mu A$$

$$I_C = \beta_F I_B = (100)(4.87\mu) = 0.487\mu A$$

$$I_E = (1 + \beta_F)I_B = (101)(4.87\mu) = 0.492mA$$

$$V_{CE} = V_{CC} - I_C R_C - I_E R_E$$

$$= 15 - (0.487m)(12K) - (0.492m)(4.6K) = 6.87V$$

④ $\because V_{CE} > V_{CE(sat)}$ $\therefore$ BJT 確在主動區

(2)小訊號等效圖

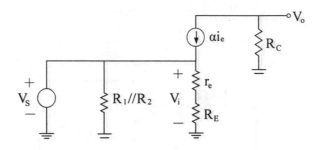

(3)電路分析

$$g_m = \frac{I_C}{V_T} = \frac{0.487mA}{25mV} = 19.5m\mho$$

$$r_\pi = \frac{V_T}{I_B} = \frac{25mV}{4.87\mu A} = 5.13K\Omega$$

$$r_e = \frac{r_\pi}{1 + \beta_F} = \frac{5.13K}{101} = 50.83\Omega$$

$$A_V = \frac{V_o}{V_s} = \frac{V_o}{V_i} = \frac{-\alpha R_C}{r_e + R_E} = -\frac{(100)(12K)}{(101)(50.83 + 4.6K)} = -2.55$$

其中

$$\alpha = \frac{\beta_F}{1 + \beta_F} = \frac{100}{101}$$

---

10. For the circuit shown, $h_{fe} = 100$. Assume the base spreading resistance is negligible.

(1) Find the gain V_o/V_s

(2) Find the input resistance R_{in} and the output resistance R_{out}

簡譯

已知 $h_{fe} = 100$，試求(1)$\dfrac{V_o}{V_s}$　(2)R_{in} 及 R_{out}（❖題型：恆流源偏壓的 CE Amp）

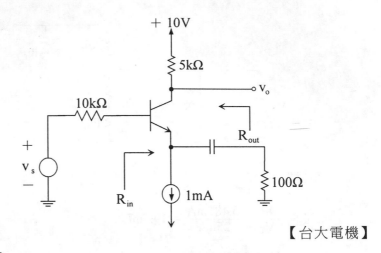

【台大電機】

解☞:

一、直流分析⇒求參數

$$\because I_E = 1mA \Rightarrow I_B = \frac{I_E}{1 + h_{fe}} = \frac{1mA}{101} = 9.9\mu A$$

$$\therefore h_{ie} = \frac{V_T}{I_B} = \frac{26mV}{9.9\mu A} = 2.63K\Omega$$

二、小訊號分析

1. 等效圖

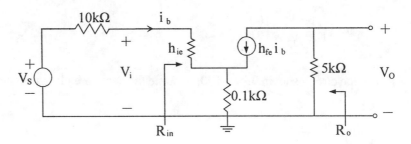

2. 電路分析

$$(1)\frac{V_o}{V_s} = \frac{V_o}{V_i} \cdot \frac{V_i}{V_s} = \frac{-h_{fe}R_c}{R_{in}} \cdot \frac{R_{in}}{R_{in} + R_s} = \frac{(-100)(5K)}{12.73K + 10K}$$

$$= -22$$

(2) $R_{in} = h_{ie} + (1 + h_{fe})(R_E) = 2.63K + (101)(0.1K) = 12.73K\Omega$

(3) $R_{out} = 5K\Omega$

---

11. 如下圖所示之電路，如果 R_1/R_2 維持不變，但是 R_1,R_2 其值減少，則：

(1)輸入電阻 R_i (A)增加 (B)減少 (C)不變。

(2)電壓增益$|A_v|$ (A)增加 (B)減少 (C)不變。（✣**題型：**CE Amp）

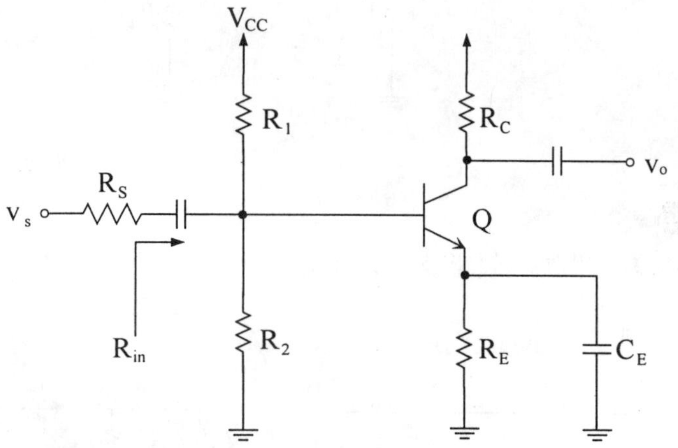

【清大電研所】

解☞： *1.* (B) *2.* (B)

(1) $R_{in} = R_1 // R_2 // r_\pi$

$\therefore R_1,R_2$ 值減少，則 R_{in} 亦減少

(2) $A_V = \left|\frac{V_o}{V_s}\right| = \left|\frac{V_o}{V_b} \cdot \frac{V_b}{V_s}\right| = \left|(-g_m R_c)\frac{R_{in}}{R_{in} + R_s}\right|$

$\therefore R_1,R_2$ 值減少，則A_v亦減少

---

12. 求(1)輸出電阻　(2)R_E 的作用。（❖題型：CE Amp）

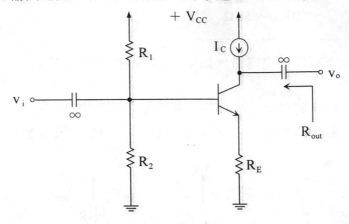

【清大電機所】

解☞：

繪小訊號等效電路，求R_{out}

$$R_{out} = \frac{V_o}{I_o}\bigg|_{V_i = 0}$$

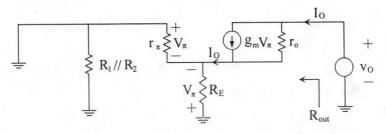

1. if $r_o \neq \infty$（使用 g_m 參數）

$\because V_o = (I_o - g_m V_\pi)r_o + I_o(r_\pi // R_E)$

$\qquad = I_o(r_o + r_\pi // R_E) - g_m V_\pi r_o$

$\qquad = I_o(r_o + r_\pi // R_E) + g_m r_o(r_\pi // R_E)I_o$

$\qquad = I_o \left[r_o + r_\pi // R_E + g_m r_o(r_\pi // R_E) \right]$

$\therefore R_{out} = \dfrac{V_o}{I_o} = r_o \left\{ 1 + g_m(r_\pi // R_E) \right\} + r_\pi // R_E$

2.若使用 β 參數，其分析結果，亦可由上式直接推導得之

$$R_{out} = r_o \left[1 + g_m(r_\pi // R_E) \right] + r_\pi // R_E$$

$$= r_o \left[1 + \frac{g_m r_\pi R_E}{r_\pi + R_E} \right] + r_\pi // R_E$$

$$= r_o \left[1 + \frac{\beta R_E}{r_\pi + R_E} \right] + r_\pi // R_E$$

3. if $r_o = \infty$, 則

$$R_{out} = \infty$$

---

13. Please calculate the input resistance of the following figures (a)and (b)assuming $\beta = 100$, $g_m = 0.001$ A/V for the bipolar transistor.

簡譯

已知 $\beta = 100$ ，$g_m = 0.001$A/V 求 R_{in} 。（✤題型：CE Amp）

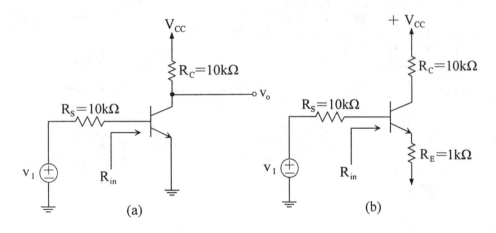

(a)   (b)

【清大電機所】

解☞：

(A) $R_{in} = r_\pi = \dfrac{\beta}{g_m} = \dfrac{100}{0.001} = 100K\Omega$

(B) $R_{in} = r_\pi + (1 + \beta)R_E = 100K + (101)1K = 201K\Omega$

---

14. The BJT amplifier circuit and the small signal model of the transistor are given below. Asume that V_s is small signal with low frequency and the reactance of C under the input frequency is sufficiently small compared with R_s.

(1) Derive the small signal voltage gain A_v. (i.e. $A_v = \dfrac{V_o}{V_s}$)

(2) If $R_B = 200K\Omega$, $R_s = 600\Omega$, $V_{cc} = 12V$ and at the edge of saturation, the transistor has $V_{CE} = 0.3V$, and $\beta_F = 150$, find the value of R_L for which the transistor begins into its saturated region. (✦題型：CE Amp)

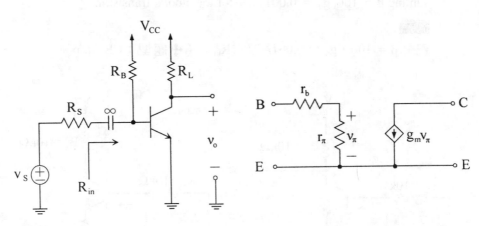

【清大動機所】

解☞：

(1) 1. 小訊號等效圖

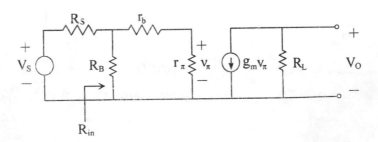

2. $R_{in} = R_B /\!/ (r_b + r_\pi)$

3. $A_v = \dfrac{V_o}{V_s} = \dfrac{V_o}{V_i} \cdot \dfrac{V_i'}{V_s} = (-g_m R_L) \cdot \dfrac{R_{in}}{R_{in} + R_s}$

(2)直流分析 ⇒ 求參數

1. 取含 V_{BE} 的回路

$$I_B = \dfrac{V_{cc} - V_{BE}}{R_B} = \dfrac{12 - 0.7}{200K} = 0.057\text{mA}$$

2. 在飽和區邊緣，則

$$\beta_F = \dfrac{I_C}{I_B} \Rightarrow I_C = \beta_F I_B = \dfrac{V_{CC} - V_{CE}}{R_L}$$

$$\therefore I_C = \beta_F I_B = (150)(0.057\text{mA}) = \dfrac{12 - 0.3}{R_L}$$

故 $R_L = 1.37\text{K}\Omega$

---

15. The BJT in the following circuit is biase is at a constant collector current. Please express the small-signal voltage gain in terms of the Early voltage V_A. Find the value of the gain for $V_A = 200\text{V}$ （✛題型：不含 R_E 的 CE Amp）

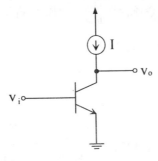

【清大電機所、中山電機所】

解☞：

觀念：有 V_A 存在，需考慮 r_o

$$\therefore A_v = \frac{V_o}{V_i} = -g_m r_o = -(\frac{I_C}{V_T})(\frac{V_A}{I_C}) = -\frac{V_A}{V_T} = -\frac{200V}{25mV} = -8000$$

16. Draw the approximate h — parameter model of the circuit shown in Figure
Assuming $h_{fe} = 50$ and $h_{ie} = 1.1K\Omega$, calculate
(1) $A_I = -I_2/I_b$; (2) $R_i = V_b/I_b$; (3) $R_i' = V_b/I_2$;
(4) $A_I' = -I_2/I_1$; (5) $A_V = V_0/V_b$; (6) $A_{vs} = V_0/V_s$;
(7) R_o ; (8) $R_o = R_o//R_L$

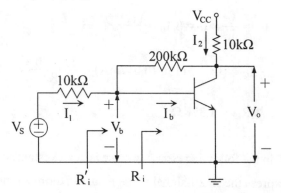

簡譯

試求(1) $A_I = \frac{i_2}{i_b}$　(2) $R_i = \frac{V_b}{i_b}$　(3) $R_i = V_b/i_1$

(4) $A_I = -\frac{i_2}{i_1}$　(5) $A_v = \frac{V_o}{V_b}$　(6) $A_{vs} = \frac{V_o}{V_s}$

(7) R_0　(8) R_0'（已知 $\beta = 50$，$h_{fe} = 50$，$h_{ie} = 1.1K\Omega$。）（✤題
型：集極回授的 CE Amp）

【交大電物所、中山電機所、成大電機所】

解☞：採用密勒效應

$$求不含 200K\Omega 的 K' = \frac{V_o}{V_i}$$

$$K' = \frac{V_o}{V_i} = \frac{-h_{fe}(10K)}{h_{ie}} = \frac{(-50)(10K)}{1.1K} = -454.5$$

$$\therefore \frac{200K}{1-K'} = \frac{200K}{455.5} = 439\Omega$$

$$\frac{200K}{1-\frac{1}{K'}} = \frac{200K}{1+\frac{1}{454.5}} = 199.6K\Omega$$

$$(1) A_I = -\frac{I_2}{I_b} = \frac{-(h_{fe}I_b)(199.6K)}{I_b(10K+199.6K)} = \frac{-(50)(199.6K)}{10K+199.6K} = -47.6$$

$$(2) R_i = h_{ie} = 1.1K\Omega$$

$$(3) R_i' = (439)\ /\!/\ 1.1K = 314\Omega$$

$$(4) A_I' = -\frac{I_2}{I_1} = -\frac{I_2}{I_b} \cdot \frac{I_b}{I_1} = A_I \cdot \frac{439}{439+h_{ie}}$$

$$= (-47.6)\left[\frac{439}{439+1.1K}\right] = -13.6$$

$$(5) A_v = \frac{V_o}{V_b} = \frac{-h_{fe}(199.6K\ /\!/\ 10K)}{h_{ie}} = \frac{-50(199.6K\ /\!/\ 10K)}{1.1K}$$

$$= -432.9$$

(6) $A_{vs} = \dfrac{V_o}{V_s} = \dfrac{V_o}{V_b} \cdot \dfrac{V_b}{V_s} = A_v \dfrac{R_i'}{10K + R_i'}$

$\qquad = (-432.9)(\dfrac{314}{10K + 314}) = -13.18$

(7) $R_o = 199.6K\Omega$

(8) $R_o' = R_o // R_L = 199.6K // 10K = 9.52K\Omega$

---

17. Using all four h-parameter, draw the equivalent circuit for the CE amplifier and find the current gain. (❖題型：不含 R_E 的 CE Amp)

【中山電機所】

解☞：

1. 考慮完整 h 參數及訊號源電阻

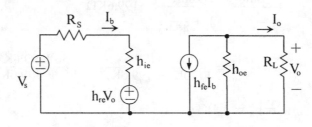

2. $A_I = \dfrac{I_o}{I_{in}} = \dfrac{I_o}{I_b} = \dfrac{-h_{fe}I_b - h_{oe}V_o}{I_b} = -h_{fe} - \dfrac{h_{oe}I_oR_L}{I_b}$

$\qquad = -h_{fe} - A_Ih_{oe}R_L$

$\therefore (1 + h_{oe}R_L)A_I = -h_{fe}$

故 $A_I = -\dfrac{h_{fe}}{1 + h_{oe}R_L}$

---

18. A single stage amplifier of common-emitter(CE) with emitter resisor R_E has $r_o \neq \infty$ and $r_b \neq 0$. Determine the expression of (1) A_I　(2) R_i　(3) A_v　(4) R_0　(5) R_0'

簡譯

一個單級 CE 組態放大器，含有 R_E 且 $r_0 \neq \infty$ and $r_b \neq 0$ 試推導

(1) A_I　(2) R_{in}　(3) R_{out}　(4) R_0　(5) R_0'（✤題型：含R_E之 CE Amp）

【中山電機所】

解☞：

小訊號等效圖

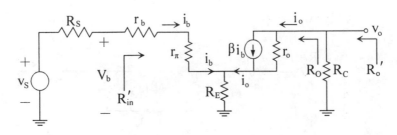

(1) ∵ $i_o R_c + (i_o - \beta i_b)r_o + (i_b + i_o)R_E = 0$

$\Rightarrow i_o(R_c + R_E + r_o) = i_b(\beta r_o - R_E) \Rightarrow i_o \dfrac{i_b(\beta r_o - R_E)}{(R_c + R_E + r_o)}$

$\therefore A_I = -\dfrac{i_o}{i_b} = \dfrac{\beta r_o \quad R_E}{R_C + R_E + r_o}$

(2) $V_b = i_b(r_b + r_\pi) + (i_b + i_o)R_E$

$= i_b(r_b + r_\pi + R_E) + i_b\dfrac{R_E(\beta r_o - R_E)}{R_c + R_E + r_o}$

$\therefore R_{in}' = \dfrac{V_b}{i_b} = r_b + r_\pi + R_E + \dfrac{R_E(\beta r_o - R_E)}{R_c + R_E + r_o}$

$R_{in} = \dfrac{v_s}{i_b} = R_S + R_{in}'$

$= R_S + r_b + r_\pi + R_E + \dfrac{R_E(\beta r_o - R_E)}{R_C + R_E + r_o}$

$$(3)\,A_v = \frac{V_o}{V_b} = \frac{-i_o R_c}{i_b R'_{in}} = A_I \frac{R_c}{R'_{in}}$$

$$A_{vs} = \frac{V_o}{V_s} = \frac{V_o}{V_b} \cdot \frac{V_b}{V_s} = A_v \cdot \frac{R'_{in}}{R_s + R'_{in}} = \frac{A_I R_c}{R_s + R'_{in}}$$

$$(4)\,R_o = \frac{V_o}{i_o}\bigg|_{V_s = 0}$$

等效圖如下

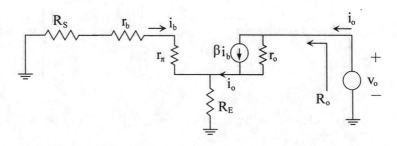

$$\because V_o = (i_o - \beta i_b) r_o + [(R_s + r_b + r_\pi) /\!/ R_E] i_o \quad\text{——①}$$

$$\text{而} - i_b = i_o \frac{R_E}{R_s + r_b + r_\pi + R_E} \quad\text{——②}$$

由②代入①，得

$$R_o = \frac{V_o}{i_o} = r_o \left(1 + \frac{\beta R_E}{R_s + r_b + r_\pi + R_E}\right) + [R_E /\!/ (R_s + r_b + r_\pi)]$$

$$(5)\,R'_o = R_o /\!/ R_c$$

---

19. For the circuit shown in Figure, the transistor has parameters $\beta_0 = 200$, $h_{ie}(r_i) = 800\Omega$ and $r_o = \infty$. (1) Determine I_{CQ}, V_{CEQ} and the DC power dissipated in this circuit. (2) Draw the low frequency small signal equivalent circuit(with $C_B = \infty$)   (3)   Evaluate the small signal voltage gain

$A_v = V_o/V_s$（✣題型：共射極放大器）

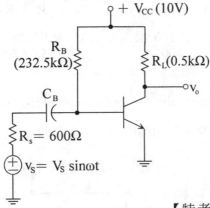

【特考、中山電機所】

解☞：

(1)直流分析

　　1. 取含 V_{BE} 的迴路

　　　$V_{cc} = I_B R_B + V_{BE}$

　　　$\therefore I_B = \dfrac{V_{cc} - V_{BE}}{R_B} = \dfrac{10 - 0.7}{232.5K} = 0.04\text{m}\Lambda$

　　　$I_{CQ} = \beta_o I_B = (200)(0.04\text{m}) = 8\text{mA}$

　　2. $V_{CEQ} = V_{cc} - I_{CQ}R_L = 10 - (0.5K)(8\text{m}) = 6V$

　　3. $P_D = V_{cc}(I_C + I_B) = 10(8\text{m} + 0.04\text{m}) = 80.4\text{mW}$

(2)

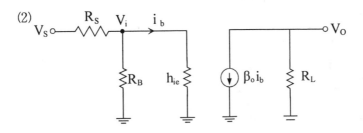

$$(3)\,A_v = \frac{V_o}{V_s} = \frac{V_o}{V_i} \cdot \frac{V_i}{V_s} = \frac{-\beta_o R_L}{h_{ie}} \cdot \frac{R_s \,//\, h_{ie}}{R_s + R_B \,//\, h_{ie}}$$

$$= \frac{(-200)(0.5K)}{800} \cdot \frac{(232.5K \,//\, 800)}{600 + 232.5K \,//\, 800} = -71.4$$

---

20. The AC voltage gain $\left|\dfrac{v_o}{v_i}\right|$ of the amplifer shown in Fig. is approximately equal to:　(A) 20.2　(B) 10　(C) 5.8　(D) other_____(Show your answer)

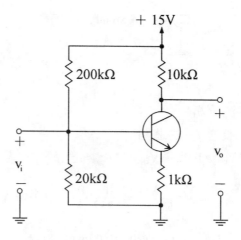

【交大控制所】

簡譯

下圖電壓增益 $\left|\dfrac{v_o}{v_i}\right|$ 可近似為　(A) 20.2　(B) 10　(C) 5.8　(D)其它值（❖題型：含 R_E 的 CE Amp）

解☞：(B)

　　1. 直流分析 ⇒ 求參數（設 $V_{BE} = 0.7V$，$\beta = 100$）

　　　①戴維寧等效電路

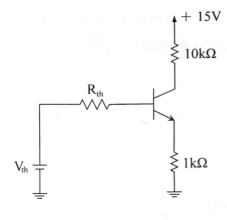

$$V_{th} = \frac{(20K)(15V)}{200K + 20K} = 1.36V$$

$$R_{th} = 200K // 20K = 18.18K\Omega$$

②取含 V_{BE} 的迴路

$$I_B = \frac{V_{th} - V_{BE}}{R_{th} + (1 + \beta)R_E} = \frac{1.36 - 0.7}{18.18K + (101)(1K)} = 5.54\mu A$$

$$\therefore r_\pi = \frac{V_T}{I_B} = \frac{25mV}{5.54\mu A} = 4.51K\Omega$$

③小訊號等效電路

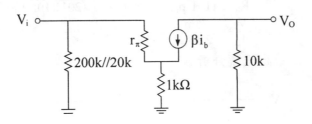

$$\therefore \frac{V_o}{V_i} = \frac{-\beta i_b(10K)}{i_b[r_\pi + (1 + \beta)(1K)]} = -\frac{(100)(10K)}{4.51K + (101)(1K)} = -9.5$$

故 $\left|\dfrac{V_o}{V_i}\right| \approx 10$

21. Assume $\beta_F = 200$. The input resistance of the circuit in above Fig is approximately equal to: (A) 20KΩ (B) 10KΩ (C) $\dfrac{20}{3}$ (D) other_____

(show your answer)   【交大控制所】

解☞： (D)

一、直流分析⇒求參數

　　1. 取戴維寧等效電路

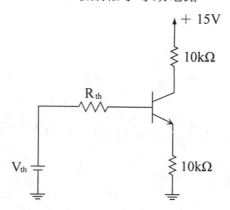

$$V_{th} = \frac{(10K)(15V)}{10K + 20K} = 5V$$

$$R_{th} = 10K \;//\; 20K = 6.67K\Omega$$

$$I_B = \frac{V_{th} - V_{BE}}{R_{th} + (1 + \beta_F)R_E} = \frac{5 - 0.7}{6.67k + (201)(10K)} = 2.13\mu A$$

$$r_\pi = \frac{V_T}{I_B} = \frac{25mV}{2.13\mu A} = 11.737K\Omega$$

二、小訊號分析

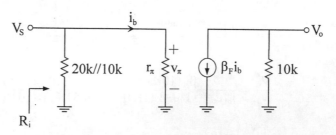

$$\therefore R_i = 20K//10K//r_\pi = 20K//10K//11.737K = 4.25K\Omega$$

22.(1)繪出直流等效模型。

　(2)繪出低頻小訊號等效模型。

　(3)估計輸出電壓訊號的最大擺幅。（✦題型：含R_E之CE Amp）

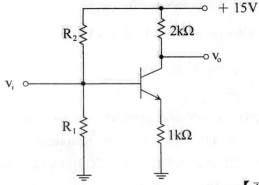

解☞：

(1)
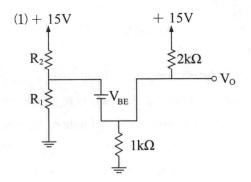

(2)
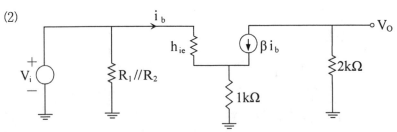

(3)最佳工作點

$$R_{AC} = 2K\Omega + 1K\Omega = 3K\Omega = R_{DC}$$

$$I_{CQ} = \frac{V_{cc}}{R_{AC} + R_{DC}} = \frac{15V}{6K} = 2.5mA$$

$$\therefore V_{CEQ} = I_{CQ}R_{AC} = (2.5mA)(3K) = 7.5V$$

即最大擺幅為 7.5V

---

23. The circuit shown is an amplifer. Assumer that the $h_{FE}(= I_C/I_B)$ of the transistor is 200, $V_{CE(sat)}$ is 0V and r_o of the transistor is 50KΩ. Assume $R_1 = 40K\Omega$, $R_2 = 10K\Omega$, $R_C = 3K\Omega$, $R_E = 1K\Omega$, and $V_T = 25mV$.

(1) Draw the DC equivalent circuit of the amplifier.

(2) Assume $V_{BEQ} = 0.7V$. Calculate V_{ENQ}, V_{CNQ}, and v_{C1} across capacitor C_1 as shown.

(3) What is the maximum possible swing range of V_{CE}, (i.e., $V_{CE(max)} = ?$ and $V_{CE(min)} = ?$)

(4) Note that the amplitude of the output voltage V_o is a function of R_L. Assumer that the samplifier operates in active region. Find the minimum value of R_L so that the maximum amplitude of V_o is obtained.

(5) Draw the AC equivalent circuit.

(6) Calculate the input resistance R_i and the voltage gain V_o/V'_s (❖題型：CE Amp)

簡譯

已知 $h_{FE} = \dfrac{I_C}{I_B} = 200$，$V_{CE(sat)} = 0V$，$r_o = 50K\Omega$，$V_T = 25mV$，$V_{BEQ} = 0.7V$

(1)繪直流等效電路。

(2)求 V_{ENQ}, V_{CNQ} 和 C_{C1}。

(3)求 V_{VCE} 的最大擺幅。

(4)若放大器工作於主動區,求 R_L 的最小值,此時 V_0 是最大值。

(5)繪出交流等效電路。

(6)求 R_{in} 和 $\dfrac{V_O}{V_S'}$

【交大控制所】

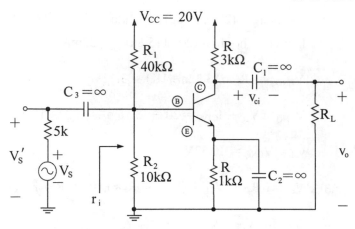

解☞ :

(1)

$$V_{th} = \frac{R_2 V_{cc}}{R_1 + R_2} = \frac{(10K)(20)}{10K + 40K} = 4V$$

$$R_{th} = R_1 // R_2 = 40K // 10K = 8K\Omega$$

(2)直流分析

①設 BJT 在主動區

②取含 V_{BE} 的迴路

$$I_B = \frac{V_{th} - V_{BE}}{R_{th} + (1 + h_{FE})R_E} = \frac{4 - 0.7}{8K + (201)(1K)} = 15.8\mu A$$

$$I_c = h_{FE}I_B = (200)(15.8\mu) = 3.16mA$$
$$I_E = (1 + h_{FE})I_B = (201)(15.8\mu) = 3.32mA$$

③ $V_{ENQ} = I_E R_E = (3.32m)(1K) = 3.32V$

$V_{CNQ} = V_{cc} - I_C R_C = 20 - (3.16mA)(3K) = 10.52V$

$v_{c1} = V_{CNQ} = 10.52V$

(3) $\because V_{cc} = I_C R_C + V_{CE} + (I_B + I_C)R_E \approx I_c(R_c + R_E) + V_{CE}$

令 $I_c = 0 \Rightarrow V_{CE} = V_{cc} = 20V$

令 $V_{CE} = 0 \Rightarrow I_c = \dfrac{V_{cc}}{R_C + R_E} = \dfrac{20}{3K + 1K} = 5mA \quad I_{CQ} = 3.16$

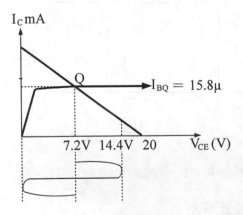

$V_{CEQ} = V_{CNQ} - V_{ENQ} = 10.52 - 3.32 = 7.2V$

$V_{CE(min)} = V_{CE(sat)} = 0V$

$V_{CE(max)} = V_{CEQ} - V_{CE(sat)} = 7.2V - 0 = 7.2v$（最大擺幅）

(4) 最佳工作點

$$\begin{cases} R_{AC} = R_c // R_L \\ R_{DC} = R_c \end{cases} \Rightarrow \begin{cases} I_{CQ} = \dfrac{V_{CC}}{R_c + R_C // R_L} \\ V_{CEQ} = I_{CQ}R_{AC} = I_{CQ}(R_C // R_L) \end{cases}$$

$$\therefore \frac{V_{CEQ}}{I_{CQ}} = \frac{7.2}{3.16} = 2278.5 = \frac{(3K)R_L}{3K + R_L}$$

$$\therefore R_L = \frac{(2278.5)(3K)}{3K - 2278.5} = 9.47K\Omega$$

(5)

$$r = \frac{V_T}{I_B} = \frac{25mV}{15.8\mu A} = 1.58K\Omega$$

(6) ① $R_{in} = R_1 // R_2 // r_\pi = 40K // 10K // 1.58K = 1.32K\Omega$

② $\dfrac{V_o}{V_s'} = \dfrac{-h_{fe}(r_o // R_c // R_L)}{r_\pi} = \dfrac{(-200)(50K // 3K // 9.47K)}{1.58K} = -276$

---

24. Consider Fig. Let S_{DC} and $S_{AC}(m\Omega^{-1})$ be the slopes of DC and AC load lines in the $V_{CE}-I_c$ plot. Which one is true?

(1) $S_{DC} = S_{AC}$ (2) $S_{DC} = 2S_{AC}$ (3) $2S_{DC} = S_{AC}$

(4) other_____(Show your answer)

已知圖中直流負載線與交流負載線在 $V_{CE}-I_C$ 座標上的斜率分別為 S_{DC} 與 $S_{AC}(m\Omega^{-1})$，試問二者的大小關係。（✦題型：交直流負載線）

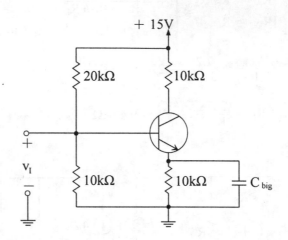

【交大控制所】

解☞： (3)

用觀察法

1. $R_{AC} = R_C = 10K\Omega$

$\therefore S_{AC} = -\dfrac{1}{R_{AC}} = -\dfrac{1}{10}(m\Omega^{-1})$

2. $R_{DC} = R_C + R_E = 10K + 10K = 20K\Omega$

$\therefore S_{DC} = -\dfrac{1}{R_{DC}} = -\dfrac{1}{20K} = -\dfrac{1}{20}(m\Omega^{-1})$

3. $\therefore S_{AC} = 2S_{DC}$

---

25. If a resistor R_E is connected in series with the emitter of a C-E amplifier as Which of the following statements is true?

(A) The bandwidth is reduced and the voltage gain is increased.

(B) The bandwidth is reduced and the voltage gain is reduced.

(C) The bandwidth is the same but the output resistance R_o is increased.

(D) R_o, the input resistance R_i, and the bandwidth all are increased.

(E) None of the above.

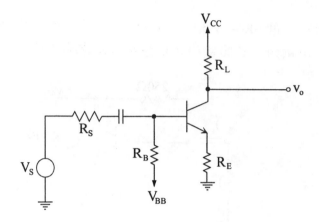

簡譯

因為加上R_E，使得：

(A)頻寬降低，且電壓增益增加

(B)頻寬降低，且電壓增益降低

(C)頻寬不變，但輸出電阻增加

(D)輸出電阻，輸入電阻，以及頻寬均增加

(E)以上皆非（❖題型：CE Amp）

解☞： (D)

　1. 若有 C_E，則 $R_i = (1 + \beta)r_e$

　　若無 C_E，則 $R_i = (1 + \beta)(r_e + R_E) \Rightarrow R_i \uparrow$

　2. 若有 C_E，則 $R_o = r_o$

　　若無 C_E，則 $R_o = r_o + [1 + \dfrac{g_m r_o r_\pi}{r_\pi + R_s /\!/ R_B}][R_E /\!/ (r_\pi + R_s /\!/ R_B)] \Rightarrow R_o \uparrow$

3. 若無C_E，形成負迴授⇒BW↑

26.(1)下圖中，不考慮偏壓電路，假如 Q1 的 $g_m = \infty$，$r_\pi = \infty$，$r_o = \infty$，則 $A_V = V_o/V_i$　(A)－ 4　(B)－ 5　(C)－ 6　(D)－ 7　(E)－ 8

(2)同上題，$R_I = V_i/I_I =$　(A) 40 歐姆　(B) 50 歐姆　(C) 60 歐姆　70 歐姆　(E) 80 歐姆（✤題型：集極回授 CE Amp）

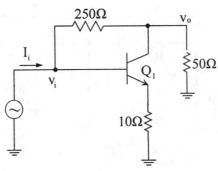

【交大電子所】

解☞：(1) (A) ，(2) (B)

---

27. For the common-emitter amplifier with an unbypassed emitter series resistor R_E, the input resistance is given by

(A)$h_{ie} + R_E$　(B)$(1 + h_{fe})h_{ie} + R_E$　(C)$h_{ie} + (1 + h_{fe})R_E$

(D)$(1 + h_{fe})(h_{ie} + R_E)$　(E)$h_{ie} + \dfrac{R_E}{1 + h_{fe}}$（✤題型：含 R_E 的 CE Amp）

【交大電子所】

解☞：(C)

28.(1)試以交、直流觀念說明圖 (A)電路之各個元件功能

(2)如果$V_{CC} = 20V$，$R_1 = 90K\Omega$，$R_2 = 10K\Omega$，$R_3 = 4K\Omega$，$R_4 = 1K\Omega$，$C_1 = 1\mu F$，$C_2 = 10\mu F$，$C_3 = 100\mu F$，$h_{FE} = h_{fe} = 100$，$h_{ie} = 4K\Omega$，

求圖(a)電路在圖(b)時的I_C，V_{CE}及中頻增益（h_{re}，h_{oe}可忽略）
(3)試問偏壓是否妥當。（✛題型：CE Amp）

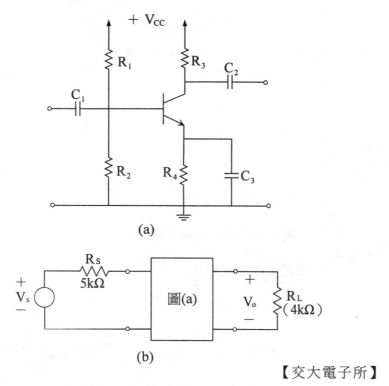

(a)

(b)

解☞：

(1)①R_1，R_2，R_4之組合，成為自偏偏壓電路，而決定工作點。

②R_4且具有溫度補償效應，但會降低電壓增益

③C_3具有補償因 R_4 所引起電壓增益降低的效應

④C_1，C_2為耦合電容，具有隔離雜訊的功能。

⑤R_3可決定 I_C 值大小。在直流分析時，亦具決定工作點
的功能。在交流分析時，R_C 值愈大，A_V 亦大。

(2)一、直流分析

1. 取戴維寧等效電路

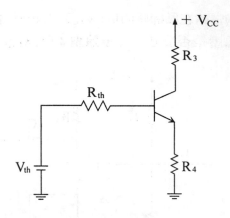

$$V_{th} = \frac{R_2}{R_1 + R_2}V_{CC} = \frac{(10K)(20V)}{90K + 10K} = 2V$$

$$R_{th} = R_1 /\!/ R_2 = 90K /\!/ 10K = 9K\Omega$$

2. 設 BJT 在主動區

3. 取含 V_{BE} 回路 ⇒ 求 I_B

$$I_B = \frac{V_{th} - V_{BE}}{R_{th} + (1 + h_{FE})R_4} = \frac{2 - 0.7}{9K + (101)(1K)} = 11.8\mu A$$

$$I_C = h_{FE}I_B = (100)(11.8\mu A) = 1.18mA$$

$$V_{CE} = V_{CC} - I_C R_3 - (1 + h_{FE})R_4$$

$$= 20 - (1.18m)(4K) - (101)(1K)$$

$$= 14.09V > 0$$

∴BJT 確在主動區

4. 小訊號分析

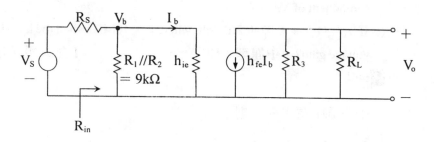

$R_{in} = R_1 /\!/ R_2 /\!/ h_{ie} = 9K /\!/ 4K = 2.77K\Omega$

$$\therefore A_V = \frac{V_o}{V_s} = \frac{V_o}{V_b} \cdot \frac{V_b}{V_s} = \frac{-h_{fe}(R_3 /\!/ R_L)}{h_{ie}} \cdot \frac{R_{in}}{R_{in} + R_s}$$

$$= \frac{-(100)(4K /\!/ 4K)(2.77K)}{(4K)(2.77K + 5K)} = -17.82$$

(3)因此種偏壓，BJT 確在主動區，故偏壓適當。

---

29. For the circuit shown in Fig. Where we have assumed that $\beta \approx h_{FE} \approx h_{fe} = 50$. In the following four conditions, please draw(and describe) the simplified circuit model of NPN transistor, respectively. (you need not calculate the result).

(1) If $V_I = 5V$, then $I_C = ?$

(2) If $V_I = (1.5 + 0.5\sin t)$Volt, then $V_O = ?$(t is in unit of second)

(3) If $V_I = (1.5 + 0.01\sin 2ft)$Volt, where $f = 1kHz$, then the time varying

component of $V_O = ?$

(4) If $V_I = (1.5 + 0.02\sin2ft)$Volt, where $f = 10$MHz, then the increment voltage gain? (✥題型：CE Amp） 　　　　　　【交大電子所】

解☞：

(1)設 BJT 在主動，則

$$I_B = \frac{V_i - V_{BE}}{R_B} = \frac{5 - 0.7}{10K} = 4.3mA$$

$$I_C = \beta I_B = (50)(4.3m) = 215mA$$

$$\therefore V_{CE} = V_{CC} - I_C R_L = 10 - (215m)(1K) = -11.5 < 0$$

故假設錯誤，BJT 應在飽和區內

$$\therefore I_C = \frac{V_{CC} - V_{CE(sat)}}{R_L} = \frac{10 - 0.2}{1K} = 9.8mA$$

(2)設 BJT 在主動區，則

1. 直流分析

$$I_B = \frac{V_i - V_{BE}}{R_B} = \frac{1.5 - 0.7}{10K} = 0.08mA$$

$$I_C = \beta I_B = (50)(0.08m) = 4mA$$

$$\therefore V_{CE} = V_o = V_{CC} - I_C R_L = 10 - (10mA)(1K) = 6V > 0$$

$$\therefore 假設成立$$

2. 小訊號分析

$$r_\pi = \frac{V_T}{I_B} = \frac{25mV}{0.08mA} = 312.5\Omega$$

$$A_V = \frac{V_o}{V_i} = \frac{-\beta R_L}{R_i} = \frac{-(50)(1K)}{10K + 312.5} = -4.85$$

$$\therefore V_o = A_v V_i = (-4.85)(0.5\sin t) = -2.425\sin t (V)$$

3.完全響應

$$v_O = V_o + v_o = 6 - 2.425\sin t$$

(3)當 $V_I = 1.5V$ 時，由(2)知 $V_{CE} = V_o = 6V$

故 $V_o = A_v V_i = (-4.85)(0.01\sin 2\pi ft) = -0.0485\sin 2\pi ft$

$$= -0.0485\sin 6283t (V)$$

$$\therefore v_O = V_o + v_o = 6 - 0.0485\sin 6283t$$

(4)當 $V_I = 1.5V$ 時，由(2)知，$V_{CE} = V_o = 6V$

故 $v_O = A_i V_i = (-4.85)(0.02\sin 2ft) = -0.097\sin 2\pi ft$

$$\therefore v_O = V_o + v_o = 6 - 0.097\sin 2\pi ft$$

（ $\because f = 10MHz$，屬高頻應考慮 C_μ, C_π ）

---

30. In the shown BJT circuit, the transistor Q has $\beta_F = 100, V_{CE,sat} = 0.2V$, and $kT/q = 25mV$. The small signal voltage gains $\frac{V_o}{V_i} = A_{v1}(A_{v2})$ and the DC voltages $V_{A1}(V_{A2})$ when $R_C = 1k\Omega(10k\Omega)$ are

(A) $A_{v1} = -100$, $V_{A1} = 5V$, $A_{v2} = -1000$, $V_{A2} = 5V$

(B) $A_{v1} = -100$, $V_{A1} = 7.4V$, $A_{v2} = -1000$, $V_{A2} = 0.2V$

(C) $A_{v1} = -100$, $V_{A1} = 7.4V$, $A_{v2} = 0$, $V_{A2} = 0.2V$

(D) $A_{v1} = -100$, $V_{A1} = 7.4V$, $A_{v2} = -1$, $V_{A2} = 0.2V$

(E) $A_{v1} = -100$, $V_{A1} = 7.4V$, $A_{v2} = -\infty$, $V_{A2} = 0.2V$

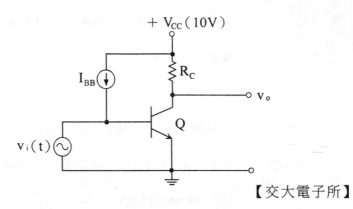

【交大電子所】

簡譯

如圖 $\beta = 100$, $V_{CE(sat)} = 0.2V$, $\dfrac{KT}{q} = 25mV$，求 $R_C = 1K\Omega (10K\Omega)$ 時

的小訊號電壓增益 $\dfrac{V_o}{V_i} = A_{v1}(A_{v2})$ 和直流輸出電壓 $V_{A1}(V_{A2})$（❖

題型：CE Amp（恆流源偏壓法））

解☞：(C)：（技巧：依答選答）

 (1) *1.* 當 $R_C = 1K\Omega$ 時 $\Rightarrow V_{A1} = 7.4V$

$$I_C = \frac{V_{CC} - V_{A1}}{R_C} = \frac{10 - 7.4}{1K} = 2.6mA$$

$$\therefore I_B = \frac{I_C}{\beta_F} = \frac{2.6mA}{100} = 26\mu A$$

  2. $r_\pi = \dfrac{V_T}{I_B} = \dfrac{25mV}{26\mu A} \cong 1K\Omega$

  3. $A_{v1} = \dfrac{V_o}{V_s} = \dfrac{-\beta_F R_C}{r_\pi} \cong -100$

 (2) *1.* 當 $R_C = 10K\Omega \Rightarrow V_{A2} = 0.2V$

  此時在飽和區

  $\therefore$ BJT 不具放大器作用 $\Rightarrow A_{v2} = 0$

31. A bipolar transistor circuit is shown in Fig. (a) The commom-emitter output characteristics of the transistor is shown in Fig. (b) If the amplitude of the signal source V_s is 26.5mV and the small-signal input resistance R_i is 725 ohm. Please estimate:

(1) The value of I_{BQ}, I_{CQ}, and V_{CEQ} of the operation point.

(2) The signal current and voltage gain A_I and A_V.

(3) The total power supplied by the DC bias and signal source. (✦題型 : CE Amp)

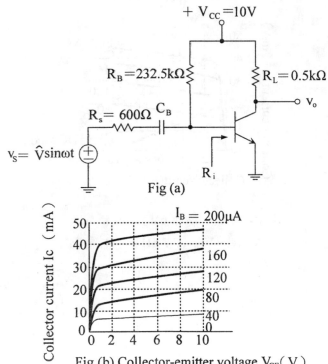

Fig (a)

Fig (b) Collector-emitter voltage V_{CE}(V)

【成大電機所】

解☞ :

(1)直流分析－圖解法

①取含 V_{BE} 的回路

$$I_{BQ} = \frac{V_{CC} - V_{BE}}{R_B} = \frac{10 - 0.7}{232.5K} = 40\mu A$$

②直流負載線

$$V_{CC} = I_C R_L + V_{CE} \Rightarrow 10 = (0.5K)I_C + V_{CE}$$

令 $I_C = 0 \Rightarrow V_{CE} = 10V$

令 $V_{CE} = 0 \Rightarrow I_C = \frac{10}{0.5K} = 20mA$

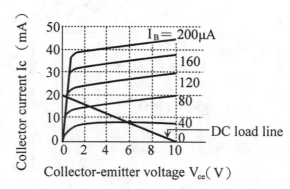

$\therefore I_{CQ} \approx 8mA$, $V_{CEQ} = 6V$

（$\because V_{CEQ} > V_{CE(sat)}$ $\therefore$ BJT 在主動區）

(2)小訊號分析

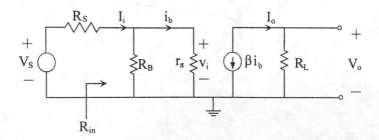

①求參數

$$\beta = \frac{I_{CQ}}{I_{BQ}} = \frac{8mA}{40\mu A} = 200$$

$$r_\pi = \frac{V_T}{I_{BQ}} = \frac{25mV}{40\mu A} = 0.625K\Omega$$

② $R_{in} = R_B /\!/ r_\pi = 232.5K /\!/ 0.625K = 0.623K\Omega$

$$A_V = \frac{V_o}{V_s} = \frac{V_o}{V_i} \cdot \frac{V_i}{V_s} = \frac{-\beta R_L}{r_\pi} \cdot \frac{R_{in}}{R_s + R_{in}}$$

$$= \frac{-(200)(0.5K)(0.623K)}{(0.625K)(0.6K + 0.623K)} = -81.6$$

$$A_I = \frac{I_o}{I_i} = \frac{I_o}{i_b} \cdot \frac{i_b}{I_i} = -\beta \cdot \frac{R_B}{R_B + r_\pi}$$

$$= -200 \cdot \frac{232.5K}{232.5K + 0.625K} = -199.5$$

(3) $P_{DQ} = V_{CC}(I_{CQ} + I_{BQ}) = 10(8m + 40\mu) = 80.4mW$

---

32. The transistor in the circuit shown in Figure has the following low frequency small-signal parameters: $g_m = 40ms, \beta_0 = 150, r_0 \to \infty$, and $r_b \approx 0$. Determine the small-signal equivalent resistance R_{eq}. (❖題型：集極 回授的 CE Amp)

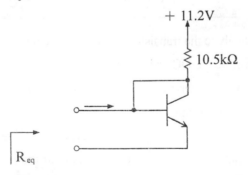

+ 11.2V

10.5kΩ

R_{eq}

【成大醫工所】

解☞ : 一、直流分析

$$I_E = \frac{V_{CC} - V_{BE}}{R_C} = \frac{11.2 - 0.7}{10.5K} = 1mA$$

$$\therefore r_\pi = \frac{\beta_o}{g_m} = \frac{150}{40m} = 3.75K\Omega$$

二、小訊號分析

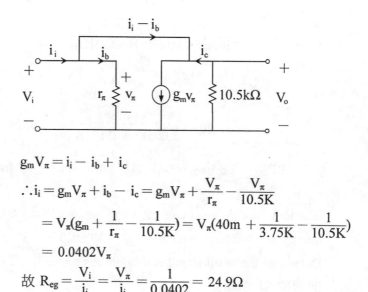

$$g_m V_\pi = i_i - i_b + i_c$$

$$\therefore i_i = g_m V_\pi + i_b - i_c = g_m V_\pi + \frac{V_\pi}{r_\pi} - \frac{V_\pi}{10.5K}$$

$$= V_\pi(g_m + \frac{1}{r_\pi} - \frac{1}{10.5K}) = V_\pi(40m + \frac{1}{3.75K} - \frac{1}{10.5K})$$

$$= 0.0402V_\pi$$

$$故\ R_{eg} = \frac{V_i}{i_i} = \frac{V_\pi}{i_i} = \frac{1}{0.0402} = 24.9\Omega$$

---

33. Please analyze the transistor amplifier shown below, assume $\beta = 100$

   (1) determine the DC operating point

   (2) base on the operating point calculated in part(a), determine the small-signal hybrid-πmodel parameter

   (3) assume V_i has a triangular waveform, determine the maximum amplitude that V_i is allow to have (hint:one of the constraint on signal amplitude is the small-signal approximation, which assume that base-em-

itter signal voltage V_{be} should not exceed 10mV)

(4) base on the V_i determined in part (c), calculate the waveform of $V_{c(t)}$

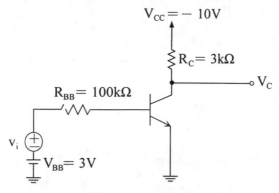

$$V_{CC} = -10V$$

$R_C = 3k\Omega$

V_C

$R_{BB} = 100k\Omega$

V_i

$V_{BB} = 3V$

【工技電機所、交大電信所】

簡譯

已知 $\beta = 100$

(1)求直流工作點。

(2)繪出小訊號 π 模型。

(3)若 V_i 為三角波，求 V_i 所允許的最大峰值（提示：假設 V_{be} 不可超過 10mV）

(4)求 $V_{c(t)}$ 的波形。（❖題型：不含 R_E 的 CE Amp）

解☞：

(1)直流分析

　　1. 取含 V_{BE} 的迴路

$$I_B = \frac{V_{BB} - V_{BE}}{R_{BB}} = \frac{3 - 0.7}{100K} = 0.023mA$$

$$I_{CQ} = \beta I_B = (100)(0.023m) = 2.3mA$$

$$V_{CEQ} = V_{CC} - I_{CQ}R_C = 10 - (2.3mA)(3K) = 3.1V$$

(2) 1. π 模型等效圖

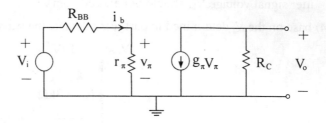

2. π模型參數

$$r_\pi = \frac{V_T}{I_B} = \frac{25mA}{0.023mA} = 1.09K\Omega$$

$$r_e = \frac{r_\pi}{1 + \beta} = \frac{1.09K}{101} = 10.8\Omega$$

$$g_m = \frac{I_{CQ}}{V_T} = \frac{2.3mA}{25mV} = 92m\mho$$

(3) 1. $\because V_\pi = \frac{r_\pi}{R_{BB} + r_\pi}V_i$

$\therefore V_i = \frac{R_{BB} + r_\pi}{r_\pi}V_\pi = \frac{R_{BB} + r_\pi}{r_\pi}V_{be} = \frac{100K + 1.09K}{1.09K} \cdot (10mV)$

$= 0.93V$

2. 即 V_i 不可超過 $0.93V$

(4) 1. $\because A_v = \frac{V_o}{V_i} = \frac{V_o}{V_\pi} \cdot \frac{V_\pi}{V_i} = (- g_mR_C) \cdot \frac{r_\pi}{R_{BB} + r_\pi}$

$= \frac{(- 92m)(3K)(1.09K)}{100K + 1.09K} = - 3$

即 $V_c = V_o = A_vV_i = (- 3)(0.93) = - 2.79V$

2. 故知

$$v_C = V_C + v_C = V_{CEQ} + v_C = 3.1 - 2.79 = 0.31V$$

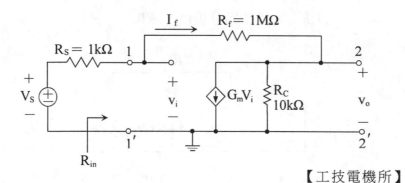

34. R_{in}，$\dfrac{v_o}{v_s}$，R_{out}。其中 $G_{in} = 0.1S$（✛題型：米勒效應）

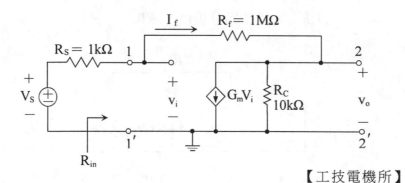

【工技電機所】

解☞：方法一：採用米勒效應

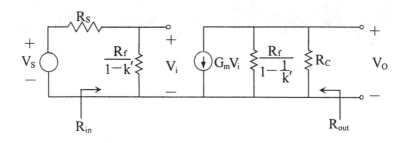

1. 先求不含 R_f 之 $K' = \dfrac{V_o}{V_i}$

$$v_C = V_C + v_C = V_{CEQ} + v_C = 3.1 - 2.79 = 0.31V$$

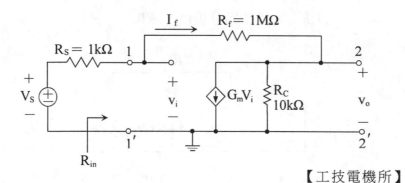

34. R_{in}，$\dfrac{v_o}{v_s}$，R_{out}。其中 $G_{in} = 0.1S$（✛題型：米勒效應）

【工技電機所】

解☞：方法一：採用米勒效應

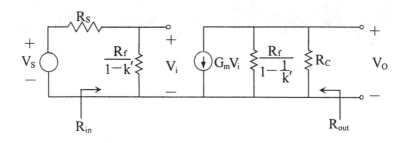

1. 先求不含 R_f 之 $K' = \dfrac{V_o}{V_i}$

$$K' = \frac{V_o}{V_i} = - G_m R_c = (-0.1)(10K) = -1K = -1000$$

$$\therefore R_{in} = \frac{R_f}{1-K'} = \frac{1M}{1001} \approx 1K\Omega$$

$$R_{out} = \frac{R_f}{1-\frac{1}{K'}} // R_c = \frac{1M}{1+\frac{1}{1000}} // 10K \cong 9.9K\Omega \approx 10K\Omega$$

2. $\dfrac{V_o}{V_s} = \dfrac{V_o}{V_i} \cdot \dfrac{V_i}{V_s}$

$$= (-G_m R_{out}) \cdot (\frac{R_{in}}{R_{in} + R_s}) = -(1K)(\frac{1K}{1K + 1K}) = -500$$

方法二：用節點分析法，求 $R_{out} = \dfrac{V_o}{I_o}\bigg|_{V_s=0}$

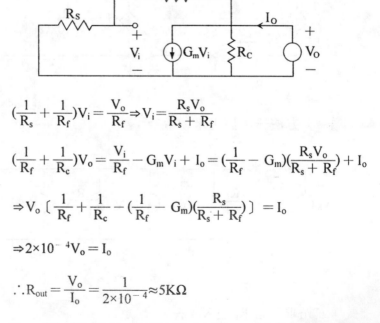

$$(\frac{1}{R_s} + \frac{1}{R_f})V_i = \frac{V_o}{R_f} \Rightarrow V_i = \frac{R_s V_o}{R_s + R_f}$$

$$(\frac{1}{R_f} + \frac{1}{R_c})V_o = \frac{V_i}{R_f} - G_m V_i + I_o = (\frac{1}{R_f} - G_m)(\frac{R_s V_o}{R_s + R_f}) + I_o$$

$$\Rightarrow V_o \left[\frac{1}{R_f} + \frac{1}{R_c} - (\frac{1}{R_f} - G_m)(\frac{R_s}{R_s + R_f}) \right] = I_o$$

$$\Rightarrow 2\times10^{-4}V_o = I_o$$

$$\therefore R_{out} = \frac{V_o}{I_o} = \frac{1}{2\times10^{-4}} \approx 5K\Omega$$

註：若需精確解，則用節點分析法，而米勒效應則有誤差。

35. The transistor in the circuit shown in Figure has the folowing low fre-
quency small-signal parameters:$g_m = 40mS, \beta_o = 150, r_o \to \infty$, and $r_b \simeq 0$
Determine the small-signal equvialent resistance （❖題型：小訊號分
析）

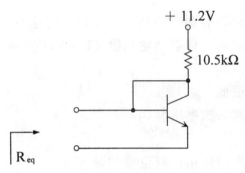

【成大醫工所】

解☞：

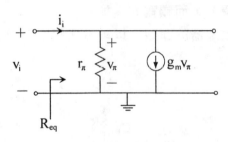

$$i_{in} = \frac{V_i}{r_\pi} + g_m V_i = (\frac{1}{r_\pi} + g_m)V_i$$

$$\therefore R_i = \frac{V_i}{i_{in}} = \frac{1}{\frac{1}{r_\pi} + g_m} = \frac{r_\pi}{1 + g_m r_\pi} = \frac{\beta/g_m}{1 + \beta} = \frac{\beta}{g_m + \beta g_m}$$

$$= \frac{150}{40m + (40m)(150)} = 24.83\Omega$$

4-4〔題型二十二〕：共集極放大器

考型 52 CC Amp（射極隨耦器）

1. 小訊號分析的解題技巧及注意事項，同題型二十一。
2. 共集極放大器又稱**射極隨耦器**（Emitter Follower）
3. 輸入阻抗很高
4. 輸出阻抗很低
5. 電流增益高，電壓增益約為 1
6. 輸出同相
7. 通常當緩衝器使用，避免負載效應
8. R_E 若存在，則提高了 R_{in} 與 R_{out}，但降低了電壓增益（電流串聯負回授），而頻寬亦增加。
9. 共集極放大器的題型，以求輸入電阻及輸出電阻為最重要。

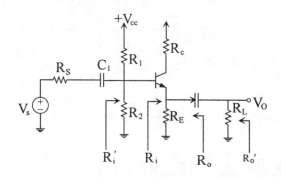

一、繪出小訊號等效電路

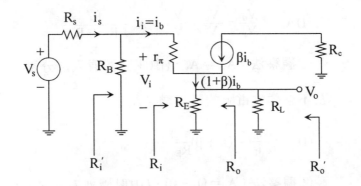

$$R_B = R_1 \mathbin{/\!/} R_2$$

二、電路分析

  1. 不含偏壓電阻 R_B 時的輸入電阻 R_i

   (1) $R_i = r_\pi + (1 + \beta)(R_E \mathbin{/\!/} R_L) = (1 + \beta)(r_e + R_E \mathbin{/\!/} R_L)$

   (2) **觀察法**：$R_i = （基極內部電阻）＋（投射，射極外部所有電阻）$

           $= （投射，射極內外部所有電阻）$

  2. 含偏壓電阻 R_B 時的輸入電阻 $R_i{}'$

   (1) $R_i{}' = R_i \mathbin{/\!/} R_B$

   (2) **觀察法**：可直接由電路觀察出

  3. 不含訊號源電阻的電壓增益 A_v

   (1) $A_v = \dfrac{V_o}{V_i} = \dfrac{R_E \mathbin{/\!/} R_L}{r_e + R_E \mathbin{/\!/} R_L} \approx 1$

   (2) **觀察法**：$A_v = \dfrac{射極外部所有電阻}{射極內部電阻＋射極外部所有電阻}$

4.含訊號源電阻的電壓增益 A_{vs}

(1)$A_{vs} = \dfrac{V_o}{V_s} = \dfrac{V_o}{V_i} \cdot \dfrac{V_i}{V_s} = A_v \cdot \dfrac{R_i'}{R_i' + R_s}$

(2)**觀察法**：$A_{vs} = A_v \cdot$（由訊號源看入之分壓法）

5.不含偏壓電阻的電流增益A_I

(1)$A_I = \dfrac{i_L}{i_I} = (1 + \beta)\dfrac{R_E}{R_E + R_L}$

(2)**觀察法**：$A_I = (1 + \beta) \cdot$（由射極外看入之分流法）

6.含偏壓電阻的電流增益 A_{IS}

(1)$A_{IS} = \dfrac{i_L}{i_S} = A_I \cdot \dfrac{R_B}{R_B + R_i}$

(2)**觀察法**：$A_{IS} = A_I \cdot$（由訊號源看入之分流法）

7.不含負載電阻 R_L 的輸出電阻 R_O

(1)$R_O = R_E \mathbin{/\mkern-5mu/} [\dfrac{R_S \mathbin{/\mkern-5mu/} R_B}{1 + \beta} + r_e]$

(2)**觀察法**：$R_O = R_E \mathbin{/\mkern-5mu/}$（由基極投射至射極的電阻＋射極
內部電阻）

8.含負載電阻 R_L 的輸出電阻 R_O'
(1)$R_O' = R_O \mathbin{/\mkern-5mu/} R_L$
(2)**觀察法**：可直接由電路觀察得知

9.若含 r_o 時之精確解如下

(1)$R_i' = R_B \mathbin{/\mkern-5mu/} R_i = R_B \mathbin{/\mkern-5mu/} (1 + \beta)[r_e + (R_E \mathbin{/\mkern-5mu/} R_L \mathbin{/\mkern-5mu/} r_o)]$
(2)$A_v = \dfrac{V_o}{V_i} = \dfrac{R_E \mathbin{/\mkern-5mu/} R_L \mathbin{/\mkern-5mu/} r_o}{r_e + (R_E \mathbin{/\mkern-5mu/} R_L \mathbin{/\mkern-5mu/} r_o)}$

$(3) R_O = R_E /\!/ r_o /\!/ [r_e + \dfrac{R_S /\!/ R_B}{1+\beta}]$

(4) 小訊號之等效電路

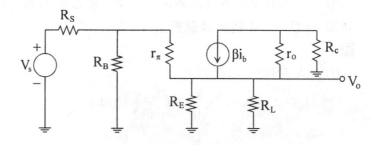

10. 共集極放大器的 R_C 在小訊號分析時，沒有作用

歷屆試題

36. The transistor Q has $\beta = 50$, and $V_s(t)$ has no d.c. component.

   (1) Find the output resistance R_o seen by R_L

   (2) Find V_o/V_s for $R_L = \infty$ and $R_L = 1K\Omega$

   (3) With $R_L = 1K\Omega$, find the lower limit of V_o for proper operation.

   (4) If V_{BC} can't exceed 0.1V, find the upper limit of V_o

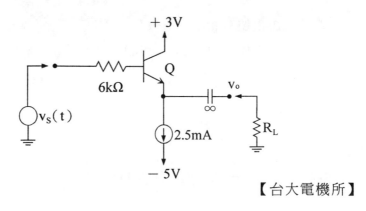

【台大電機所】

簡譯

已知β＝ 50，$v_s(t)$中沒有直流成份，(1)求由R_L旁看入的R_o　(2)

當$R_L＝1K\Omega$和$R_L＝\infty$時的$\dfrac{v_o}{v_s}$。　　(3)$R_L＝1K\Omega$下的v_o端電壓最

小值。　　(4)若V_{BC}不可超過0.1V，求v_o端電壓的最大值。（✥

題型：CC Amp（恆流源偏壓））

解☞：

(1) 1. 直流分析⇒求參數

$$I_E＝2.5mA \Rightarrow r_e＝\frac{V_T}{I_E}＝\frac{25mV}{2.5mA}＝10\Omega$$

2. 小訊號分析

①等效圖

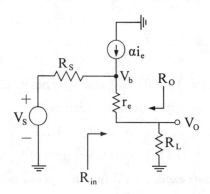

3. 電路分析

① $R_{in}＝(1＋\beta)(r_e＋R_L)$

② $R_o＝\dfrac{R_s}{1＋\beta}＋r_e＝\dfrac{6K}{51}＋10＝127.6\Omega$

(2)

$$A_v＝\frac{V_o}{V_s}＝\frac{V_o}{V_b}\cdot\frac{V_b}{V_s}＝\frac{R_L}{r_e＋R_L}\cdot\frac{R_{in}}{R_s＋R_{in}}$$

$$＝\frac{R_L}{r_e＋R_L}\cdot\frac{(1＋\beta)(r_e＋R_L)}{R_s＋(1＋\beta)(r_e＋R_L)}\text{─────}①$$

$$= \frac{(1 + \beta)(r_e + R_L)}{R_s + (1 + \beta)(r_e + R_L)}$$

③當 $R_L = \infty$，（代入式①）

$A_v = 1$

④當 $R_L = 1K\Omega$（代入式①）

$$A_v = \frac{(51)(10 + 1K)}{6K + (51)(10 + 1K)} = 0.887$$

(3) $V_{o,min} = -I_E R_L = (-2.5mA)(1K) = -2.5V$

若 V_o 的擺幅超此，則 BJT 會進入 OFF

(4) $\because V_{BE} \approx 0.7v$，且由題意知 $V_{BE} \leq 0.1V$

$\therefore V_{CE} = V_C - V_E = V_{BE} - V_{BC} \geq 0.7 - 0.1 = 0.6V$

即 $V_C - V_E \geq 0.6V$

故知 $V_o = V_E \leq V_C - 0.6 = 3 - 0.6 = 2.4V \Rightarrow V_o \leq 2.4V$

$\therefore V_{o,max} = 2.4V$

---

37. 已知 $\beta = 100$，而 $V_T = 25mV$，試問(1)電晶體之 $g_m = ?$　(2)電晶體之 $r_\pi = ?$　(3)電路之輸出阻抗 $= ?$　(4)若加上負載 $2K\Omega$ 時，求 $V_o/V_s = ?$（求到小數第二位）（❖題型：CC Amp）

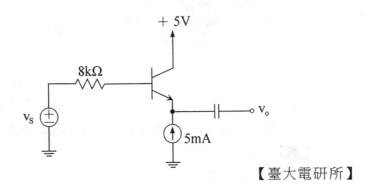

【臺大電研所】

解☞ :

$(1) g_m = \dfrac{I_C}{V_T} = \dfrac{\alpha I_E}{V_T} = \dfrac{\beta I_E}{(1+\beta)V_T} = (\dfrac{100}{101})(\dfrac{5mA}{25mV}) \approx 200mA/V$

$(2) r_e = \dfrac{V_T}{I_E} = \dfrac{25mV}{5mA} = 5\Omega$

$\therefore r_\pi = (1+\beta)r_e = (101)(5) = 505\Omega$

(3)小訊號等效圖

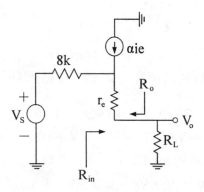

$R_o = \dfrac{8K}{1+\beta} + r_e = \dfrac{8K}{101} + 5 = 84.21\Omega$

$(4) R_{in} = (1+\beta)(r_e + R_L) = (101)(5 + 2K) = 202.5K\Omega$

$\therefore A_v = \dfrac{V_o}{V_s} = \dfrac{V_o}{V_b} \cdot \dfrac{V_b}{V_s} = \dfrac{R_L}{r_e + R_L} \cdot \dfrac{R_{in}}{R_{in} + 8K}$

$= \dfrac{2K}{5 + 2K} \cdot \dfrac{202.5K}{202.5K + 8K} = 0.96$

---

38. For the emitter-follower circuit shown below, the BJT has a β = 120, please find: (1) dc emitter ccurrent I_E (2) neglecting r_o, find the input resistance R_i (3) the current gain i_o/i_i, and the output resistance R_o

簡譯

已知β = 120忽略r_o

求(1)$I_E = $?　　(2)$R_i = $?　　(3)$A_i = \dfrac{i_o}{i_i} = $? 及 $R_o = $? （✣題型：CC

Amp）

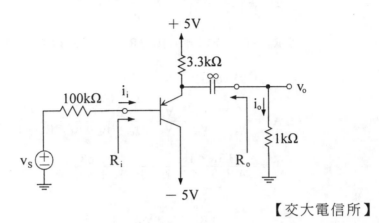

解☞：

(1)直流分析⇒求參數

$$I_B = \dfrac{V_{CC} - V_{BE}}{R_s + (1 + \beta)R_E} = \dfrac{5 - 0.7}{100K + (121)(3.3K)} = 8.61\mu A$$

$$\therefore I_E = (1 + \beta)I_B = (121)(8.61\mu A) = 1.04mA$$

(2)小訊號分析

　　1. 小訊號等效電路

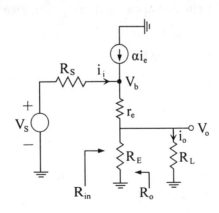

$$2. \; r_e = \frac{V_T}{I_E} = \frac{25mV}{1.04mA} = 24\Omega$$

$$\alpha = \frac{\beta}{1+\beta} = \frac{120}{121}$$

$$3. \; R_{in} = (1+\beta)\,[\,r_e + R_E /\!/ R_L\,] = (121)\,[\,24 + 3.3K /\!/ 1K\,]$$

$$= 95.76K\Omega$$

$$(3) \; 1. \; A_v = \frac{V_o}{V_s} = \frac{V_o}{V_b} \cdot \frac{V_b}{V_s} = \frac{R_E /\!/ R_L}{r_e + R_E /\!/ R_L} \cdot \frac{R_{in}}{R_s + R_{in}}$$

$$= \frac{3.3K /\!/ 1K}{24 + 3.3K /\!/ 1K} \cdot \frac{95.76K}{100K + 95.76K} = 0.47$$

$$2. \; A_I = \frac{i_o}{i_i} = \frac{\dfrac{V_o}{R_L}}{\dfrac{V_s}{R_s + R_{in}}} = \frac{V_o}{V_s} \cdot \frac{R_s + R_{in}}{R_L} = (0.47)\left[\frac{100K + 95.76K}{1K}\right]$$

$$= 92$$

$$3. \; R_o = (\frac{R_s}{1+\beta} + r_e) /\!/ R_E = (\frac{100K}{121} + 24) /\!/ 3.3K = 0.68K\Omega$$

---

39. For the BJT circuit shown below, $\beta = 200$. Please find

(1) I_E, V_E, V_B

(2) the input resistance R_{in}

(3) the voltage gain V_o/V_s

（✤題型：CC Amp）

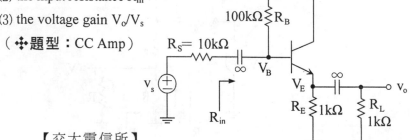

【交大電信所】

解☞ ：

(1)取含V_{BE}的迴路

$$I_B = \frac{V_{CC} - V_{BE}}{R_B + (1 + \beta)R_E} = \frac{9 - 0.7}{100K + (201)(1K)} = 27.6\mu A$$

$$\therefore I_E = (1 + \beta)I_B = (201)(27.6\mu A) = 5.54mA$$

$$故\ V_B = V_{CC} - I_B R_B = 9 - (27.6\mu)(100K) = 6.24V$$

$$V_E = I_E R_E = (5.54m)(1K) = 5.54V$$

(2)小訊號分析

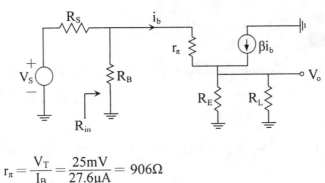

$$r_\pi = \frac{V_T}{I_B} = \frac{25mV}{27.6\mu A} = 906\Omega$$

$$\therefore R_{in} = R_B \mathbin{/\!/} [\, r_\pi + (R_E \mathbin{/\!/} R_L)(1 + \beta)\,]$$

$$= 100 \mathbin{/\!/} [\, 906 + (201)(1K \mathbin{/\!/} 1K)\,] = 50.35K\Omega$$

$$(3)A_v = \frac{V_o}{V_s} = \frac{V_o}{V_b} \cdot \frac{V_b}{V_s} = \frac{R_E \mathbin{/\!/} R_L}{r_\pi + (1 + \beta)(R_E \mathbin{/\!/} R_L)} \cdot \frac{R_{in}}{R_{in} + R_s} \approx 0.83$$

---

40. An emitter follower is shown in Fig. Where, for simplicity, we have omitted the biasing resistors and coupling capacitors(if used). Derive $A_v = V_o/V_s$, input resistanceR_i, and the output resistanceR_o.

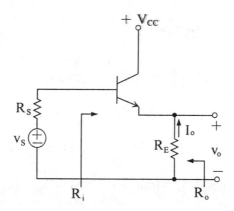

Fig. Bass-spreasing resistancer$_b$,β, and the emitter biasing current I$_{EQ}$ are known.

簡譯

已知 r_b，$β_o$ 和 I_{EQ}，求 R_{in}，$\dfrac{V_o}{V_s}$，R_{out}（❖題型：共集極放大器）

【交大電信所、特考】

解☞：

1. $R_o = \dfrac{R_s + r_b + r_\pi}{1 + β} // R_E$

2. $R_i = r_b + r_\pi + (1 + β)R_E$

3. $A_v = \dfrac{V_o}{V_s} = \dfrac{V_o}{V_i} \cdot \dfrac{V_i}{V_s} = \dfrac{(1 + β)R_E}{R_s + R_i} = \dfrac{(1 + β)R_E}{R_s + r_b + r_\pi + (1 + β)R_E}$

---

41. Determine the R_i, R_o, A_I, and A_v in the circuit shown.

$g_m = 100mA/V$

$r_\pi = 1kΩ$

$r_b = 0.05KΩ$

$r_o = ∞$（❖題型：CC Amp）

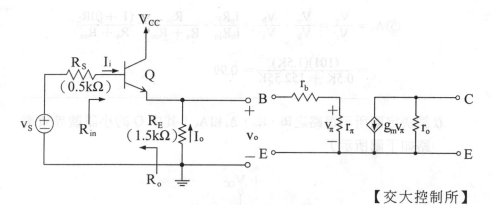

解☞：

1. 小訊號等效圖

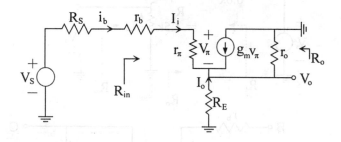

2. 電路分析

① $\beta = g_m r_\pi = (100m)(1K) = 100$

② $R_{in} = r_b + r_\pi + (1 + \beta)R_E = 0.05K + 1K + (101)(1.5K)$

     $= 152.55K\Omega$

③ $R_o = r_o // \dfrac{R_s + r_b + r_\pi}{1 + \beta} = \infty // \dfrac{0.5K + 0.05K + 1K}{101} = 15.3\Omega$

④ $A_I = \dfrac{I_o}{I_i} = \dfrac{-I_e}{I_b} = -(1 + \beta) = -101$

$$⑤A_v = \frac{V_o}{V_s} = \frac{V_o}{V_b} \cdot \frac{V_b}{V_s} = \frac{i_e R_E}{i_b R_{in}} \cdot \frac{R_{in}}{R_s + R_{in}} = \frac{(1+\beta)R_E}{R_s + R_{in}}$$

$$= \frac{(101)(1.5K)}{0.5K + 152.55K} = 0.99$$

42.試決定圖所示電路之R_i，R_o，A_i和A_v（其中 Q 的小訊號等效電路如下圖所示）

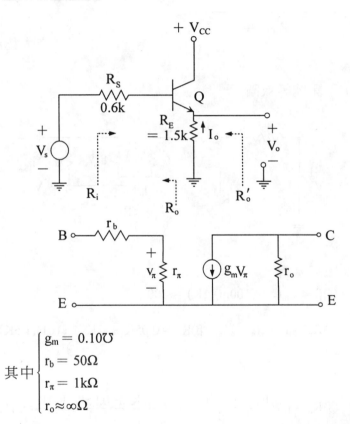

$$其中 \begin{cases} g_m = 0.10 \mho \\ r_b = 50\Omega \\ r_\pi = 1k\Omega \\ r_o \approx \infty\Omega \end{cases}$$

解☞：

①繪出小信號等效電路：

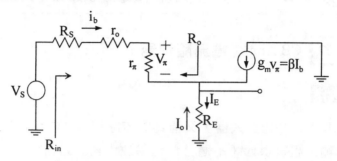

②分析電路

$$\beta = g_m r_\pi = 0.1 \times 1K\Omega = 100$$

$$R_i = \frac{V_s}{I_b} = R_s + r_b + r_\pi + (1 + \beta)R_E = 153k\Omega$$

$$R_o = \frac{V_o}{I_o} = \frac{1}{1 + \beta}(R_s + r_b + r_\pi) = 16.3\Omega$$

$$A_I = \frac{I_0}{I_b} = \frac{-I_E}{I_b} = -(1 + \beta) = -101$$

$$A_v = \frac{V_0}{V_s} = \frac{I_E R_E}{I_b \cdot R_i} = A_I \cdot \frac{R_E}{R_i} = 0.99$$

註：電壓隨耦器，輸入與輸出應為同相，此題A_I有負號，
並不代表反相輸出，而是因題目註明I_o方向的關係
（陷阱）。

4-5〔題型二十三〕：共基極放大器

考型 53 CB Amp（電流隨耦器）

重要觀念

1. BJT 共基極放大器，又稱為**電流隨耦器**（Current Follower）
2. 輸入阻抗很低（不適合作電壓放大器，適合作電流隨耦器）
3. 輸出阻抗很高
4. 電流增益約為 1，電壓增益為中等
5. 輸出同相
6. 高頻響應極佳（無米勒效應）

例：此種電路偏重求電壓增益 A_v，以下圖為例：

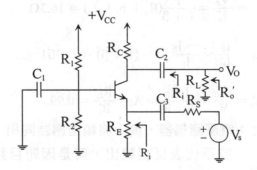

一、繪出小訊號等效圖

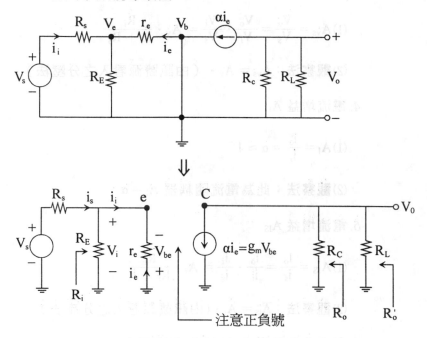

—— 注意正負號

二、電路分析

   1. 輸入電阻 R_i

      (1) $R_i = R_E \mathbin{/\!/} r_e \approx r_e$

        R_i 極小

        V_S 訊號皆被 R_S 分壓得去大部份，所以 V_{be} 值極小，而

        影響電壓增益 A_V，故不適合當電壓放大器

      (2) **觀察法**：由電路直接觀察可得

   2. 不含訊號源電阻時之電壓增益 A_V

      (1) $A_V = \dfrac{V_o}{V_i} = g_m(R_C \mathbin{/\!/} R_L)$

      (2) **觀察法**：$A_V = g_m \cdot$（集極所有電阻）

3. 含訊號源電阻時之電壓增益 A_{vs}

(1) $A_{vs} = \dfrac{V_o}{V_s} = \dfrac{V_o}{V_i} \cdot \dfrac{V_i}{V_s} = A_v \cdot \dfrac{R_i}{R_i + R_s}$

(2) **觀察法**：$A_{vs} = A_v \cdot$（由訊號源看入之分壓法）

4. 電流增益 A_I

(1) $A_I = \dfrac{i_o}{i_i} = \alpha \approx 1$

(2) **觀察法**：此為電流隨耦器 $A_I = \alpha$

5. 電流增益 A_{IS}

(1) $A_{IS} = \dfrac{i_o}{i_s} = \dfrac{i_o}{i_i} \cdot \dfrac{i_i}{i_s} = A_I \cdot \dfrac{R_E}{R_E + r_e}$

(2) **觀察法**：$A_{IS} = A_I \cdot$（由訊號源看入之分流法）

6. 不含負載電阻 R_L 時的輸出電阻 R_O

(1) $R_O = R_C$

(2) **觀察法**：可直接由電路觀察得之

7. 含負載電阻 R_L 時的輸出電阻 $R_O{}'$

(1) $R_O{}' = R_C \mathbin{/\mkern-5mu/} R_L$

(2) **觀察法**：可直接由電路觀察得之

43. In the shown amplifier circuit, the transistor Q has the following parameters:

$\beta_o = 100$, $r_\pi = 1K\Omega$, $r_o = 50K\Omega$, $r_b = 0$. Please calculte

(1) $A_v = \dfrac{V_o}{V_i}\bigg|_{v^+ = 0, v^- = 0}$

(2) $A_{v+} = \dfrac{V_o}{V_+}\bigg|_{V_i = 0, V^- = 0}$ and $A_{v-} \equiv \dfrac{V_o}{V_-}\bigg|_{V_i = 0, V^+ = 0}$

(3) the power supply rejection ratio PSRR. $PSRR^- \equiv \left|\dfrac{A_V}{A_{V+}}\right|$ and

$PSRR^- \equiv \left|\dfrac{A_V}{A_{V-}}\right|$. Also describe the performance degradation due to a

low PSRR. (✤ 題型：CE,CB,CC 混合題)

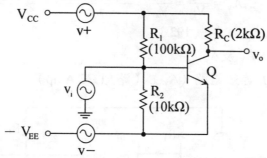

【交大電子所】

簡譯

已知 $\beta_o = 100$, $r_\pi = 1K\Omega$, $r_o = 50k\Omega$, $r_b = 0$

求(1) $A_v \equiv \dfrac{V_o}{V_i}\bigg|_{v_+ = 0, v_- = 0}$

(2) $A_v^+ \equiv \dfrac{V_o}{V_i}\bigg|_{v_i = 0, v_- = 0}$

與 $A_v^- = \dfrac{V_o}{V_-}\bigg|_{v_i = 0, v_+ = 0}$

(3) 電源拒絕比

$$PSRR^+ \equiv \left| \frac{A_v}{A_v^+} \right| , PSRR^- \equiv \left| \frac{A_v}{A_v^-} \right|$$

解☞：

(1) 求 $A_v = \dfrac{V_o}{V_i}$

1. 等效電路（CE Amp）

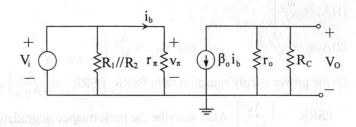

2. 電路分析

$$\therefore A_v = \frac{V_o}{V_i} = \frac{V_o}{V_\pi} = \frac{-\beta_o i_b (r_o // R_c)}{i_b r_\pi} = \frac{-(100)(50K // 2K)}{1K}$$

$$= -192.3$$

(2) 求 A_{v^+} 及 A_{v^-}

1. 等效電路（A_{v^+}）（略似 CC Amp）

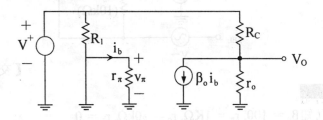

2. 電路分析

$$\because V_o = \frac{r_o}{R_c + r_o} V^+$$

$$\therefore A_v^+ = \frac{V_o}{V^+} = \frac{r_o}{R_c + r_o} = \frac{50K}{2K + 50K} = 0.962$$

3. 等效電路（A_v^-）（CB Amp）（採 T 模型）

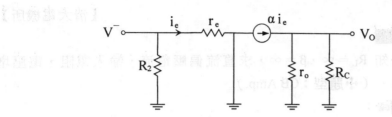

$$r_e = \frac{r_\pi}{1 + \beta}$$

$$\therefore A_v^- = \frac{V_0}{V^-} = \frac{\alpha(r_0 // R_c)}{r_e} = (\frac{\beta_0}{1 + \beta_0})(\frac{1 + \beta_0}{r_\pi})(r_0 // R_c)$$

$$= \frac{\beta_0(r_0 // R_c)}{r_\pi} = \frac{(100)(50K // 2K)}{1K} = 192.3$$

(3) $PSRR^- = \left| \frac{A_v}{A_v^+} \right| = \left| \frac{-192.3}{0.962} \right| = 199.9$

$PSRR^+ = \left| \frac{A_v}{A_v^-} \right| = \left| \frac{-192.3}{192.3} \right| = 1$

---

44. Given the following circuit, let $R_{B1} = 10k\Omega$, $R_{B2} = 5k\Omega$, $R_E = 8.6k\Omega$, $R_c = 16k\Omega$, $V_{cc} = 15V$, $R_s = 50\Omega$, $R_L = \infty$ and $\beta = \infty$. Calculate the dc bias current, the input resistance, and the voltage gain.

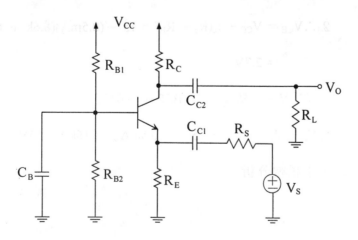

簡譯

已知 $R_L = \infty$，$\beta = \infty$，求直流偏壓電流，輸入電阻，電壓增益。（✤題型：CB Amp.）

解☞：

一、直流分析

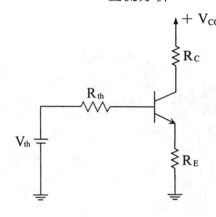

$R_{th} = R_{B1} // R_{B2} = 10K // 5K = 3.3k\Omega$

$V_{th} = \dfrac{R_{B2}V_{cc}}{R_{B1} + R_{B2}} = \dfrac{(5k)(15V)}{5k + 10k} = 5V$

1. $\because \beta = \infty \Rightarrow I_B = 0$

$$I_E = \frac{V_{th} - V_{BE}}{R_E} = \frac{5 - 0.7}{8.6k} = 0.5mA = I_c$$

2. $\therefore V_{CE} = V_{CC} - I_c(R_c + R_E) = 15 - (0.5mA)(8.6k + 16k)$

$$= 2.7V$$

（$\because V_{CE} > V_{CE(sat)}$　$\therefore$BJT 在主動區）

3. $V_c = V_{cc} - I_cR_c = 15 - (0.5mA)(16k) = 7V$

二、小訊號分析

1. $r_e = \dfrac{V_T}{I_E} = \dfrac{25mV}{0.5mA} = 50\Omega$

$R_{in} = R_E \,//\, r_e = 8.6k \,//\, 50 = 49.71\Omega$

2. $A_v = \dfrac{V_0}{V_s} = \dfrac{V_0}{V_i} \cdot \dfrac{V_i}{V_s} = \dfrac{\alpha(R_c \,//\, R_L)}{r_e} \cdot \dfrac{R_E \,//\, r_e}{R_s + R_E \,//\, r_e}$

$\quad = \dfrac{R_c}{r_e} \cdot \dfrac{R_E \,//\, r_e}{R_s + R_E \,//\, r_e} = (\dfrac{16k}{50})(\dfrac{8.6k \,//\, 50}{50 + 8.6k \,//\, 50})$

$\quad = 159.53$

4-6〔題型二十四〕：各類BJT放大器的特性比較

考型 54 特性比較

一、CB、CE、CC 放大器的特性表

	R_i 輸入阻抗	R_o 輸出阻抗	A_I 電流增益	A_v 電壓增益	A_p 功率增益	相位	溫度影響
CB	小 300～500Ω	大 100KΩ以上	α ≈ 1(無)	最高	高 20～30dB	同相	不易
CE	中 0.5～5KΩ	中 20K～200KΩ	β(高)	高	最高 35～40dB	反相	易
CC	大 數10K以上	小 10～數百Ω	β+1(最高)	小於1	低 13～17dB	同相	易
達靈頓	最大	小	甚高 $(β)^2$	接近1	甚高	同相	易

組態	CE	CB	CC
應用	最常用的放大器	和其它電路連接（CE-CB）可改善高頻頻率響應	高阻源和低抗負載間之緩衝級

1. 電壓增益 A_V：CB > CE > CC

2. 電流增益 A_I：CC > CE > CB

3. 功率增益 A_P：CE > CB > CC

4. 輸入阻抗 R_I：CC > CE > CB

5. 輸出阻抗 R_O：CB > CE > CC

◎一般在多級串接放大器的輸入級與輸出級採 CC 組態。中間級採 CE 組態。而在高頻使用時，採 CB 組態。

二、 各種電晶體組態之 h 參數的互換

利用 $\begin{cases} i_e + i_b + i_c = 0 \\ V_{be} + V_{ec} + V_{cb} = 0 \end{cases}$ 之關係即可求出下表

參數	共射極	共基極	共集極
h_{ie}		$\dfrac{h_{rb}}{1+h_{ib}}$	h_{ie}
h_{re}		$\dfrac{h_{ib} \cdot h_{ob}}{1 + h_{fe}} - h_{rb}$	$1 - h_{re}$
h_{fe}		$\dfrac{-h_{fe}}{1 + h_{fb}}$	$-(1 + h_{fe})$
h_{oe}		$h_{ob} / (1 + h_{fb})$	h_{oe}
h_{ib}	$h_{ie} / (1 + h_{fe})$		$-h_{ie} / h_{fe}$
h_{rb}	$\dfrac{h_{ie}h_{oe}}{1 + h_{fe}} - h_{re}$		$h_{re} - 1 - \dfrac{h_{ie} \cdot h_{oe}}{h_{fe}}$
h_{fb}	$-h_{fe} / (1 + h_{fe})$		$-(1 + h_{fe}) / h_{fe}$
h_{ob}	$h_{oe} / (1 + h_{fe})$		$-h_{oe} / h_{fe}$
h_{ic}	h_{ie}	$\dfrac{h_{ib}}{1 + h_{fb}}$	
h_{rc}	$1 - h_{re}$	1	
h_{fc}	$-(1 + h_{fe})$	$\dfrac{-1}{1 + h_{rb}}$	
h_{oc}	h_{oe}	$\dfrac{h_{ob}}{1 + h_{fb}}$	

例：用CE參數求出CC參數

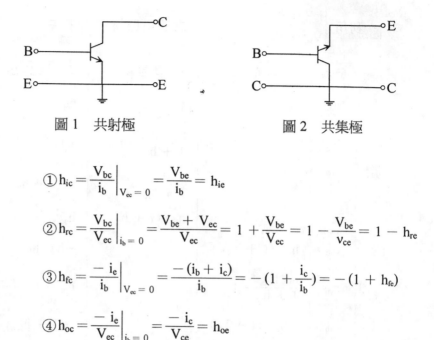

圖 1　共射極　　　　　　　　　　圖 2　共集極

$$① h_{ic} = \frac{V_{bc}}{i_b} \bigg|_{V_{ec}=0} = \frac{V_{be}}{i_b} = h_{ie}$$

$$② h_{rc} = \frac{V_{bc}}{V_{ec}} \bigg|_{i_b=0} = \frac{V_{be}+V_{ec}}{V_{ec}} = 1 + \frac{V_{be}}{V_{ec}} = 1 - \frac{V_{be}}{v_{ce}} = 1 - h_{re}$$

$$③ h_{fc} = \frac{-i_e}{i_b} \bigg|_{V_{ec}=0} = \frac{-(i_b+i_c)}{i_b} = -(1 + \frac{i_c}{i_b}) = -(1 + h_{fe})$$

$$④ h_{oc} = \frac{-i_e}{V_{ec}} \bigg|_{i_b=0} = \frac{-i_c}{V_{ce}} = h_{oe}$$

歷屆試題

45. The emitter follower circuit has ___①___ input impedance, while the common-base circuit has ___②___ output impedance. （✣題型：各類 Amp 比較）　　　　　　　　　　　　　　　　　　【中正電機所】

解☞：① ：higher　② higher

---

46. Among the common-base（C-B）, common-emitter（C-E）, and common-collector（C-C） configurations of BJT amplifiers, the C-C configuration has (a) the highest input resistance R_i; (b) the lowest R_i; (c) the highest output resistance R_o; (d)the lowest R_o; (e)the lowest voltage

gain A_v; (f) the lowest current gain A_t.　The correct answer is　(A) bcf
(B) ade　(C) ace　(D) bdf　(E) All the above answers are wrong.

簡譯

在 BJT 放大器的共基、共射和共集組態中，共集組態具有：
(a)最高輸入電阻R_i　(b)最低R_i　(c)最高輸出電阻R_0
(d)最低R_0　(e)最低電壓增益A_v　(f)最低電流增益A_t
正確答案是：（✤題型：BJT Amp 特性比較）
(A) bcf　(B) ade　(C) ace　(D) bdf　(E)以上皆非　　【交大電子所】
解☞：(B)

---

47. A BJT is implemented in amplifiers with CE, CE with R_e, CC, and CB
configurations. The _____ configuration gives a smallest input resis-
tance.

簡譯

將BJT設計成CE，具射極電阻R_E的CE，CC，CB四種組態，問
何種組態具有最小的輸入電阻。（✤題型：各類BJT Amp特性
比較）　　　　　　　　　　　　　　　　　　【交大電子所】
解☞：CB

4-7〔題型二十五〕：BJT多級放大器

考型 55 BJT多級放大器分析技巧

一、多級放大器之總電壓增益及總電流增益

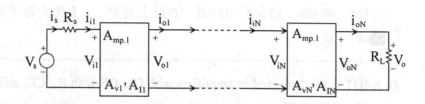

1. 總電壓增益

$$(1) A_V = \frac{V_{ON}}{V_{i1}} = \frac{V_{ON}}{V_{ON-1}} \cdot \cdot \cdot \frac{V_{02}}{V_{01}} \cdot \frac{V_{01}}{V_{i1}} = A_{V1} \cdot A_{V2} \cdot \cdot \cdot A_{VN}$$

$$(2) A_{VS} = \frac{V_{ON}}{V_S} = \frac{V_{ON}}{V_{i1}} \cdot \frac{V_{i1}}{V_S} = A_V \cdot \frac{R_{i1}}{R_S + R_{i1}}$$

2. 總電流增益

$$(1) A_I = \frac{i_{ON}}{i_{i1}} = \frac{i_{ON}}{i_{ON-1}} \cdot \cdot \cdot \frac{i_{02}}{i_{01}} \cdot \frac{i_{01}}{i_{i1}} = A_{I1} \cdot A_{I2} \cdot \cdot \cdot A_{IN}$$

$$(2) A_{IS} = \frac{i_{ON}}{i_S} = \frac{i_{ON}}{i_{i1}} = A_I$$

3. 分貝計算

$$(1) A_V \,(dB) = 20 \log |A_V|$$

$$(2) A_P \,(dB) = 10 \log |A_P|$$

(3) A_I (dB) = 20 log$|A_I|$

(4)總分貝

$$A_T \text{ (dB)} = A_1 \text{ (dB)} + A_2 \text{ (dB)} + \cdots$$

考型 56 串疊放大器（Cascode：CE + CB）

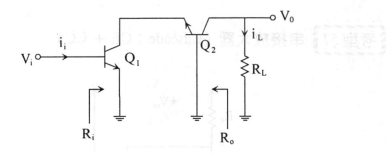

一、不含偏壓電阻之輸入電阻

$$R_i = (1 + \beta_1) r_{e1} \text{（與單級 CE 同）}$$

二、電壓增益

$$A_V = \frac{V_O}{V_i} = (\frac{-\beta_1}{1 + \beta_1})(\frac{\beta_2}{1 + \beta_2})(\frac{R_L}{r_{e1}}) \approx -\frac{R_L}{r_{e1}} \text{（與單級 CE 同）}$$

三、電流增益

$$A_I = \frac{i_L}{i_i} = -\beta_1(\frac{\beta_2}{1 + \beta_2}) \approx -\beta_1 \text{（與單級 CE 同）}$$

四、不含負載電阻之輸出電阻 R_O

$$R_O = (1 + \beta_2)(r_{e2} + r_{o2}) \approx (1 + \beta_2) r_o \text{（與單級 CB 同）}$$

五、具有高增益及較佳的高頻響應。視頻放大器常用此種電路

★ 多級放大器的分析要領：

1. 求 A_V，A_I，R_{in} ⇒ 從「最後一級」往前分析。

2. 每一級的輸入電阻可視為前一級之負載電阻。

3. 總電壓增益為每一級電壓增益之乘積。

4. 求 R_{out} ⇒ 從第一級往後分析。

5. 每一級的輸出電阻，可視為下一級之電源電阻。

考型 57 串接放大器（Cascade：CE + CC）

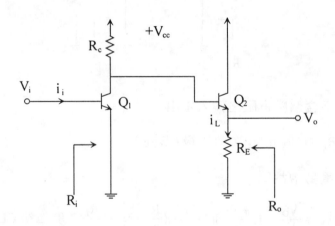

一、不含偏壓電阻之輸入電阻

   $R_i = (1 + \beta_1) r_{e1}$（與單級 CE 同）

二、電壓增益

   $$A_V = \frac{V_O}{V_i} = -(\alpha_1 \frac{R_c}{r_{e1}}) \cdot (\frac{R_E}{r_{e2} + R_E})$$

三、電流增益

$$A_I = \frac{i_L}{i_i} = -\beta_1(\beta_2 + 2)\left[\frac{R_c}{R_c + (1 + \beta_2) + (r_{e2} + R_E)}\right]$$

四、不含負載電阻 R_L 之輸出電阻

$$R_O = R_E \mathbin{/\!/} (r_{e2} + \frac{R_c}{1 + \beta_2})$$

考型 58 串接放大器（Cascade：CC + CE）

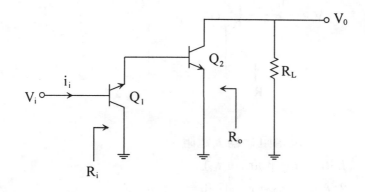

一、不含偏壓電阻之輸入電阻

　　a. $R_i = (1 + \beta_1)\,[\,r_{e1} + (1 + \beta_2)\,r_{e2}\,]$

　　b. 若 $r_{e1} = r_{e2} = r_e$，$\beta_1 = \beta_2 = \beta$，則

　　$R_i = (1 + \beta)(2 + \beta)\,r_e = (\beta + 2)\,r_\pi$

二、電壓增益

　　a. $A_V = \dfrac{V_O}{V_i} = -(\alpha_2 \dfrac{R_L}{r_{e2}})\,(\dfrac{(1 + \beta_2)\,r_{e2}}{r_{e1} + (1 + \beta_2)\,r_{e2}})$

b. 若 $r_{e1} = r_{e2} = r_e$，$\beta_1 = \beta_2 = \beta$，則

$$A_V = \frac{-\beta}{\beta + 2} \frac{R_L}{r_e} \approx -\frac{R_L}{r_e} \text{（與單級 CE 相同）}$$

三、不含負載電阻 R_L 之輸出電阻

$$R_O = \infty \text{（與單級 CE 同）}$$

考型 59 串接放大器（Cascade：CC + CB）

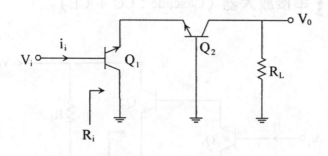

一、不含偏壓電阻之輸入電阻

1. $R_i = (1 + \beta_1)(r_{e1} + r_{e2})$
2. 若 $r_{e1} = r_{e2} = r_e$，且 $\beta_1 = \beta_2 = \beta$，則

$$R_i = 2r_\pi$$

二、電壓增益

1. $A_V = -(\alpha_2 \frac{R_L}{r_{e2}})(\frac{r_{e2}}{r_{e1} + r_{e2}})$
2. 若 $r_{e1} = r_{e2} = r_e$，且 $\beta_1 = \beta_2 = \beta$，則

$$A_V \approx \frac{1}{2}\alpha\frac{R_L}{r_e}$$

有四型：
1. input：NPN，output：NPN（接線方式：射—基）
2. input：NPN，output：PNP（接線方式：射—基）
3. input：PNP，output：NPN（接線方式：集—基）
4. input：PNP，output：PNP（接線方式：射—基）

一、第一型：

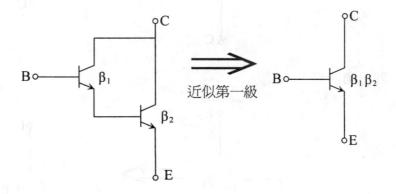

近似第一級

二、第二型：

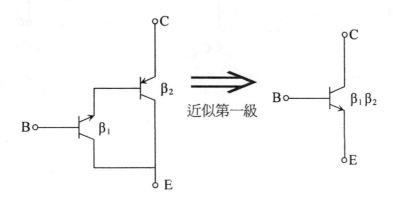

近似第一級

三、第三型：

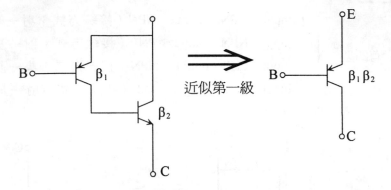

四、第四型：

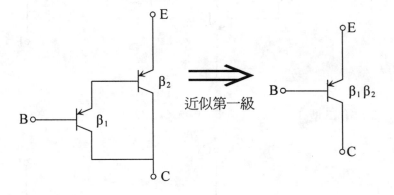

五、電路分析

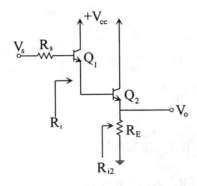

六、解題技巧

   1. 繪出 T 模型等效電路

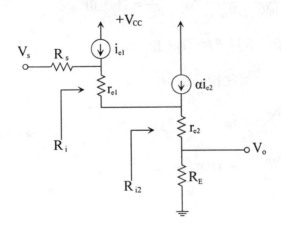

   2. 由後往前分析 A_V，A_I，R_i

   3. 輸入電阻 R_i

     ① $R_{i2} = (1 + \beta_2) [r_{e2} + R_E]$

     ② $R_i = (1 + \beta_1)[r_{e1} + R_{i2}] = (1 + \beta_1)[r_{e1} + (1 + \beta_2)(r_{e2} + R_E)]$

若 $\beta_1 = \beta_2 = \beta$ 則 $R_i \approx (1 + \beta)^2 (r_{e2} + R_E) \approx (1 + \beta)^2 R_E \approx \beta^2 R_E$

4. 電壓增益 A_V

$$A_V = \frac{V_O}{V_S} = \frac{V_O}{V_{b2}} \cdot \frac{V_{b2}}{V_{b1}} \cdot \frac{V_{b1}}{V_S}$$

$$= \frac{i_{e2}R_E}{i_{e2}(r_{e2} + R_E)} \cdot \frac{i_{b2}R_{i2}}{i_{b1}R_i} \cdot \frac{R_i}{R_i + R_s}$$

$$= \frac{R_E}{R_E + r_{e2}} \cdot \frac{(1+\beta_2)(r_{e2} + R_E)}{r_{e1} + (1 + \beta_2)(r_{e2} + R_E)} \cdot \frac{R_i}{R_i + R_s} \approx 1$$

$\because R_E \gg r_{e2}$ ，$(1 + \beta_2)(r_{e2} + R_E) \gg r_{e1}$ ，$R_i \gg R_s$

5. 電流增益 A_I

$$A_I = \frac{i_L}{i_s} = \frac{i_L R_L}{i_s R_i} \cdot \frac{R_i}{R_L} = A_V \cdot \frac{R_i}{R_E} \approx (1 + \beta)^2$$

（若 $\beta_1 = \beta_2 = \beta$ 則 $R_i \approx (1 + \beta)^2 R_E$）

6. 輸出電阻（由前往後分析）

① $R_{O1} = \dfrac{R_S}{1 + \beta_1} + r_{e1}$

② $R_O = (\dfrac{R_{O1}}{1 + \beta_2} + r_{e2}) /\!/ R_E \approx r_{e2} + \dfrac{r_{e1}}{\beta_2} + \dfrac{R_S}{\beta_1\beta_2}$

7. 近似模型如下：

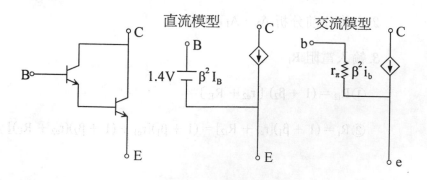

直流模型　　　　交流模型

七、達靈頓電路的特性：

  1. 高輸入阻抗。

  2. 低輸出阻抗。

  3. 適合擔任阻抗匹配。

  4. 電壓增益近似於 1，但小於 1，且比單級射極隨耦器低。

  5. 高壓流增益。$A_I = (\beta + 1)^2 \doteqdot \beta^2$。

考型 61 並聯式多級放大器

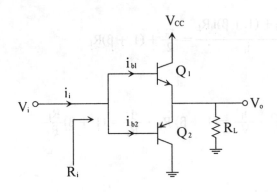

一、繪出小訊號模型

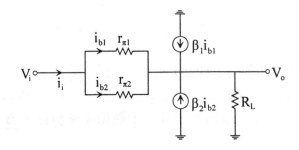

  此為推挽式電路，通常參數相等，即 $Q_1 = Q_2$

  $r_{\pi1} = r_{\pi2} = r_\pi$，$\beta_1 = \beta_2 = \beta$，故等效圖，可簡化如下

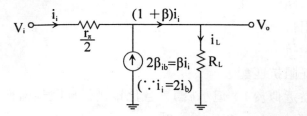

二、分析電路

1. 輸入電阻

$$R_i = \frac{V_i}{i_i} = \frac{\dfrac{r_\pi}{2} i_i + (1+\beta)i_i R_L}{i_i} = \frac{r_\pi}{2} + (1+\beta)R_L$$

2. 電壓增益

$$A_V = \frac{V_O}{V_i} = \frac{V_O}{V_i} \cdot \frac{i_i}{V_i} = (1+\beta)\, R_L \cdot \frac{1}{R_i} = (1+\beta)\frac{R_L}{R_i}$$

3. 電流增益

$$A_I = \frac{i_L}{i_i} = \frac{(1+\beta)i_i}{i_i} = 1 + \beta$$

歷屆試題

48. The three-stage amplifier shown in Fig. contains identical transistors. Calculate the voltage gain of each stage and the overall voltage gain V_0 / V_s, using $h_{fe} = 50$ and $h_{ie} = 2k\Omega$. (✤ 題型：多級放大器)

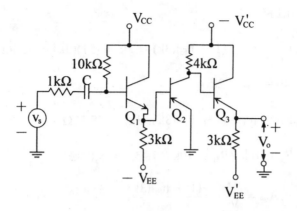

【特考、台大電機所】

解☞：

1. 等效圖

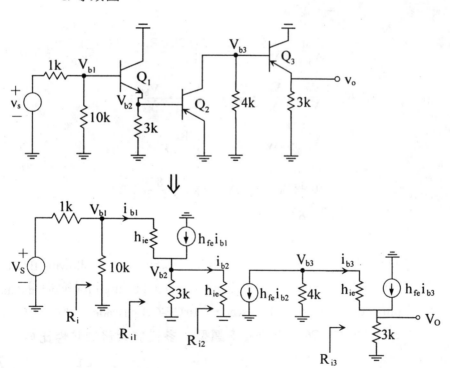

2. 電路分析

$$R_{i3} = h_{ie} + (1 + h_{fe})(3k) = 2k + (51)(3k) = 155k\Omega$$

$$R_{i2} = h_{ie} = 2k$$

$$R_{i1} = h_{ie} + (1 + h_{fe})(3k \text{ // } 3k) = 78.5k\Omega$$

$$R_i = 10k \text{ // } R_{i1} = 10k \text{ // } 78.5k = 8.87k\Omega$$

$$\therefore A_{v3} = \frac{V_0}{V_{b3}} = \frac{(1 + h_{fe})(3k)}{R_{i3}} = \frac{(51)(3k)}{155k} = 0.987$$

$$A_{v2} = \frac{V_{o2}}{V_{b2}} = \frac{V_{b3}}{V_{b2}} = \frac{- h_{fe}(4k \text{ // } R_{i3})}{R_{i2}} = \frac{(- 50)(4k \text{ // } 155k)}{2k}$$

$$= - 97.5$$

$$A_{v1} = \frac{V_{o1}}{V_{b1}} = \frac{V_{b2}}{V_{b1}} = \frac{(1 + h_{fe})(3k \text{ // } R_{i2})}{R_{i1}} = \frac{(51)(3k \text{ // } 2k)}{78.5} = 0.78$$

$$\therefore A_v = \frac{V_0}{V_s} = \frac{V_0}{V_{b3}} \cdot \frac{V_{b3}}{V_{b2}} \cdot \frac{V_{b2}}{V_{b1}} \cdot \frac{V_{b1}}{V_s}$$

$$= A_{V3} \cdot A_{V2} \cdot A_{V1} \cdot \frac{R_i}{R_s + R_i}$$

$$= (0.987)(- 97.5)(0.78)(\frac{8.87k}{8.87k + 1k})$$

$$= - 67.46$$

---

49. For a signal with high source resistance, which of the following BJT cir-cults（input-output）configurations can not be used for wideband am-plification:　(A) CC-CB cascade　(B) CE-CB cascade　(C) CC-CE cas-cade　(D) CE-CC cascade（✜題型：多級放大器的特性比較）

【台大電機所】

解☞：(D)

2. $A_v = \dots$

50. 下圖中Q_1，Q_2一樣，$r'_{bb} = 0$，$r_{be} = R_L = 1k\Omega \ll r_{ce}$，$g_m = 50mA/V$，試求低頻時的電壓增益 $A_v = \dfrac{V_0}{V_1} = ?$（❖題型：多級放大器（CE＋CB））

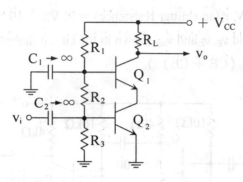

【清大核工所】

解☞：

一、小訊號模型

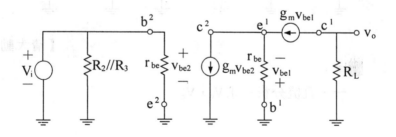

二、電路分析

1. $-V_{be1} = (-g_mV_{be2} + g_mV_{be1})r_{be}$

$\Rightarrow g_mr_{be}V_{be2} = (1 + g_mr_{be})V_{be1}$

$\therefore \dfrac{V_{be1}}{V_{be2}} = \dfrac{g_mr_{be}}{1 + g_mr_{be}}$

$$2. A_v = \frac{V_0}{V_i} = \frac{V_0}{V_{be1}} \cdot \frac{V_{be1}}{V_{be2}} \cdot \frac{V_{be2}}{V_i} = (-g_m R_L) \cdot (\frac{g_m R_{be}}{1 + g_m r_{be}})$$

$$= \frac{(-50m)(1k)(1k)}{1 + (50m)(1k)} = -49$$

51. The following circuit diagram shows a two-stage amplifier. Assume $V_{BE} = 0.7V$, r_e(ac emitter resistence) $= 0$. $V_{in} = 10 \sin 1000 tmV$ (milli-volt). Find v_E, v_c and v_{out} shown in the circuit diagram. （✤題型：多級放大器（CE＋CE））

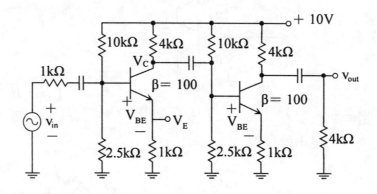

【清大動機所】

解☞：

一、直流分析→求V_c，V_E

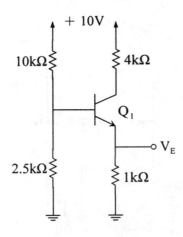

1. for Q_1 :

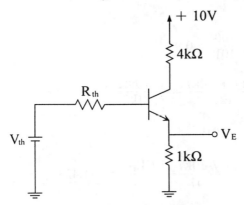

$$V_{th} = \frac{(2.5k)(10V)}{10k + 2.5k} = 2V$$

$$R_{th} = 10k \mathbin{/\mkern-5mu/} 2.5k = 2k$$

$$① I_B = \frac{V_{th} - V_{BE}}{R_{th} + (1 + \beta)R_{E1}} = \frac{2 - 0.7}{2k + (101)(1k)} = 12.6\mu A$$

$$I_C = \beta I_B = 1.26mA \, , \, I_E = (1 + \beta)I_B = 1.273mA$$

$$\therefore V_E = I_E R_{E1} = (1.273m)(1k) = 1.273V$$

$$V_C = V_{CC} - I_C R_C = 10 - (1.26m)(4k) = 4.96V$$

二、小訊號分析（$\because r_e = 0$）

1. 等效電路

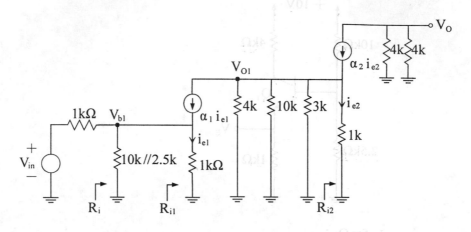

2. 電路分析

$$\alpha_1 = \alpha_2 = \frac{\beta}{1+\beta} = \frac{100}{101} = 0.99$$

$$A_{V2} = \frac{V_0}{V_{01}} = \frac{-\alpha_2(4k\,/\!/\,4k)}{1k} = \frac{-0.99(2k)}{1k} = -1.98$$

$$R_{i2} = (1+\beta)(1k) = 101k$$

$$A_{V1} = \frac{V_{01}}{V_{b1}} = \frac{-\alpha_1(4k\,/\!/\,10k\,/\!/\,3k\,/\!/\,R_{i2})}{1k} = -1.428$$

$$R_{i1} = (1+\beta)(1k) = 101k$$

$$R_i = 10k\,/\!/\,2.5k\,/\!/\,101k = 1.96k$$

$$\frac{V_{b1}}{V_{in}} = \frac{R_i}{R_s + R_i} = \frac{1.96k}{1k + 1.96k} = 0.662$$

$$\therefore A_V = \frac{V_0}{V_{in}} = \frac{V_0}{V_{01}} \cdot \frac{V_{01}}{V_{b1}} \cdot \frac{V_{b1}}{V_{in}} = A_{V2} \cdot A_{V1} \cdot \frac{V_{b1}}{V_{in}}$$

$$= 1.872$$

3. ① $\because \dfrac{V_{b1}}{V_{in}} = 0.662$

$\therefore V_{b1} = V_{e1} = 0.662V_{in} = 6.62\sin1000t$

② $\because \dfrac{V_{01}}{V_{b1}} = -1.428$

$\therefore v_{01} = v_C = (-1.428)V_{b1} = -9.453\sin1000t$

③ $\dfrac{v_0}{v_{in}} = 1.872$

$\therefore v_0 = 1.872V_{in} = 18.72\sin1000t$

4. 完全響應

$v_E = V_E + v_e = 1.273 + 6.62\sin1000t \text{ mV}$

$v_C = V_C + v_c = 4.96 - 9.453\sin1000t \text{ mV}$

$v_0 = 18.72\sin1000t \text{ mV}$

---

52. (1)下圖電路中所有的電阻皆相等，且電晶體都在主動區，且有
相同的小訊號模型參數，（g_m，r_π，r_0），其中$r_0 \gg r_\pi \gg 1/g_m$，
而且$r_0 \gg R$，請問何者有最小的小訊號電壓增益V_0/V_i
(1) A　(2) B　(3) C　(4) D　(5) E

(2)同上題，請問何者有最大之小訊號輸入阻抗$R_i = V_i/I_i$？
(1) A　(2) B　(3) C　(4) D　(5) E

(3)同上題，請問何者有最小之小訊號輸出阻抗$R_0 = V_0/I_0$？
(1) A　(2) B　(3) C　(4) D　(5) E（✤**題型：多級放大器特性比
較**）

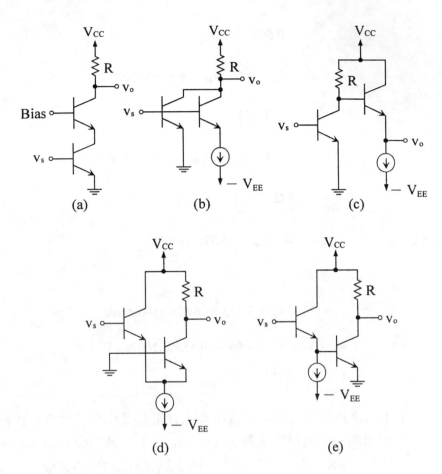

(a)　　　　　　(b)　　　　　　(c)

(d)　　　　　　(e)

【交大電子所】

解☞：圖(a)為 CE + CB

圖(b)為並聯式的 CE

圖(c)為 CE + CC

圖(d)為 CC + CB

圖(e)為 CC + CE

(1)比較 A_V，知

圖(d)，A_V 最小，⇒選(4)

(2)比較 R_i，知

　　圖(e)，R_i 最大

(3)比較 R_0，知

　　圖(c)，r_0 最小

---

53. In the circuit drawn below, how many BJT's are operated in common-collector mode？（✣題型：多級放大器）

　(A) 1　　(B) 2　　(C) 3　　(D) 4　　(E) 5　　　　　　【交大電子所】

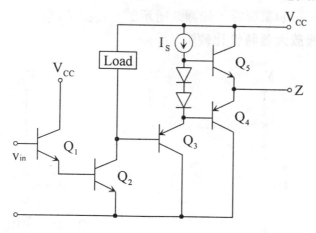

解☞：　(D)

　　Q_1，Q_3，Q_4，Q_5共 4 個

54.如圖(1)(2)(3)所示，分別為 CE 放大器，具射極電阻之 CE 放大器，及 CC 放大器。設偏壓電路之影響可略去不計，並設各電晶體具有相同之 $\beta_0 = 100$ 及 $r_\pi = 0.5k\Omega$，各 r_b 均設為零，並略去 Early 效應不計。

(1)若圖(1)，(2)，(3)各級之輸入端分別由一 $R_s = 2k$ 之信號源所驅動，如圖(4)所示，試問：

何者具有最大之 $|A_V| = \dfrac{|V_0|}{|V_s|}$，其值為何？

何者具最大之 R_i，其值為何？

何者具最小之 R_0，其值為何？

(2)若要將圖(1)(2)(3)接成一個三級串接放大器，（cascade amplifier）並使其串接後之 $|A_V|$ 為最大，試問圖(1)(2)(3)之串接順序應如何？並說明理由。（不能重複使用，如(1)-(1)-(2)等）

(3)重做(2)，但改為使 $|A_I| = \dfrac{|I_0|}{|I_s|}$ 為最大（此處 $I_s = V_s/R_s$ 為信號之諾頓電流源，如圖(5)所示），並說明理由。（✥題型：**多級放大器特性比較**）

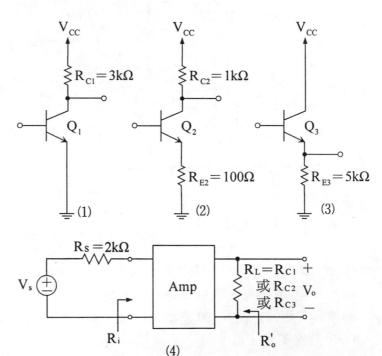

(1)   (2)   (3)

(4)

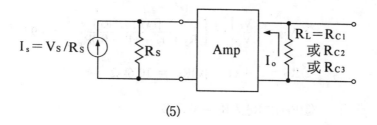

$$(5)$$

解☞：

分析電路（小訊號等效圖）

＜圖 1 ＞

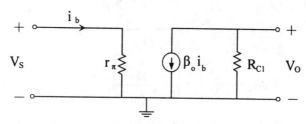

① $A_{V1} = \left| \dfrac{V_0}{V_s} \right| = \left| \dfrac{-\beta_0(R_{C1} /\!/ R_L)}{R_s + r_\pi} \right| = 60$

② $R_{i1} = r_\pi = 0.5k\Omega$

③ $R_{01}' = R_{C1} /\!/ R_L = 1.5k\Omega$

＜圖 2 ＞

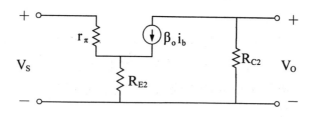

$$① A_{V2} = \left| \frac{V_0}{V_s} \right| = \left| \frac{-\beta_0(R_{C2} /\!/ R_L)}{R_s + r_\pi + (1 + \beta_0)R_{E2}} \right| = 3.97$$

$$② R_{i2} = r_\pi + (1 + \beta_0)R_{E2} = 10.6 k\Omega$$

$$③ R_{02}' = R_{C2} /\!/ R_L = 0.5 k\Omega$$

＜圖 3 ＞

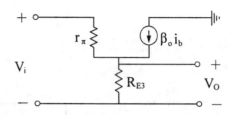

$$① A_{V3} = \left| \frac{V_0}{V_s} \right| = \left| \frac{(1 + \beta_0)R_{E3}}{R_s + r_\pi + (1 + \beta_0)R_{E3}} \right| = 0.997$$

$$② R_{i3} = r_\pi + (1 + \beta_0)(R_{E3} /\!/ R_L) = 253 k\Omega$$

$$③ R_{03}' = (\frac{R_s + r_\pi}{1 + \beta_0}) /\!/ (R_{E3} /\!/ R_L) = 24.8 \Omega$$

(1)① A_v,max 為圖(1)，$A_{V1} = 60$

② R_i,max 為圖(3)，$R_{i3} = 253 k\Omega$

③ R_0',min 為圖(3)，$R_{03}' = 24.8 \Omega$

(2)欲串接成最大的$|A_v|$，則接法次序如下

圖(2)-圖(1)-圖(3)

理由

第一級放大器：要求：輸入阻抗較高，避免分掉電壓訊號

第二級放大器：要求：電壓增益最大，放大電壓訊號。

第三級放大器：要求：輸出阻抗較低，避免影響輸出電壓
訊號

(3)欲串接成最大的$|A_I|$，則接法次序如下：

圖(1)-圖(3)-圖(2)

理由

第一級放大器：要求：輸入阻抗較小，避免分掉電流訊號

第二級放大器：要求：電壓增益最大，放大電流訊號。

第三級放大器：要求：輸出阻抗較大，避免影響輸出電流

訊號

55.(1) Prove that the low-frequency hybrid-π equivalent circuit can be reduced to the T model, both shown below.

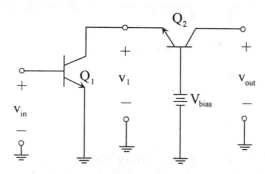

$$r_e = \frac{\alpha_0}{g_m} \text{ where } \alpha_0 = \frac{\beta_0}{\beta_0 + 1}$$

(2) For the following amplifier circuit, identify the amplifier configurations (CE, CB or CC) for Q_1 and Q_2.

(3) For $I_{C1} = I_{C2} = 100\mu A$, $\beta_{01} = \beta_{02} = 100$, $r_{01} = r_{02} = 1M\Omega$, calculate V_1/V_{in}, V_{out}/V_{in}, R_i, R_0 and $G_m \equiv \dfrac{I_{out}}{V_{in}}\Big|_{V_{out}=0}$ by using simplified low frequency hybrid-π model in Q_1 and the T model in Q_2.

(4) Explain why this amplifier circuit has better frequency response than a simple CE amplifier. （ ❖題型：Cascode　（CE ＋ CB））

【交大電子所】

解☞：

(1)求參數

$$\because r_\pi = \frac{v_1}{i_b} = \frac{\beta_0}{g_m}$$

$$\therefore r_e = \frac{r_\pi}{1 + \beta_0} = \frac{\beta_0}{(1 + \beta_0)g_m} = \frac{\alpha_0}{g_m} \quad 得證$$

(2)型式判斷

　　Q_1：CE configuration

　　Q_2：CB configuration

(3)小訊號分析

①求參數

$$r_{\pi 1} = \frac{V_T}{V_{B1}} = \frac{\beta_0 V_T}{I_C} = \frac{(100)(25mV)}{100\mu A} = 25k\Omega$$

$$r_{e2} = \frac{V_T}{I_{E2}} \cong \frac{V_T}{I_{C2}} = \frac{25mV}{100\mu A} = 0.25k$$

$$g_{m1} = \frac{\beta_0}{r_{\pi 1}} = \frac{100}{25k} = 4mA/V \approx g_{m2}$$

②電路分析（由後往前分析）

a. $A_V = \dfrac{V_o}{V_{in}} = \dfrac{V_o}{V_1} \cdot \dfrac{V_1}{V_{in}}$

$\qquad = \dfrac{- g_{m2}V_1(r_{o2} + r_{e2})}{- g_{m2}V_1 r_{e2}} \cdot \dfrac{- g_{m1}v_\pi(r_{o1} /\!/ R_{in2})}{v_\pi}$

$\qquad = (\dfrac{r_{o2} + r_{e2}}{r_{e2}}) \,[\, - g_{m1}(r_{o1} /\!/ R_{in2}) \,]$

$\qquad = (\dfrac{1M + 0.25k}{0.25k}) \,[\, - 4m(1M /\!/ 0.25k) \,] = - 4001$

（註：觀察法 $A_V \approx - \dfrac{R_L}{r_{e2}} = - \dfrac{r_{o2}}{r_{e2}} = - \dfrac{1M\Omega}{0.25k} = - 4000$）

其中

$\qquad R_{in2} = r_{e2} /\!/ r_{o2} = (0.25k) /\!/ (1M) = 0.25k\Omega$

b. $\dfrac{V_1}{V_{in}} = - g_{m1}(r_{o1} /\!/ R_{in2}) = (- 4m)(1M /\!/ 0.25k) = - 1$

c. $R_{in} = r_{\pi 1} = 25k\Omega$

（註：觀察法，$R_{in} = r_{\pi 1} = 25k\Omega$）

d. $R_{out} = \dfrac{V_0}{I_0}\Big|_{V_{in}=0}$ $\because V_{in} = 0$ 所以等效電路可改為

$$I_0 = - g_{m2}V_1 + \frac{V_0}{r_{01} /\!/ r_{e2} + r_{02}} \approx - g_{m2}V_1 + \frac{V_0}{r_{02}}$$

$$V_1 = (I_0 + g_{m2}V_1)(r_{01} /\!/ r_{e2}) \approx (I_0 + g_{m2}V_1)r_{e2}$$

$$\therefore (1 - g_{m2}r_{e2})V_1 = I_0 r_{e2}$$

$$故\ V_1 = \frac{I_0 r_{e2}}{1 - g_{m2}r_{e2}}$$

$$\therefore I_0 = - g_{m2}V_1 + \frac{V_0}{r_{02}} = - g_{m2}(\frac{I_0 r_{e2}}{1 - g_{m2}r_{e2}}) + \frac{V_0}{r_{02}}$$

$$\Rightarrow I_0(1 + \frac{g_{m2}r_{e2}}{1 - g_{m2}r_{e2}}) = I_0(1 + \frac{\alpha_2}{1 - \alpha_2}) = I_0(1 + \beta_2) = \frac{V_0}{r_{02}}$$

$$故\ R_{out} = \frac{V_0}{I_0} = (1 + \beta_2)r_{02} = (101)(1M) = 101M\Omega$$

$$（觀察法：R_{out} \approx (1 + \beta_2)r_{02} = 101M\Omega）$$

(4)在高頻分析時，因共基式沒有米勒（Miller）電容效應，
所以高頻響應值。

---

56. For the two-stage cascade shown in Fig. compute the input and output re-
sistances, the individual overall voltage and current gains. Using the ap-
proximate formulas with $h_{fe} = 100$, $h_{ie} = 3k\Omega$. （✤題型：多級放大
器（CC + CE））

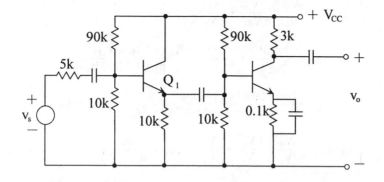

【成大電機所】

解☞：

1. 小訊號等效圖

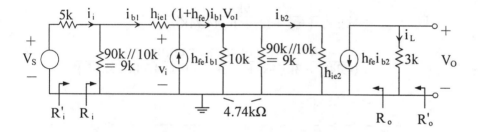

2. 電路分析

① $R_0 = \infty$

② $R_0' = \infty // 3k = 3k$

③ $R_i = 9k // [h_{ie1} + (4.74k // h_{ie2})(1 + h_{fe1})]$

$\quad = 9k // [3k + (4.74k // 3k)(101)] = 8.6k\Omega$

④ $R_i' = R_s + R_i = 5k + 8.6k = 13.6k$

⑤ $A_V = \dfrac{V_0}{V_i} = \dfrac{V_0}{V_{01}} \cdot \dfrac{V_{01}}{V_i}$

$= \dfrac{-h_{fe}(3k)}{h_{ie2}} \cdot \dfrac{(1+h_{fe})(4.74k \mathbin{/\!/} h_{ie2})}{h_{ie1}+(1+h_{fe})(4.74k \mathbin{/\!/} h_{ie2})}$

$= \dfrac{(-100)(3k)(101)(4.74k \mathbin{/\!/} 3k)}{(3k)\left[(3k)+(101)(4.74k \mathbin{/\!/} 3k)\right]} = -98.4$

⑥ $A_{VS} = \dfrac{V_0}{V_s} = \dfrac{V_0}{V_i} \cdot \dfrac{V_i}{V_s} = A_V \cdot \dfrac{R_i}{R_i+R_s}$

$= -(98.4) \cdot \dfrac{8.6k}{5k+8.6k} = -62.22$

⑦ $A_I = \dfrac{i_L}{i_i} = \dfrac{i_L}{i_{b2}} \cdot \dfrac{i_{b2}}{i_{b1}} \cdot \dfrac{i_{b1}}{i_1} = (-h_{fe}) \cdot \dfrac{(1+h_{fe})(4.74k)}{4.74k+h_{ie2}} \cdot$

$$\dfrac{9k}{9k+\left[h_{ie1}+(1+h_{fe})(4.74K \mathbin{/\!/} h_{ie2})\right]}$$

$= \dfrac{(-100)(101)(4.74k)(9k)}{(4.74k+3k)\{9k+\left[3k+(101)(4.74k \mathbin{/\!/} 3k)\right]\}}$

$= -281.8$

---

57. (1) Draw a Darlington emitter follower.

(2) Explain why the input impedance is higher than that of a single-stage emitter follower.

簡譯

(1)繪出一個達靈頓射極隨耦器電路。

(2)說明為何此電路的輸入電阻較單一級的高。（✤題型：達靈頓電路（CC＋CC））　　　　　　【中山電機所】

解☞：

(1)

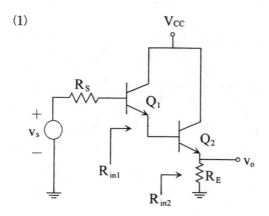

(2)單級：$R_{in2} = (1 + \beta_2)(r_{e2} + R_E)$

達靈頓電路：$R_{in1} = (1 + \beta_1)[r_{e1} + (1 + \beta_2)(r_{e2} + R_E)]$

$\therefore R_{in1} \gg R_{in2}$

---

58. The cascaded amplifier shown in Fig. transistor Q_1 has $\beta_0 = 100$ and $r_\pi = 1.0k\Omega$; transistor Q_2 and Q_3 have $\beta_0 = 100$ and $r_\pi = 0.5k\Omega$. Determine the overall gain V_0/V_s. (❖題型：多級放大器)

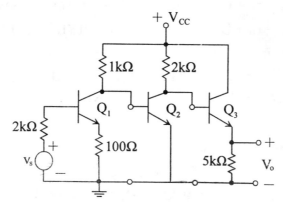

【中山電機所】

解☞：

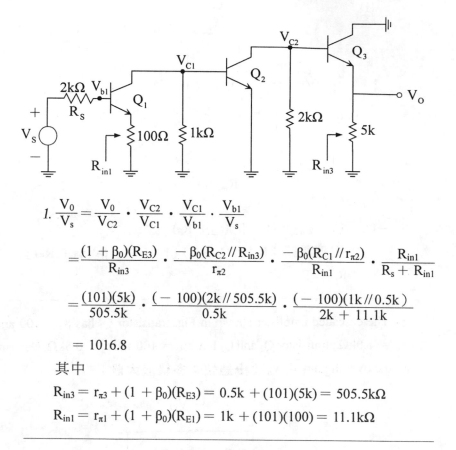

1. $\dfrac{V_0}{V_s} = \dfrac{V_0}{V_{C2}} \cdot \dfrac{V_{C2}}{V_{C1}} \cdot \dfrac{V_{C1}}{V_{b1}} \cdot \dfrac{V_{b1}}{V_s}$

$= \dfrac{(1 + \beta_0)(R_{E3})}{R_{in3}} \cdot \dfrac{-\beta_0(R_{C2} /\!/ R_{in3})}{r_{\pi2}} \cdot \dfrac{-\beta_0(R_{C1} /\!/ r_{\pi2})}{R_{in1}} \cdot \dfrac{R_{in1}}{R_s + R_{in1}}$

$= \dfrac{(101)(5k)}{505.5k} \cdot \dfrac{(-100)(2k /\!/ 505.5k)}{0.5k} \cdot \dfrac{(-100)(1k /\!/ 0.5k)}{2k + 11.1k}$

$= 1016.8$

其中

$R_{in3} = r_{\pi3} + (1 + \beta_0)(R_{E3}) = 0.5k + (101)(5k) = 505.5k\Omega$

$R_{in1} = r_{\pi1} + (1 + \beta_0)(R_{E1}) = 1k + (101)(100) = 11.1k\Omega$

---

59. 附圖所示為一 CC-CE 串接放大器,假設 Q_1 和 Q_2 的小訊號參數 g_m,r_π 和 r_0 均相等。

(1)計算其電壓增益表示式。

(2)計算第一級輸出電阻 R_{01}。

(3)此電路與單級共射放大器比較起來,何者具有較大之頻寬,試簡述理由。(❖題型:多級放大器(CC + CE))

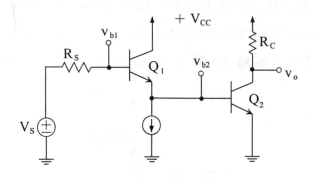

【技師】

解☞：

(1)小訊號等效圖

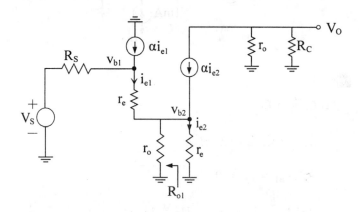

$$\therefore A_v = \frac{V_o}{V_s} = \frac{V_o}{V_{b2}} \cdot \frac{V_{b2}}{V_{b1}} \cdot \frac{V_{b1}}{V_s}$$

$$= \frac{-\alpha(r_o /\!/ R_c)}{r_e} \cdot \frac{r_o /\!/ r_e}{r_e + r_o /\!/ r_e} \cdot \frac{(1+\beta)(r_e + r_o /\!/ r_e)}{R_S + (1+\beta)(r_e + r_o /\!/ r_e)}$$

(2) $r_{01} = \left[\dfrac{R_s}{1+\beta} + r_e \right] /\!/ r_0$

(3)此電路因含有 CC Amp，可降低米勒電容效應，所以比單
級 CE Amp 具有較高的頻寬。

60. 已知 Q_1，Q_2 完全相同，$\beta = 100$，$r_0 = \infty$，$V_T = 25mV$，$V_{BE} = 0.7V$ (1)忽略基極電流，求 I_{C2}，V_{C2}，V_{E2}　(2)求 $\dfrac{V_{c1}}{V_{b1}}$　(3)求 $\dfrac{V_0}{V_s}$。

（❖ 題型：多級放大器（CE＋CB）)

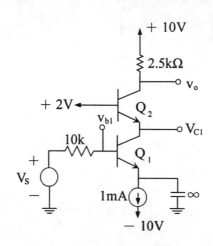

【高考】

解☞：

(1)直流分析

設Q_1，Q_2皆在主動區

1. ∵ $I_{B1} = I_{B2} = 0$

∴ $I_{E1} = I_{C1} = I_{E2} = I_{C2} = 1mA$

2. $V_{E2} = 2 - V_{BE2} = 2 - 0.7 = 1.3V = V_{C1}$

3. $V_{C2} = V_{CC} - I_{C2}R_{C2} = 10 - (1mA)(2.5k) = 7.5V$

4. check

① ∵ $V_{CE2} = V_{C2} - V_{E2} = 7.5 - 1.3 = 6.2V > 0$

∴Q_2在主動區

② ∵$V_{BC1} = V_{B1} - V_{C1} = 0 - 1.3 = -1.3V < 0$

∴Q_1在主動區

(2)小訊號分析

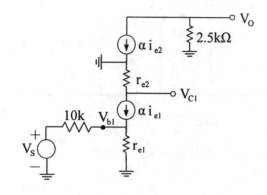

$$r_{e1} = r_{e2} = \frac{V_T}{I_E} = \frac{25mV}{1mA} = 25\Omega$$

$$\alpha = \frac{\beta}{1 + \beta} = \frac{100}{101}$$

$$\therefore \frac{V_{C1}}{V_{b1}} = \frac{-\alpha r_{e2}}{r_{e1}} = -\alpha = -0.99$$

(3)$\dfrac{v_o}{v_s} = \dfrac{v_{c2}}{v_{c1}} \cdot \dfrac{v_{c1}}{v_{b1}} \cdot \dfrac{v_{b1}}{v_s}$

$$= \frac{-\alpha(2.5K)}{-r_{e2}} \cdot (-0.99) \cdot \frac{(1 + \beta)r_{e1}}{10K + (1 + \beta)r_{e1}}$$

$$= -(0.99)^2(\frac{2.5k}{25}) \cdot [\frac{(101)(25)}{10k + (101)(25)}] = -19.8$$

61.兩級串接放大器如圖所示，計算輸入和輸出電阻，各級與整體
電壓增益及電流增益。已知 $h_{fe} = 100$，$h_{ie} = 3k\Omega$（❖題型：串
接 CC + CE）

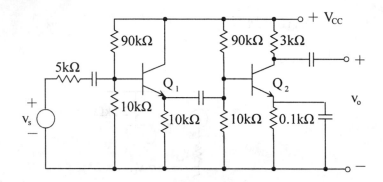

解☞：

①繪出小訊號等效電路

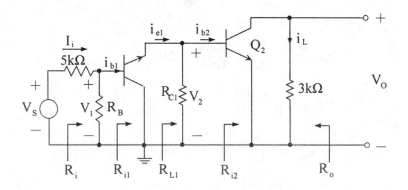

$R_{c1} = 10k//90k//10k = 4.74k\Omega$

$R_B = 90k//10k = 9k\Omega$

②求R_i（由後往前分析）

$R_{i2} = h_{ie} = 3k\Omega$

$R_{L1} = R_{C1}//R_{i2} = 4.74k//3k = 1.84k\Omega$

$R_{i1} = h_{ie} + (1 + h_{fe})R_{L2} = 3k + (101)(1.84k) = 188.84k\Omega$

$\therefore R_i = R_B // R_{i1} = 9k // 188.84k = 8.6k\Omega$

③求A_V（由後往前分析）

$$A_{V2} = \frac{V_0}{V_2} = - h_{fe}\frac{R_L}{R_{i2}} = - 100$$

$$A_{V1} = \frac{V_2}{V_1} = (1 + h_{fe})\frac{R_{L1}}{R_{i1}} = 0.984$$

$$A_{VS} = \frac{V_0}{V_s} = \frac{V_0}{V_2} \cdot \frac{V_2}{V_1} \cdot \frac{V_1}{V_s} = A_{V2} \cdot A_{V1} \cdot \frac{R_i}{R_s + R_i} = - 62.2$$

④求A_I（由後往前分析）

$$A_{I2} = \frac{i_L}{i_{b2}} = - h_{fe} = - 100$$

$$A_{I1} = \frac{i_{e1}}{i_{b1}} = 1 + h_{fe} = 101$$

$$A_I = \frac{i_L}{i_1} = \frac{V_0/R_L}{V_s/(R_s + R_i)} = A_{VS} \cdot \frac{R_s + R_i}{R_L} = (- 100)\frac{5k + 8.6k}{3k}$$

$$= - 282$$

⑤求R_0

$R_0 = 3k\Omega$

---

62. 如下圖，若$\beta = 100$，試計算 R_i 和 V_0/V_i（❖題型：串接（cascade）：CC + CB）

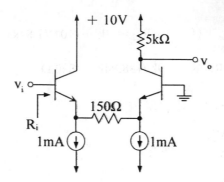

解☞：

1. 繪出等效圖

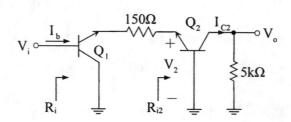

2. 求參數

$$\because I_{E1} = I_{E2} = 1mA$$

$$\therefore r_{e1} = r_{e2} = \frac{V_T}{I_E} = 25\Omega$$

3. 分析電路

$$R_{i2} = r_{e2} = 25\Omega$$

$$R_i = (1 + \beta)(r_{e1} + 150 + r_{e2}) = 20.2k\Omega$$

Q_2：共基式

$$\therefore A_{V2} = \frac{V_0}{V_2} = g_m R_c \approx \frac{R_c}{r_{e2}} \quad （觀察法）$$

Q_1：共集式

$$\therefore A_{V1} = \frac{V_2}{V_i} = \frac{R_E // R_{i2}}{r_{e1} + (R_E + R_{i2})} \quad （觀察法）$$

$$\therefore A_V = \frac{V_0}{V_i} = \frac{V_0}{V_2} \cdot \frac{V_2}{V_i} = \frac{R_c}{R_{e2}} \cdot \frac{R_E /\!/ R_{i2}}{r_{e1} + (R_E /\!/ R_{i2})}$$

$$= \frac{(5k)(150/\!/25)}{(25)(25 + 150/\!/25)} = 92.3$$

技巧：$A_V \approx \dfrac{\alpha R_L}{2r_e} = \dfrac{\beta R_L}{2(1+\beta)r_e} = \dfrac{(100)(5k)}{2(101)25} = 99$

---

63. 圖示電路中 Q_1 及 Q_2 完全相同，試用 h 參數模型，求(1) $R_i = \dfrac{V_i}{i_i}$

(2) $A_V = \dfrac{V_0}{V_i}$（✣題型：並聯式多級放大器）

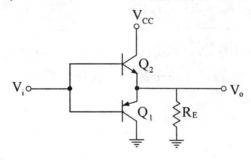

解☞：

1. 繪出小訊號模型

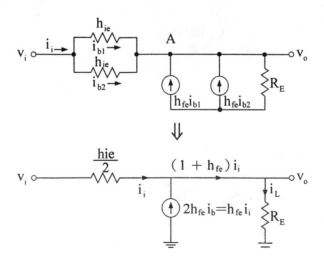

2. 分析電路

$$(1) R_i = \frac{V_i}{i_i} = \frac{\dfrac{h_{ie}}{2}i_i + (1 + h_{fe})i_iR_E}{i_i}$$

$$= \frac{h_{ie}}{2} + (1 + h_{fe})R_E$$

$$(2) A_V = \frac{V_0}{V_i} = \frac{V_0}{i_i} \cdot \frac{i_i}{V_i} = \frac{(1 + h_{fe})i_iR_E}{i_i} \cdot \frac{1}{R_i} = (1 + h_{fe})\frac{R_E}{R_i}$$

$$= \frac{2(1 + h_{fe})R_E}{h_{ie} + 2(1 + h_{fe})R_E}$$

---

64. 圖中，$\beta = 100$，$V_{BE} = 0.7V$，決定 A，B，C 點的直流電壓，又輸出電阻 R_0 為何？（❖題型：達靈頓電路）

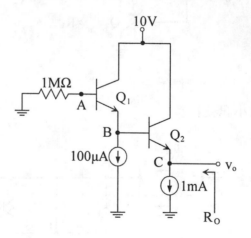

解☞ :

一、直流分析

$$I_{B2} = \frac{I_{E2}}{1 + \beta} = \frac{1mA}{101} = 9.9\mu A$$

$$I_{B1} = \frac{I_{E1}}{1 + \beta} = \frac{100\mu A + 99\mu A}{101} = 1.09\mu A$$

$$\therefore V_A = - I_{B1}R_B = - (1.09\mu A)(1M) = - 1.09V$$

$$V_B = V_A - B_{BE} = - 1.09 - 0.7 = - 1.79V$$

$$V_C = V_B - V_{BE} = - 1.79 - 0.7 = - 2.49V$$

二、求 R_0

$$r_{e1} = \frac{V_T}{I_{E1}} = 227.5\Omega$$
$$r_{e2} = \frac{V_T}{I_{E2}} = 25\Omega$$

$$\therefore R_0 = (\frac{1M}{1 + \beta} + r_{e1})(\frac{1}{1 + \beta}) + r_{e2} = 125.3\Omega$$

CH5 FET 直流分析

5-1·〔題型二十六〕：FET 與 BJT 之比較

考型 62 FET 與 BJT 的比較

一、場效電晶體之分類：JFET-Junction Field Effect Transistor

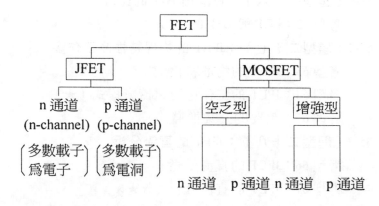

二、BJT 與各類 FET 之比較

	BJT	JEFT	DMOS	EMOS
元件	電流控制元件	電壓控制元件	電壓控制元件	電壓控制元件
偏壓	順偏	逆偏	可逆，可順	順偏
PN 接面	二個 PN 接面	一個 PN 接面	一個 PN 接面	一個 PN 接面
各腳	具單向性	具雙向性	具雙向性	具雙向性
極性	（E.C 不能互換）	（D.S 可互換）	（D.S 可互換）	（D.S 可互換）
閘極電流		$I_G \approx nA \approx 0$	$I_G = 10^{-12} \sim 10^{-15} A$	$I_G = 10^{-12} \sim 10^{-15} A$
載子	雙載子電流	單載子電流	單載子電流	單載子電流
輸入阻抗	較小	$R_{in} = \infty$	$R_{in} = \infty$（更大）	$R_{in} = \infty$（更大）
		N 通道：$V_P \approx -4V$		NMOS：$V_t \approx 2V$
		P 通道：$V_P \approx 4V$		PMOS：$V_t \approx -2V$
歐力效應	有	有	有	有
基體效應	無	無	有	有

三、FET 與 BJT 優缺點比較

1. FET 比 BJT 製作面積小，適合 IC 製作，且製作簡單

2. FET 無偏補（offset）電壓及漏電流，適合當開關或截波器，BJT 有偏補電壓

3. FET 具高輸入阻抗，抵抗雜訊能力強（R_{in} 約 100MΩ），適合作前級放大器

4. FET 熱穩定性佳（較不受輻射影響）

5. FET 的 GB（增益頻寬）值小

6. FET 的操作速度較慢

7. FET 的高頻響應不佳

8. FET 為平方律元件〔$I_D = I_{DSS}(1-\frac{V_{GS}}{V_P})^2$〕，而 BJT 為 $I_c = \beta I_B$

9. FET 可作對稱雙向開關

10. FET 在原點附近為線性，但 BJT 則為非線性

四、NMOS 與 PMOS 比較

1. NMOS 內的電流大於 PMOS，約大二倍

2. NMOS 比 PMOS 製作面積小

3. NMOS 比 PMOS 操作速度快

4. NMOS 的導通電阻（r_{DS}）為 PMOS 的 $\frac{1}{3}$

1. Please identify the following semiconductor devices. (❖題型：各類 FET 的比較)

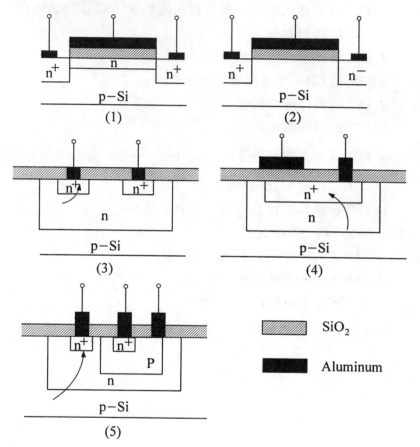

(1)

(2)

(3)

(4)

(5)

[SiO₂ 圖示] SiO$_2$

[Aluminum 圖示] Aluminum

【清大電機所】

解☞：

　(1)空乏式 MOSFET。

　(2)加強式 MOSFET。

　(3)電阻。

(4)電容。

(5)蕭基（Schottky）電晶體。

---

2. For the following items, which one has negative temperature coefficient：

(A)β of BJT,　(B) avalanche breakdown voltage,

(C) K of enhancement type MOSFET　(D) resistivity of metal.

簡譯

問何者具有負的溫度係數：

(A) BJT 的 β 值。　(B)累增崩潰電壓值。

(C)增強型 MOSFET 的 K 值。　(D)金屬的電阻係數。

（✤題型：FET 與 BJT 的比較）

【台大電機所】

解☞：(C)

(A) T↑⇒β↑

(B)累增崩潰屬正溫係數，而曾納崩潰屬負溫係數

(C)∵$K=\frac{1}{2}\mu C_{ox}(\frac{W}{L})$其中 μ 為負溫係數

(D)金屬的阻抗屬正溫係數

---

3. 有四個 MOSFET（A,B,C,D）均操作於飽和區，其特性如下。

試問下列敘述何者正確：

(A)共有 3 個增強型 FET

(B)有 2 個 FET 之臨界電壓 V_T大於 0

(C) D 為增強型 n-MOSFET

(D) B 為空乏型 n-MOSFET

(E)A 和 B 均為空乏型 n-MOSFET（✤題型：各類 FET 的比較）

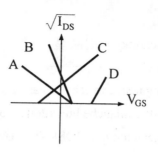

【交大電子所】

解☞：(C)

---

4. Which of the following I-V curve is the typical transfer characteristics of an enhancement type PMOS. The PMOS is operated in the saturation region.

簡譯

問下列何者為增強型 PMOS 且工作於飽和區的 I-V 特性曲線。

（❖題型：各類 FET 特性曲線比較）

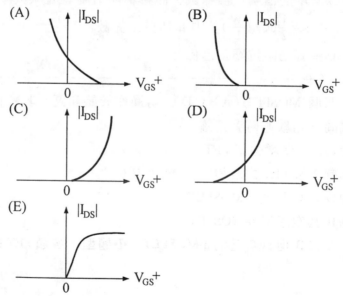

解☞ : (B)

---

5. Sketch the transfer curves of

   (1) i_C versus v_{BE} for an npn BJT.

   (2) i_D versus v_{GS} for an n-channel JFET.

   (3) i_D versus v_{GS} for an n-channel enhancement-depletion MOSFET.

   (4) i_D versus v_{GS} for an n-channel enhancement-only MOSFET. （✥題

   型：FET 與 BJT 的比較）

【大同電機所】

解☞ :

(1)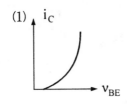

$$i_c = I_S(e^{v_{BE}/v_T} - 1)$$

(2)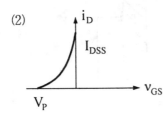

$$i_D = I_{DSS}(1 - \frac{v_{GS}}{V_p})^2$$

$$V_P \leq v_{GS} \leq 0$$

(3)

$$i_D = K(v_{GS} - V_T)^2$$

$$v_{GS} \geq V_T$$

(4)

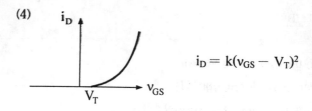

$$i_D = k(v_{GS} - V_T)^2$$

5-2〔題型二十七〕：JFET 的物理特性及工作區

考型 63　JFET 的物理特性

一、n 通道的 JFET 基本結構與電路符號

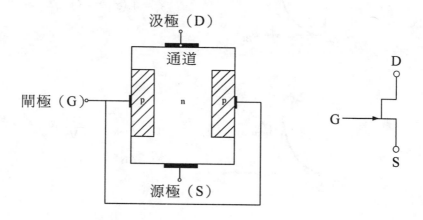

(a) n 通道 JEFT 的基本結構　　　　(b) n 通道 JFET 的電路符號

二、P 通道的 JFET 基本結構與電路符號

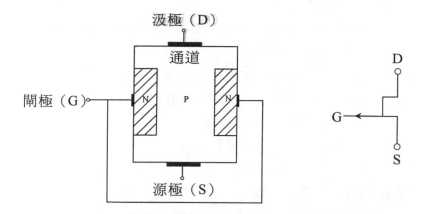

(a)P通道JFET的基本結構　　　　　(b)P通道JFET的電子符號

1. JFET 為 3 端元件。
2. FET 只有一個 PN 接面。（閘極—通道）。
3. FET 主要電流成份為多數載子的漂移電流。
4. 源極（Source）：多數載子流入的端點稱為源極 S。
5. 洩極或汲極（Drain）：多數載子流出的端點稱為汲極 D。
6. 閘極（Gate）：於 n 通道兩側，為高摻雜量的受體雜質（P+）區域，此區稱為閘極 G。V_{GS} 為逆偏，而 $I_G \approx 0$。
7. 通道（Channel）：在兩個閘極所夾的 n 型半導體，提供多數載子從源極流至洩極的通道。

三、D，S 端的判斷要領

多數載子的前進方向：

1. n 通道的電流方向：D→S
2. P 通道的電流方向：S→D
3. 當有電流時，才有 S,D 端的區別。
   (1) n 通道 FET 之 $V_{DS}>0$
   (2) P 通道 FET 之 $V_{DS}<0$

四、工作限制：

    1. JFET 正常工作時，V_{GS} 必須保持逆向偏壓以使得 $I_G = I_S(\approx 0 \approx 10^{-9}A)$，

    〔$V_{GS} < V_r(0.5V)$〕。

    2. 主要電流成份 ⇒ 多數載子的漂移電流。

    輸出曲線繪製法：（以 n 通道為例）

    由 V_{GS} 控制 $i_D - V_{DS}$ 曲線

    當 V_{DS} 很小時（通道為等寬）

    $V_{GS} = V_{GS} - V_{DS} \approx V_{GS}$

五、JFET 之用途

    1. JFET 工作於夾止區時 ⇒ 當放大器用

    2. JFET 工作於三極體區及截止區時：

    $\begin{cases} 類比觀點：當開關 \\ 數位觀點：當反相器 \end{cases}$

六、JFET 的特性曲線（以 n 通道共源極為例）

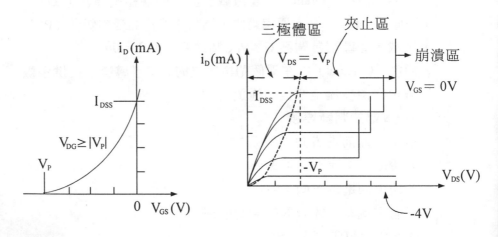

(a)輸入特性曲線(i_D, V_{GS}) (b)輸出特性曲線(i_D, V_{GS})

七、工作區說明

1. 截止區（cut-off region）

(1)由輸入特性曲線知當 $|V_{GS}| \geqq |V_P|$ 時，$I_D = 0$，所以知**截止條件為：$|V_{GS}| \geqq |V_P|$，此時 $I_D = 0$**

(2)工作說明：

　　$\boxed{當\ V_{DS}\ 很小時}$。通道寬度等寬。此時可由 V_{GS} 來調整通道的寬度。當 V_{GS} 變大時通道變窄，電流變小。最後當 V_{GS} 大到使通道消失則此時 i_D 降為 0，此種狀況稱為「**夾止**」。當夾止發生時的 V_{GS} 電壓稱為**夾止電壓**（pinch off voltage）以 V_P 表示。

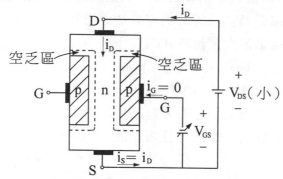

(a) V_{DS} 很小，$|V_{GS}| < |V_P|$ 時

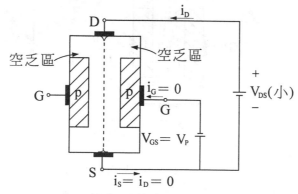

(b) $|V_{GS}| \geqq |V_P|$ 的夾止現象

2.三極體區

　(1)此區域共有四種名稱

　　①三極體區（triode region）⇐Smith

　　②歐姆區（ohm region）⇐millman

　　③非飽和區（nonsaturation region）

　　④電壓控制電阻區 VCR 區（Voltage-Controlled-Resistance）

　(2)工作說明

　　 $\boxed{V_{DS} \text{ 不小時}}$

　　①若 V_{GS} 固定，而調變 V_{DS} 時會改變通道寬度的大小，V_{DS} 愈大時則靠近 D 端的通道愈窄。當 V_{DS} 大至和夾止電壓 $|V_P|$ 相等時則在 D 端通道為 0，而在 S 端的通道寬度仍很大，此時 JFET 亦稱「夾止」，而電流 i_D 為一固定值 I_{DSS}。在 $|V_{GS}| < |V_P|$，即未進入截止區，$|V_{GS}|$ 為一固定輸入電壓值時，此時

　　a.未達夾止之前，為三極體區。

　　b.達夾止之後，且未崩潰，為夾止區。

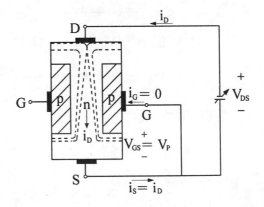

$$V_{DS} \text{ 不小時的夾止現像}$$

　　②當 $|V_{DG}| < |V_P|$ 時，JFET 的電流 i_D 仍未夾止，而是隨著

V_{DS} 的增加而增加，但因V_{DS} 增加時，會使通道變窄。猶如洩極和源極間的電阻 r_{DS} 會增加，故此區域又稱「電壓控制電阻區」（VCR）。

③此三極體區的判斷式，為 $|V_{GS}| < |V_P|$ 且 $|V_{DG}| < |V_P|$

3. 夾止區

(1)此區域共有二種名稱

①夾止區（pinch-off region）

②飽和區（saturation region）

(2)當 $V_{GD} > |V_P|$ 時，JFET 進入夾止區，此時 V_{DS} 無法影響 I_D 之大小，只有 V_{GS} 可以影響 i_D 之值。換言之，在夾止區中，JFET 如同一個恆流源，而電流值由 V_{GS} 所控制。

(3)此夾止區的判斷式為 $|V_{GS}| < |V_P|$ 且 $|V_{DG}| \geqq |V_P|$

4. 三極體區及夾止區之界線方程式

由特性曲線可知，此界線為一條拋物線，並由 $V_{GD} = V_P$ 決定。亦即 $V_{DS} = V_{GS} - V_P$ 將其代入

$i_D = I_{DSS}(1-\dfrac{V_{GS}}{V_P})^2$，可得拋物線的方程式為

$$i_D = I_{DSS}(\dfrac{V_{DS}}{V_P})^2$$

5. 崩潰區

當 $V_{GD} = V_P$ 時，JFET進入夾止區，V_{DS} 繼續增加，亦使 $|V_{GD}|$ 增加，當 $|V_{GD}|$ 值超過 pn 面的額定崩潰電壓時，i_D 會急遽增加，而進入崩潰區。

八、結論

1. 當 V_{DS} 極小時，$V_D \approx V_S$，通道可視為**等寬**；當 V_{DS} 增加時，$V_D > V_S$，通道形成**梯形狀**（D 端小，S 端大）

2. 當 $V_{GS} = 0$，且 $V_{DS} \geqq |V_P|$ 時，通道電流稱為 I_{DSS}。

3. 當 $V_{GS} = V_P$ 時，通道完全被空乏區所夾止，$I_D = 0$，稱為夾止（cut off）狀態。

4.溫度效應

(1)$T\uparrow$，載子$\uparrow$，$n\uparrow$，濃度增高，則空乏區變窄，易穿透。
而I_D則因通道變小而下降

(2)$I_{DSS} \propto T^{-3/2}$

(3)$\dfrac{\triangle V_P}{\triangle T} = -2\ ^{mv}\!/_\text{℃}$

(4)所以 FET 比 BJT 更具溫度穩定性

5. P 通道的所有公式，與 n 通道相同，其差異只在於 V_P 正負值：

n 通道 $\Rightarrow V_P$ 為負值

P 通道 $\Rightarrow V_P$ 為正值

九、崩潰

1. $V_{DS} \uparrow\uparrow \Rightarrow$ 累增崩潰

2. 定義 BV_{DG0} 為 $V_{GS}=0$ 情形下，造成崩潰時的 V_{DG} 值。

3. $V_{GS}=-1V \Rightarrow$ 空乏區增大 $\Rightarrow$ 耐壓減少 1V $\Rightarrow$ 依此類推

4. $\therefore BV_{DG} = BV_{DG0} - |V_{GS}| \Leftarrow$ 即 $|V_{GS}|\uparrow \Rightarrow BV_{DG}\downarrow$

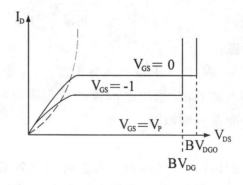

十、JFET 當電流源

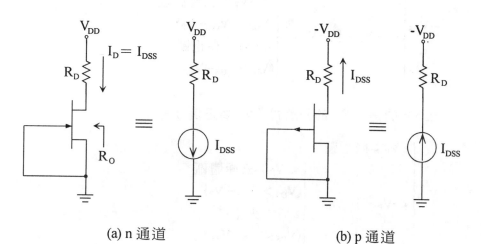

(a) n 通道   (b) p 通道

分析：

1. 當電流源條件 $|V_{GD}| \geq |V_P|$，即工作區在夾止區

2. $I_D = I_{DSS}(1 - \dfrac{V_{GS}}{V_P})^2(1 + \lambda V_{DS}) = I_{DSS}(1 + \lambda V_{DS}) \approx I_{DSS}$

3. $R_0 = r_0 = \dfrac{V_A}{I_D} = \dfrac{V_A}{I_{DSS}}$

考型64 JFET 的工作區及電流方程式

一、工作區判斷的通式（適用 P 通道及 N 通道）

$$|V_{GS}| \begin{cases} \geq |V_P| : 截止區 \\ < |V_P|，且 |V_{GD}| \begin{cases} < |V_P| : 三極體區 \\ \geq |V_P| : 夾止區 \end{cases} \end{cases}$$

二、N 通道 JFET 的判斷式（V_P 為負值）

$$-V_{GS} \begin{cases} \geq -V_P : 截止區 \\ < -V_P , 且 -V_{GD} \begin{cases} < -V_P : 三極體區 \\ (V_{DS} < V_{GS} - V_P) \\ \geq -V_P : 夾止區 \\ (V_{DS} \geq V_{GS} - V_P) \end{cases} \end{cases}$$

三、P 通道 JFET 的判斷式（V_P 為正值）

$$V_{GS} \begin{cases} \geq V_P : 截止區 \\ < V_P , 且 V_{GD} \begin{cases} < V_P : 三極體區 \\ (V_{DS} > V_{GS} - V_P) \\ \geq V_P : 夾止區 \\ (V_{DS} \leq V_{GS} - V_P) \end{cases} \end{cases}$$

四、電流方程式

1. 截止區：$I_D = 0$

2. 三極體區：

   (1)$i_D = I_{DSS} \left[2(1 - \frac{V_{GS}}{V_P})(\frac{V_{DS}}{-V_P}) - (\frac{V_{DS}}{-V_P})^2 \right] \cong K \left[2(V_{GS} - V_P)V_{DS} \right]$

   (2)通道電阻（r_{DS}）

   $$r_{DS} = \frac{V_{DS}}{I_D} \approx \left[-2\frac{I_{DSS}}{V_P}(1 - \frac{V_{GS}}{V_P}) \right]^{-1} = \frac{1}{2K(V_{GS} - V_P)}$$

   (3)$\frac{-1}{r_{DS}}$ 可視為輸出特性曲線在三極區內之斜率

   (4) $K = \frac{I_{DSS}}{V_P^2}$

3. 夾止區

   (1)理想狀況

   $$i_D = I_{DSS}(1 - \frac{V_{GS}}{V_P})^2 = K(V_{GS} - V_P)^2$$

   註：此區的輸出特性曲線為水平，歐力（early）電壓$V_A = \infty$。

解此 I_D 二次式，必有二個答案取 I_D 較小值必為符合條件的答案。

(2)實際狀況

實際狀況需考慮歐力效應，（$V_A \neq \infty$），此時含有輸出電阻r_0。此區的輸出特性曲具有斜率，如圖

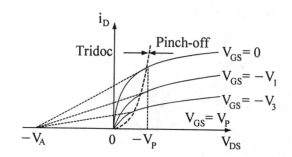

a. $i_D = I_{DSS}(1 - \dfrac{V_{GS}}{V_P})^2(1 + \dfrac{V_{DS}}{V_A}) = I_{DSS}(1 - \dfrac{V_{GS}}{V_P})^2(1 + \lambda V_{DS})$

b. $r_0 \cong \dfrac{V_A}{I_{DQ}}$

考型65 重要公式推導

一、〔證明1〕：夾止電壓：$|V_P| = \dfrac{qN_D}{2\varepsilon}a^2$

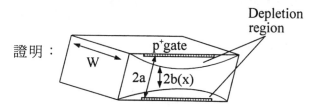

證明：

1. 由 PN 接面知，空乏區寬度（W）

$$W = \sqrt{\dfrac{2\varepsilon}{q}\left[\dfrac{1}{N_A} + \dfrac{1}{N_b}\right](V_{bi} - V_i)}$$

2. 故在上圖中

$$h = 2a = \sqrt{\frac{2\varepsilon}{q}\left[\frac{1}{N_A}+\frac{1}{N_B}\right](V_{bi}-V_i)}$$

3. 當夾止發生時，$h = a$

   $\because N_A \gg N_D \Rightarrow X_n \gg X_p$

   $\therefore a = X_n = \sqrt{\frac{2\varepsilon}{qN_D}(V_{bi}-V_i)}$

   又 $|V_P| \gg V_{bi}$ $\therefore a = \sqrt{\frac{2\varepsilon|V_P|}{qN_D}}$

   故 $|V_P| = q\frac{N_D}{2\varepsilon}a^2$

   〔結論〕由此式可知，FET 在製造時，即可由雜質濃度及尺寸
   將 $|V_P|$ 值決定。

二、〔證明 2〕：通道電阻：$r_{ds} = \dfrac{L}{2awqN_D\mu_n}$

   $\because \sigma = nq\mu \approx N_D q\mu_n = \dfrac{1}{P_R}$

   $\therefore r_{ds} = \rho_R \dfrac{1}{A} = \dfrac{1}{N_D q\mu_n} \cdot \dfrac{L}{2aw} = \dfrac{L}{2awqN_D\mu_n}$

   〔結論〕

   r_{ds} 與尺寸（L，W，a）及雜質濃度有關。

三、〔證明 3〕：$I_{DSS} = \left[\dfrac{2awN_D q\mu_n}{L}\right]V_{DS}$

   證明：

   $$I_{DSS} = I_D\big|_{v_{GS}=0} = \frac{V_{DS}}{r_{ds}}\bigg|_{VGS=0} = \left[\frac{2awN_D q\mu_n}{L}\right]V_{DS}$$

〔結論〕

I_{DSS} 在製作時，即可由尺寸及雜質濃度決定。

四、〔證明 4〕：三極體區的 $i_D = \dfrac{I_{DSS}}{V_P^2} \left[2(1 - \dfrac{V_{GS}}{V_P})(\dfrac{V_{DS}}{-V_P}) - (\dfrac{V_{DS}}{-V_P})^2 \right]$

證明：

1. $\because I_{DSS} = \dfrac{V_{DS}}{r_{ds}} \Big|_{V_{GS}=0} = i_D |_{v_{GS}=0}$

$\therefore V_{DS} = i_D r_{ds} = \boxed{\dfrac{i_D L}{2awqN_D\mu_n}}$

故 $dV_{DS} = i_D dR = \dfrac{i_D}{2q\mu_n N_D W} \cdot \dfrac{dy}{〔a-h(y)〕}$

〔有效長度(L)與空乏區寬度(a)互成反比關係〕

2. 所以

$i_D dy = 2q\mu_n N_D W 〔a - h(y)〕 dV_{DS}$

$\qquad = 2q\mu_n N_D W \left(a - \sqrt{\dfrac{2\varepsilon}{qN_D}(V_{bi} - V_{GS})} \right) dV_{DS}$

$\qquad = 2q\mu_n N_D W \left(a - \sqrt{\dfrac{2\varepsilon}{qN_D}(V_{bi} - V_{GD} - V_{DS})} \right) dV_{DS}$

$\therefore i_d \displaystyle\int_0^L dy = 2q\mu_n N_D W \int_0^{V_{DS}} \left(a - \sqrt{\dfrac{2\varepsilon}{qN_D}(V_{bi} - V_{GD} - V_{DS})} \right) dV_{DS}$

$\Rightarrow i_D L = 2q\mu_n N_D W \left[aV_{DS} + (\dfrac{2\varepsilon}{qN_D})^{1/2} \cdot \dfrac{2}{3}(V_{bi} - V_{GD} - V_{DS})^{\frac{3}{2}} \right] \Big|_0^{V_{DS}}$

$\therefore i_D = \dfrac{2q\mu_n N_D wa}{L} \Big\{ V_{DS} + \dfrac{2}{3}(\dfrac{2\varepsilon}{qN_D a^2})^{1/2} \cdot 〔(V_{bi} - V_{GS})^{\frac{3}{2}}$

$\qquad - (V_{bi} - V_{GS} + V_{DS})^{\frac{3}{2}} 〕 \Big\}$

$$= I_{DSS}\left\{V_{DS} + \frac{2}{3}\frac{1}{\sqrt{V_p}}[(V_{bi}-V_{GS})^{\frac{3}{2}}-(V_{bi}-V_{GS}+V_{DS})^{\frac{3}{2}}]\right\}$$

$$= I_{DSS}\left[2(1-\frac{V_{GS}}{V_p})(\frac{V_{DS}}{-V_P}) - (\frac{V_{DS}}{-V_P})^2\right]$$

$$= \frac{I_{DSS}}{V_P^2}\left[2(V_{GS}-V_P)V_{DS} - V_{DS}^2\right]$$

$$= K\left[2(V_{GS}-V_P)V_{DS} - V_{DS}^2\right]$$

$$其中 \quad K = \frac{I_{DSS}}{V_P^2}$$

五、〔證明 5〕：三極體區的通道電阻

$$r_{ds} = \frac{1}{2K(V_{GS}-V_P)}$$

〔證明〕

$$r_{ds} = \frac{V_{DS}}{i_D} = \frac{V_{DS}}{K\left[2(V_{GS}-V_P)V_{DS} - V_{DS}^2\right]} \approx \frac{V_{DS}}{K\left[2(V_{GS}-V_P)V_{DS}\right]}$$

$$= \frac{1}{2K(V_{GS}-V_P)}$$

六、〔證明 6〕：夾止區的電流方程式

$$\because i_D = \frac{I_{DSS}}{V_P^2}\left[2(V_{GS}-V_P)V_{DS} - V_{DS}^2\right]$$

$$= \frac{I_{DSS}}{V_P^2}\left[2(V_{GS}-V_P)(V_{GS}-V_P) - (V_{GS}-V_P)^2\right]$$

$$= \frac{I_{DSS}}{V_P^2}\left[V_{GS}-V_P\right]^2 = I_{DSS}\left[1 - \frac{V_{GS}}{V_P}\right]^2$$

$$= K(V_{GS}-V_P)^2$$

七、〔證明7〕在夾止區：

1. 實際的電流方程式 $i_D' = I_{DSS}(1 - \dfrac{V_{GS}}{V_P})^2(1+\lambda V_{DS})$

2. 實際的 $r_{ds} = r_o = \dfrac{V_A + V_{DS}}{I_D}$

〔證明〕：以斜率觀點證明

(1)

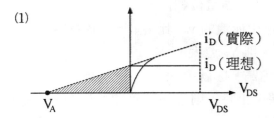

①斜率 $= \dfrac{i_D'}{V_A + V_{DS}} = \dfrac{i_D}{V_A}$

$\therefore \dfrac{i_D'}{i_D} = \dfrac{V_A + V_{DS}}{V_A} = (1 + \dfrac{V_{DS}}{V_A}) = (1+\lambda V_{DS})$

②故知 $i_D' = i_D(1+\lambda V_{DS}) = I_{DSS}(1 - \dfrac{V_{GS}}{V_P})^2(1+\lambda V_{DS})$

(2) $r_{ds} = \dfrac{V_A + V_{DS}}{i_D'} \approx \dfrac{V_A}{i_D} = \dfrac{1}{斜率}$

歷屆試題

6. Choose tshe correct statement from the following ones.

   (A) The higher voltage p^+ node is the drain node of a p — channel JFET.

   (B) The source-drain breakdown voltage at $V_{GS} = V_P$ is higher than that at
   $V_{GS} = 0V$

(C) The narrower the channel thickness, the larger the pinchoff voltage.

(D) Around the room temperature, the higher the temperature, the larger the drain current.

(E) If pinchoff occurs at the drain end only, the drain current starts to saturate.

簡譯

下列何者正確？

(A) P 通道 JFET 的汲極端電位較高。

(B) 當 $v_{GS} = V_P$ 時產生崩潰的 v_{DS} 比 $v_{GS} = 0$ 時為高。

(C) 通道寬度愈窄，則 V_P 愈大。

(D) 室溫時，溫度愈高，I_D 就愈大

(E) 若只在汲極端夾止時，則汲極電流開始飽和。（✤ 題型：JEFT 的物理特性）　　　　　　　　　　【交大電子所】

解 ☞：(E)

(A)：P - JFET：源極端電位較高

(B)：$\because |V_{GS}| \uparrow \Rightarrow BV_K \downarrow$ 而崩潰電壓最高時，$V_{GS} = 0$

(C) $\because |V_P| = \dfrac{qN_DW^2}{2\varepsilon}$ 〔設 $V_P \gg V_{bi}$，W：（通道寬度）〕

$\therefore V_P \propto W$

故 $W \downarrow \Rightarrow V_P \downarrow$

(D) FET 是單載子元件，與導體具有同樣的正溫電阻係數，溫度愈高時，則 r_d 愈大，故電流愈小。

(E) 正確

---

7. For an n-JFET, when V_{GS} truns more negative, the breakdown votage of V_{DS} becomes：(A) no change　(B) greater　(C) smaller（✤ 題型：JEFT 的物理特性）　　　　　　　　　　【交大控制所】

解 ☞：(C)

8.(1) Explain in words what is meant by channel-length modulation.

(2) What effect does channel-length modulation have on the drain current ? (✢ 題型：FET 的物理特性)

解 ☞ ：

(1)當汲極端夾止後，V_{DS} 再繼續增加時，汲極端的空乏區會變寬，使得有效的通道長度(L)變短了，因此 I_D 會稍微增加，此種由 V_{DS} 而調變通道的有效長度，稱為通道長度調變。

(2)由(1)知，I_D 隨 V_{DS} 的增加而增加。

9.(1) Consider an n-channel device with donor concentration of N_D atoms ／ cm^3 and a heavily doped gate with acceptor concentration of N_A atoms ／ cm^3 , such that $N_A \gg N_D$ and an abrupt channel-gate junction. Assume that $V_{DS} = 0$ and that the junction contact potential is much samller than $|V_P|$. Prove that, for the geometry of Fig.

$$|V_P| = \frac{qN_D}{2\varepsilon}a^2$$

where ε is the dielectric constant of the channel material and q is the magnitude of the electronic charge.

(2) Show that the ON drain resistance $r_{DS(on)}$ at $V_{GS} = 0$ is

$$r_{DS(on)} = \frac{L}{2awqN_D\mu_n}$$

Where L is the length of the channel ane μ_n is the mobility of carriers in the channel. (✢ 題型：JEFT 的物理特性)

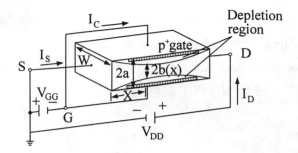

【中山電機所】

解☞：

證明

(1) 1. 由 PN 接面知，室乏區寬度（W）

$$W = \sqrt{\frac{2\varepsilon}{q}[\frac{1}{N_A}+\frac{1}{N_D}](V_{bi} - V_i)}$$

2. 故在上圖中

$$h = 2a = \sqrt{\frac{2\varepsilon}{q}(\frac{1}{N_A}+\frac{1}{N_D})(V_{bi} - V_i)}$$

3. 當夾止發生時，h = a

$$\because N_A \gg N_D \Rightarrow x_n \gg x_p$$

$$\therefore a = x_n = \sqrt{\frac{2\varepsilon}{qN_D}(V_{bi} - V_i)}$$

又 $|V_P| \gg V_{bi}$

$$\therefore a = \sqrt{\frac{2\varepsilon|V_P|}{qN_D}}$$

故 $|V_P| = \frac{qN_D}{2\varepsilon}a^2$

(2) $\because \sigma = nq\mu \approx N_D q\mu_n = \dfrac{1}{\rho_R}$

$\therefore r_{ds} = \rho_R \dfrac{\ell}{A} = \dfrac{1}{N_D q\mu_n} \cdot \dfrac{L}{2aw} = \dfrac{L}{2awqN_D\mu_n}$

5-3〔題型二十八〕：JFET 的直流分析

考型66 JFET 的直流偏壓

一、固定偏壓法（fixed bias）

較不好的偏壓法將 JFET 的 V_{GS} 固定在某一值的偏壓法，稱之。

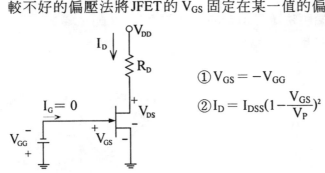

① $V_{GS} = -V_{GG}$

② $I_D = I_{DSS}(1-\dfrac{V_{GS}}{V_P})^2$

二、自偏壓法（self-bias）

1. 將 JFET 的閘極接地之法。稱之。

2. $\boxed{V_{GS} + I_D R_S = 0}$ $\Rightarrow V_{GS} = -I_D R_S$

3. $I_D = I_{DSS}(1-\dfrac{V_{GS}}{V_P})^2$

4. 亦即 V_{GS} 的偏壓是由自身電阻 R_S 決定

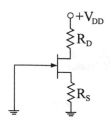 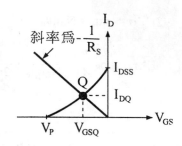

5.自偏法中，R_S回授電阻具有溫度穩定功能：

T↑ ⇒I_D↑ ⇒ V_S↑ ⇒ V_{GS}反偏 ↑I_D⇒ ↓

6.最佳 Q 點，（即汲極電流有最大擺幅），應在 $I_{DQ} = \frac{1}{2}I_{DSS}$

此時 $V_{GSQ} \approx \frac{1}{4}V_P$

三、分壓偏壓法（最穩定的方法）

1.即自偏與固定偏壓的合用。

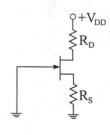 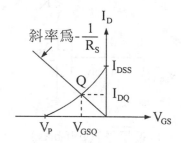

∵斜率較小，故 $V_{GS}-I_{DS}$ 改變較小，

∴較安定

2.等效電路

$$①\,R_{th} = R_1 /\!/ R_2$$

$$②\,V_{th} = V_{DD} \times \frac{R_2}{R_1 + R_2}$$

$$③\,V_{GS} = V_{DD} \times \frac{R_2}{R_1 + R_2} - I_D R_S$$

$$④\,I_D = I_{DSS}(1 - \frac{V_{GS}}{V_P})^2$$

$$⑤\,V_{DS} = V_{DD} - I_D(R_D + R_S)$$

四、BJT 電流源偏壓法

1.

$$①\,I_D = I_C = \frac{V_{EE} - V_{BE}}{R_E}$$

$$②\,I_D = I_{DSS} \left[1 - \frac{V_{GS}}{V_P} \right]^2$$

$$③\,V_{DS} = V_{DD} - I_D R_D + V_{GS}$$

2.

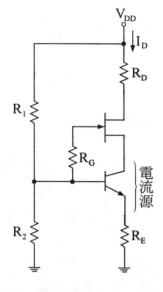

$$①I_D = I_C \approx I_E \approx \frac{\dfrac{R_2V_{DD}}{R_1+R_2}-V_{BE}}{R_E}$$

②I_D 為恆流源與 V_{GS} 無關

註：JFET 不能用汲極回授偏壓法，因為會使$|V_{GD}| < |V_P|$

考型 67 JFET 的直流分析

一、JFET 的直流分析法有二種：

　1. 圖解法。（此法需配合特性曲線）

　2. 電路分析法

二、圖解法的技巧

　1. 列出輸出方程式

　2. 由輸出方程式中，計算出截止點與飽和點，

　　截止點：在輸出方程式中，令 $I_D = 0 \Rightarrow$ 求出 V_{DS}

　　飽和點：在輸出方程式中，令 $V_{DS} = 0 \Rightarrow$ 求出 I_D

3. 繪出直流負載線

　　將截止點與飽和點連線即為直流負載線（DC load line）

4. 找出工作點

　　直流負載線與輸出特性曲線之交叉點，即為工作點（Q點）。

5. 求出對應的 I_{DQ}，V_{DSQ}

　　Q 點，所對應的 I_D 及 V_{DS} 即為 I_{DQ}，V_{DSQ}

三、電路分析法的技巧

分析步驟：

1. 判斷工作區域

$$|V_{GS}|\begin{cases} \geq |V_P| \text{截止區} \\ < |V_P|,|V_{GD}| \begin{cases} < |V_P|：三極體區 \\ \geq |V_P|：夾止區 \end{cases} \end{cases}$$

2. 列出電流方程式（當放大器用，必須放在夾止區）

$$I_D = I_{DSS}(1-\frac{V_{GS}}{V_P})^2$$

3. 取包含 V_{GS} 之迴路方程式，可得到 ⇒（I_D，V_{GS}）

4. 解聯立方程式(2)，(3)，求出 I_D（選最小值者），V_{GS}（選介於 $0\sim|V_P|$ 者）

5. 代入 Q（I_{DQ}，V_{GSQ}，V_{DSQ}）

歷屆試題

10. An n-channel JFET biasing circuit is shown. Given that $|V_{P,max}| = 5V$，$|V_P,min| = 3V$，$I_{DSS,max} = 8mA$ and $I_{DSS,min} = 6mA$. If the desired operating point is $I_D = 4mA$，$V_{DS} = 10V$ with a±10% allow variation in I_D.

(1) Fine the values of R_S，R_{G2} and R_D.

(2) Explain the purpose of using C_{c1}，R_{G3} and C_{CS} Note ： channel-length modulation effect is negliagible.

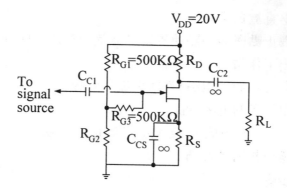

n 通道 JFET 的 $|V_{P,max}| = 5V$，$|V_{P,min}| = 3V$，$I_{DSS,max} = 8mA$，$I_{DSS,min} = 6mA$，$V_{DS} = 10V$，$I_D = 4mA$，且 I_D 允許 ±10% 的變化量，

(1) 求 R_S，R_{G2}，R_D

(2) 解釋 C_{C1}，R_{G3}，C_S 的作用。

註：通道長度調變的效應可忽略。（✣題型：JFET的直流分析）

【交大電子所】

解☞：

(1) 1. 直流分析

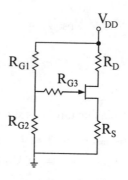

2. 列出電流方程式

$$I_D = K [V_{GS} - V_P]^2$$

① $\therefore I_D, min = I_{D1} = \dfrac{I_{DSS(min)}}{V_{P(min)}^2} [V_{GS1} - V_{P(min)}]^2$

$= \dfrac{6mA}{3^2} [V_{GS1} + 3^2] = 4m(1 - 10\%) = 3.6mA$

$\therefore V_{GS1} = - 0.68V$

② $I_{D,max} = I_{D2} = \dfrac{I_{DSS(max)}}{V_{P(max)}^2} = [V_{GS2} - V_{P(max)}] = \dfrac{8mA}{5^2} [V_{GS2}+5]^2$

$= 4m(1+10\%) = 4.4mA$

$\therefore V_{GS2} = - 1.29V$

3. 取含 V_{GS} 的方程式

$V_{GS1} = V_G - V_{S1} = \dfrac{R_{G2}V_{DD}}{R_{G1} + R_{G2}} - I_{D1}R_S = \dfrac{20R_{G2}}{500K + R_{G2}} - (3.6m)R_S$

$= - 0.68V$————①

$V_{GS2} = V_G - V_{S2} = \dfrac{R_{G2}V_{DS}}{R_{G1} + R_{G2}} - I_{D2}R_S = \dfrac{20R_{G2}}{500K + R_{G2}} - (4.4m)R_S$

$= - 1.29V$————②

4. 解聯立方程式①，②，得

$R_{G2} = 58.6K\Omega$，$R_S = 0.77K\Omega$

5. $\because V_{DD} = I_D (R_s + R_D) + V_{DS}$

$\therefore R_D = \dfrac{V_{DD} - V_{DS}}{I_D} - R_S = \dfrac{20 - 10}{4m} - 0.77K = 1.72K\Omega$

(2) C_{C1}：耦合電容，直流分析視為斷路，可隔離雜訊。交流
分析，則視為短路，使小訊號可傳至放大器。

C_S：旁路電容在交流分析時，視為短路所以可補償因R_s

之故，而引起的電壓增益的降低。

R_{G3}：提升輸入電阻 $R_{in} = R_{G1} /\!/ R_{G2} + R_{G3}$

---

11. For the following JFET amplifier, v_I is an ac signal with an amplitude of
1μV and dc level of 5V. The pinch-off voltage V_P is -3V. Determine the
minimum value of V_{DD} so that this JFET amplifier can retain a very high
input resistance and stay in the saturation region.

$V_{DD_{min}} =$

(A) 5V　(B) 13V　(C) 15V　(D) 10V　(E) None of the above

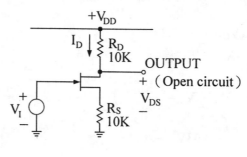

簡譯

已知 v_I 為直流位準 5V，而交流訊號峰值為 1μV，$V_P = -3V$，
若JFET維持高輸入阻抗，且工作於飽和區時，求 V_{DD} 最小值。

（❖題型：JFET 直流分析）　　　　　　　　【交大電子所】

解☞：

    1. 飽和區的條件

      $0 < -V_{GS} < -V_P$　且 $-V_{GD} \geq -V_P$

    2. 取含 V_{GS} 的方程式

      $-V_{GS} = V_S - V_G = V_S - V_I = V_S - 5$

      即 $0 < -V_{GS} < -V_P \Rightarrow 0 < V_S - 5 < 3V$

      $\therefore 5V < V_S < 8V$

    故　$I_D = \dfrac{V_S}{R_S} \Rightarrow 0.5mA < I_D < 0.8mA$

3. $\because -V_{GD} = V_D - V_G = = V_O - V_I = V_O - 5 \geq 3V$

   $\therefore V_O \geq 8V$

4. 故知　$V_{DD} \geq I_D R_D + V_o$

   即　$V_{DD_{min}} = I_{D(min)} R_D + V_{o(min)} = (0.5mA)(10K) + 8 = 13V$

   $\Rightarrow V_{DD(min)} = 13V$

---

12. 如圖電路中，JFET 之 $V_P = -2V$，$I_{DSS} = 4mA$：

(1)試求各電阻之值，使 $V_G = 5V$，$I_D = 1mA$，$V_{DS} = 5V$。設計時取 R_1，R_2 電流為 0.01mA，並設此 JFET 工作於飽和區時，其 I_D 與 V_{DS} 無關。

(2)求能使此 JFET 保持於飽和區之最大 R_D。此時之 $V_{DS} = ?$（❖

題型：JFET 的直流分析）

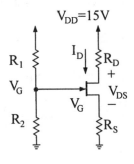

【交大電子】

解☞：

(1) *1.* $V_G = \dfrac{R_2 V_{DD}}{R_1 + R_2} = (15)\dfrac{R_2}{R_1 + R_2} = 5V$

$\therefore \dfrac{R_2}{R_1 + R_2} = \dfrac{1}{3} \Rightarrow 1 + \dfrac{R_1}{R_2} = 3 \quad \therefore \dfrac{R_1}{R_2} = 2$——①

又 $\dfrac{V_{DD}}{R_1 + R_2} = \dfrac{15}{R_1 + R_2} = 0.01mA$

$R_1 + R_2 = \dfrac{15}{0.01mA} = 1.5M\Omega$——②

由①②可得

$$R_1 = 1M\Omega,\ R_2 = 500K\Omega$$

2. ①列電流方程式

$$I_D = K\,[\,V_{GS} - V_P\,]^{\,2} = \frac{I_{DSS}}{V_P^2}\,[\,V_{GS} - V_P\,]^{\,2}$$

$$= \frac{4mA}{4V^2}\,[\,V_{GS} + 2\,]^{\,2}$$

$$\Rightarrow 1mA = (1m)(V_{GS} + 2)^2$$

$$\therefore V_{GS} = -1V$$

②取含V_{GS}的方程式

$$V_{GS} = V_G - V_S = V_G - I_D R_S = 5 - (1m)R_S = -1V$$

$$\therefore R_S = 6K\Omega$$

③ $V_{DD} = I_D(R_D + R_S) + V_{DS}$

$$\therefore R_D = \frac{V_{DD} - V_{DS}}{I_D} - R_S = \frac{15 - 5}{1m} - 6K = 4K\Omega$$

④整理可得

$$R_1 = 1M\Omega,\ R_2 = 500K\Omega$$

$$R_D = 4K\Omega,\ R_S = 6K\Omega$$

(2) 1. 飽和條件：$0 < -V_{GS} < -V_P$ 且 $-V_{GD} \geq -V_P$

$$\therefore -V_{GD} = V_D - V_G = V_{DD} - I_D R_D - V_G = 15 - (1m)R_D - 5 \geq 2V$$

即 $10 - (1m)R_D \geq 2V \Rightarrow 8V \geq (1m)R_D$

$$\therefore R_{D,\,max} = \frac{8V}{1mA} = 8K\Omega$$

$$2.\ V_{DS} = V_{DD} - I_D\,(R_D + R_S) = 15 - (1mA)(6k + 8k) = 1V$$

---

13. In the following circuit Q_1 has $I_{DSS} = 4mA$ and $V_P = -1.4V$ and Q_2 is

silicon with $\beta = 100$ and $V_{BE2} = 0.7V$. Find the dc $V_{GS1}, I_{D1}, I_{B2}, I_{C2}$, and

V_{CE2}.

簡譯

下圖電路中 JFETQ_1 的 $I_{DSS} = 4mA$，$V_P = -1.4V$，Q_2 的 $\beta = 100$，

$V_{BE} = 0.7V$，求 V_{GS1}，I_{D1}，I_{B2}，I_{C2} 和 V_{CE2}。（✤題型：JFET 的

直流分析）

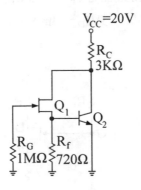

【清大電機所】

解☞：

1. 設 Q_1 在飽和區，Q_2 在主動區，則

① $V_{GS1} + V_{BE2} = 0 \Rightarrow V_{GS1} + 0.7 = 0$

$\quad \therefore V_{GS1} = -0.7V$

② $I_{D1} = K\,(V_{GS1} - V_P)^2 = \dfrac{I_{DSS}}{V_{P^2}}\,(V_{GS1} - V_P)^2$

$\quad = \dfrac{4mA}{(-1.4V)^2}\,(-0.7 + 1.4)^2 = 1mA$

③ $I_{B2} = I_{D1} - I_{Rf} = I_{D1} - \dfrac{V_{BE2}}{R_f} = 1m - \dfrac{0.7}{720} = 28\mu A$

④ $I_{C2} = \beta I_{B2} = (100)(28\mu A) = 2.8mA$

⑤ $V_{CE2} = V_{CC} - IR_C = V_{CC} - (I_{D1} + I_{C2})R_C$

$\qquad = 20 - (1m + 2.8m)(3k) = 8.6V$

2. Check

① $V_{GD1} = V_G - V_{D1} = -V_{D1} = -V_{CE2} = -8.6V \Rightarrow -V_{GD1} > -V_P$

$\quad \therefore Q_1$ 在飽和區

② $V_{BC2} = V_{B2} - V_{C2} = V_{BE2} - V_{CE2} = 0.7 - 8.6 = -7.9 < 0$

$\quad \therefore Q_2$ 在主動區

---

14. The JFET in the circuit has $V_P = -3V, I_{DSS} = 9mA$. Find the valuse of all resistors so that $V_G = 5V, I_D = 4mA, V_D = 11V$, and the curent in R_{G1} is 0.01mA.

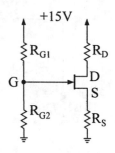

+15V

簡譯

$V_P = -3V$，$I_{DSS} = 9mA$，若欲使 $V_G = 5V$，$I_D = 4mA$，$V_D = 11V$，且 R_{G1} 內流過電流為 0.01mA 時，問各電阻值多少？（❖題型：JFET 的直流分析） 【清大電機所】

解☞：

1. 列出電流方程式

$$I_D = K \left[V_{GS} - V_P \right]^2 = \frac{I_{DSS}}{V_P^2} \left[V_{GS} - V_P \right]^2$$

$$= \frac{9mA}{(-3V)^2} \left[V_{GS} + 3 \right]^2 = 4mA$$

$$\therefore V_{GS} = -1V$$

2. 取 V_{GS} 的方程式

$$V_{GS} = V_G - V_S = V_G - I_D R_S = 5 - (4m)R_S = -1V$$

$$\therefore R_S = 1.5k\Omega$$

3. $R_D = \dfrac{V_{DD} - V_D}{I_D} = \dfrac{15 - 11}{4mA} = 1K\Omega$

4. $V_G = \dfrac{R_{G2}V_{DD}}{R_{G1} + R_{G2}} = \dfrac{15R_{G_2}}{R_{G1} + R_{G2}} = 5$

即 $1 + \dfrac{R_{G1}}{R_{G2}} = 3 \Rightarrow R_{G1} = 2R_{G2}$

又 $R_{G1} = \dfrac{V_{DD} - V_G}{I_{G1}} = \dfrac{15 - 5}{0.01m} = 1M\Omega$

$$\therefore R_{G2} = 0.5M\Omega$$

---

15. Calculate V_D in the following JFET circuit diagram, using the given informations.

$$I_D = I_{DSS} \left[1 - \frac{V_{GS}}{V_{GS\,(off)}} \right]^2$$

$V_{GS\,(off)} = -4V$

$I_{DSS} = 1mA$

V_{GS} = gate-source voltage（❖題型：JFET 的直流分析）

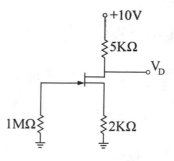

解☞：

　1. 列出電流方程式

$$I_D = I_{DSS} \left[1 - \frac{V_{GS}}{V_{GS\,(off)}} \right]^2 = (1m) \left[1 + \frac{V_{GS}}{4} \right]^2 - ①$$

　2. 取含 V_{GS} 的方程式

$$V_{GS} = V_G - V_S = V_G - I_D R_S = (-2K)I_D - ②$$

　3. 解聯立方程式①，②，得

$$I_D = 0.536mA$$

　4. 電路分析

$$V_D = V_{DD} - I_D R_D = 10 - (0.536m)(5k) = 7.32V$$

---

16. 如圖所示之電路，試求出 V_{GS} 及 V_S 及 V_D（❖題型：P 通道 JFET 之直流分析）

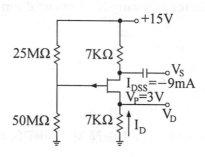

解☞：

  1. 取含V_{GS}之迴路方程式

$$V_{GS} = V_G - V_S = \frac{(50M)(15)}{25M + 50M} - (15 + 7KI_D) = -5 - (7K)I_D$$

$$\Rightarrow V_{GS} = -5 - (7K)I_D - ①$$

  2. 電流方程式

$$I_D = K(V_{GS} - V_P)^2 = \frac{I_{DSS}}{V_{P^2}}(V_{GS} - V_P)^2 = \frac{-9mA}{9}(V_{GS} - 3)^2$$

$$\Rightarrow I_D = (-1mA)(V_{GS} - 3)^2 - ②$$

  3. 解聯立方程式，①，②，得

$$I_D = \begin{cases} -1.31mA\ （不合 \because |V_{GS}| > |V_P|） \\ -1mA\ （符合） \end{cases}$$

$$\therefore V_{GS} = -5 - (7K)(-1mA) = 2V$$

故 $V_S = 15 + (7K)I_D = 8V$

$$V_D = -(7K)I_D = 7V$$

---

17. 假設下圖中$V_{DD} = 20V$，若欲使工作Q位於$V_{DS} = 15V$，$I_D = 2mA$，

  $V_{GS} = -1V$，則$R_D = ?$，$R_S = ?$（❖題型：偏壓電路設計）

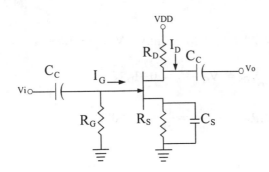

解☞：

  1. $\because V_{GS} = V_G - V_S = 0 - I_D R_S = (-2mA)R_S = -1V$

$$\therefore R_S = -\frac{V_{GS}}{I_D} = \frac{1V}{2mA} = 500\Omega$$

2. $V_{DD} = I_D(R_D + R_S) + V_{DS}$

$$\therefore R_D = \frac{V_{DD} - V_{DS}}{I_D} - R_S = \frac{20-15}{2mA} - 500 = 2K\Omega$$

---

18. 圖 1、圖 2 分別為 JFET 自給偏壓電路及特性曲線，Q 為工作點，則 $R_S = ?$ （✤題型：圖解法）

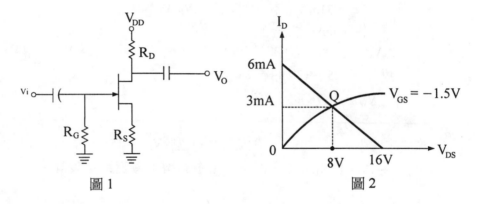

圖 1   圖 2

解☞：由圖可知：$I_D = 3mA$，$V_{GS} = -1.5V$

$$\because V_{GS} = V_G - V_S = 0 - I_D R_S$$

$$\therefore R_S = -\frac{V_{GS}}{I_D} = \frac{1.5V}{3mA} = 500\Omega$$

---

19. 下圖之放大器中，JFET 的 $V_P = -5V$，$I_{DSS} = 18mA$，求 I_D 約為多少毫安培？（✤題型：自偏法）

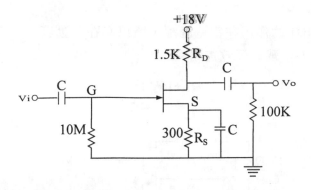

解☞：

    1. 取含 V_{GS} 之方程式

    $V_{GS} = V_G - V_S = -I_D R_S = -300I_D$ ——①

    2. 電流方程式

$$I_D = K[V_{GS} - V_P]^2 = \frac{I_{DSS}}{V_P^2}[V_{GS}+5]^2 = \frac{18mA}{25}[V_{GS}+5]^2 \text{——②}$$

    3. 解聯立方程式①②得

$$I_D = \begin{cases} 6.6mA \\ 42.18mA\ (不含，\because I_D > I_{DSS}) \end{cases}$$

---

20. 請求下圖中的I_D、V_D及V_C（❖**題型：BJT 電流偏壓法**）

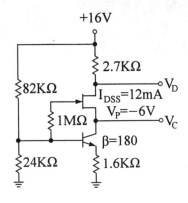

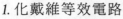解 ☞：

BJT 的作用在當電流源，所以必在主動區。

1. 化戴維等效電路

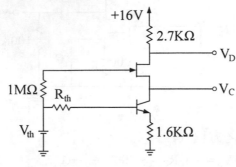

$$V_{th} = \frac{(24k)(16)}{24k + 82k} = 3.623V$$

$$R_{th} = 24k // 82k = 18.566k\Omega$$

2. 取含 V_{BE} 之迴路方程式

$$\therefore I_D = I_C = \beta I_B = \beta \left[\frac{V_{th} - V_{BE}}{R_{th} + (1 + \beta)(1.6k)} \right]$$

$$= (180) \left[\frac{3.623 - 0.7}{18.566k + (181)(1.6k)} \right] = 1.71mA$$

3. JFET 的電流方程式

$$\because I_D = K \left[V_{GS} - V_P \right]^2 = \frac{I_{DSS}}{V_{P^2}} \left[V_{GS} - V_P \right]^2$$

$$= \frac{12mA}{36} \left[V_{GS} + 6 \right]^2 = 1.71V$$

$$\therefore V_{GS} = -3.73V$$

4. $V_D = 16 - (2.7k)I_D = 16 - (2.7K)(1.71mA) = 11.38V$

5. $V_{th} + I_G(1M) = V_{GS} + V_c$（$\because I_G = 0$）

$\therefore V_C = V_{th} - V_{GS} = 3.623 + 3.73 = 7.353V$

---

21. 如圖所示電路，假設 $V_{DD} = 20V$，$V_{SS} = +20V$，且工作點 $V_{GS} = -1V$，$V_{DS} = 9V$，$I_D = 7mA$，(1)求$R_S = ?$　　(2)$R_D = ?$（❖題型：雙電源偏壓法）

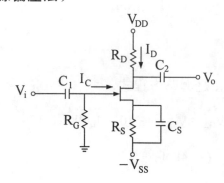

解☞：

1. 取含V_{GS}之方程式

$V_{GS} = V_G - V_S = -V_S = (I_DR_S - V_{SS})$

$\therefore R_S = \dfrac{-V_{SS} + V_{GS}}{-I_D} = \dfrac{-20-1}{-7mA} = 3K\Omega$

2. $R_D = \dfrac{V_{DD} - V_{DS} + V_{SS}}{I_D} - R_S$

$= \dfrac{20 - 9 + 20}{7mA} - 3K = 1.43K\Omega$

---

22. 如圖所示，Q_1 和 Q_2 的特性相同，若 $I_{DSS} = 8mA$，$V_P = -2V$，則 I 及 V_o 為何？（❖題型：偏壓電路設計）

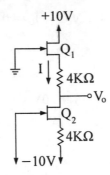

解☞ :

1. 取含V_{GS2}之迴路方程式

$$V_{GS2} = V_{G2} - V_{S2} = -10 - I_D(4K) + 10$$

$$\therefore V_{GS2} = (-4K)I_D - ①$$

2. 電流方程式

$$I_D = K(V_{GS} - V_P)^2 = \frac{I_{DSS}}{V_{P^2}}(V_{GS} - V_P)^2 = \frac{8mA}{4}(V_{GS} + 2)^2$$

$$\Rightarrow I_D = (2mA)(V_{GS} + 2)^2$$

3. 解聯立方程式①，②得

$$I = I_D = 0.39mA, V_{GS2} = -1.56V$$

$$\because I_{D1} = I_{D2} = I_D \Rightarrow V_{GS1} = V_{GS2}$$

4. $\therefore V_o = -V_{GS1} - (4K)I = -1.56 - (4K)(0.39mA) = 0V$

5-4〔題型二十九〕：EMOS 的物理特性及工作區

考型 68 EMOS 的物理特性

一、EMOS（Enhancement MOS）− N 型（NMOS）的結構圖

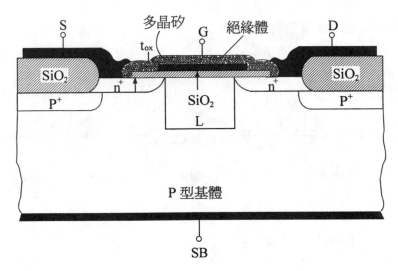

1. 閘極：

 ①閘極用多晶矽層，可形遮罩（mask），而使得閘極與源極
  及汲極之間，可形成自動校準效應（self-alignmeat），故
  可減少 r_{ds} 以及電容值。

 ②使用多晶矽層具有以下優點：

  a. SiO_2 層可形成對晶片的保護層

  b. 比金屬鋁，更耐高溫

  c. 穩定度佳

  d. 能縮小 IC 面積

 ③使用多晶矽層的缺點為，具有較高的內電阻

④閘極若用金屬鋁層，不能形成自動校準效應，因為鋁耐溫低，無法形成遮罩（mask）。

2. EMOS 為四端元件

3. 製造完成時「並無通道」

4. MOSFET 與 JFET 最大區別為：閘極即使受到正電壓也不會有閘極電流，因為閘極和通道之間有氧化層（絕緣質）隔離。所以 $I_G \approx 0$（比 JFET 更小）

二、EMOS 電路符號

NMOS（n 通道）

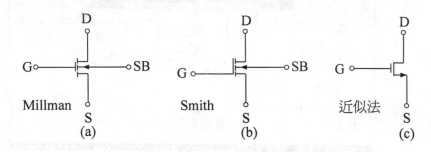

PMOS（P 通道）

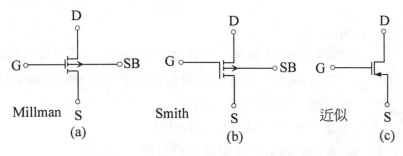

三、EMOS 特性曲線（n 通道）

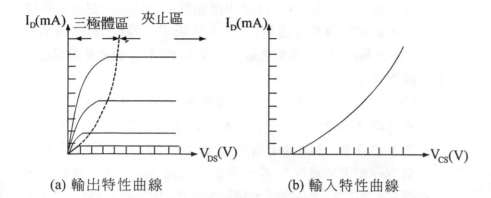

(a) 輸出特性曲線   (b) 輸入特性曲線

四、工作原理

1. 正常工作時：

(1) $i_G \approx 0$

(2) 必須保持基體 SB 端對通道之逆向偏壓。

(3) V_{GS} 必須順向偏壓（即吸入自由電子）

2. V_t（Threshold Voltage）臨界電壓：

足以形成通道的最小 V_{GS}。

一般 $V_t \approx 2V$（對 NMOS 而言）

3. 當 V_{DS} 很小時，通道是**等寬**。

4. 當 V_{DS} 不小時，通道是**梯形狀**。

5. 當 $|V_{GD}| = |V_t|$ 時

(1) D 端幾乎無法形成通道

(2) $J_D = \dfrac{i_D}{A}$，$A\downarrow \Rightarrow J_D\uparrow$，但 $i_D \neq \infty$，$\therefore A \neq 0$

故產生夾止（pinch-off）現象。

6. **通道長度調變**（Channel Length Modulation effect）：

當汲極端夾止後，V_{DS} 再繼續增加時，汲極端的空乏區會變寬，使得有效的通道長度（L）變短了，因此 I_D 會稍微增加，此種由 V_{DS} 而調變通道的有效長度，稱為**通道長度調變**。

五、臨界電壓 V_t

EMOS 並無預留通道，所以電流 i_D 為零。但當 $|V_{GD}| > |V_t|$ 時，則會感應出通道，此電壓即為臨界電壓 V_t。對n通道而言 V_t 為正值，對p通道而言為負，$|V_t|$一般在1至3伏特間。當 V_{GS} 加大時電流 i_D 會一直加大。且 V_{DS} 增加時會在汲極端發生通道夾止的現象而源極通道寬度不變（當 V_{GS} 固定時）。

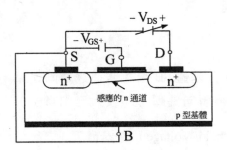

六、各工作區域的條件（配合輸出特性曲線）

$$|V_{GS}| \begin{cases} \leq |V_t| \ \text{截止區} \\ > |V_t| \ \text{且} \ |V_{GD}| \begin{cases} > |V_t| \ \text{三極體區} \\ \leq |V_t| \ \text{夾止區} \end{cases} \end{cases}$$

1. 上式加絕對值，則 NMOS 與 PMOS 均適用。

2. 以$|V_{GD}|$來判斷，而不用$|V_{DS}|$判斷，是因為需考慮$|V_{GS}|$值。
   例如：進入夾止區的條件（以n通道為例）

   $V_{DS} \geq V_{GS} - V_t \Rightarrow V_t \geq V_{GS} - V_{DS}$ 即 $V_t \geq V_{GD}$

七、實際 EMOS 和 DMOS 與 JFET 一樣。i_D 在夾止區時並非固定，而是 i_D 隨著 V_{DS} 增大而增加，即輸出特性曲線的斜率

增加。故輸出電阻並非無窮大,而是有限值。

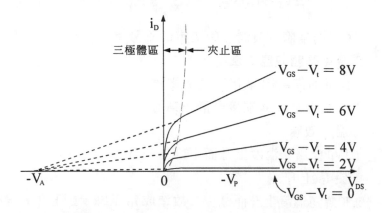

八、MOS 的崩潰有二種:

1. 第一種,當基體對汲極端之逆電壓大於崩潰電壓(V_{ZK}:50~100V)時之瞬間 i_D 由汲極流至基體的大電流現象(**無破壞性**)

2. 第二種,第 $V_{GS} > 50V$,將閘極氧化層打穿的現象(**有破壞性**),故必須在 BG 間加上曾納二極體,以限制 $V_{GS} < 50V$

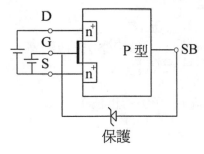

九、基體效應(body effect)

1. 在 IC 中,通常是多個 MOS 共用一個基體。若 SB 端不接至 S 端,則 SB 和 S 端間的逆向偏壓也會產生空乏區,進而影響通道的寬度。此種由 SB 端與 S 端間之逆向偏壓所產生之通道寬度影響的效應,稱為基體效應。可以下式表示:

$$\boxed{\Delta V_T \approx C \sqrt{V_{SB}}}$$

C：由基體雜質濃度所決定的常數 $\approx 0.5V^{\frac{1}{2}}$

2. **避免基體效應之法**

(1) n 通道 ⇒ SB 端接至最負電源

(2) P 通道 ⇒ SB 端接至最正電源

十、溫度效應

1. $|V_t|$ 會隨著溫度上升而下降。每升高 1℃，$|V_t|$ 約減少 2mV，使 I_D 上升。

2. K 會隨溫度上升而減少，故造成 I_D 下降。因 K 值影響較大，所以總體而言溫度上升將導致汲極電流下降。

3. r_o 值會增加

考型 69 ⯈ EMOS 的工作區及電流方程式

一、 工作區判斷式的通式（通用 PMOS 及 NMOS）

$$|V_{GS}| \begin{cases} \leq |V_t|：截止區 \\ > |V_t|, 且 |V_{GD}| \begin{cases} > |V_t|：三極體區 \\ \leq |V_t|：夾止區 \end{cases} \end{cases}$$

二、 NMOS 的判斷式（V_t 為正值）

$$V_{GS} \begin{cases} \leq V_t：截止區 \\ > V_t, 且 |V_{GD}| \begin{cases} > V_t：三極體區 \ (V_{DS} < V_{GS} - V_t) \\ \leq V_t：夾止區 \ (V_{DS} \geq V_{GS} - V_t) \end{cases} \end{cases}$$

三、 PMOS 的判斷式（V_t 為負值）

$$-V_{GS} \begin{cases} \leq -V_t : 截止區 \\ > -V_t, 且 -V_{GD} \begin{cases} > -V_t : 三極體區\,(V_{DS} > V_{GS} - V_t) \\ \leq -V_t : 夾止區\,(V_{DS} \leq V_{GS} - V_t) \end{cases} \end{cases}$$

四、電流方程式

1. 截止區：$I_D = 0$

2. 三極體區

(1) $\boxed{i_D = \dfrac{1}{2}\mu_n C_{ox}(\dfrac{W}{L})\,[\,2(V_{GS} - V_t)\cdot V_{DS} - V_{DS}{}^2\,]}$

$\qquad \approx K\,[\,2(V_{GS} - V_t)V_{DS}\,]$

其中：

    a. C_{ox}：單位面積的閘極電容。

    b. $K = \dfrac{1}{2}\mu_n C_{ox}(\dfrac{W}{L})$，$K$：製作參數（電導因數）

(2) 通道電阻（r_{DS}）

$\qquad \boxed{r_{DS} = \dfrac{V_{DS}}{i_{DS}} = [\,2K(V_{GS} - V_t)\,]^{-1}}$

    ① 一般 r_{DS} 值很小，約為幾Ω～幾$+\Omega$

    ② $r_{DS} \propto \dfrac{1}{V_{GS}}$

3. 夾止區

    (1) 輸出電阻（r_o）

$\qquad r_o = \dfrac{V_A}{I_{DQ}}$（非常大）

    (2) 電流方程式

      ① 理想時（$V_A = \infty$）

$$\Rightarrow I_D = \beta(V_{GS} - V_t)^2 = K(V_{GS} - V_t)^2$$

②實際性（$V_A \neq \infty$）

$$\boxed{i_D = K(V_{GS} - V_t)^2(1 + \frac{V_{DS}}{V_A})} = K(V_{GS} - V_t)^2(1 + \lambda V_{DS})$$

a. 一般標準的 IC V_A 大約在 30 到 200V 之間。

b. 通道長度調變參數（channel length modulation parameter）：

$$\lambda = \frac{1}{V_A}$$

4. 夾止區與三極體之界線方程式

$$i_D = K(V_{GS} - V_t)^2$$

$$V_{GD} = V_t \Rightarrow V_{GS} - V_{DS} = V_t \Rightarrow V_{GS} - V_t = V_{DS}$$

$$\Rightarrow \boxed{i_D = KV_{DS}^2} \qquad 界面方程式$$

歷屆試題

23. Multiple Choice:

In each of the following questions, maybe more than one items are correct.

Choose the correct item(s) carefully. No penalty for wrong answers.

(1) Which of the following devices is (are) enhancement type?

(A) NMOS with $V_t = +1V$

(B) NMOS with $V_t = -1V$

(C) PMOS with $V_t = +1V$

(D) PMOS with $V_t = -1V$

(E) N-ch JFET

(F) P-ch JFET

(2) Which of the following devices has (have) 4 terminals ?

(A) NMOS   (B) PMOS   (C) JFET   (D) NPN BJT   (E) PNP BJT

(3) Compared to MOS device,bipolar device has.

  (A) higher input impedance

  (B) higher transconductance

  (C) higher current driving capability

  (D) current dominated by drift current

  (E) capability of excellent analog switch

(4)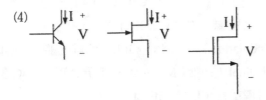

The above devices are operating in the active region.As we increase V,I also increases because of

  (A) base width modulation effects for the BJT.

  (B) channel length modulation effects for the JFET

  (C) body effects for the MOS

(5) If the substrate reverse bias of an N-ch MOS device is increased,the threshold voltage will.

  (A) increase

  (B) decrease.

  (C) not change

(6) Which of the following statements is (are) true ?

  (A) As the biasing current increases, the BJT transconductance increases linearly with respect to biasing current.

  (B) As the biasing current increases, the MOS transconductance increases linearly with respect to biasing current.

  (C) The BJT transconductance increases exponentially with respect to V_{BE}

  (D) The MOS transconductance increases linearly with respect to V_{GS}

簡譯

(1)下列何者元件為增強型？

(2)何者為四端元件

(3)比較MOS，BJT具有何特性　(A)更高的輸入阻抗。　(B)更高的轉移電導。　(C)更高的電流驅動能力。　(D)主要電流成份為漂移電流。　(E)極佳的類比開關能力。

(4)上述諸元件均工作於主動區（ACTIVE REGION）。當V增加時，I亦跟著增加，係因為　(A)對BJT而言，係因基極寬度調變（Base Width Modulation）。　(B)對JFET而言，係因通道寬度調變效應（Channel Length Modulation Effect）。　(C)對MOS而言，係因基體效應（Body Effect）。

(5)若N－通道MOS元件的基體（substrate）反偏增加，則臨限電壓（Threshold Voltage）將：(A)增加　(B)減少　(C)不改變。

(6)下列敘述何者為是？（✤題型：EMOS的物理特性）

【台大電機所】

解☞：　1. (A)(D)　　2. (A)(B)　　3. (B)(C)
　　　　4. (A)(B)　　5. (A)　　6. (A)(C)(D)

---

24. If the substrate reverse bias of an NMOS device is increased, the threshold voltage will　(A) increase　(B) decrease　(C) not change

簡譯

若N－通道MOS元件的基體反偏增加，則臨界電壓將：　(A)增加　(B)減少　(C)不改變。（✤題型：EMOS的物理特性）

【交大電子所、台大電機所】

解☞：(A)

---

25. During the fabrication of a n-type MOSFET, ion implantation in the channel is usually employed to abjust the threshold voltage.If we want to increase the threshold voltage,we should use _____ ion.

簡譯

在 NMOS 製造時，欲增加 V_T 值，問在通道中必須摻入何種離子？（✢題型：EMOS 的物理特性）　　　　　【交大電子所】

解☞：Boron

---

26. (1) A series of measurements made on a MOSFET are given in the following table.The W/L ratio of the MOSFET is 4.Using the following MOSFET current equations:

$$I_D = k\frac{W}{L} \left[2 (V_{GS} - V_t) V_{DS} - V_{DS}^2 \right] \text{ linearregion}$$

$$I_D = k\frac{W}{L} (V_{GS} - V_t)^2 (1 + \lambda V_{DS}) \text{ saturationregion}$$

$$k \equiv \mu C_o/2$$

V_{GS} (V)	V_{DS} (V)	I_D (μA)
+ 4V	+ 5V	+ 756
+ 4V	+ 10V	+ 792
+ 5V	+ 50mV	+ 32
+ 6V	+ 50mV	+ 40

Determine ①λ;②V_t;③k;④ the type of the MOSFET（n-or p-channel? enhancement or depletion?）

(2) The following data were measured on three MOSFET's from the same process and with the same channel length L but different channel widths.The measurement conditions are the same.（i.e.the same V_{GS} and V_{Ds}）Using the relation $W_{mask} = W + 2W_D$, where W_D is the difference between W_{mask} and W,and W_{mask} is the difference between W_{mask}

and W, and W_{mask} is the mask channel width, determine W_D,

（mask channel width）$W_{mask}(\mu m)$	$I_D(\mu A)$
4	＋600
7	＋1500
10	＋2400

簡譯

若 MOSFET 的實驗數據和電流方程式如下：

$$I_D = k\frac{W}{L}\left[2\left(v_{GS} - v_t\right)v_{DS} - v_{DS}^2\right] \text{ 線性區}$$

$$I_D = k\frac{W}{L}\left(v_{GS} - V_t\right)^2\left(1 + \lambda v_{DS}\right) \text{ 飽和區}, \frac{1}{2}\mu C_{ox} = K, \frac{W}{L} = 4$$

(1)求(1)λ　(2)V_t　(3)k　(4)MOSFET 的型式為增強型或空乏型，
　　n 通道或 p 通道

(2)在相同 L，v_{GS}，v_{DS}，但不同的 W 所產生之不同 I_D 如下表，
　　且 $W_{mask} = 2 + 2W_D$。（✛題型：EMOS 工作區的判斷）

【交大電子所】

解☞：

(1) $792\mu A = 4k\left[(4 - V_t)^2(1 + 10\lambda)\right]$　　—①

$32\mu A = 4k\left[2(5 - V_t)(50m) - (50m)^2\right]$　—②

$40\mu A = 4k\left[2(6 - V_t)(50m) - (50m)^2\right]$　—③

$$\frac{②}{③} = \frac{32}{40} = \frac{2(5 - V_t)(50m) - (50m)^2}{2(6 - V_t)(50m) - (50m)^2}$$

$\Rightarrow V_t = 0.975V$ 代入①得

　$\lambda = 0.0082V^{-1}$

　且此為 N 型的 EMOS

(2) ∵ $I \propto W = W_{mask} - 2W_D$

∴ $\dfrac{4 - 2W_D}{7 - 2W_D} = \dfrac{600\mu A}{1500\mu A}$

故 $W_D = 1\mu m$

27.若一 NMOS 操作於飽和區，其 I_D 值隨著 V_{DS} 增加而增加，試解釋其原因。（✤題型：MOSFET 的物理特性）

【交大電子所】

解☞：

若 V_{DS} 增加（$V_{DS} > V_{GS} - V_t$），使得汲極附近的夾止點往源極方向移動，故使汲極附近空乏層變寬，因此有效通道長度縮短，導致通道的內電場增強，電子漂移速度增加，電流上升。故此種效應又叫「通道長度調變效應」（Channel Length Modulation effect）

p.432

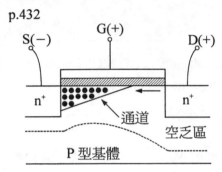

28. Which of the following statements concerning about a n-channel MOS-FET is incorrect?

(A) The output resistance is affected by the channel length modulation effect.

(B) The drain current decreases as the device temperature increases.

(C) When pinch-off occurs at the drain end, the drain current becomes saturated.

(D) The drain current increases as the gate oxide thickness decreases.

(E) The larger the threshold voltage is, the narrower the triode（linear） region in the I_{DS}-V_{DS} characteristice.

簡譯

關於 NMOS，下列何者為非？

(A)輸出電阻是由通道長度調變效應所影響。

(B)若溫度升高時，I_D 降低。

(C)若只在 D 端夾止時，I_D 會達到飽和值。

(D)若閘極端氧化層厚度減少時，I_D 值增加。

(E)V_t 愈大時，在 $I_D - V_{DS}$ 曲線中的三極體區範圍會變窄。（✛ 題型：MOS 的物理特性）

【交大電子所】

解☞：(E)

---

29. The threshold voltage V_T of a PMOS enhancement transistor is a:

(A) positive value (B) negative value

(C) other ＿＿＿ (Show your answer)

簡譯

增強型 PMOS 的 V_T 值為： (A)正值 (B)負值 (C)其它。（✛題型：EMOS 物理特性）

【交大控制所】

解☞：(B)

---

30. Describe the self-aligning property of a silicon-gate MOSFET and explain why this method of construction is not possible with a metal gate. （✛題型：EMOS 的物理特性）

【中山電機所】

解☞：

(1) NMOS 的結構圖

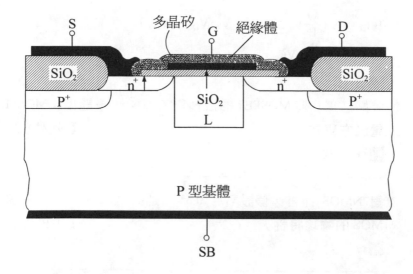

(2)說明

　　①閘極用多晶矽層，可形遮罩（mask），而使得閘極與源
　　　極及汲極之間，可形成自動校準效應（Self-alignment），
　　　故可減少 r_{ds} 以及電容值。

　　②使用多晶矽層具有以下優點：

　　　a. SiO_2 層可形成對晶片的保護層

　　　b. 比金屬鋁，更耐高溫

　　　c. 穩定度佳

　　　d. 能縮小 IC 面積

　　③使用多晶矽層的缺點為，具有較高的內電阻。

　　④閘極若用金屬鋁層，不能形成自動校準效應，因為鋁耐
　　　溫低，無法形成遮罩（mask）

---

31. The drain current of an MOSFET in ohmic region is:

(A)$I_D = K \left(\dfrac{W}{L}\right)(V_{GS} - V_T)^2$

$(B) I_D = K \left(\frac{W}{L}\right) \left[2 (V_{GS} - V_T) V_{DS} - V_{DS}^2 \right]$

$(C) I_D = K \left(\frac{W}{L}\right) V_{DS}^2$

簡譯

歐姆區工作時 MOSFET 的汲極電流為：（✤題型：MOSFET 的
電流方程式）　　　　　　　　　　　　　　　　【交大控制所】

解☞： (B)

---

32. 對 NMOS 而言，假設 $V_t = 0.5V$，則必為增強型。（✤題型：
MOS 的物理特性）　　　　　　　　　　　　　　【中央電機所】

解☞：對

---

33. What are two basic distinctions between a junction and an MOS capacitor?

簡譯

問 pn 接面電容與 MOS 電容二個主要的區別。（✤題型：MOS
的物理特性）　　　　　　　　　　　　　　　　【成大電機所】

解☞：

(1) PN 接面的過渡電容（C_T），須由逆向偏壓來產生，且隨
逆向偏壓大小而變。

(2) MOS 的電容，是決定於 SiO_2 層的厚度，與偏壓無關。

---

34. One set of the measured data for a MOS transistor is given below.

(1) Determine whether it is an enhancement or depletion device? NMOS
or PMOS?

(2) Calculate the device transconductance parameter $k = \mu C_{ox} (W/L)$,
zero-bias threshold voltage V_{TO}, and channel-length modulation parameter λ （μ is the mobility, C_{ox} is the oxide capacitance, W is the

channel width and L is the channel length）Don't miss their units!

V_{GS}（V）	V_{DS}（V）	I_D（μA）
2	5	10
5	5	400
5	8	480

簡譯

下表為一 MOS 實驗資料，試求：(1) MOS 形式　(2)若 k ＝ μC$_{ox}$ $\left[\dfrac{W}{L}\right]$則 k ＝ ？　V$_t$ ＝ ？　λ ＝ ？（✤題型：EMOS 物理特性）

【成大電機所】

解☞：

(1)∵ V$_{GS}$ > 0（順偏），且 V$_{DS}$ > 0 故此為增強型的 NMOS

(2)實際型電流方程式

$I_D = \dfrac{1}{2}k\,(V_{GS} - V_t)^2(1 + \lambda V_{DS})$代入實驗資料，得

$10\mu A = \dfrac{1}{2}K(2 - V_t)^2(1 + 5\lambda) - ①$

$400\mu A = \dfrac{1}{2}K(5 - V_t)^2(1 + 5\lambda) - ②$

$480\mu A = \dfrac{1}{2}K(5 - V_t)^2(1 + 8\lambda) - ③$

$\dfrac{③}{②} = \dfrac{48}{40} = \dfrac{1 + 8\lambda}{1 + 5\lambda} \quad \therefore \lambda = 0.1$

$\dfrac{②}{①} = 40 = \dfrac{(5 - V_t)^2}{(2 - V_t)^2} \quad \therefore V_t = 1.44V$

(3)將 λ，V$_t$ 值代入①式，得

$10\mu A = \dfrac{1}{2}K(2 - 1.44)^2\left[\,1 + (5)(0.1)\,\right]$

$$\therefore K = 42.52 \frac{\mu A}{V^2}$$

---

35. Draw the cross-sectional diagram of an NMOS transistor operated in saturation region and give the drain current equation for it to include the channel-length modulation effect. What is the relationship between Early voltage and output resistance?

簡譯

繪出NMOS工作於飽和區之物理結構圖。及列出飽和區的電流方程式，並考慮通道長度調變效應。和說明 Early 電壓與輸出電阻的關係。（❖題型：EMOS 物理特性）

【成大電機所、高考】

解☞：

(1)

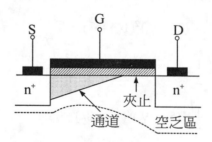

(2) $i_D = K \ (V_{GS} - V_t)^2 \ (1 + \frac{V_{DS}}{V_A})$

(3) $r_d \simeq \frac{V_A}{I_D}$

---

36. 繪出一NMOS的共源輸出特性曲線，並註明何者為線性區、飽和區或截止區。（❖題型：EMOS 的物理特性）

【高考】

解☞：共源極輸出特性曲線

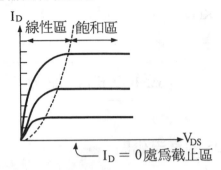

$I_D = 0$ 處為截止區

---

37. 某增強型 NMOS，$V_t = 2V$，當 $V_{GS} = V_{DS} = 3V$ 時，$I_D = 1mA$，
則當 $V_{GS} = 4V$，$V_{DS} = 5V$ 時 I_D 值為何？並計算當 V_{DS} 很小且
$V_{GS} = 4V$ 時的汲極對源極電阻 $r_{DS(ON)}$ 值。

解☞：

1. 由條件知

當 $V_{GS} = V_{DS} = 3V$，$I_D = 1mA$

∵ $|V_{GS}| > |V_t|$ 且 $V_{GD} - V_{GS} - V_{DS} = 0$ 即 $|V_{GD}| < |V_t|$

∴ 此時 JFET 在夾止區。

故 $I_D = K(V_{GS} - V_t)^2 \Rightarrow 1mA = K(3 - 2)^2$

∴ $K = 1mA / V^2$

2. 當 $V_{GS} = 4V$，$V_{DS} = 5V$

∵ $|V_{GS}| > |V_t|$，且 $V_{GD} = V_{GS} - V_{DS} = -1V$，即 $|V_{GD}| \leq |V_t|$

∴ JFET 仍在夾止區

故 $I_D = K(V_{GS} - V_t)^2 = (1mA/V^2)(4 - 2)^2 = 4mA$

3. 當 V_{DS} 很小時，JFET 在三極體區

$$r_{DS} = \frac{1}{2K(V_{GS} - V_t)} = \frac{1}{(2)(1m)(4 - 2)} = 250\Omega$$

5-5〔題型三十〕：EMOS 的直流分析

考型 70 EMOS 的直流偏壓

一、EMOS 之兩種偏壓法

1. 分壓偏壓法

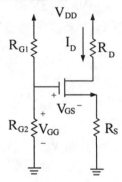

2. 汲極回授偏壓法

    (1)未導通 $V_{GS} = V_{DD} > V_t$

    (2)導通，又 $I_G = 0$，有 I_D

    (3)在夾止區，$V_{GD} < V_t$，$I_G = 0$

      ∵ $I_G = 0$，$V_{GD} = 0 < V_t$

      ∴必在夾止區

3. EMOS 不能用源極自偏法偏

   壓，因為會形成逆偏。

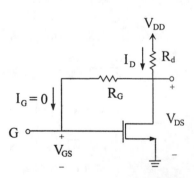

考型 71 EMOS 的直流分析

一、圖解法的技巧：

1. 列出輸出方程式

2. 由輸出方程式中，計算出截止點與飽和點，

    截止點：在輸出方程式中，令 $I_D = 0 \Rightarrow$ 求出 V_{DS}

    飽和點：在輸出方程式中，令 $V_{DS} = 0 \Rightarrow$ 求出 I_D

3. 繪出直流負載線

    將截止點與飽和點連線即為直流負載線（DC load line）

4. 找出工作點

    直流負載線與輸出特性曲線之交叉點，即為工作點（Q點）。

5. 求出對應的 I_{DQ}，V_{DSQ}

    Q點，所對應的 I_D 及 V_{DS}，即為 I_{DQ}，V_{DSQ}

二、電路分析法的技巧

1. 判斷工作區域

$$|V_{GS}| \begin{cases} \leq |V_t| \Rightarrow 截止區 \\ > |V_t|, \end{cases} \quad 且 \quad |V_{GD}| \begin{cases} > |V_t| \Rightarrow 三極體區 \\ \leq |V_t| \Rightarrow 夾止區 \end{cases}$$

2. 列出電流方程式（當放大器用，須在夾止區）

    $I_D = K(V_{GS} - V_t)^2$

3. 取包含 V_{GS} 之迴路方程式。

    $f(I_D, V_{GS})$

4. 解聯立方程式②、③

5. $Q(I_{DQ}, V_{GSQ}, V_{DSQ})$

38. 若一金氧半電晶體（MOSFET）之電壓、電流測量數據如下：

(1) 此元件為 n- 型 MOSFET 或 p- 型 MOSFET？

(2) 試求其臨界電壓 V_T？

(3) 試求其通道調變因子 λ 和歐力電壓（Early voltage）V_A？

(4) 若操作點為 $V_{GS} = 4V$，$V_{DS} = 5V$，試估算其小訊號汲極輸出電阻 r_O？（❖題型：MOSFET 的直流分析）

V_{GS}（volts）	V_{DS}（volts）	I_{DS}（μA）
2	5	10
4	5	360
4	8	370.3

【交大電子所】

解☞：

(1) $\because V_{GS} > 0 \therefore$ 為 NMOS

(2)

    1. $\because I_D = K(V_{GS} - V_t)^2(1 + \lambda V_{DS})$，即

        $10\mu A = K(2 - V_t)^2(1 + 5\lambda) - ①$

        $360\mu A = K(4 - V_t)^2(1 + 5\lambda) - ②$

        $370.3\mu A = K(4 - V_t)^2(1 + 8\lambda) - ③$

    2. $\dfrac{②}{①} = 36 = \dfrac{(4 - V_t)^2}{(2 - V_t)^2}$ $\therefore V_t = 1.6V$

(3) $\dfrac{②}{③} = \dfrac{360}{370.3} = \dfrac{1 + 5\lambda}{1 + 8\lambda}$ $\therefore \lambda = 0.01$

    $V_A = \dfrac{1}{\lambda} = 100V$

$(4) r_o \cong \dfrac{V_A + V_{DSQ}}{I_{DQ}} = \dfrac{100 + 5}{360\mu A} = 0.292 M\Omega$

---

39. The two circuits shown in Fig. Are equivalent. The R_{GG} and the V_{GG} should be:

(A) $250k\Omega, 15V$　(B) $250k\Omega, 6V$　(C) $60k\Omega, 15V$　(D) $60k\Omega, 6V$

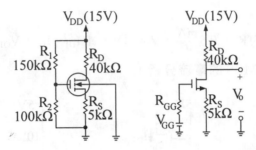

【交大控制所】

解☞：(D)

$R_{GG} = R_1//R_2 = 150K//100K = 60k\Omega$

$V_{GG} = \dfrac{R_2 V_{DD}}{R_1 + R_2} = \dfrac{(100k)(15)}{150k + 100k} = 6V$

---

40. Consider the circuit in above Fig. What is the slope of the bias line in the V_{GS}-I_D plot of this circuit ?

(A) $\dfrac{-1}{40} m\Omega^{-1}$　(B) $\dfrac{-1}{5} m\Omega^{-1}$　(C) other _____

(Show our answer).

簡譯

若上圖中 2 個電路是相等的，則(1) V_{GG} ＝ ？　(2) R_{GG} ＝ ？　(3) V_{CS} 對 I_D 負截線斜率＝ ？（❖題型：EMOS 的直流分析）

【交大控制研究所】

解☞：(B)

由右圖的輸入迴數知：

$$V_{GS} = V_G - V_S = V_{GG} - I_D R_S = 6 - (5K)I_D$$

$$\therefore V_{GS} - I_D \text{ 特性曲線的斜率} = \frac{-1}{R_S} = -\frac{1}{5}m\Omega^{-1}$$

---

41. For the circuits in Fig.(a) and (b) calculate the labeled currents and voltages. For all devices, $K = 0.5mA/V^2$ and $V_t = 1V$.

簡譯

MOS 的 $K = 0.5\frac{mA}{V^2}$，$V_t = 1V$，求 I_{D1}，I_{D2}，V_{O1}，V_{O2}值。（✤題型：EMOS 的直流分析）

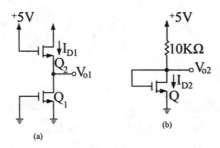

(a)　　　　(b)

【清大電機】

解☞：

(a) 1. $\because V_{GS1} = V_{G1} - V_{S1} = 0V$

　　$\therefore Q_1$:OFF$\Rightarrow I_{D1} = 0mA$

2. 設 Q_2 在飽和區，則

$$I_{D2} = K \left[V_{GS2} - V_t \right]^2 = (0.5m) \left[V_{GS2} - 1 \right]^2 = I_{D1} = 0$$

$$\therefore V_{GS2} = 1V$$

3. $\therefore V_{O1} = V_{DD} - V_{GS2} = 5 - 1 = 4V$

4. Check

$$V_{GD2} = V_{G2} - V_{D2} = V_{DD} - V_{D2} = 5 - 5 = 0V < V_t$$

　　$\therefore Q_2$ 確在主動區

(b) $I_{D2} = K \left[V_{GS} - V_t \right]^2 = (0.5m) \left[V_{GS} - 1 \right]^2 - ①$

$$V_{GS} = V_G - V_S = V_D = V_{DD} - I_{D_2}(10K) = 5 - (10K)I_{D_2} - ②$$

解聯立方程式①，②，得

$$V_{GS} = V_{02} = 1.8V$$

$$I_{D2} = 0.32mA$$

---

42. In the following circuit, find the MOSFET drain current i_D if $V_I = 5V$ and $V_{CC} = +12V$. The MOSFET has parameters $K = 0.1mA/V^2$ and $V_t = +6V$. The BJT has a base-emitter turn on voltage of $V_f \approx 0.7V$

簡譯

$V_I = 5V$，$V_{CC} = 12V$，$K = 0.1\dfrac{mA}{V^2}$，$V_t = +6V$ 求 $i_D = ?$ （✛題型：EMOS 直流分析）

【清大電機所】

解☞：

$\because V_{GS2} = V_{G2} - V_{S2} = 0 < V_t$

$\therefore Q_2$ 在截止區

故 $i_D = 0$

---

43. An NMOS enhancement transistor having $k = 1 \ mA/V^2$, $W/L = 2$, and $V_T = 4V$ is used in the circuit in Fig. The supply voltage is 12V, $R_D = R_S = 2k\Omega$, $R_1 = 100k$, and $R_2 = 300k$. Determine (1) I_D and V_{DS}, (2) The new value of R_S needed to maintain the value of I_D if $W/L = 4$.

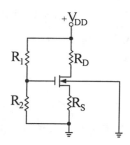

簡譯

圖中加強式 nMOS 的 $k = 1mA/V^2$，$\dfrac{W}{L} = 2$，$V_T = 4$，$V_{DD} = 12V$，$R_D = R_S = 2K$，$R_1 = 100K$，$R_2 = 300K$，試求：(1)I_D 與 V_{DS}；(2)若 $\dfrac{W}{L}$ 變為 4，在 I_D 不變下 $R_S = $?（❖題型：EMOS 的直流分析）

【技師、中山電機所】

解☞：

1. 設 NMOS 在夾止區

2. 列出電流方程式

$$I_D = k\left(\frac{W}{L}\right)[V_{GS} - V_t]^2 = (1m)(2)[V_{GS} - 4]^2$$

$$= (2m)[V_{GS} - 4]^2 \text{——①}$$

3. 取含 V_{GS} 的方程式

$$V_{GS} = V_G - V_S = \frac{R_2 V_{DD}}{R_1 + R_2} - I_D R_S$$

$$= \frac{(300K)(12)}{100K + 300K} - I_D(2K) = 9 - (2K)I_D \text{——②}$$

4. 解聯立方程式①②得

$$I_D = 2mA，V_{GS} = 5V$$

5. check

$$V_{GD} = V_G - V_D = V_G - (V_{DD} - I_D R_D) = 9 - \left[12 - (2m)(2k) \right]$$

$$= 1V < V_t$$

∴NMOS 確在夾止區

(2) 1. 電流方程式

$$I_D = k\left(\frac{W}{L}\right)\left[V_{GS} - V_t \right]^2，即$$

$$2mA = (1m)(4)\left[V_{GS} - 4 \right]^2$$

$$∴V_{GS} = 4.71V$$

2. 取含 V_{GS} 的方程式

$$V_{GS} = V_G - V_S = V_G - I_D R_S = 9 - (2m)(R_S) = 4.71$$

$$∴R_S = 2.15K\Omega$$

---

44. For the circuit shown in Fig. (a), sketch the load line of Q_1 and the transfer curve of the circuit for $V_{DD} = 6V$, Where Q_1 and Q_2 are identical transistor described by Fig.(b).

簡譯

如圖所示，Q_1，Q_2為相同 MOSFET，且知$V_{DD} = 6V$，繪出其轉換特性曲線。（✧題型：主動性負載）

【成大電機所】

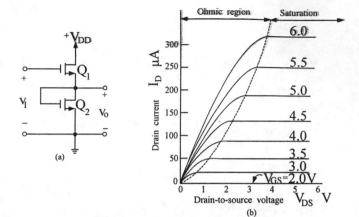

(a)

Ohmic region   Saturation

(b)

解☞：

觀念：Q_2 為汲極回援，必在飽和區

1. 由圖 b 知，當 $V_{GS1} = 6V$ 時，$V_{D1} = 320\mu A$

∵$I_{D1} = K(V_{GS1} - V_t)^2 = k(6 - 2)^2 = 320\mu A$

∴$k = 20\mu A/V^2$

2. $I_{D1} = I_{D2} = k(V_{GS2} - V_t)^2 = K(V_{DS2} - V_t)^2$

$= k(V_{DD} - V_{DS1} - V_t)^2$

$= (20\mu)(4 - V_{DS1})^2$——①

3. ∵$I_{D1} = I_{D2} = I_D$

$V_{DS1} + V_{DS2} = V_{DD}$

$V_I = V_{GS1} + V_{GS2} = V_{GS1} + V_o$

$V_o = V_I - V_{GS1}$——②

4. 將方程式①繪入圖(a)

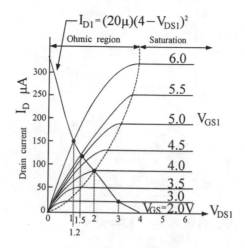

$$I_{D1} = (20\mu)(4 - V_{DS1})^2$$

5. 由方程式①，②及上圖知

$$\begin{cases} V_I = V_o + V_{GS1} \\ I_{D1} = (20\mu)(4 - V_{DS1})^2 \\ V_o = V_{DD} - V_{DS1} = 6 - V_{DS1} \end{cases}$$

故可整理成下表

截止區($V_{GS1} \le V_t$)			飽和區		歐姆區	
V_{GS1}	0	1	2	3	4	5	6
V_{DS1}	4	4	4	3	2	1.5	1.2
V_o	2	2	2	3	4	4.5	4.8
V_I	2	3	4	6	8	9.5	10.8

6. $V_I - V_o$ 轉移曲線

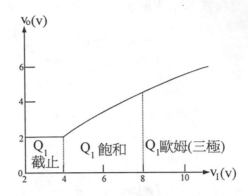

---

45. 已知 NMOS 的 $V_t = 1V$，$K = 0.5\dfrac{mA}{V^2}$

   當 $V_{GS} > V_t$，$V_{DS} < V_{GS} - V_t$ 時，$I_D = K[2(V_{GS} - V_t)V_{DS} - V_{DS}^2]$

   當 $V_{GS} > V_t$，$V_{DS} > V_{GS} - V_t$ 時，$I_D = K(V_{GS} - V_t)^2$

   (1) $R_1 = 5M\Omega$，$R_2 = 5M\Omega$，$R_D = 6K\Omega$，$R_S = 6K\Omega$，求 I_D，V_{GS}，V_{DS} 值。

   (2) $R_1 = 5M\Omega$，$R_D = 6K\Omega$，求 $I_D = 0.5mA$，$V_{DS} = 5V$ 時的 R_2，R_S 值。（❖題型：EMOS 的直流分析）

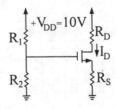

【高考】

解☞：

　(1) 1. 設 $I_D = k(V_{GS} - V_t)^2$

　　 2. 列出電流方程式

　　　 $I_D = k[V_{GS} - V_t]^2 = (0.5m)(V_{GS} - 1)^2 - ①$

　　 3. 取含 V_{GS} 的方程式

$$V_{GS} = V_G - V_S = \frac{R_2 V_{DD}}{R_1 + R_2} - I_D R_S = \frac{(5M)(10V)}{5M + 5M} - (6K)I_D$$

$$= 5 - (6k)I_D \text{——②}$$

4. 解聯立方程式①、②得

   $I_D = 0.5mA，V_{GS} = 2V$

5. $V_{DS} = V_{DD} - I_D(R_D + R_S) = 10 - (0.5m)(6k + 6k) = 4V$

6. check

   ∵$V_{DS} > V_{GS} - V_t$　故符合條件

(2) 1. 設 $I_D = k(V_{GS} - V_t)^2$

   2. 列出電流方程式

   $I_D = k(V_{GS} - V_t)^2 = (0.5m)(V_{GS} - 1)^2 = 0.5mA$

   ∴$V_{GS} = 2V$

   3. 電路分析

   $V_{DD} = V_{DS} + I_D(R_D + R_S) = 5 + (0.5m)(6k + R_S) = 10$

   ∴$R_S = 4k$

   4. $V_{GS} = V_G - V_S = \frac{R_2 V_{DD}}{R_1 + R_2} - I_D R_S$

   $$= \frac{R_2(10)}{5M + R_2} - (0.5m)(4k) = 2$$

   ∴$R_2 = 3.33M\Omega$

   5. check

   ∵$V_{DS} > V_{GS} - V_t$

   故符合條件

46. 如圖所示電路，$V_t = 3V$，$K = 0.3mA/V^2$，求工作點 I_D，V_{DS}。

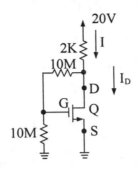

解 ☞ ：

1. 設 NMOS 在夾止區，則

$$I = I_D + \frac{V_{DS}}{20M} \text{——①}$$

$$V_{DS} = V_{DD} - (2K)I = 20 - (2K)I \text{——②}$$

由方程式①，②得

$$V_{DS} \approx 20 - (2K)I_D$$

2. 取含 V_{GS} 之迴路方程式

$$V_{GS} = \frac{1}{2}V_{DS} = \frac{1}{2}[20 - (2K)I_D] = 10 - (1K)I_D$$

3. 電流方程式

$$I_D = K(V_{GS} - V_P)^2 = (0.3m)[10 - (1K)I_D - 3]^2$$

$$\therefore I_D = \begin{cases} 3.56mA \\ 13.78mA （不合，$\because V_{GS}$為逆偏） \end{cases}$$

4. $V_{GS} = 10 - (1K)I_D = 6.44V$

$$V_{DS} = 2V_{GS} = 12.88V$$

5. 驗證

$$V_{GD} = V_{GS} - V_{DS} = -6.44$$

$$\because |V_{GS}| > |V_t| \text{ 且 } |V_{GD}| > |V_t|$$

$$\therefore 在夾止區無誤$$

---

47. 兩特性相同FET，接成如下的電路，已知$V_T = 2V$，$k = 0.25mA/V^2$，$V_{DD} = 20V$，$R_1 = 10M\Omega$，試設計 R_2 值，使得每個裝置的電流均為 1 mA。（✤題型：MOS 直流分析）

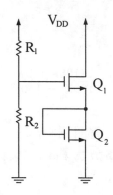

解☞ ：

1. $\because I_{D1} = I_{D2} = I_D = K(V_{GS} - V_t)^2 = (0.25m)(V_{GS} - 2)^2 = 1mA$

$\therefore V_{GS} = V_{GS1} = V_{GS2} = 4V$

2. $V_{G1} = V_{GS1} + V_{GS2} = 8V$

3. $V_{G1} = \dfrac{R_2 V_{DD}}{R_1 + R_2}$ ，即

$$\dfrac{R_2 (20)}{(10M) + R_2} = 8$$

$$\therefore R_2 = 6.67M\Omega$$

---

48. 下圖所示為一 FET 之自給偏壓電路，若洩極靜態電流為 0.3 mA，則其閘源極電壓 V_{GS}＝？（✥題型：分壓偏壓法）

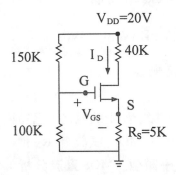

解☞：

1. 取含 V_{GS} 之方程式

$$V_{GS}＝V_G－V_S＝\frac{(100K)(20)}{100K＋150K}－I_D R_S＝8－(5K)(0.3mA)＝6.5V$$

---

49. 如下圖所示電路，當開關 SW OPEN 時，電流計讀數為 6.5 mA，SW CLOSE 時，讀數為 4 mA，求電晶體 Q 之 V_T 與 K。（✥題型：偏壓電路）

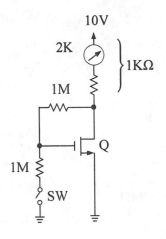

解☞：

1. SW close 時　I = 4 mA

   ∴$V_{DS1} = V_{DD} - IR_D = 10 - (4mA)(1K) = 6V$

   又 $V_{GS1} = (1M)\dfrac{V_{DS1}}{1M+1M} = 3V$

2. SW OPEN 時，I = 6.5 mA

   $V_{DS2} = V_{DD} - IR_D = 10 - (6.5mA)(1K) = 3.5V$

   又 $V_{GS2} = V_{DS2} = 3.5V$

3. 電流方程式

   $6.5mA = K \left[V_{GS2} - V_t \right]^2 = K(3.5 - V_t)^2$ ——①

   $4mA = k \left[V_{GS1} - V_t \right]^2 = k \left[3 - V_t \right]^2$ ——②

4. 解聯立方程式①，②得

   $V_T = 1.18V$，$K = 4.8 \ mA/V^2$

5-6〔題型三十一〕：DMOS 的物理特性及工作區

考型 72　DMOS 的物理特性

一、DMOS 的物理結構（n 通道）

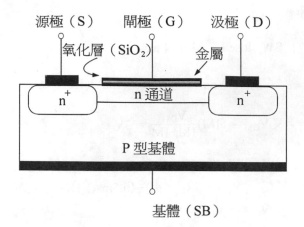

源極（S）　閘極（G）　汲極（D）

氧化層（SiO₂）　金屬

n 通道

n⁺　　　　　　　　n⁺

P 型基體

基體（SB）

二、電子符號：

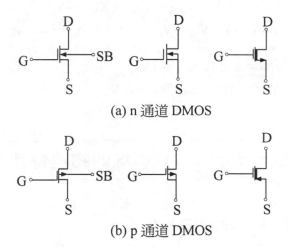

(a) n 通道 DMOS

(b) p 通道 DMOS

三、工作說明

空乏型的 DMOS 動作原理和 JFET 一樣：在 D 和 S 間有一條通道，是由 V_{GS} 大小來控制通道的寬窄。通常是把基體接到源極，因 D 極電壓大於 S 極，如此可使基體對通道接面保持逆向偏壓，使基體電流幾乎等於零。

當 V_{DS} 很小時，通道的寬度是由 V_{GS} 控制，且因 V_{DS} 很小，所以通道為等寬的。和 JFET 不同之處，DMOS 的 V_{GS} 可順偏或逆偏，因有氧化層保護，所以通道不會被打穿。V_{GS} 順偏時，可感應通道使電流 i_D 增加。

1. 當 V_{GS} 為逆偏，通道內部感應正電荷，使得通道中的電子數目減少，稱為空乏模式（depletion model）。此時 n 通道 DMOS 的 V_t 為負值，而 P 通道的 V_t 為正值。

2. 當 V_{GS} 為順偏，通道內部感應負電荷，使得通道中的電子數目更增強，稱為增強模式（enhancement model）。此時 n 通道 DMOS 的 V_t 為正值，而 P 通道的 V_t 為負值。

四、DMOS 的特性

1. MOS 為四端元件

2. MOS 只有一個 pn 接面（通道－基體），閘極 G 端只是一個金屬接點，與 JFET 不同。且因閘極與通道間有絕緣層，故閘極電流非常小，約 $i_G \approx 10^{-12} \sim 10^{-15} A$，而 JFET 的 $i_G \approx 10^{-9} A$，故從 G 端看入之輸入阻抗而言：
R_{in}（MOS）$>$ R_{in}（JFET）

3. $I_G = 0$

4. SB 端必須加逆向偏壓

5. V_{GS} 的偏壓可正可負。

6. 當 V_{DS} 很小時，（通道為等寬）

7. 當 V_{DS} 不小時，（通道為梯形狀）

8. 當 V_{GS} 為正，則通道加寬。
   可將更多的自由電子吸至通道中，使得通道變寬，而電阻值降低，此時之空乏型 NMOS 稱為增強模式（Enhancement Mode）。其電流方程式與工作區的判斷，與 EMOS 相同。

9. 當 V_{GS} 為負，則與 JFET 工作原理一樣，稱為空乏模式。

五、DMOS 特性曲線

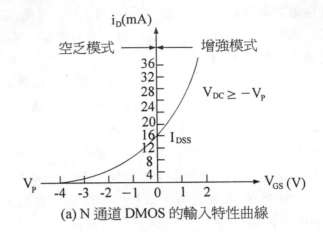

(a) N 通道 DMOS 的輸入特性曲線

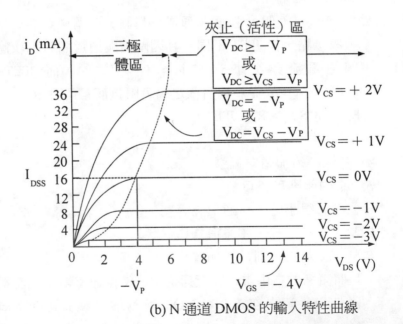

(b) N 通道 DMOS 的輸入特性曲線

六、各類 FET 的輸入特性曲線比較

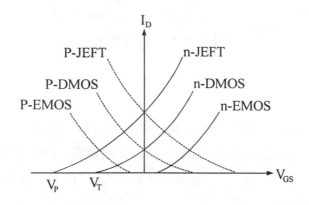

七、DMOS 與 EMOS 之差別

1. 空乏型 $\begin{cases} \text{(1)存有預留通道。} \\ \text{(2)當 } V_{GS} = 0V \text{ 時,} I_D = I_{DSS} \text{,故此型又稱為通式裝} \\ \quad \text{置(ON device)。} \\ \text{(3)閘極可工作在順向,也可以工作在逆向偏壓。} \end{cases}$

2. 增強型 $\begin{cases} \text{(1)無預留通道,通道是由 } V_{GS} \text{ 順偏而感應出來的。} \\ \text{(2)當 } V_{GS} = 0V \text{ 時,} I_D = 0 \text{,故此型裝置(OFF device)。} \end{cases}$
　　　　　又稱為斷式裝置

考型 73 DMOS 工作區的判斷

1. DMOS若為空乏模式,則其工作區的判斷,及電流方程式,與
   JFET相同。此時只須將 JFET的$|V_P|$,視為 DMOS 的$|V_t|$即可。
2. DMOS若為增強模式,則其工作區的判斷,及電流方程式,與
   EMOS 相同。

$$3.\ \text{DMOS} \begin{cases} \text{空乏模式} \begin{cases} \text{N 通道：} V_t \text{為負值} \\ \text{P 通道：} V_t \text{為正值} \end{cases} \\ \text{增強模式} \begin{cases} \text{N 通道：} V_t \text{為正值} \\ \text{P 通道：} V_t \text{為負值} \end{cases} \end{cases}$$

歷屆試題

50. 試說明 n 通道的空乏型 MOSFET 與 n 通道的增強型 MOSFET 之差別，並以 $i_D - V_{DS}$ 曲線說明。（✥題型：DMOS 的物理特性）

【交大光電所】

解☞：

1. $i_D - V_{DS}$ 曲線

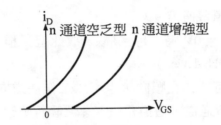

2. ① DMOS：(NMOS)

　　空乏型：V_t 為負值

　　增強型：V_t 為正值

　② EMOS：(NMOS)，V_t 為正值

5-7〔題型三十二〕：DMOS 的直流分析

考型 74 ‒ DMOS 的直流偏壓及直流分析

一、DMOS 的直流偏壓法

1. 自偏法

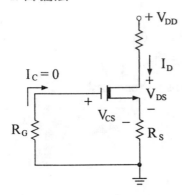

① $V_{GS} = -I_D R_S$

② $I_D = K(V_{GS}-V_T)^2$

③ $V_{DS} = V_{DD}-I_D(R_D+R_S)$

2. 分壓法

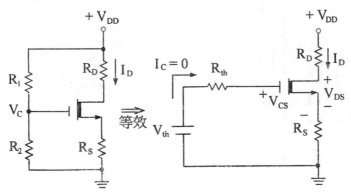

(1) $R_{th} = R_1 // R_2$

(2) $V_{th} = V_{DD} \times \dfrac{R_2}{R_1 + R_2}$

(3) $V_{GS} = V_{DD} \times \dfrac{R_2}{R_1 + R_2} - I_D R_S$

(4) $I_D = K(V_{GS} - V_T)^2$

(5) $V_{DS} = V_{DD} - I_D(R_D + R_S)$

3. 閘極零偏壓法

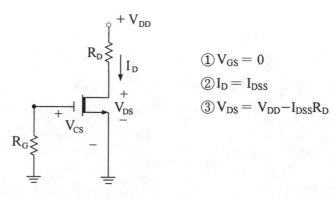

① $V_{GS} = 0$
② $I_D = I_{DSS}$
③ $V_{DS} = V_{DD} - I_{DSS} R_D$

4. 定電流源偏壓法

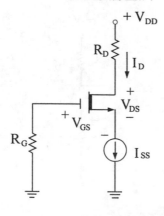

① $I_D = I_{SS} = K(V_{GS} - V_T)^2$
② $I_D = I_{SS}$
③ $V_{DS} = V_{DD} - I_{SS} R_D + V_{CS}$

二、JFET，EMOS，DMOS 直流偏壓的比較

1. EMOS 不能用自偏法偏壓，因 $V_{GS} < 0$ 將使 n−MOS 截止。

2. 汲極回授偏壓法，n- 通道 EMOS 一定工作於夾止區，而 DMOS

不能採用此法來偏壓。

3. JFET 亦不能採用汲極回授偏壓法，因 $V_{DG} = 0 < V_P$，n 通道
   JFET 非工作於夾止區。

三、DMOS 直流分析的方法有二：(1)圖解法　(2)電路分析法。

1. 此二法的技巧，與 EMOS 及 JFET 完全相同。

2. 需留意 DMOS 是空乏模式，或增強模式。

歷屆試題

51. 在一 MOS 電路中，若包含有增強型 NMOS(E/NMOS) 空乏型
    NMOS(D/NMOS) 及增強型 PMOS(E/PMOS) 三種型式的 MOS 電
    晶體。假設此三種 MOS 的 $|V_T|$ 均為 2 伏（$|V_T| = 2V$）。今測量
    電路中 4 個 MOS 的端電壓，得下表之數據，試辨別各 MOS 之
    型式及工作區。（❖題型：MOS 工作區判斷）

	M_1	M_2	M_3	M_4
汲極	10V	1V	2V	4V
閘極	5V	6V	3V	7V
源極	2V	3V	6V	1V
型式	(1)	(3)	(5)	(7)
工作區	(2)	(4)	(6)	(8)

注意：有的答案可能不止一個，寫出一種即可

【交大電子所】

解☞：

1. 對 M_1 而言

   ∵ $V_{GS} = V_G - V_S = 5 - 2 = 3V$

   $V_{GD} = V_G - V_D = 5 - 10 = -5V$

2. 對 M_2 而言

   $V_{GS} = V_G - V_S = 6 - 3 = 3V$

$$V_{GD} = V_G - V_D = 6 - 1 = 5V$$

3. 對 M_3 而言

$$V_{GS} = V_G - V_S = 3 - 6 = -3V$$

$$V_{GD} = V_G - V_D = 3 - 2 = 1V$$

4. 對 M_4 而言

$$V_{GS} = V_G - V_S = 7 - 1 = 6V$$

$$V_{GD} = V_G - V_D = 7 - 4 = 3V$$

5. 整理可得

	D/NMDS	逆偏 $V_t = -2V$ 順偏 $V_t = 2V$	E/NMOS	$V_t = 2V$	E/DMOS	$V_t = -2V$
M_1	增強型 Sat	順偏 $\begin{cases} V_{GS} > V_t \\ V_{GD} < V_T \end{cases}$	Sat	$V_{GS} > V_t$ $V_{GD} < V_T$	OFF	$-V_{GS} < -V_t$
M_2	增強型 VCR	順偏 $\begin{cases} V_{GS} > V_t \\ V_{GD} > V_T \end{cases}$	VCR	$V_{GS} > V_t$ $V_{GD} > V_T$	OFF	$-V_{GS} < -V_t$
M_3	OFF 空乏型	逆偏 $-V_{GS} > -V_t$	OFF	$V_{GS} < V_t$ $V_{GD} < V_T$	Sat	$-V_{GS} > -V_t$ $-V_{GD} < V_T$
M_4	增強型 VCR	順偏 $\begin{cases} V_{GS} > V_t \\ V_{GD} > V_T \end{cases}$	VC	$V_{GS} > V_t$ $V_{GD} > V_T$	OFF	$-V_{GS} < -V_t$

P.S.以上為各電晶體可能的型式及工作區。但整個系統，需含
（D/NMOS）、（E/NMOS）、（E/PMOS），所以可自行調配
組合例如

(1) M_1：E/NMOS　(2) Sat.

(3) M_2：D/NMOS　(4) VCR

(5) M_2：E/PMOS　(6) Sat.

(7) M_4：E/NMOS　(8) VCR

---

52. The characteristics fot transistor Q_1 and Q_2, used in the circuit shown in
Fig. a, are Fig. b and Fig c, respectively. If the threshold voltages of Q_1

and Q_2 are $V_t = 2V$ and $V_t = -2V$,respectively. Determine V_{DS1} and V_{DS2}

簡譯

Q_1，Q_2 2 個 MOS 特性如下圖 a，b，c 所示，其中 $V_{T1} = 2V$，V_{T2}
$= -2V$，試求：V_{DS1}，V_{DS2}（❖題型：DMOS 的直流分析）

【成大電機所】

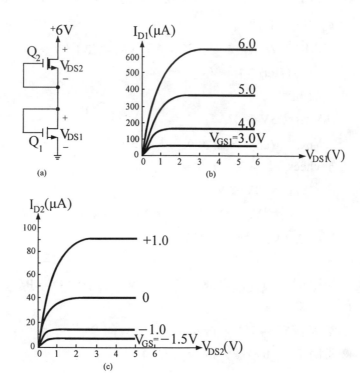

解☞ :

　　1. 設 Q_1 及 Q_2 皆在飽和區

　　2. ①對 Q 而言

　　　　$I_{D1} = K_1 〔V_{GS1} - V_{t1}〕^2 = K_1 〔V_{GS1} - 2〕^2$

　　　　$V_{GS1} = V_{G1} - V_{S1} = V_{D1} = V_{DS1} = V_{DD} - V_{DS2} = 6 - V_{DS2}$

　　②又由 Fig.b 知

當 $V_{GS1} = 6V \Rightarrow I_{D1} \approx 640\mu A \Rightarrow K_1(6-2)^2 = 640\mu A$

$\therefore K_1 = 40\dfrac{\mu A}{V^2}$

3. 對 Q_2 而言

$I_{D2} = K_2 \left[V_{GS2} - V_{t2} \right]^2 = K_2 \left[V_{GS2} + 2 \right]^2$

$V_{GS2} = V_{G2} - V_{S2} = 0 \Rightarrow I_{D2} = I_{DSS2} = 40\mu A$ 且 $K_2 = 10\dfrac{\mu A}{V^2}$

4. $\because I_{D1} = I_{D2}$

$\therefore K_1 \left[V_{GS1} - 2 \right]^2 = K_1 \left[6 - V_{DS2} - 2 \right]^2$

$= (40\mu) \left[4 - V_{DS2} \right]^2 = 40\mu A$

故知

$V_{DS2} = 3V$

$V_{DS1} = V_{DD} - V_{DS1} = 6 - 3 = 3V$

5. check

$\because V_{GD1} = 0V < V_{t1}$

$V_{GD2} = V_{G2} - V_{D2} = V_{S2} - V_{D2} = -V_{DS2} = -3V < V_{t2}$

$\therefore Q_1$，Q_2 皆在飽和區

---

53. 電路中的MOSFET具有$K = 1mA \diagup V^2$，$|V_T| = 4V$，$P_{MAX} = 250mW$ 的元件參數。

(1)當 V_{DD} 時 = 20V，最小的 R_1 值為何？

(2)當時 $R_1 = 0$，最大的 V_{DD} 值為何？

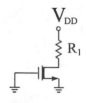

解☞：

設 DMOS 在飽和區，則

1. $I_D = K \left[V_{GS} - V_t \right]^2 = K \left[0 - V_t \right]^2 = KV_t^2 = (1m)(16) = 16mA$

$\therefore V_{DS,max} = \dfrac{P_{max}}{I_D} = \dfrac{250mW}{16mA} = 15.625V$

$$2. \, R_{1,min} = \frac{V_{DD} - V_{DS,max}}{I_D} = \frac{20 - 15.625}{16m} = 0.273K\Omega$$

$$3. \, V_{DD,max} = V_{DS,max} = 15.625V$$

---

54. 下圖中，空乏型 MOSFET 的 $I_{DSS} = 1mA$，$V_{GS(off)} = -4$ 伏特，若 I_G 可忽略不計，則 $I_D = ?$（❖題型：固定偏壓法）

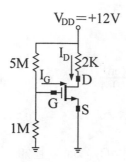

解☞：

1. 取含 V_{GS} 之迴路方程式
$$V_{GS} = V_G - V_S = V_G = \frac{(1M)(12)}{1M + 5M} = 2V$$

2. 電流方程式
$$I_D = K \, [\, V_{GS} - V_P \,]^2 = \frac{I_{DSS}}{V_P^2} \, [\, V_{GS} - V_P \,]^2 = \frac{1mA}{16} \, [\, 2 + 4 \,]^2$$
$$= 2.25mA$$

　　註：① $V_{GS(off)} = V_P$

　　　　② $\because V_P = -4V$，可知此 DMOS 屬於空乏型電流方程式與 N 通道的 JFET 相同。

---

55. 下圖中，若 $|V_1| = 1V$，$k = 0.5mA／V^2$，求 V_A。（❖題型：DMOS 直流分析）

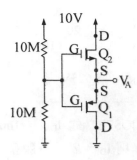

解☞：

1. 判斷工作區

$$\because V_G = \frac{(10M)(V_{DD})}{10M + 10M} = 5V = V_{G1} = V_{G2}$$

① $\because V_{GD1} = V_{G2} - V_{D2} = 5 - 10 = -5V$

$\therefore |V_{GD2}| > |V_t| \Rightarrow Q_2 : Sat$，且知$V_{t2} = 1V$

② $\because V_{GD1} = V_{G1} - V_{D1} = 5 - 0 = 5V$

$\therefore |V_{GD1}| > |V_t| \Rightarrow Q_1 : Sat$，且知$V_{t1} = -1V$

2. 分析電路

$$\because I_{D2} = I_{D1}$$

$$\therefore K (V_{GS2} - V_{t1})^2 = K (V_{GS1} - V_{t2})^2$$

$$\Rightarrow K(5 - V_A - 1)^2 = K(5 - V_A + 1)^2$$

$$\therefore V_A = 5V$$

---

56. 圖中，$|V_t| = 1V$，$k = 0.5mA/V^2$，$\lambda = 0$，試求電路標示之電流
與電壓值。

解☞：

    1. 此為空乏型 N 通道 MOSFET $\therefore V_t = -1V$

        $\therefore V_{GS} = V_G - V_S = 0$

        且 $V_{GD} = V_G - V_D = -10V$

        $\therefore |V_{GS}| < |V_t|$，又 $|V_{GD}| > |V_t|$

        故此 DMOS 在夾止區（工作區之判斷法與 JFET 同）

    2. $\therefore I_D = K(V_{GS} - V_t)^2 = (0.5m)(0 + 1)^2 = 0.5mA$

---

57. 電路中的 MOSFET 具有 $K = 1mA/V^2$，$|V_T| = 4V$，$P_{MAX} = 250mW$ 的元件參數。

    (1)當 $V_{DD} = 20V$ 時，最小的 R_1 值為何？

    (2)當 $R_1 = 0$ 時，最大的 V_{DD} 值為何？

解☞：

    設 DMOS 在飽和區，則

    1. $I_D = K(V_{GS} - V_t)^2 = K(0 - V_t)^2 = KV_t^2 = (1m)(16) = 16mA$

        $\therefore V_{DS,max} = \dfrac{P_{max}}{I_D} = \dfrac{250mW}{160mA} = 15.625V$

    2. $R_{1,min} = \dfrac{V_{DD} - V_{DS,max}}{I_D} = \dfrac{20 - 15.625}{16m} = 0.273K\Omega$

    3. $V_{DD,max} = V_{DS,max} = 15.625V$

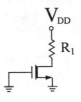

§5-8〔題型三十三〕：MESFET 的物理特性

考型 75 MESFET 的物理特性

一、MESFET 的物理結構

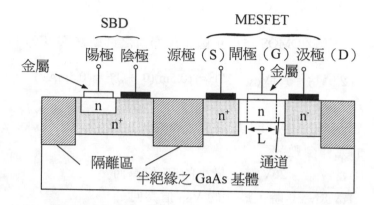

二、電子符號及特性曲線

1. 空乏型：

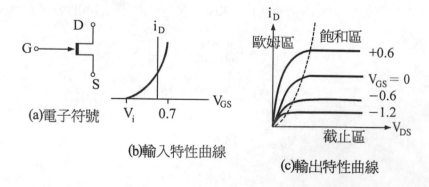

(a)電子符號

(b)輸入特性曲線

(c)輸出特性曲線

2. 增強型：

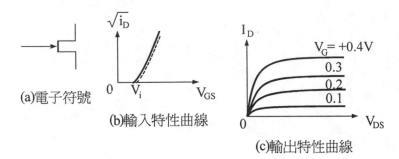

(a)電子符號   (b)輸入特性曲線   (c)輸出特性曲線

三、說明

1. 金半場效電晶體：MESFET（MEtal-Semiconductor FET）

2. 半導體材料：砷化鎵（GaAs）

3. 閘極：由金屬與半導體接觸（形成蕭特基二極體）

4. 移動率 μ_{GaAs} 約為矽 μ_n 的 5～10 信

5. 適用在高速的電路

6. 基體以純質的砷化鎵為材料，具有半絕緣性（Semi-insulating）的特性

7. 通道長度（L）比 MOS 短。故速度較快。

四、 電流方程式

1. 三極體區

$$i_D = \beta \left[2\,(V_{GS} - V_t)\,V_{DS} - V_{DS}^2 \right] (1 + \lambda V_{DS})$$

2. 夾止區

$$i_D = \beta(V_{GS} - V_t)^2(1 + \lambda V_{DS})$$

3. $\lambda \approx 0.1V^{-1} \sim 0.3V^{-1}$

CH6　FET 放大器

6-1〔題型三十四〕：FET 的小訊號模型及參數

考型 76 FET 的小訊號模型及參數

一、一階 π 模型

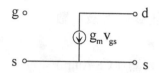

二、一階 T 模型

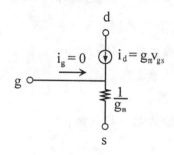

三、二階 π 模型

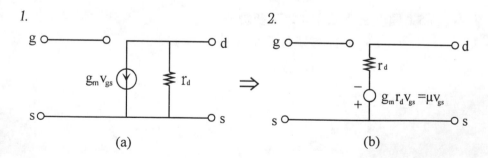

(a) $\Rightarrow$ (b)

$$\mu = \left.\frac{\partial v_{ds}}{\partial v_{gs}}\right|_Q = \left.\frac{\partial i_d}{\partial v_{gs}}\right|_Q \cdot \left.\frac{\partial v_{ds}}{\partial i_D}\right|_Q = g_m r_d$$

μ：電壓放大倍數（voltage amplication factor）

四、參數求法

1. 放大因數　$\mu = g_m r_d$

2. 輸出內阻　$r_d = r_o = \dfrac{V_A}{I_{DQ}}$，$V_A$：歐力電壓（early）

3. 輸入轉移電導 g_m，

(1) $g_m = \dfrac{i_d}{v_{gs}} = \left.\dfrac{\partial I_D}{\partial V_{GS}}\right|_Q$

(2) g_m，可視為 FET 的輸入特性曲線之斜率。

(3) g_m，永遠為正。

4. JEFT 的 g_m 表示法

(1) $g_m = \dfrac{2I_{DSS}}{-V_p}\left(1 - \dfrac{V_{GS}}{V_p}\right) = \dfrac{2I_{DSS}}{V_p^2}\left[V_{GS} - V_p\right] = \boxed{2k\left[V_{GS} - V_p\right]}$

(2) $g_m = \dfrac{2I_{DSS}}{-V_p}\left(1 - \dfrac{V_{GS}}{V_p}\right) = \dfrac{2I_{DSS}}{|-V_p|}\sqrt{\dfrac{I_D}{I_{DSS}}} = \dfrac{2}{|V_p|}\sqrt{I_{DSS}I_D} = \boxed{g_{mo}\sqrt{\dfrac{I_D}{I_{DSS}}}}$

(3) $k = \dfrac{I_{DSS}}{V_p^2}$

(4) g_{mo}，當 $V_{GS} = 0$ 時之 g_m 值

$$g_{mo} = \frac{2I_{DSS}}{--V_p}$$

5. JFET 的 g_m 與 BJT 的 g_m 值之比較

(1) BJT 的 g_m，稱為輸出轉移電導。

　　JFET 的 g_m，稱為輸入轉移電導。

(2) BJT 的 g_m

$$g_m = \frac{I_c}{V_T} \Rightarrow g_m \propto I_C \quad 線性成正比$$

    a. g_m受直流 I_C 影響

    b. g_m不受尺寸影響

(3) JFET 的 g_m

$$g_m = \frac{i_d}{v_{gs}} = \frac{2I_{DSS}}{-V_p}\sqrt{\frac{I_D}{I_{DSS}}} = \frac{2}{|V_p|}\sqrt{I_{DSS}I_D} \Rightarrow g_m \propto \sqrt{I_D}$$

    a.受直流 I_D 影響。

    b.與尺寸有關。

6. EMOS 的 g_m之表示法

$$(1)g_m = 2K\,(V_{GS} - |V_t|) = 2K\sqrt{\frac{I_D}{K}} = 2\sqrt{KI_D}$$

$$(2)K = \frac{1}{2}\mu_n\,Cox\,(\frac{W}{L})$$

五、完整二階模型：r_d 二端均不接地的分析（重要）

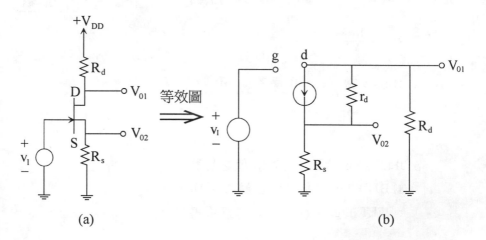

        (a)   (b)

1. 由汲極端看入之等效圖

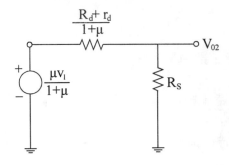

$r_d + (1 + \mu)Rs$

$-\mu v_I$

V_{01}

R_d

2. 由源極端看入之等效圖

$\dfrac{R_d + r_d}{1+\mu}$

$\dfrac{\mu v_i}{1+\mu}$

V_{02}

R_S

六、等效電阻值

  1. 從 g 端看入之 g，s 間等效電阻值 $\Rightarrow V_{gs} / i_g = \infty$

  2. 從 s 端看入之 g，s 間等效電阻值 $\Rightarrow V_{gs} / i_d = \dfrac{1}{g_m}$

七、公式整理

  1. JFET 與 MOS 的放大因數 μ

    $\mu = g_m r_d$

  2. JFET 與 MOS 的輸出內阻 r_o

  (1)已知 V_A，則　$r_d = \dfrac{V_A}{I_D}$

  (2)已知 μ，g_m，則　$r_d = \dfrac{\mu}{g_m}$

  3. JFET 的輸入轉移電導 g_m

(1)定義　$g_m = \dfrac{i_d}{v_{gs}} = \dfrac{\partial I_D}{\partial V_{GS}}\Big|_Q$

(2)通式　$g_m = 2K（V_{GS} - V_p）= \dfrac{2}{|V_p|}\sqrt{I_{DSS}I_D} = g_{mo}\sqrt{\dfrac{I_D}{I_{DSS}}}$

①製作因數（電導因數）　$K = \dfrac{I_{DSS}}{V_p^2}$

②$g_{mo} = \dfrac{2I_{DSS}}{-V_p}\Big|_{V_{GS} = 0}$

(3)使用技巧

①已知 I_D 時，則用 $g_m = \dfrac{2}{|V_p|}\sqrt{I_{DSS}I_D}$

②已知 V_{GS} 時，則用 $g_m = 2K（V_{GS} - V_P）$

③已知 g_{mo} 時，則用 $g_m = g_{mo}\sqrt{\dfrac{I_D}{I_{DSS}}}$

4. EMOS 的輸入轉移電導 g_m

(1)定義　$g_m = \dfrac{i_d}{v_{gs}} = \dfrac{\partial I_D}{\partial V_{GS}}\Big|_Q$

(2)通式　$g_m = 2K（V_{GS} - V_t）= 2\sqrt{KI_D}$

製作因數（電導因數）$K = \dfrac{1}{2}\mu_n\,Cox（\dfrac{W}{L}）$

(3)使用技巧

①已知 I_D 時，則用 $g_m = 2\sqrt{KI_D}$

②已知 V_{GS} 時，則用 $g_m = 2K（V_{GS} - V_t）$

八、JFET 的 g_m 公式推導

〔方法一〕：以 g_m 為 $i_D - V_{gs}$ 輸入特性曲線的觀點，推導之

1. $\because i_D = K〔V_{GS} - V_P〕^2 = I_{DSS}（1 - \dfrac{V_{GS}}{V_P}）^2$——①

$$\therefore g_m = \frac{i_D}{V_{gs}} = \frac{\partial i_D}{\partial V_{GS}} = 2K \, [\, V_{GS} - V_P \,]$$

$$= \frac{2I_{DSS}}{V_{P^2}} \, [\, V_{GS} - V_P \,] = \frac{2I_{DSS}}{-V_P}(1 - \frac{V_{GS}}{V_P}) \quad ②$$

2. 由①式知

$$(1 - \frac{V_{GS}}{V_P})^2 = \frac{I_D}{I_{DSS}} \Rightarrow \sqrt{\frac{I_D}{I_{DSS}}} = (1 - \frac{V_{GS}}{V_P}) \qquad ③$$

3. 將③式入②式，得

$$g_m = \frac{2I_{DSS}}{-V_P} \, [\, 1 - \frac{V_{GS}}{V_P} \,] = \frac{2I_{DSS}}{|V_p|} \sqrt{\frac{I_D}{I_{DSS}}} = \frac{2}{|V_p|} \sqrt{I_D I_{DSS}}$$

$$= g_m \sqrt{\frac{I_D}{I_{DSS}}}$$

4. g_m 的表示式：

$$① \, g_m = 2K \, [\, V_{GS} - V_P \,] = \frac{2I_{DSS}}{-V_P}(1 - \frac{V_{GS}}{V_P}) = \frac{2}{|V_P|} \sqrt{I_D I_{DSS}}$$

$$= g_{mo} \sqrt{\frac{I_D}{I_{DSS}}}$$

$$② \, g_{mo} = g_m |_{V_{GS} = 0} = \frac{2I_{DSS}}{-V_P}$$

〔方法二〕：以完整訊號觀點推導之

1. $\because V_{GS} = V_{GS} + v_{gs}$ ，$i_D = I_D + i_d$

2. $\therefore i_D = I_D + i_d$

$$= I_{DSS} \, [\, 1 - \frac{v_{GS}}{V_P} \,]^2 = I_{DSS} \, [\, 1 - \frac{V_{GS} + v_{gs}}{V_P} \,]^2$$

$$= I_{DSS} \left[(1 - \frac{V_{GS}}{V_P}) + \frac{v_{gs}}{-V_P} \right]^2$$

$$= I_{DSS} \left[(1 - \frac{V_{GS}}{V_P})^2 + 2(1 - \frac{V_{GS}}{V_P})(\frac{v_{gs}}{-V_P}) + (\frac{v_{gs}}{V_P})^2 \right]$$

$$= \underbrace{I_{DSS}(1 - \frac{V_{GS}}{V_P})^2}_{(純直流)} + \underbrace{\frac{2I_{DSS}}{-V_P}(1 - \frac{V_{GS}}{V_P})v_{gs}}_{(純交流)} + \underbrace{I_{DSS}(\frac{v_{gs}}{V_p})^2}_{(二次諧波)} \text{——①}$$

$$\Rightarrow i_d = \frac{2I_{DSS}}{-V_P}(1 - \frac{V_{GS}}{V_P})v_{gs}$$

$$\therefore g_m = \frac{i_d}{v_{gs}} = \frac{2I_{DSS}}{-V_P}(1 - \frac{V_{GS}}{V_P}) = \frac{2I_{DSS}}{-V_P}\sqrt{\frac{I_D}{I_{DSS}}} = \frac{2}{|V_P|}\sqrt{I_D I_{DSS}}$$

九、二次諧波失真

1. 令 $v_{gs} = E_m \sin\omega t$，代入式①，得

2. $i_D = I_D + \frac{2I_{DSS}}{-V_P}(1 - \frac{v_{GS}}{V_P})E_m\sin\omega t + I_{DSS}(\frac{E_m}{V_p})^2\sin^2\omega t$

$$= I_D + \underbrace{\frac{1}{2}I_{DSS}(\frac{E_m}{V_P})^2}_{B_0} + \underbrace{\frac{2I_{DSS}}{-V_P}\sqrt{\frac{I_D}{I_{DSS}}}E_m\sin\omega t}_{B_1} - \underbrace{\frac{1}{2}I_{DSS}(\frac{E_m}{V_P})^2\cos2\omega t}_{B_2}$$

$$\underbrace{(直流成份)}_{} \quad \underbrace{(基本波)}_{} \quad \underbrace{(二次諧波)}_{}$$

$$= \underbrace{I_D + B_O}_{(直流)} + \underbrace{B_1\sin\omega t + B_2\cos2\omega t}_{(交流)}$$

3. 二次諧波失真百分比：D_2

$$D_2 = \left| \frac{B_2}{B_1} \right| \times 100\% = \left| \frac{1}{4}\frac{V_m}{V_P}\sqrt{\frac{I_{DSS}}{I_{DQ}}} \right| \times 100\%$$

十、EMOS 的 g_m 公式推導

$$\because I_D = K\,(V_{GS} - V_t)^2 \Rightarrow \sqrt{\frac{I_D}{K}} = V_{GS} - V_t$$

$$\therefore g_m = \frac{i_d}{v_{gs}} = \frac{\partial I_D}{\partial V_{GS}} = 2K\,(V_{GS} - V_t) = 2K\sqrt{\frac{I_D}{K}} = 2\sqrt{KI_D}$$

歷屆試題

1. 已知一個 MOSFET 實驗測量的電壓、電流數據如下：

$v_{GS}(V)$	$v_{DS}(V)$	$I_{DS}(\mu A)$
2	5	10
4	5	360
4	8	370.3

(1) MOS 為 n 通道或 p 通道？

(2) 求 V_t 值。

(3) 求 λ 值和 V_A 值。

(4) 若已知工作點為 $v_{GSQ} = 4V$，$v_{DSQ} = 5V$，求小訊號 r_o 的近似

值。（❖題型：MOSFET 的參數）　　　　　【交大電機所】

解☞：

(1) $\because V_{DS} > 0$

$\therefore$ 為 NMOS

(2) $I_D = K\,(V_{GS} - V_t)^2(1 + \lambda V_{DS})$ 代入測量值

① $10\mu A = K(2 - V_t)^2(1 + 5\lambda)$

② $360\mu A = K(4 - V_t)^2(1 + 5\lambda)$

③ $370\mu A = K(4 - V_t)^2(1 + 8\lambda)$

$\dfrac{①}{②} = \dfrac{1}{36} = \dfrac{(2 - V_t)^2}{(4 - V_t)^2} \Rightarrow V_t = 1.6V$

(3) $\dfrac{③}{②} = \dfrac{37}{36} = \dfrac{1 + 8\lambda}{1 + 5\lambda} \Rightarrow \lambda = 0.01$

$$V_A = \frac{1}{\lambda} = \frac{1}{0.01} = 100V$$

(4)近似解 $\quad r_O = \dfrac{V_A}{I_{DQ}} = \dfrac{100V}{360\mu A} = 0.28M\Omega$

精確解 $\quad r_O = \dfrac{V_A + V_{DSQ}}{I_{DQ}} = \dfrac{100 + 5}{360\mu} = 0.292M\Omega$

---

2. What is the second harmonic distortion ? and explain how to reduce this distortion without reduction the transfer gain.

簡譯

何謂二次諧波失真？在不減少增益情況下，如何減少失真？

（❖題型：二次諧波）　　　　　　　　　　　　【中山電機所】

解☞：

令 $V_{gs} = E_m\sin\omega t$，則

(1) $i_D = I_D + \dfrac{1}{2}I_{DSS}\,(\dfrac{E_m}{V_P})^2 + 2\dfrac{I_{DSS}}{-V_P}\sqrt{\dfrac{I_D}{I_{DSS}}}E_m\sin\omega t$

$\qquad - \dfrac{1}{2}I_{DSS}\,(\dfrac{E_m}{V_P})^2\cos 2\omega t$

$\quad = I_D + B_O + B_1\sin\omega t + B_2\cos 2\omega t$

二次諧波 $= B_2\cos 2\omega t = -\dfrac{1}{2}I_{DSS}(\dfrac{E_m}{V_P})^2\cos 2\omega t$

故知二次諧波為與基本波不同頻率及波形者。

(2) 降低二次諧波方法：

①降低 I_{DSS} 值

②增大 V_P 值

③降低輸入波的振幅 E_m（最有效的方法）

---

3. Show that g_m of an enhancement MOSFET can be expressed as $g_m = 2I_D \diagup (V_{GS} - V_T)$, where V_T is the threshold voltage.

簡譯

證明 EMOS 的 $g_m = 2I_D \diagup (V_{GS} - V_T)$。（❖題型：FET 參數）

解☞：

$$g_m = 2K (V_{GS} - V_T) = \frac{2K(V_{GS} - V_T)^2}{V_{GS} - V_T} = \frac{2I_D}{V_{GS} - V_T}$$

6-2〔題型三十五〕：共源極放大器（CS Amp）

一、JFET 之 CS Amp

1. 電路

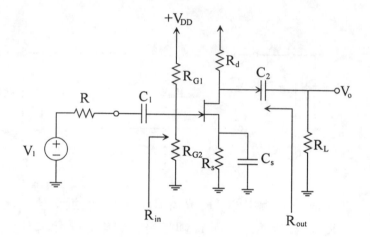

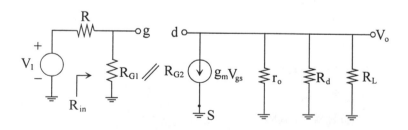

二、EMOS 之 CS Amp

1. 電路

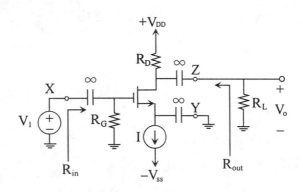

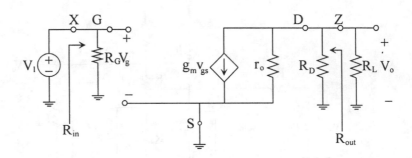

2. 小訊號分析中的（$R_D // R_L // r_o$）只是個近似值。因為 R_D 及 R_L 是直接接地，而 r_o 卻是汲源間電阻。然其計算結果與實際值近似。

3. 優點

　(1)高輸入電阻

　(2)電壓增益很大

4. 缺點

　(1)高輸出電阻

　(2)高頻時增益大幅降低（頻寬很低），因 C_{gd} 被放大 （$1 - A_V$）倍（Miller 定理）。

三、小訊號等效電阻

1. 恆流源等效電阻

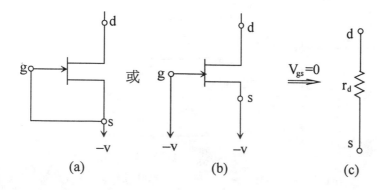

(a)　　　　或　　　(b)　　　　$\overset{V_{gs}=0}{\Longrightarrow}$　　　(c)

2. 分壓式等效電阻

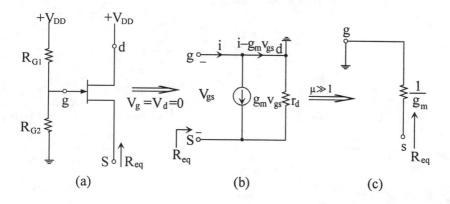

(a)　　　　　　(b)　　　　　　(c)

(1) $v_{gs} = r_d\,(i - g_m V_{gs})$

(2) $R_{eg} = \dfrac{v_{gs}}{i} = \dfrac{i r_d - g_m r_d v_{gs}}{i} = r_d - g_m r_d R_{eg}$

$\therefore R_{eg} = \dfrac{r_d}{1 + g_m r_d} = \dfrac{r_d}{1 + \mu}$

(3) 若 $\mu \gg 1$　則　$R_{eg} \approx \dfrac{r_d}{\mu} = \dfrac{1}{g_m}$

3. EMOS 負載等效電阻

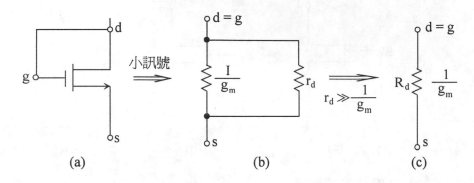

(a)   (b)   (c)

4. 自偏法的等效電阻

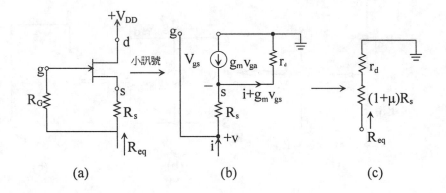

(a)   (b)   (c)

(1) $v_{gs} = iR_s$——①

(2) $iR_s + (i + g_m V_{gs}) r_d = V$——②

(3)解聯立方程式①，②得

$$R_{eg} = \frac{V}{i} = r_d + (1 + \mu) R_s$$

四、共源級小訊號分析技巧

考型有三 {
1. CS 不含 R_S → 解題技巧：觀察法：$A_v = -g_m$（汲極所有電阻）
2. CS 含 R_S → 解題技巧：以汲極看入之等效電路分析
3. 汲極回授 → 解題技巧：
  {
  ① 若只求 A_v，則用節點分析法
  ② 若需求 R_{in}，R_{out}，則用米勒效應
  }
}

考型 77 不含 R_s 的共源極放大器

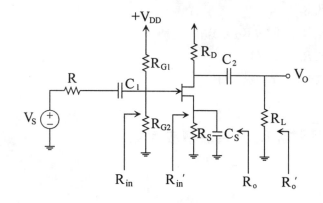

一、小訊號等效模型

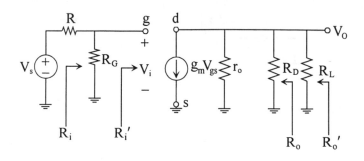

$$R_G = R_{G1} \mathbin{/\mkern-5mu/} R_{G2}$$

二、電路分析

1. $A_v = \dfrac{V_o}{V_i} = \dfrac{V_o}{V_{gs}} = \dfrac{-g_m v_{gs}\,(r_o \mathbin{/\mkern-5mu/} R_D \mathbin{/\mkern-5mu/} R_L)}{v_{gs}} = -g_m\,(r_o \mathbin{/\mkern-5mu/} R_D \mathbin{/\mkern-5mu/} R_L)$

〔**觀察法**〕：$A_V = \dfrac{V_o}{V_i} = -g_m \cdot$（汲極所有電阻）

2. $A_{vs} = \dfrac{V_o}{V_s} = \dfrac{V_o}{V_i} \cdot \dfrac{V_i}{V_s} = A_V \cdot \dfrac{R_i}{R + R_i}$

〔**觀察法**〕：$A_{vs} = A_V \cdot$（由訊號源看入之分壓法）

3. $R_i{}' = \infty$

4. $R_i = R_i{}' \mathbin{/\mkern-5mu/} R_G = R_G$

5. $R_o = r_o \mathbin{/\mkern-5mu/} R_D$

6. $R_o{}' = r_o \mathbin{/\mkern-5mu/} R_D \mathbin{/\mkern-5mu/} R_L$

考型 78 含 R_s 的共源極放大器

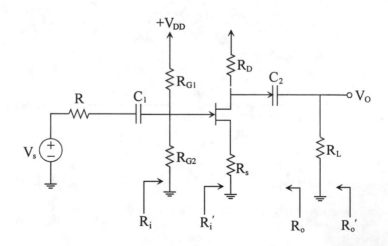

一、小訊號等效模型

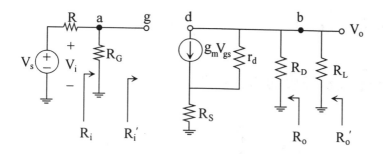

$R_G = R_{G1} \mathbin{/\!/} R_{G2}$

在 a，b 之間由汲極看入之等效如下

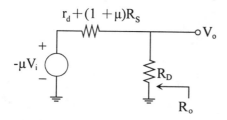

$\mu = g_m r_d$

二、電路分析

1. $A_v = \dfrac{V_o}{V_i} = \dfrac{-\mu V_i R_D}{(r_d + (1 + \mu)R_s + R_D)V_i} = \dfrac{-\mu R_D}{r_d + (1 + \mu)R_s + R_D}$

2. $A_{vs} = \dfrac{V_o}{V_s} = \dfrac{V_o}{V_i} \cdot \dfrac{V_i}{V_s} = A_V \cdot \dfrac{R_i}{R + R_i}$

3. $R_i' = \infty$

4. $R_i = R_G$

5. $R_o = [r_d + (1 + \mu) R_s] \mathbin{/\!/} R_D$

6. $R_o' = [r_d + (1 + \mu) R_s] \mathbin{/\!/} R_D \mathbin{/\!/} R_L$

考型 79 汲極回授的共源極放大器

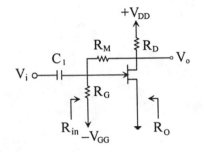

解法有三：

1. 米勒效應
2. 節點分析法
3. 迴授分析法

在此以米勒效應分析，化為米勒效應等效。

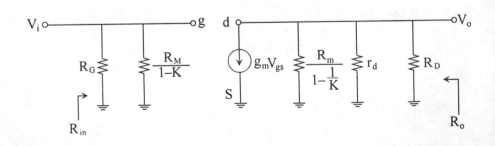

1. $K = \dfrac{V_o}{V_i} = - g_m (R_D /\!/ r_d)$ （即將 R_M 開路）

2. 以下分析，則與前述二種考型相同

3. 若 $R_M \gg 10 (R_D /\!/ r_d)$ 時，$\dfrac{R_M}{1 - \dfrac{1}{K}}$ 可忽略

若 $R_M \geqq 10 (R_D /\!/ r_d)$ 時，$\dfrac{R_M}{1 - \dfrac{1}{K}} \approx R_M$

歷屆試題

4. An n-channel MOSFET with $V_T = 2V$ and conducting 3mA at $V_{GS} = 4V$ is biased in a simple feedback configuration (in fig). What value of V_{DS} is produced? A negative input pulse of 0.1V amplitude is introduced at the gate. What signal is produced at the output? What pulse input current is required from the sigal source?

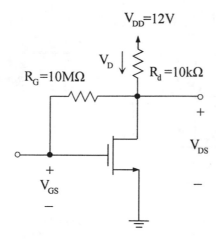

$V_{DD} = 12V$

$V_D \downarrow$ $R_d = 10k\Omega$

$R_G = 10M\Omega$

$+$

V_{DS}

$+$

V_{GS}

$-$

$-$

簡譯

已知圖的 $V_T = 2V$，當 $V_{GS} = 4V$ 時，$I_D = 3mA$，試求 V_{DS} 值及

若閘極輸入 0.1V 的負脈波時，則輸出訊號為何？又訊號源需供應多少的脈波輸入電流？（✤題型：波極回的 CS Amp）

【台大電機所】

解☞：

一、直流分析

1. 電流方程式

$I_D = K〔V_{GS} - V_t〕^2 = K〔4 - 2〕^2 = 3mA$

$\therefore K = 0.75mA／V^2$

2. 列出電流方程式

$I_D = K〔V_{GS} - V_t〕^2 = (0.75m)〔V_{GS} - 2〕^2$——①

3. 取含 V_{GS} 的方程式

$V_{GS} = V_G - V_S = V_D - V_S = V_{DD} - I_D R_d = 12 - (10K)I_D$——②

4. 解聯立方程式①、②，得

$I_D = 0.891mA, \quad V_{DS} = V_{GS} = 3.09V$

二、小訊號分析

1. 取米勒效應的小訊號模型

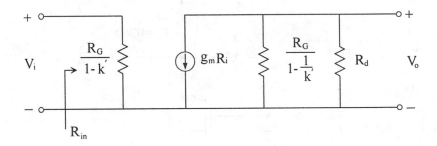

2. $g_m = 2K(V_{GS} - V_t) = (2)(0.75m)(3.09 - 2) = 1.635mA/V$

$K' = -g_m R_d = -(1.635m)(10K) = -16.35$

$$\therefore V_O = -(g_m V_i)(\frac{R_G}{1 - \frac{1}{K'}} \mathbin{/\!/} R_d) \approx -g_m R_d V_i = -16.35 V_i$$

$$= (-16.35)(-0.1) = 1.635V$$

即輸出為正脈波 $V_O = 1.635V$

三、

① $R_{in} = \dfrac{R_G}{1 - k'} = \dfrac{10M}{1 + 16.35} = 576K\Omega$

② $i_i = \dfrac{v_{in}}{R_{in}} = \dfrac{0.1}{576K} = 0.174uA$

---

5. Consider the following circuit. Perform the analysis at midband frequencies. The JFET is specified to have $I_{DSS} = 12mA$, $V_P = -5V$, and the Early voltage V_A is 300V

   (1) Determine the dc quiescent point.

   (2) Find the amplifier voltage gain.

   $A_v = \dfrac{V_o}{V_i}$ (✤題型：CS Amp) 【清大電機所】

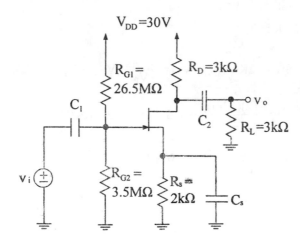

解☞：

(1)直流分析

1. 列電流方程式

$$I_D = K \left[V_{GS} - V_P \right]^2 = \frac{I_{DSS}}{V_P^2} \left[V_{GS} - V_P \right]^2$$

$$= \frac{12m}{25} \left[V_{GS} + 5 \right]^2 \text{——①}$$

2. 取含V_{GS}的方程式

$$V_{GS} = V_G - V_S = \frac{R_{G2}V_{DD}}{R_{G1} + R_{G2}} - I_D R_S$$

$$= \frac{(3.5M)(30)}{(26.5M + 3.5M)} - (2K)I_D \text{——②}$$

3. 解聯立方程式①、②，得

$$I_D = 3mA, V_{GS} = -2.5V$$

$$V_O = V_D = V_{DD} - I_D R_D = 30 - (3m)(3K) = 21V$$

(2)小訊號分析

1. 求參數

$$g_m = 2K (V_{GS} - V_P) = \frac{2I_{DSS}}{V_{P^2}} (V_{GS} - V_P)$$

$$= \frac{(2)(12m)}{25} (-2.5 + 5) = 2.4mA/V$$

$$r_O = \frac{V_A}{I_D} = \frac{300}{3m} = 100K\Omega$$

2. 小訊號模型

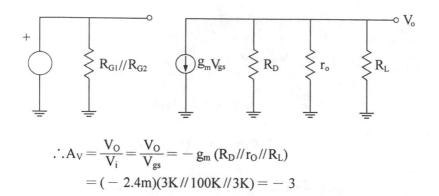

$$\therefore A_V = \frac{V_O}{V_i} = \frac{V_O}{V_{gs}} = -g_m (R_D /\!/ r_O /\!/ R_L)$$

$$= (-2.4m)(3K /\!/ 100K /\!/ 3K) = -3$$

6. As shown in the figure, the circuit has $V_{DD} = 15V$, $V_{GS} = -2V$, $R_D = 10K\Omega$, and the FET has $V_P = -3V$, $I_{DSS} = 9mA$, $r_O = \infty$. Find the maximum input signal swing.

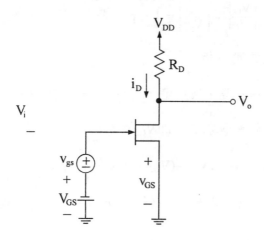

簡譯

下圖電路中，$V_{DD} = 15V$，$V_{GS} = -2V$，$R_D = 10K$ 同時 $V_P = -3V$，$I_{DSS} = 9mA$，$r_0 = \infty$，試求輸入信號最大擺幅。（❖ 題型：不含 R_S 的 CS Amp）　　　　　　　　　　【清大電機所】

解 ☞ ：

一、 直流分析 ⇒ 求參數

1. $I_D = K \left[V_{GS} - V_P \right]^2 = \dfrac{I_{DSS}}{V_P^2} \left[V_{GS} - V_P \right]^2$

$= \dfrac{9mA}{9} \left[-2 + 3 \right]^2 = 1mA$

2. $V_O = V_{DD} - I_D R_D = 15 - (1m)(10K) = 5V$

3. $g_m = 2K(V_{GS} - V_P) = \dfrac{2I_{DSS}}{V_P^2}(V_{GS} - V_P) = \dfrac{(2)(9m)}{9}(-2 + 3)$

$= 2mA \diagup V$

二、 小訊號分析

$|A_V| = \left| \dfrac{V_O}{V_i} \right| = \left| \dfrac{V_O}{V_{gs}} \right| = | - g_m R_D| = 20$

三、 完全響應分析

① FET Amp 需在夾止區，條件：$-V_{GD} \geq -V_P$，即 $V_{GD} \leq V_P$

② 以完全響應分析，即 $V_{GD} \leq V_P$

$\therefore V_{GD} = V_G - V_D = (V_{GS} + v_{gs}) - (V_O + v_O)$

$= (-2 + v_{gs}) - (5 + 20v_{gs}) = -7 + 21v_{gs} \leq -3V$

$\therefore v_{in(max)} = v_{gs(max)} = 0.19V$

---

7. The MOSFET amplifier and the small signal model of MOSFET are shown below. Find A_v (i.e. $A_v = \dfrac{V_o}{V_i}$) and R_o. （✤題型：含 R_S 的 CS Amp）

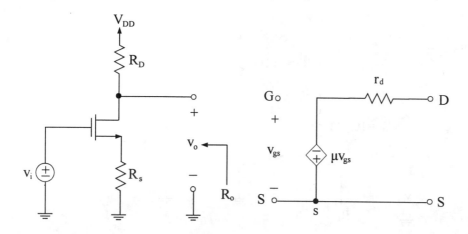

解☞：

1. 小訊號模型（由 D 端看入）

2. $A_V = \dfrac{V_o}{V_i} = \dfrac{-\mu R_D}{r_d + (1+\mu)R_s + R_D}$

$R_{out} = R_D // \left[r_d + (1+\mu) R_s \right]$

---

8. Determine the small signal voltage gain and input resistance of an enhancement MOSFET amplifier shown below. For this MOSFET, $V_t = 1.5V$, $K = 0.125mA / V^2$ and $V_A = 50V$.

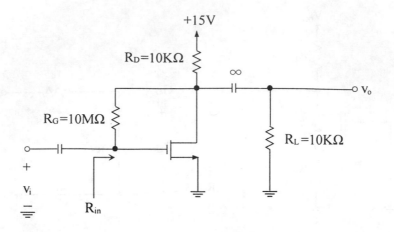

簡譯

已知附圖中 MOS 之 $V_T = 1.5V$，$K = 0.125mA／V^2$，$V_A = 50V$，

試求：A_v 及 R_{in}（✤**題型：汲極回授的 CS Amp**）

【技師檢覈、清大核工所】

解☞：

一、直流分析⇒求參數

　1. 電流方程式

　　$I_D = K〔V_{GS} - V_t〕^2 = (0.125m)(V_{GS} - 1.5)^2$——①

　2. 取含 V_{GS} 的方程式

　　$V_{GS} = V_G - V_S = V_D = V_{DD} - I_D R_D = 15 - (10K)I_D$——②

　3. 解聯立方程式①、②，得

　　$I_D = 1.06mA$, $V_D = V_{GS} = 4.4V$

　4. 求參數

　　$g_m = 2K〔V_{GS} - V_t〕 = (2)(0.125m)(4.4 - 1.5) = 0.725mA/V$

　　$r_o = \dfrac{V_A}{I_D} = \dfrac{50}{1.06m} = 47K\Omega$

二、小訊號分析

　1. 取米勒效應的小訊號模型

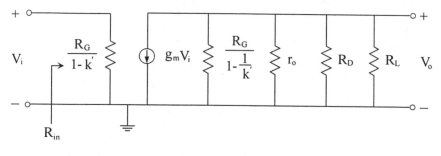

2. $K' = \dfrac{V_o}{V_i} = -g_m (r_o//R_D//R_L) = -(0.725m)(47K//10K//10K)$

    $= -3.3$

3. $A_V = \dfrac{V_O}{V_i} = -g_m \left[\dfrac{R_G}{1 - \dfrac{1}{K'}} //r_o//R_D//R_L \right] \simeq K' = -3.3$

4. $R_{in} = \dfrac{R_G}{1 - K'} = \dfrac{10M}{1 + 3.3} = 2.33M\Omega$

---

9. Assume that I_{DSS} of the n-JFET in the amplifier shown is 4 mA and $|V_p|$ is 2V.

(1) What are the considerations needed to determine the value of R_G ?

(2) Write down the expression of I_D as a function of V_{GS}.

(3) Calculate R_S so that V_{GS} is -1 V.

(4) To have $V_{DSQ} = 5$ V, what is the value of R_D ?

(5) Derive the transconductance gain g_m from the transfer characteristic of I_D versus V_{GS}.

(6) Assume that the output impedance r_{ds} of the n-JFET is 20KΩ. Draw the AC equvalent circuit of the amplifier. Calculate the input impedance R_{in} the output impedance R_{out} and the AC voltage gain V_O/V_S

    （❖題型：CS Amp）　　　　　　　　　　【交大控制所】

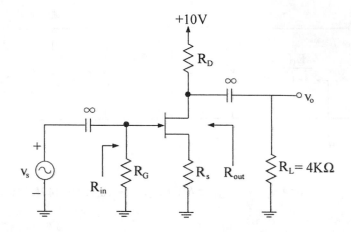

簡譯

已知 $I_{DSS} = 4mA$，$|V_P| = 2V$

(1)設計 R_G 值時，需考慮那些。

(2)列出 I_D 與 V_{GS} 的關係式。

(3) $V_{GS} = -1V$ 時求 R_S 值。

(4) $V_{DS} = 5V$ 時求 R_D 值。

(5)從 $I_D - V_{GS}$ 關係式求 g_m。

(6)假設輸出電阻 $r_{ds} = 20K\Omega$，求 R_{in}、R_{out}、$\dfrac{V_O}{V_S}$ 值

解☞：

(1)設計 R_G 值需考慮，R_G 會影響 R_{in}

(2) $I_D = K\left[V_{GS} - V_P\right]^2$

$\qquad = \dfrac{I_{DSS}}{V_P^2}\left[V_{GS} - V_P\right]^2 \cdots$夾止區電流方程式

$(3) I_D = \dfrac{I_{DSS}}{V_P^2} = [V_{GS} - V_P]^2 = \dfrac{4m}{4} [-1+2]^2 = 1mA$

$V_{GS} = V_G - V_S = -I_D R_S$

$\therefore R_S = \dfrac{V_{GS}}{-I_D} = \dfrac{-1V}{-1mA} = 1K\Omega$

$(4) \because V_{DD} = I_D(R_D + R_S) + V_{DS}$

$\therefore R_D = \dfrac{V_{DD} - V_{DS}}{I_D} - R_S = \dfrac{10-5}{1m} - 1K = 4K\Omega$

$(5) g_m = \dfrac{i_D}{V_{gs}} = \dfrac{\partial I_D}{\partial V_{GS}}\Big|_Q = \dfrac{\partial}{\partial V_{GS}}[K(V_{GS} - V_P)^2] = 2K(V_{GS} - V_P)$

$\qquad = \dfrac{2I_{DSS}}{V_P^2}(V_{GS} - V_P)$

(6) 小訊號模型（由 D 端看入）

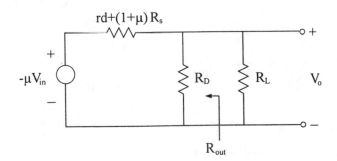

$g_m = \dfrac{2I_{DSS}}{V_P^2}[V_{GS} - V_P] = \dfrac{(2)(4m)}{4}[-1+2] = 2mA/V$

$\mu = g_m r_{ds} = (2m)(20K) = 40$

$A_V = \dfrac{V_O}{V_{in}} = \dfrac{-\mu(R_D//R_L)}{r_d + (1+\mu)R_S + (R_D//R_L)}$

$$= \frac{-(40)(4K \mathbin{/\!/} 4K)}{20K + (41)(1K) + (4K \mathbin{/\!/} 4K)} = -1.3$$

$$R_{ou} = R_D \mathbin{/\!/} \left[r_d + (1+\mu)R_S \right] = 4K \mathbin{/\!/} \left[20K + (41)(1K) \right] = 3.75K\Omega$$

$$R_{in} = R_G$$

---

10. 當 n 通道接面場效電晶體（JFET）工作在飽和區域時，其汲極
電流 I_D 和閘極對源極電壓 V_{GS} 之間的關係為

$I_D = I_{DSS}(1 - \dfrac{V_{GS}}{V_P})^2$，如果 $V_{DS} > V_{GS} - V_P$

考慮附圖中之電路，假定其中的 n 通道 JFET 的 $I_{DSS} = 5mA$，
$V_P = -3V$

(1)假設此 JFET 工作在飽和區域，求出靜態汲極電流 I_D，靜態
汲極對源極電壓 V_{DS}，和靜態輸出電壓 V_{out} 之大小並證明比
JFET 的確工作在飽和區域。

(2)求出此電路之小訊號電壓增益 $A_V = \dfrac{V_{out}}{V_{in}}$ （❖題型：CS Amp）

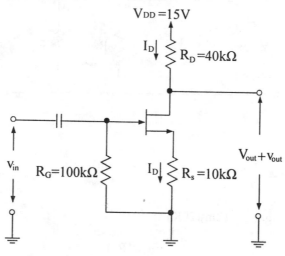

【交大光電所】

解☞：

(1)直流分析

    1. 列電流方程式

$$I_D = I_{DSS}(1 - \frac{V_{GS}}{V_P})^2 = (5m)(1 + \frac{V_{GS}}{3})^2 \text{——①}$$

    2. 取含V_{GS}的方程式

$$V_{GS} = V_G - V_S = -I_D R_S = -(10K)I_D \text{——②}$$

    3. 解聯立方程式①、②，得

$$I_D = 0.235mA，V_{GS} = -2.35V$$

    4. 電路分析

$$V_{DS} = V_{DD} - I_D(R_D + R_S) = 15 - (0.235m)(40K + 10K) = 3.25V$$
$$V_{out} = V_{DD} - I_D R_D = 15 - (0.235m)(40K) = 5.6V$$

    5. check

$$\because V_{DS} = V_D - V_S = V_{out} - I_D R_S = 5.6 - (0.235m)(10K) = 3.25V$$
$$又 V_{GS} - V_P = -2.35 + 3 = 0.65V$$
$$\therefore Q 確在飽和區 (\because V_{DS} > V_{GS} - V_P)$$

(2)小訊號模型

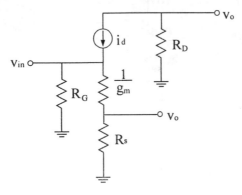

$$g_m = 2K \left[V_{GS} - V_P \right] = \frac{2I_{DSS}}{V_{P^2}} \left[V_{GS} - V_P \right]$$

$$= \frac{(2)(5m)}{9} \left[-2.35 + 3 \right] = 0.72\text{mA/V}$$

$$\therefore A_V = \frac{V_O}{V_{in}} = \frac{-R_D}{\dfrac{1}{g_m} + R_S} = \frac{-g_m R_D}{1 + g_m R_S} = \frac{-(0.72m)(40K)}{1 + (0.72m)(10K)}$$

$$= -1.18$$

---

11. For the circuit shown in Figure, the NMOS can be described by $k = 10\mu$
A $/$ V², W $/$ L $= 2$, $V_T = 2$V. The circuit has the parameter values $R_D = 35\text{k}\Omega$, $R_S = 5\text{K}\Omega$, $R_1 = 15\text{K}\Omega$, $R_2 = 10\text{K}\Omega$ and $V_{DD} = 15$V.

(1) Find the Q - point I_{DS}, V_{DSQ} and DC power.

(2) Draw the small signal equivalent circuit by assuming C_g and C_d are
equivalent to infinite and evaluate the small signal voltage gain $A_V = V_O / V_S$ with Early voltage $(1 / \lambda)50$ V

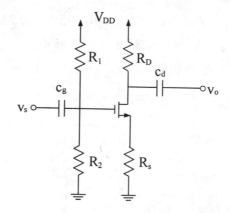

簡譯

NMOS 的 $K = 10\dfrac{\mu A}{V^2}$，$\dfrac{W}{L} = 2$，$V_T = 2V$，求

(1) I_{DQ}，V_{DSQ}，直流功率。

(2) $\dfrac{1}{\lambda} = 50V$ 時的 $Av = \dfrac{v_o}{v_i}$。（✤題型：含 R_s 的 CS Amp）

【中山電機所】

解☞：

(1)直流分析

　　1. 列電流方程式

$$I_D = K \left[V_{GS} - V_t \right]^2 = k (\dfrac{W}{L})(V_{GS} - V_t)^2$$

$$= (10\mu)(2)(V_{GS} - 2)^2 \text{——①}$$

　　2. 含 V_{GS} 的方程式

$$V_{GS} = V_G - V_S = \dfrac{R_2 V_{DD}}{R_1 + R_2} - I_D R_S = \dfrac{(10K)(15)}{15K + 10K} - (5K)I_D \text{——②}$$

　　3. 解聯立方程式①、②得

$$I_D = 0.188mA, \quad V_{GS} = 5.06V$$

　　4. $P_D = V_{DD}(I_1 + I_D) = (V_{DD})(\dfrac{V_{DD}}{R_1 + R_2} + I_D)$

$$= (15)(\dfrac{15}{15K + 10K} + 0.188m) = 11.82mW$$

(2)小訊號分析（由 D 端看入）

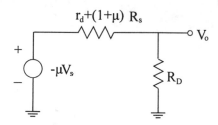

　　1. $V_A = \dfrac{1}{\lambda} = 50V$

$$g_m = 2K\,(V_{GS} - V_t) = 2k\,(\frac{W}{L})(V_{GS} - V_t)$$

$$= (2)(10\mu)(2)(5.06 - 2) = 0.123\text{mA/V}$$

$$r_d = \frac{V_A}{I_D} = \frac{50}{0.188m} = 266\text{k}\Omega$$

$$\mu = g_m r_d = (0.123m)(2.66K) = 32.72$$

2. $A_V = \dfrac{V_O}{V_S} = \dfrac{-\mu R_D}{r_d + (1 + \mu)R_S + R_D}$

$$= \frac{-(32.72)(35K)}{266K + (33.72)(5K) + 35K} = 2.44$$

---

12. 圖為共源極 MOSFET 放大器,假設 $V_t = 1.5V$,$K = 0.125$mA/V^2,$V_A = 50V$,$I_D = K\,(V_{GS} - V_t)^2$。

(1)導出 g_m 與 V_{GS} 之間的關係,畫出小信號之等效電路,並導出 $A_V = \dfrac{V_O}{V_i}$

(2)設計一個固定偏壓的共源極 MOSFET 放大器使得 $A_V = 10$。

（你必須畫出電路圖必且決定相關之電路值,電源用 $+20V$）

（✤題型：CS Amp）

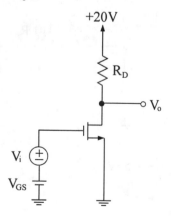

【中央資電所】

解☞：

(1) 1. $\because I_D = K(V_{GS} - V_P)^2$

$$\therefore g_m = \frac{i_D}{V_{gs}} = \frac{\partial I_D}{\partial V_{GS}} = 2K(V_{GS} - V_P)$$

2. 小訊號模型(由 D 端看入)

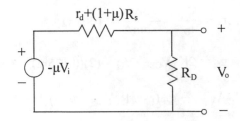

$$A_V = \frac{V_O}{V_i} = \frac{-\mu R_D}{r_d + (1+\mu)R_S}$$

其中

①$r_d = \dfrac{V_A}{I_D}$

②$g_m = 2K \left[V_{GS} - V_P \right]$

③$\mu = g_m r_d$

(2) 1. 夾止區條件

①$V_{GS} > V_t \Rightarrow V_{GS} > 1.5V$——①

②$V_{GS} < V_t$

$\qquad \because V_{GD} = V_G - V_D = V_{GS} - V_{DD} + I_D R_D$

$\qquad\qquad = V_{GS} - 20 + I_D R_D \leq 1.5V$

$$V_{GS} + I_D R_D \leq 21.5V \text{———②}$$

③ $I_D = K(V_{GS} - V_t)^2 = (0.125m)(V_{GS} - 1.5V)^2$ ———③

2. 由方程式①、③，可選擇

$$V_{GS} = 3.5V \Rightarrow I_D = 0.5mA$$

$$\therefore r_d = \frac{V_A}{I_D} = \frac{50V}{0.5mA} = 100K\Omega$$

$$g_m = 2K(V_{GS} - V_t) = (2)(0.125m)〔3.5 - 1.5〕= 0.5mA/V$$

3. $\therefore A_V = -g_m(r_O \mathbin{/\mkern-5mu/} R_D) = -(0.5)(100K \mathbin{/\mkern-5mu/} R_D) = -10$

$$\therefore R_D = 25K\Omega（符合條件②）$$

4. 電路圖

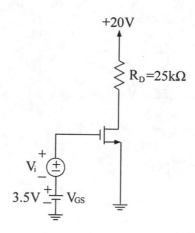

13. The JFET in the amplifier circuit in Fig has $V_P = -4V$, and $I_{DSS} = 12mA$, and at $I_D = 12mA$ the output resistance $r_O = 25K\Omega$.

(1) Determine the dc bias quantities V_G, I_D, V_{GS}, and V_D.

(2) Determine g_m and r_O.

(3) Use the small signal equivalent circuit to determine R_{in} and V_g / V_i

(4) Use the equivalent circuit to determine V_O / V_g.

(5) Find the overall voltage gain V_O / V_i

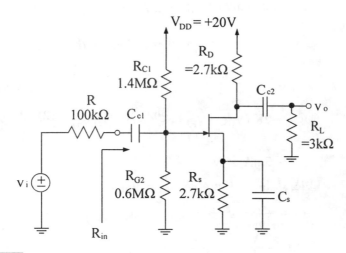

簡譯

下圖，$V_P = -4V$，$I_{DSS} = 12mA$，在 $I_D = 12mA$ 時輸出電阻 $r_O =$ 25K，試求：(1)V_G，I_D, V_{GS}, V_D　(2)g_m，r_O　(3)R_{in}，$\dfrac{V_g}{V_i}$　(4)$\dfrac{V_O}{V_g}$

(5)$A_v = \dfrac{V_O}{V_i}$（❖題型：CS Amp）　　　　【技師，工技電機所】

解☞：

(1)直流分析

① $V_G = \dfrac{R_{G_2} V_{DD}}{R_{G_1} + R_{G_2}} = \dfrac{(0.6M)(20)}{0.6M + 1.4M} = 6V$

② $I_D = K(V_{GS} - V_P)^2 = \dfrac{I_{DSS}}{V_P^2} [V_{GS} - V_P]^2$

$= \dfrac{12mA}{16} [V_{GS} + 4]^2 \text{——①}$

③$V_{GS} = V_G - V_S = V_G - I_D R_S = 6 - (2.7K)I_D$——②

④解聯立方程式①、②得

$I_D = 2.96mA$，$V_{GS} \cong - 2V$

⑤$V_D = V_{DD} - I_D R_D = 20 - (2.96m)(2.7K) = 12V$

(2)

①$g_m = 2K\ (V_{GS} - V_P) = \dfrac{2I_{DSS}}{V_P^2}\ (V_{GS} - V_P) = \dfrac{(2)(12m)}{16}(- 2 + 4)$

$= 3mA \diagup V$

②因為 $I_{D1} = 12mA$ 時 $r_{O1} = 25K\Omega$

$r_{O1} = \dfrac{V_A}{I_{D1}} \Rightarrow V_A = r_{O1}I_{D1} = (25K)(12m) = 300V$

③$\therefore r_O = \dfrac{V_A}{I_D} = \dfrac{300}{2.96m} = 101.4K\Omega$

(3)

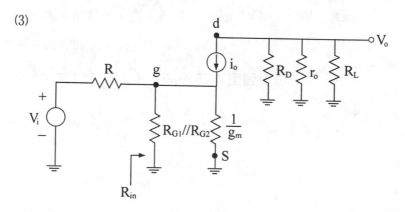

$R_{in} = R_{G1} \mathbin{/\mkern-5mu/} R_{G2} = 1.4M \mathbin{/\mkern-5mu/} 0.6M = 0.42M\Omega$

$\dfrac{V_g}{V_i} = \dfrac{R_{in}}{R + R_{in}} = \dfrac{0.42M}{100K + 0.42M} = 0.81$

(4) $\dfrac{V_o}{V_g} = \dfrac{-(R_D \,/\!/\, r_o \,/\!/\, R_L)}{\dfrac{1}{g_m}} = -g_m(R_D \,/\!/\, r_o \,/\!/\, R_L)$

$= (-3m)(2.7K \,/\!/\, 101.4K \,/\!/\, 2.7K) = -3.997$

(5) $\dfrac{V_o}{V_i} = \dfrac{V_o}{V_g} \cdot \dfrac{V_g}{V_i} = (-3.997)(0.81) = -3.24$

---

14. 圖中電路 $I_{DSS} = 5mA$, $V_P = -3V$，求

(1) I_D、V_{GS}、V_{DS}，並證明 JFET 在飽和區。

(2) g_m 值。

(3) A_v 和 R_{in}。（❖題型：含 RS 的 CS Amp）

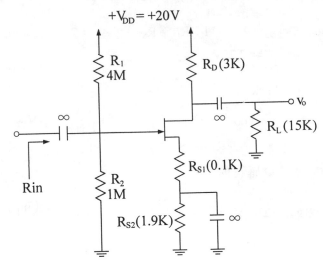

【高考】

解☞：

(1) 直流分析

　　1. 設 Q 在飽和區

　　2. 列電流方程式

$$I_D = K \left[V_{GS} - V_P \right]^2 = \frac{I_{DSS}}{V_P^2} \left[V_{GS} - V_P \right]^2$$

$$= \frac{5m}{9} \left[V_{GS} + 3 \right]^2 \text{——①}$$

3.取含V_{GS}的方程式

$$V_{GS} = V_G - V_S = \frac{R_2 V_{DD}}{R_1 + R_2} - I_D (R_{S1} + R_{S2})$$

$$= \frac{(1M)(20)}{1M + 4M} - (0.1K + 1.9K)I_D \text{——②}$$

4.解聯立方程式①、②，得

$$I_D = 2.45mA, \quad V_{GS} = -0.9V$$

5. $V_{DS} = V_{DD} - I_D (R_D + R_{S1} + R_{S2}) = 20 - (2.45m)(3K + 2K)$

$$= 7.75V$$

6. check

$$\because - V_{GD} = -(V_G - V_D) = - \left[\frac{R_2 V_{DD}}{R_1 + R_2} - (V_{DD} - I_D R_D) \right]$$

$$= 8.65 > - V_P$$

$\therefore$ Q 確在飽和區

$(2)\, g_m = 2K (V_{GS} - V_P) = \frac{2I_{DSS}}{V_P^2} (V_{GS} - V_P) = \frac{(2)(5m)}{9}(-0.9 + 3)$

$$= 2.33mA/V$$

(3)小訊號分析

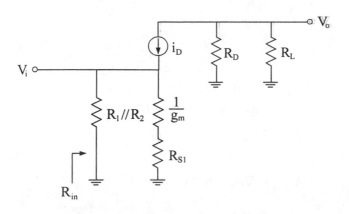

$$1. \ A_V = \frac{V_O}{V_i} = \frac{-(R_D // R_L)}{\frac{1}{gm} + R_{S1}} = \frac{-(3K // 15K)}{\frac{1}{2.33m} + 0.1K} = -4.72$$

$$2. \ R_{in} = R_1 // R_2 = 4M // 1M = 0.8M\Omega$$

---

15. 如下圖的 JFET 放大電路，已知 $I_{DSS} = 12mA$，$V_p = -4V$，$r_d = 100k\Omega$，(a)求 I_{DQ} 和 V_{DSQ}，(b)繪出交流小信號等效電路，並計算電壓增益。（❖題型：不含 R_s 的 CS Amp.）

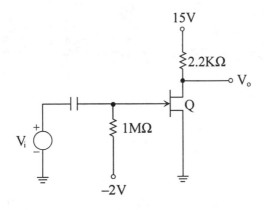

解☞：

一、直流分析

1. 電流方程式

$$I_D = K \left[V_{GS} - V_p \right]^2 = \frac{I_{DSS}}{V_p{}^2} \left[V_{GS} - V_p \right]^2 = \frac{12m}{16}(V_{GS} + 4)^2$$

2. 取含 V_{GS} 的方程式

$$V_{GS} = V_G - V_S = -2 - 0 = -2V$$

3. 解聯立方程式①，②得

$$I_{DQ} = 3mA,$$

$$V_{DSQ} = V_{DD} - I_D R_D = 15 - (3mA)(2.2k) = 8.4V$$

二、小訊號分析

   1. 繪出小訊號等效電路

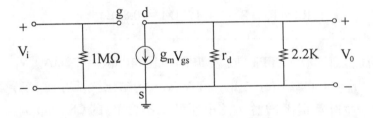

   2. 求參數

$$g_m = \frac{2}{|V_p|}\sqrt{I_D I_{DSS}} = \frac{2}{4}\sqrt{(12mA)(3mA)} = 3mA/V$$

   3. 電路分析

$$A_V = \frac{V_o}{V_i} = \frac{V_o}{v_{gs}} = -g_m(r_d \, /\!/ \, 2.2k) = -(3m)(100k \, /\!/ \, 2.2k) = -6.46$$

三、**觀察法**：（不含 R_S 時）

$$A_V \approx -g_m \cdot （汲極所有電阻） = -g_m(r_d \, /\!/ \, 2.2k)$$

6-3〔題型三十六〕：共汲極放大器（CD Amp）

考型80 源極隨耦器

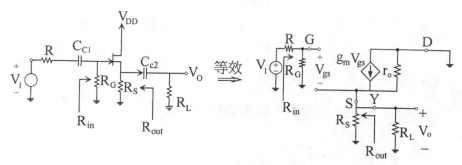

一、電路說明

1. 源極隨耦器，是以共汲極組態連接的電路。

2. 源極隨耦器的 R_{in} 極高，R_{out} 極低，所以可耦合高阻抗訊號源和低阻抗負載，以執行緩衝器 R_{in} 的功能。

3. 緩衝器不提供大的電壓增益（$A_V \approx 1$），而能提供大的電流增益及功率增益。

4. 考型有二

　①共汲極（源極隨耦器）

　②靴帶式源極隨耦器（bootstrap source-follower）

二、源極隨耦器

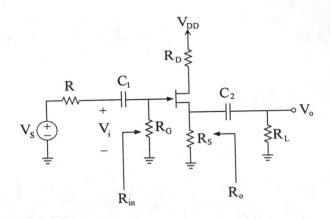

方法一：由 V_s 右端，且由源極看入之等效

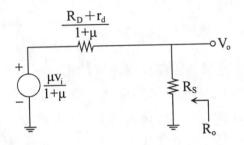

$\mu = g_m r_d$

分析電路

1. $A_V = \dfrac{V_o}{V_i} = \left(\dfrac{\mu}{1+\mu}\right)\left(\dfrac{R_S}{R_S + \dfrac{R_D + r_d}{1+\mu}}\right) = \dfrac{\mu R_S}{R_D + r_d + (1+\mu)R_S}$

2. $A_{vs} = \dfrac{V_o}{V_s} = \dfrac{V_o}{V_i} \cdot \dfrac{V_i}{V_s} = A_V\dfrac{R_{in}}{R + R_{in}}$

3. $R_{in} = R_G$

4. $R_o = \dfrac{R_D + r_d}{1+\mu} \mathbin{/\mkern-5mu/} R_S$

方法二：

1. 小訊號模型

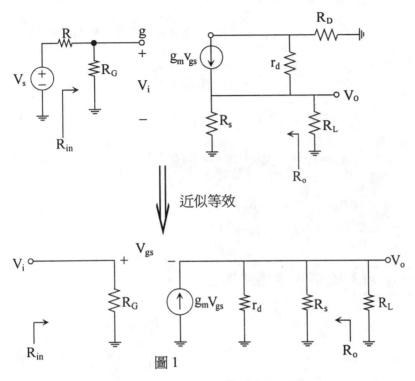

圖 1

其中

$$g_m V_{gs} = g_m(V_g - V_s) = g_m V_{gs} - g_m V_S = g_m V_{gs} - g_m V_O = g_m V_i - g_m V_o$$

而 $g_m V_o$ 可視為 $\dfrac{1}{g_m}$ 與 V_o 之關係，故等效圖可改成如下

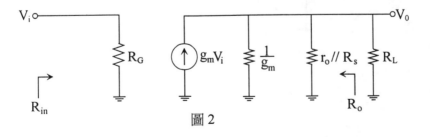

圖 2

2.分析電路

(1)$R_{in} = R_G$ 由圖 1 知

(2)$V_o = g_m v_{gs}(r_d /\!/ R_S /\!/ R_L) = g_m(V_i - V_o)(r_d /\!/ R_S /\!/ R_L)$

$$\therefore A_V = \frac{V_o}{V_i} = \frac{g_m(r_d /\!/ R_S /\!/ R_L)}{1 + g_m(r_d /\!/ R_S /\!/ R_L)}$$

(3)若由圖 2，則知

$$A_V = \frac{V_o}{V_i} = g_m(\frac{1}{g_m} /\!/ r_d /\!/ R_S /\!/ R_L)$$

(4)$R_o = \frac{1}{g_m} /\!/ r_d /\!/ R_S$

考型81 靴帶式源極隨耦器

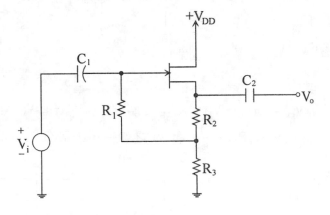

一、以米勒效應解題

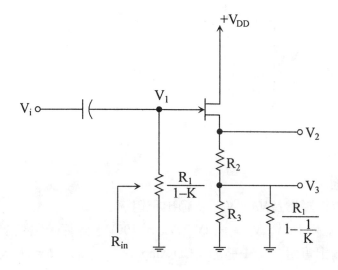

1. $\because V_2 \approx V_1$

$\therefore K = \dfrac{V_3}{V_1} \approx \dfrac{R_3}{R_2 + R_3}$

2. $R_{in} = \dfrac{R_1}{1 - K} = (1 + \dfrac{R_3}{R_2})R_1 > R_1$ （靴帶式的 R_{in} 較大）

3. 其餘分析，與前述相同

歷屆試題

16. A source follower can be biased at I_{DSS} using the circuit arrangement of
    Fig. Here Q_2 is the biasing transistor and V_{SS} is greater than $|V_P|$.
    (1) Analyze the circuit taking into account the source-to-drain resistance
        of each of the two FETs to find the voltage gain, V_o / V_i and the output
        resistance.
    (2) Find the voltage gain and output resistance for the case $I_{DSS} = 1mA$,
        $V_P = -2V$, and $|V_A| = 100V$

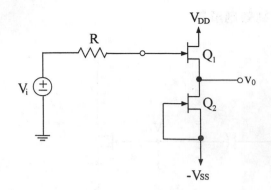

(1)求電壓增益$V_O／V_i$，及輸出電阻。

(2)$I_{DSS}=1mA$，$V_P=-2V$，$|V_A|=100V$，計算(1)電壓增益及(2)輸出電阻。（✤題型：CD Amp）　　　　【台大電機所】

解☞：

(1)一、直流分析⇒求參數

（觀念：Q_2為恆流源$I=I_{DSS}$，Q_1為CD Amp）

　　1. 設Q_1及Q_2都在夾止區

　　　　∵$V_{GS2}=V_{G2}-V_{S2}=0⇒I_D=I_{DSS}$

　　　　∴$I_{D1}=I_{D2}=I_{DSS}=I_D$

　　2. $g_{m1}=g_{m2}=g_{m0}=g_m|_{V_{GS-0}}=\dfrac{2I_{DSS}}{-V_P}$

　　　　$r_{01}=r_{02}=r_0=\dfrac{V_A}{I_D}=\dfrac{V_A}{I_{DSS}}$

　　3. check

　　　　① $-V_{GD1}=-(V_{G1}-V_{D1})=V_{DD}-V_{G1}=V_{DD}>-V_P$

　　　　∴Q_1確在夾止區

② $-V_{GD2} = -(V_{G2} - V_{D2}) = V_{D2} - V_{G2} = V_{SS} > -V_P$

∴Q_2 確在夾止區

二、小訊號分析

①由源極看入的小訊號導效圖（R可忽略，∵$i_g = 0$）

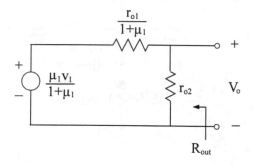

$$\mu_1 = \mu_2 = g_m r_0$$

$$\therefore V_o = \frac{(\frac{\mu V_i}{1+\mu})r_o}{\frac{r_o}{1+\mu} + r_o} = \frac{\mu V_i}{2+\mu}$$

$$\text{故 } A_V = \frac{V_o}{V_i} = \frac{\mu}{2+\mu}$$

$$R_{out} = \frac{r_{01}}{1+\mu_1} // r_{02}$$

(2)已知 $I_{DSS} = 1mA, V_P = -2V$，$|V_A| = 100V$

$$\therefore g_{m1} = g_{m2} = g_m = \frac{2I_{DSS}}{-V_P} = 1mA/V$$

$$r_o = \frac{V_A}{I_{DSS}} = 100K\Omega，\mu = g_m r_0 = 100$$

$$\therefore A_V = \frac{\mu}{2+\mu} = \frac{100}{102} = 0.98$$

$$R_{out} = \frac{r_{01}}{1 + \mu} /\!/ r_{02} = \frac{100K}{101} /\!/ 100K = 0.98K\Omega$$

---

17. For Fig.let $g_m = 5mA/V$, $r_o = \infty$, Find (1) voltage gain, (2) output resistance.

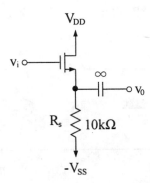

【高考，清大核工所】

簡譯

$g_m = 5mA/V$, $r_o \to \infty$, 試求(1)A_V (2)R_O（✢題型：CD Amp）

解☞：

1. 小訊號模型(T 模型)

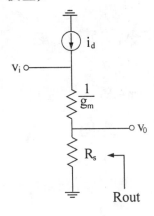

$$2.\ A_V = \frac{V_o}{V_i} = \frac{R_S}{\dfrac{1}{g_m} + R_S} = \frac{g_m R_S}{1 + g_m R_S} = \frac{(5m)(10K)}{1 + (5m)(10K)} = 0.98$$

$$3.\ R_{out} = \frac{1}{g_m} /\!/ R_S = \frac{1}{5m} /\!/ 10K = 196\Omega$$

---

18. 已知 MOS 的 $K = 0.4mA/V^2$，$V_T = 1V$，$V_A = 40V$，試求：

(1)若輸入電阻為 $10M\Omega$，$I_D = 0.1mA$ 且汲極輸出擺幅在 $\pm1V$，則
$R_S = ?\ R_D = ?\ R_G = ?$

(2)在工作點下之 $g_m = ?\ r_O = ?$

(3)若 Z 接地，X 串接 1M 信號源電阻，輸出 Y 接上一 40K 負載電阻，則由輸入端所見之電壓增益＝？

(4)若 Y 接地，試求由 Z 輸出所得之電壓增益＝？輸出電阻＝？

（❖題型：CS 和 CD Amp）　　　　　　　　【工技電機所】

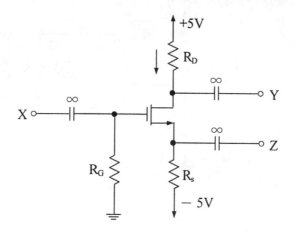

解☞：

(1)① $\because R_{in} = R_G = 10M\Omega$

② $I_D = K\,[\,V_{GS} - V_t\,]^2 = (0.4m)(V_{GS} - 1)^2 = 0.1mA$

$$\therefore V_{GS} = 1.5V$$

$$③\ V_{GS} = V_G - V_S = -I_D R_S - V_{SS} = -(0.1m)R_S + 5 = 1.5V$$

$$\therefore R_S = 35K\Omega$$

$$④\ v_O = V_O + v_o = \pm 1V\ 時 \Rightarrow 代表 V_O = V_D = 0V$$

$$\therefore R_D = \frac{V_{DD} - V_D}{I_D} = \frac{5 - 0}{0.1m} = 50K\Omega$$

$$(2)\ g_m = 2K\ (V_{GS} - V_t) = (2)(0.4m)(1.5 - 1) = 0.4mA/V$$

$$r_o = \frac{V_A}{I_D} = \frac{40}{0.1m} = 400K\Omega$$

(3) Z 接地 ⇒ 形成 CS Amp

$$\therefore A_v = \frac{V_o}{V_i} = \frac{V_o}{V_g} \cdot \frac{V_g}{V_i} = -g_m\ (r_o\ /\!/\ R_D\ /\!/\ R_L) \cdot \frac{R_G}{R_G + R_S}$$

$$= (-0.4m)(400K\ /\!/\ 50K\ /\!/\ 40K) = -7.66$$

(4) Y 接地 ⇒ 形成 CD Amp

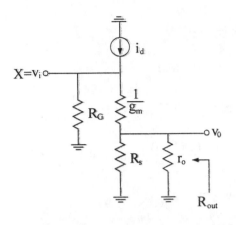

$$A_V = \frac{V_o}{V_i} = \frac{R_s /\!/ r_o}{\frac{1}{g_m} + (R_S /\!/ r_o)} = \frac{35K /\!/ 400K}{\frac{1}{0.4m} + (35K /\!/ 40K)} = 0.93$$

$$R_{out} = \frac{1}{g_m} /\!/ R_S /\!/ r_o = \frac{1}{0.4m} /\!/ 35K /\!/ 400K = 2.32K\Omega$$

---

19. 若 JFET 之 $V_P = -4V$，$I_{DSS} = 12mA$，$r_o = \infty$，設計此線路使其 $g_m = 3mA/V$，輸入電阻 $\geq 1m\Omega$，求 R_G，R_S，V_o/V_S 及 輸出電阻 R_o。（❖題型：多級放大器） 【高考】

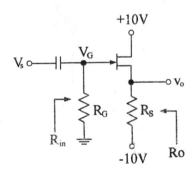

解☞：

一、 直流分析

　1. $R_{in} = R_G \geq 1M\Omega$

　2. $\because g_m = 2K \left[V_{GS} - V_P \right] = \dfrac{2I_{DSS}}{V_P^2} \left[V_{GS} - V_P \right]$

$$= \dfrac{(2)(12m)}{16} \left[V_{GS} + 4 \right] = 3mA/V$$

$$\therefore V_{GS} = -2V$$

　3. $\because I_D = K \left[V_{GS} - V_P \right]^2 = \dfrac{I_{DSS}}{V_P^2} \left[V_{GS} - V_P \right]^2$

$$= \dfrac{12m}{16} \left[-2 + 4 \right]^2 = 3mA$$

　4. $V_{GS} = V_G - V_S = -V_S = -(I_D R_S + V_{SS}) = -(3m)R_S + 10$

$$= -2V$$

$$\therefore R_S = 4K\Omega$$

二、 小訊號分析

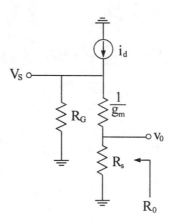

1. $A_V = \dfrac{V_o}{V_S} = \dfrac{R_S}{\dfrac{1}{g_m} + R_S} = \dfrac{4K}{\dfrac{1}{3m} + 4K} = 0.92$

2. $R_o = \dfrac{1}{g_m} // R_S = \dfrac{1}{3m} // 4K = 0.31K\Omega$

20.圖中所示 MOSFET 放大器基本電路中,設 $\mu_n Cox = 20\mu A/V^2$,
W/L = 100,$V_T = 1V$,$V_A = 50V$,I = 1mA,$V_{DD} = V_{SS} = 5V$,R_G
= 1MΩ, $R_D = 3k\Omega$,求下列各值。

(1)閘極、源極、洩極(Drain)的直流電壓

(2) g_m

(3)當 $R_L = 6k\Omega$ 時,源極隨耦極的 R_{in},R_{out} 及 A_V(✦題型:CD
Amp) 【高考】

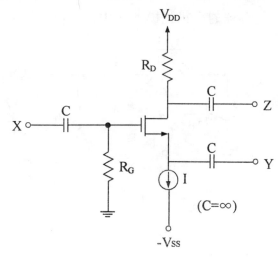

解☞:

(1)直流分析

　 1. 列電流方程式

$$I_D = K \left(V_{GS} - V_t \right)^2 = \frac{1}{2}\mu_n C_{ox} \left(\frac{W}{L}\right) \left(V_{GS} - V_t \right)^2$$

$$= \left(\frac{1}{2}\right)(20\mu)(100) \left(V_{GS} - 1 \right)^2 = 1mA$$

$$\therefore V_{GS} = 2V$$

2. $\therefore V_G = 0V$

$$\because V_{GS} = V_G - V_S \Rightarrow V_S = V_G - V_{GS} = -V_{GS} = -2V$$

$$V_D = V_{DD} - I_D R_D = 5 - (1m)(3k) = 2V$$

$(2) g_m = 2K \left(V_{GS} - V_t \right) = \mu_n C_{ox} \left(\frac{W}{L}\right) \left(V_{GS} - V_t \right)$

$$= (20\mu)(100)(2 - 1) = 2mA/V$$

(3)源極隨耦器的小訊號模型（由 S 端看入）

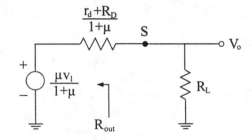

1. $r_d = \dfrac{V_A}{I_D} = \dfrac{50V}{1mA} = 50K\Omega$

2. $\mu = g_m r_d = (2m)(50K) = 100$

3. $R_{in} = R_G = 1\mu\Omega$

4. $R_{out} = \dfrac{r_d + R_D}{1 + \mu} = \dfrac{50K + 3K}{101} = 525\Omega$

5. $A_V = \dfrac{v_o}{v_{in}} = \left(\dfrac{R_L}{\dfrac{r_d + R_D}{1 + \mu} + R_L}\right)\left(\dfrac{\mu}{1 + \mu}\right) = \dfrac{\mu R_L}{r_d + R_D + (1 + \mu)R_L}$

$$= \frac{(100)(6K)}{50K + 3K + (101)(6K)} = 0.91$$

---

21. 圖中，$R_{G1}//R_{G2} = 1M\Omega$，$R_D = 10K\Omega$，$R_S = R_L = 20K\Omega$，$\mu = 10$，
$g_m = 0.2mA/V$，則 $v_o/v_i = ?$ $R_{out} = ?$ （✤題型：CD Amp）

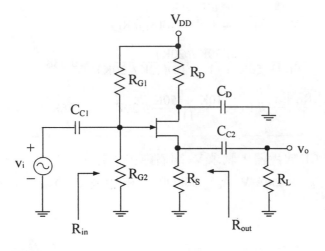

解☞：

1. 繪出小訊號等級電路（由源極看入）

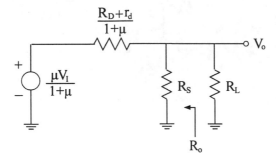

2. 求參數

$$r_d = \frac{\mu}{g_m} = \frac{10}{0.2m} = 50K\Omega$$

3.分析電路

$$V_D = \frac{(\dfrac{\mu V_I}{1+\mu})(R_S /\!/ R_L)}{\dfrac{R_D + r_d}{1+\mu} + (R_S /\!/ R_L)} = \frac{\mu V_I (R_S /\!/ R_L)}{R_D + r_d + (1+\mu)(R_S /\!/ R_L)}$$

$$\therefore A_v = \frac{V_o}{V_I} = \frac{\mu(R_S /\!/ R_L)}{R_D + r_d + (1+\mu)(R_S /\!/ R_L)}$$

$$= \frac{(10)(20K /\!/ 20K)}{10K + 50K + (1+10)(20K /\!/ 20K)} = 0.588$$

$$R_{out} = \frac{R_D + r_d}{1+\mu} /\!/ R_S = \frac{10K + 50K}{11} /\!/ 20K = 4.286K\Omega$$

22.下圖為一CD放大器，試求 V_o 端看進去之輸出阻抗為何？（已知 FET 之 $g_m = 2mA/V$，$r_d = 50k\Omega$）（✤題型：CD Amp）

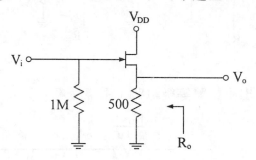

解☞：

1.繪出小訊號等效電路（由源極看入）

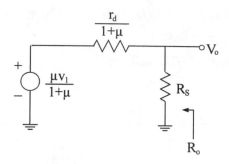

2. 求參數

$\mu = g_m r_d = (2m)(50K) = 100$

3. $R_o = \dfrac{r_d}{1 + \mu} /\!/ R_S = \dfrac{50K}{101} /\!/ 500 = 248.7\Omega$

6-4〔題型三十七〕：共閘極放大器(CG Amp)

考型82 共閘極放大器

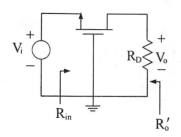

一、優點

1. 電壓增益和共源極放大器幾乎相同。

2. 頻寬比共源極放大器寬很多。

二、缺點

1. 輸入電阻很小，故輸入幾乎都使用電流訊號，如此低輸入電
阻反而成為優點。

三、 電路分析（由 D 端看入）

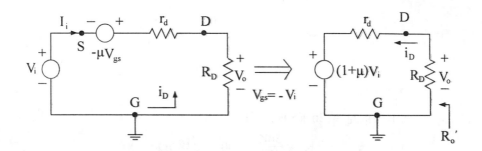

1. $i_D = \dfrac{-(1+\mu)V_i}{r_d + R_D}$

2. $A_V = \dfrac{V_o}{V_i} = \dfrac{-i_D R_D}{V_i} = \dfrac{(1+\mu)R_D}{r_d + R_D}$

3. $R_O' = R_D \; // \; r_d$

4. $R_{in} = \dfrac{V_i}{I_i} = \dfrac{V_i}{-I_d} = \dfrac{r_d + R_D}{1+\mu}$

$\quad$（ if $r_d \gg R_D$ ，且 $\mu \gg 1$ ，則 $R_{in} = \dfrac{1}{g_m}$ ）

考型 83　各類 FET 放大器的比較

1.

組態	A_V	A_I	R_{in}	R_0
CS	> 1	--	∞	中等
CD	≃1	—	∞	低
CG	> 1	≃1	低	中等

表一

2.

	CS(不含R_S)	CS(含R_S)	CD(不含R_D)	CG
A_V(不含r_o)	$A_V=\dfrac{V_o}{V_i}=-g_mR_D{'}$	$A_V=\dfrac{V_o}{V_i}=\dfrac{-g_mR_D{'}}{1+g_mR_S}$ 或 $A_V=\dfrac{V_o}{V_i}=\dfrac{-\mu R_D{'}}{R_D{'}+R_o}$	$A_V=\dfrac{V_o}{V_i}=\dfrac{g_mR_S}{1+g_mR_S}$	$A_V=\dfrac{V_o}{V_i}=g_mR_D{'}$
A_V(含r_o)	$A_V=\dfrac{V_o}{V_i}=-g_mR_D{''}$	$A_V=\dfrac{V_o}{V_i}=\dfrac{-g_mR_D{'}}{1+g_mR_S}$	$A_V=\dfrac{V_o}{V_i}=\dfrac{g_mR_S{'}}{1+g_mR_S{'}}$ 或 $A_V=\dfrac{V_o}{V_i}=\dfrac{\mu R_S{'}}{r_o+(1+\mu)R_S{'}}$	$A_V=g_mR_D{''}$
R_{in}	∞	∞	∞	$\dfrac{R_D+r_o}{1+\mu}$
R_o	$R_D{'}$	$[\,r_o+(1+\mu)R_S\,]\,/\!/\,R_D\,/\!/\,R_L$	$R_S{'}\,/\!/\,\dfrac{r_o}{1+\mu}$	$R_D{'}$

表二

①$R_D{'}=R_D\,/\!/\,R_L$

②$R_D{''}=R_D\,/\!/\,r_o\,/\!/\,R_L$

③$R_S{'}=R_S\,/\!/\,R_L$

考型 84 基體效應的分析

一、基體效應（body effecf）

   1. 基體效應在任何工作區都可能發生

   2. 基體效應會影響V_t值

$$\Delta V_t = C\sqrt{V_{SB}}$$

     基體效應係數：$C=\dfrac{\sqrt{2q\varepsilon_sN_A}}{C_{ox}}\approx0.5V^{1/2}$

   3. 測 V_t 的方法

     ①方法

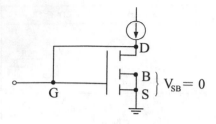

②分析

　　∵$V_{GD} = 0 < V_t$

　　∴必在夾止區

　　故$I_D = K [V_{GS} - V_{to}]^2$

　　∴$\sqrt{I_D} \propto [V_{GS} - V_{to}]$

　　a. 其意為 V_t 會影響 I_D

　　b. 定義 $V_{to} = V_t|_{V_{SB}=0}$

③測量結果

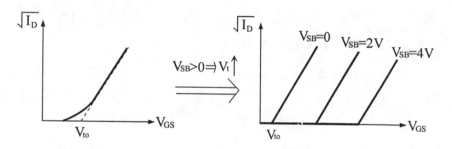

4.關於V_t

　　$V_t = V_{to} + C [\sqrt{V_{SB} + 2\phi_F} - \sqrt{2\phi_F}]$

　　佛米電位：$\phi_F = \dfrac{kT}{q}\ln [\dfrac{N_A}{n_i}] \approx 0.3V$

5.含基體效應時的分析方法

　　①小訊號模型

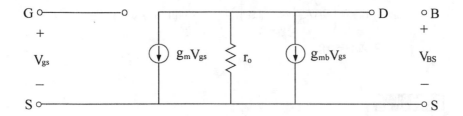

② 關於基體轉移電導(body transconductance)：g_{mb}

$$g_{mb} = \frac{\partial i_D}{\partial V_{BS}} = \frac{\partial i_D}{\partial V_t} \cdot \frac{\partial V_t}{\partial V_{BS}} \approx -2K\left[V_{GS} - V_t\right] \cdot \left[-\frac{\partial V_t}{\partial V_{SB}}\right]$$

$$= g_m \chi$$

其中

a. $i_D = K\left[V_{GS} - V_t\right]^2$

b. $V_t = V_{to} + \left[\sqrt{V_{SB} + 2\phi_F} - \sqrt{2\phi_F}\right]$

c. $\chi = \frac{\partial V_t}{\partial V_{SB}} > 0$

$$\begin{cases} \chi = 0.1 \sim 0.3 \\ \chi = \dfrac{C}{2\sqrt{V_{SB} + 2\phi_F}} \end{cases} \Rightarrow \chi \propto C \ (\text{基體效應係數})$$

③ 關於實際型：i_d

$$I_d = \underbrace{g_m V_{gs}}_{\text{ideal}} + \underbrace{\frac{1}{r_o} V_{ds}}_{\substack{\text{early} \\ \text{effect}}} + \underbrace{g_{mb} V_{BS}}_{\substack{\text{body} \\ \text{effect}}}$$

④ 公式修正

a. g_m

$\because I_D = K\left[V_{GS} - V_t\right]^2\left[1 + \lambda V_{DS}\right]$

$\therefore g_m = \left(\dfrac{\partial i_D}{\partial V_{GS}}\bigg|_{\substack{V_t = 常數 \\ V_D = 常數}}\right) = 2K(V_{GS} - V_t)\left[1 + \lambda V_{DS}\right]$

b. r_o

$$r_o = \left(\frac{\partial i_D}{\partial V_{GS}} \bigg|_{\substack{V_{GS} = 常數 \\ V_{SB} = 常數}} \right)^{-1} = \frac{1}{\lambda I_D}(1 + \lambda V_{DS})$$

c. $g_{mb} = \chi g_m$

歷屆試題

23. For the source follower circuit Figure, $W = 100\mu m, L = 8\mu m, \mu_n Cox = 100\mu A/V^2, V_t = 1V, V_A = 100V, I = 0.4mA,$ and $\chi = 0.1$.

(1) Calculate g_m, r_o and V_{GS}.

(2) Calculate the open $-$ circuit volatge gain and the output resistance.

簡譯

已知 $W = 100\mu m$，$L = 8\mu m$，$\mu_n C_{ox} = 100\frac{\mu A}{V^2}$，$V_t = 1V$，$V_A = 100V$，$I = 0.4mA$，$\chi = 0.1$，求(1) V_{GS}，g_m，r_o值。(2)電壓增益和輸出電阻。（❖題型：CD Amp（含基體效應））

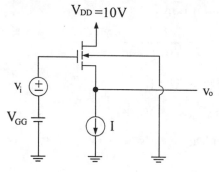

【台大電機所】

解☞：

一、直流分析⇒求參數

製作參數 $K = \frac{1}{2}\mu_n C_{ox}(\frac{W}{L})$

$\qquad = (\frac{1}{2})(100\mu)(\frac{100\mu}{8\mu})$

$\qquad = 0.625 mA/V^2$

1. $\because I = K \left[V_{GS} - V_t \right]^2$

$\qquad = (0.625m)(V_{GS} - 1)^2 = 0.4mA$

$\quad \therefore V_{GS} = 1.8V$

2. $g_m = 2K(V_{GS} - V_t) = (2)(0.625m)(1.8 - 1) = 1mA/V$

3. $r_o = \dfrac{V_A}{I_D} = \dfrac{100}{0.4m} = 250K\Omega$

二、 小訊號分析

　　（本題需考慮基體效應，因題註有χ）

1. 小訊號模型（含基體效應）

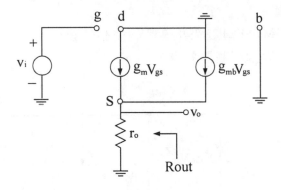

$\because \textcircled{1} V_{gs} + V_o - V_i = 0 \Rightarrow V_{gs} = V_i - V_o$

$\quad \textcircled{2} V_{DS} + V_o = 0 \Rightarrow V_{bs} = -V_o$

$\quad \textcircled{3} g_{mb} = \chi g_m = (0.1)(1m) = 0.1mA/V$

2. 電路分析

$\quad \textcircled{1} V_o = (g_m V_{gs} + g_{mb} V_{bs}) = \left[g_m(V_i - V_o) - \chi g_m V_o \right] r_o$

$$= g_m V_i r_o - g_m V_o r_o - \chi g_m V_o r_o = g_m r_o V_i - (g_m r_o + \chi g_m r_o) V_o$$

即 $[\, 1 + g_m r_o (1 + \chi) \,]\, V_O = g_m r_o V_i$

$$\therefore A_V = \frac{V_o}{V_i} = \frac{g_m r_o}{1 + g_m r_o (1 + \chi)} = \frac{(1m)(250K)}{1 + (1m)(250K)(1 + 0.1)}$$

$$= 0.91$$

②$R_{out} = \dfrac{1}{g_m} // \dfrac{1}{g_{mb}} // r_o = \dfrac{1}{g_m} // \dfrac{1}{\chi g_m} // r_o = \dfrac{1}{1m} // \dfrac{1}{0.1m} // 250K = 905\Omega$

---

24. Draw the complete low-frequency small signal equivalent circuit of a MOSFET operating in the pinch-off region. Include the channel length modulation and body effects.

簡譯

繪出MOSFET在夾止區時的完整低頻小訊號模型，需考慮通道長度變效與基體效應。

解☞：

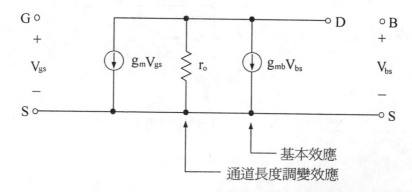

基本效應
通道長度調變效應

【台大電機所】

---

25. 是非題：

(1) MOSFET 的 $g_m \propto \sqrt{I_D}$，故其基本主動（電流源）負載 CS 放大器的電壓增益與 $\sqrt{I_D}$ 成反比。

(2) NMOS 元件在其次臨限區操作時的 $i_D - V_{GS}$ 特性非常類似 NPN BJT 在主動區的 $i_c - V_{BE}$ 特性。

(3) 增加 MOS 晶體的寬度 W，會同時增加 MOS 晶體的單位電流增益頻率 f_T

(4) 增加基極電流的情況下，MOS 電晶體的汲－源極電阻 r_o 及 BJT 的 集－射電阻 r_o 都會一樣變小。

(5) 基極電流增加會使 MOS 放大器的增益（gain）變更大。（✛ 題型：MOS） 【中央電機所】

解 ☞：(1)✗　(2)○　(3)○　(4)○　(5)○

---

26. Calculate the incremental impedance $\partial v/\partial i$ seen at node Ⓐ of the circuits shown. Assuming the transistors operate in the saturated mode for FETs, or in the forward-active mode for BJT. (✛ 題型：各類 Amp 的分析)

(1)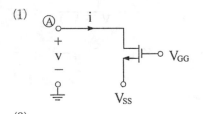

(2)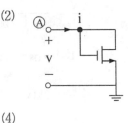

(3)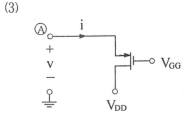

(4)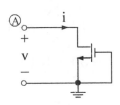

(5)

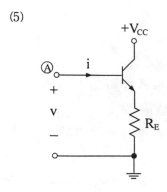

【大同電機所】

解☞：

(1) $i = K(V_{GS} - V_t)^2 = K [V_{GG} - V_{SS} - V_t]^2$

$\therefore \dfrac{\partial i}{\partial V} = \dfrac{\partial i}{\partial V_{DS}} = 0 \Rightarrow \dfrac{\partial V}{\partial i} = \infty$

(2) $i = K [V_{GS} - V_t]^2 = K [V_{DS} - V_t]^2$

$\therefore \dfrac{\partial i}{\partial V} = \dfrac{\partial i}{\partial V_{DS}} = 2K [V_{DS} - V_t]$

$\therefore \dfrac{\partial V}{\partial i} = \dfrac{1}{2K [V_{DS} - V_t]} = \dfrac{1}{2K(V - V_t)}$

(3) $i = K [V_{GS} - 1|V_t|]^2 = K [V - V_{GG} - |V_t|]^2$

$\therefore \dfrac{\partial i}{\partial v} = 2k(v - V_{GG} - |V_t|)$

故 $\dfrac{\partial v}{\partial i} = \dfrac{1}{2k(v - V_{GG} - |V_t|)}$

(4) $i = K [V_{GS} - V_t]^2 = KV_t^2$

$\therefore \dfrac{\partial i}{\partial V} = 0 \Rightarrow \dfrac{\partial V}{\partial i} = \infty$

(5) $V = (1+\beta)(r_e + R_E)$

$$\therefore \frac{\partial V}{\partial i} = (1+\beta)(r_e + R_E)$$

---

27. Consider a low frequency small-signal equivalent circuit of an FET. Let the transconductance $g_m = 0.1m\Omega^{-1}$ and the output resistance $r_{ds} = 60k\Omega$, then the most possible voltage gain of a one-stage amplifier of using this FET is:

(A) < 6 (B) $= 6$ (C) > 6 (D) other ______ (Show your answer)

簡譯

在 FET 的低頻小訊號等效電路中，$g_m = 0.1mS$，$r_{ds} = 60k\Omega$，若 FET 組成的單級放大器，則其電壓增益為多少？（選擇題）

(A) < 6 (B) $= 6$ (C) > 6 (D)其他。（**✣題型：CD，CS，CG Amp 的比較**）【交大控制所】

解☞：

$\because$ CS Amp $|A_v| = |-g_m(r_{ds}/\!/R_L)| \approx |-g_m R_L| < |-g_m r_{ds}| = |-6|$
$= 6V$

CD Amp $A_V \approx 1$

CG Amp $A_V = g_m(r_{ds}/\!/R_L) < 6V$

6-5·〔題型三十八〕：FET 多級放大器

> ### 考型 85 FET 多級放大器

FET 多級放大器與 BJT 一樣，有許多型式。（詳見〔題型二十九〕）。此處僅以串疊電路說明如下

1. Cascode（串疊）$\begin{cases} \text{FET：CS + CG} \\ \text{BJT：CE + CB} \end{cases}$

2. Cascade（串接）$\begin{cases} \text{CS} \\ \text{CG} \\ \text{CD} \end{cases} + \begin{cases} \text{CS} \\ \text{CG} \\ \text{CD} \end{cases}$ ＜任二級串接＞

3. Cascode 電路分析

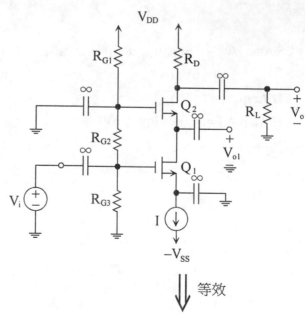

↓↓ 等效

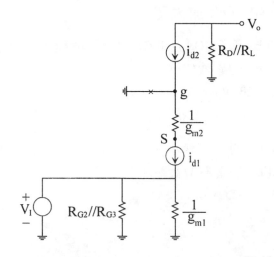

$$A_V = \frac{V_o}{V_i} = \frac{-\, i_{d2}(R_D \mathbin{/\mkern-5mu/} R_L)}{V_i} = \frac{-\, i_{d1}(R_D \mathbin{/\mkern-5mu/} R_L)}{V_i} = -\, g_{m1}(R_D \mathbin{/\mkern-5mu/} R_L)$$

其中　$i_{d1} = \dfrac{V_i}{\dfrac{1}{g_{m1}}} = g_{m1}V_i$

4. 分析

(1) Q_2 共 CG 組態，從源極看入的電阻為 $\dfrac{1}{g_{m2}}$。而其中 $A_V \approx 1$

(2) Q_1 是 CD 組態 Q_1 的汲極與地之間的電阻為（$r_{d1} \mathbin{/\mkern-5mu/} \dfrac{1}{g_{m2}}$）

若 $r_{d1} \gg \dfrac{1}{g_{m2}}$，則汲極與地間的電阻近似為 $\dfrac{1}{g_{m2}}$。

(3) 串疊放大器的電壓增益與共源極放大器相同，但因有共閘極 組態的 Q_2，所以可降低 Q_1 的米勒電容效應，進而增加頻寬。

考型 86 ─ MESFET 放大器

1. MESFET 與 EMOS 及 JFET 的小訊號模型完全相同。

2. MESFET 的參數如下：

　①$g_m = 2\beta (V_{GS} - V_t)(1 + \lambda V_{DS})$

　②$\dfrac{1}{r_o} = \lambda\beta \left[V_{GS} - V_t \right]^2$

3. MESFET 的 r_o 值較小。

4. MESFET 的電壓增益較小。

歷屆試題

28. 請計算圖中電路的電壓增益 A_V 及輸出阻抗 R_o。假設該電路在低頻工作。（✛題型：多級放大器）　　　　【清大核工所】

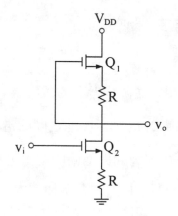

解☞：

　1. 小訊號模型（由 D_2 看入）

$$\therefore V_o = \frac{V_o}{V_i} = -\frac{\mu}{2}$$

$$R_{out} = \frac{1}{2} \left[r_d + (1+\mu)R \right]$$

29. 下圖中 $r_{d1} = 10K\Omega$，$g_{m1} = 3mS$，$r_{d2} = 15K\Omega$，$g_{m2} = 2mS$

(1)問 $V_1 = 0V$ 時之 $\dfrac{V_0}{V_2}$。

(2)問 $V_2 = 0V$ 時之 $\dfrac{V_0}{V_1}$。

(3)問 $V_1 = 5\sin\omega t$，$V_2 = -2.5\sin\omega t$ 時之 V_o。（❖題型：多級放大器）　　　　　　　　　　　　　　【中山電機所】

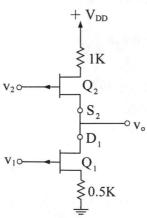

解☞：

1. 小訊號模型（由D_1，S_2看入）

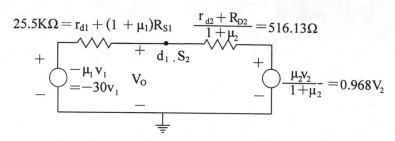

$$25.5K\Omega = r_{d1} + (1 + \mu_1)R_{S1} \qquad \frac{r_{d2} + R_{D2}}{1 + \mu_2} = 516.13\Omega$$

2. 求參數

$$\mu_1 = g_{m1}r_{d1} = (3m)(10K) = 30$$

$$\mu_2 = g_{m2}r_{d2} = (2m)(15K) = 30$$

3. 電路分析－節點分析法

$$(\frac{1}{25.5K} + \frac{1}{516.13})V_o = \frac{-30V_1}{25.5K} + \frac{0.968V_2}{516.13}$$

$$\therefore V_o = -0.595V_1 - 0.948V_2$$

4. ① $\left.\frac{V_0}{V_2}\right|_{V_1 = 0} = 0.948$

② $\left.\frac{V_0}{V_1}\right|_{V_2 = 0} = -0.595$

③ $\because V_o = -0.595V_1 - 0.948V_2$

$$= -0.595(5\sin\omega t) - (0.948)(2.5\sin\omega t)$$

$$= -5.345\sin\omega t$$

30. 圖所示放大器中，電晶體 Q_1 和 Q_2 之參數如下：

Q_1：$\mu = 50$，$g_{m1} = 1mA/V$，$r_{01} = 50K\Omega$

Q_2：$\beta = 100$，$g_m = 100mA/V$，$r_\pi = 1K\Omega$

試求： (1) $A_1 \triangleq \dfrac{v_{01}}{v_i}$ (2) $A_2 \triangleq \dfrac{v_{02}}{v_i}$ （❖題型：多級放大器）

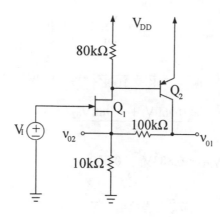

【高考】

解☞：

一、小訊號模型：

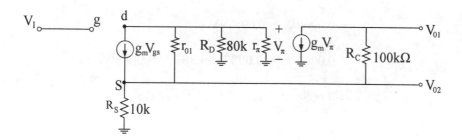

用節點分析法：

1. $V_{gs} + V_{02} = V_i \Rightarrow V_{gs} = V_i - V_{02}$

2. $(\dfrac{1}{r_{01}} + \dfrac{1}{R_D} + \dfrac{1}{r_\pi})v_\pi = -g_{m1}V_{gs} + \dfrac{V_{02}}{r_{01}} = -g_{m1}(V_i - V_{02}) + \dfrac{V_{02}}{r_{01}}$

$$\Rightarrow (\frac{1}{50K} + \frac{1}{80K} + \frac{1}{1K})v_\pi = -(1m)V_i + V_{02}(1m + \frac{1}{50K})$$

$$\Rightarrow V_\pi = -0.969V_i + 0.988V_{02}$$

3. $(\dfrac{1}{R_S} + \dfrac{1}{r_{01}} + \dfrac{1}{R_C})V_{02} = g_{m1}V_{gs} + \dfrac{v_\pi}{r_{01}} + \dfrac{v_{01}}{R_c}$

$$= g_{m1}(V_i - V_{02}) + \frac{V_\pi}{r_{01}} + \frac{v_{01}}{R_c}$$

$$\Rightarrow (\frac{1}{10K} + \frac{1}{50K} + \frac{1}{100K})V_{02} = (1m)V_i - (1m)V_{02}$$

$$+ \frac{-0.969V_i + 0.988V_{02}}{50K} + \frac{V_{01}}{100K}$$

$$\Rightarrow V_{02} = 0.883V_i + 0.009V_{01}$$

4. $\dfrac{V_{01}}{R_C} = \dfrac{V_{02}}{R_C} - g_m v_\pi = \dfrac{V_{02}}{R_C} - g_m(-0.969V_i + 0.988V_{02})$

$$\Rightarrow \frac{V_{01}}{100K} = (100m)(0.969)V_i + \left[\frac{1}{100K} - (0.988)(100m)\right]V_{02}$$

$$= 0.0969V_i - 0.09879V_{02}$$

$$= 0.0969V_i - (0.09879)(0.883V_i + 0.009V_{01})$$

$$= 9.668\times10^{-3}V_i - 8.8911\times10^{-4}V_{01}$$

$$\Rightarrow V_{01} = 10.75V_i$$

$$\because V_{02} = 0.883V_i + 0.009V_{01} = 0.883V_i + (0.009)(10.75)V_i$$

$$= 0.98V_i$$

5. $\therefore A_1 = \dfrac{V_{01}}{V_i} = 10.75$

$$A_2 = \frac{V_{02}}{V_i} = 0.98$$

---

31. 如下圖所示為一 JFET 多級放大器，若不考慮直流狀態且Q_1，Q_2，Q_3 為相同元件，已知 $g_m = 1(m\mho)$，$r_o = 20k$，試求：(1)R_{in} (2)A_V (3)R_{out}（❖題型：多級放大器）

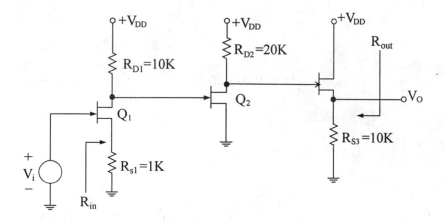

解☞：

1. 繪出Q_1小訊號等效電路

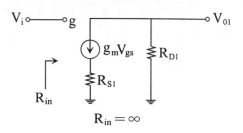

$$R_{in} = \infty$$

2.繪出多級放大器的小訊號等效電路

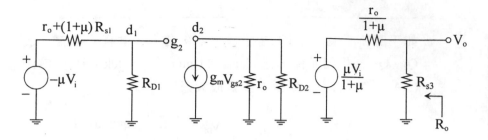

3.求參數

$$\mu = g_m r_d = (1m)(20k) = 20$$

4.分析電路

(1) $A_V = A_{v3} \cdot A_{v2} \cdot A_{v1}$

$$A_{v3} = \frac{(\frac{\mu}{1+\mu})R_{S3}}{\frac{r_o}{1+\mu} + R_{S3}} = \frac{\mu R_{S3}}{r_o + (1+\mu)R_{S3}} = \frac{(20)(10k)}{20k + (21)(10k)} = 0.87$$

$$A_{v2} = -g_m(R_{D2}//r_o) = (-1m)(20k//20k) = -10$$

$$A_{v1} = \frac{-\mu R_{D1}}{r_o + (1+\mu)R_{S1} + R_{D1}} = \frac{(-20)(10k)}{20k + (21)(1k) + 10k} = -3.92$$

$$\therefore A_V = A_{V3} \cdot A_{V2} \cdot A_{V1}$$

$$= (0.87)(-10)(-3.92)$$

$$= 34.104$$

(2) $R_o = \frac{r_o}{1+\mu} // R_{S3} = \frac{20k}{21} // 10k = 870\Omega$

32.如下圖，兩個 FET 完全相同，參數為 μ 及 r_d，求 R_L 上信號電壓之公式。（✛題型：多級放大器）

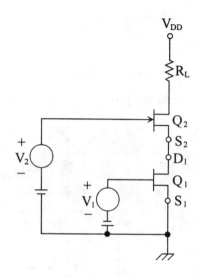

解☞：

技巧：Q_2 由 S_2 看入，Q_1 由 D_1 看入

繪出小訊號等效電路

$$I = \frac{\dfrac{\mu V_2}{1+\mu} - (-\mu V_1)}{r_d + \dfrac{r_d + R_L}{1+\mu}} = \frac{\mu V_2 + (1+\mu)\mu V_1}{r_d + R_L + (1+\mu)r_d}$$

$$= \frac{\mu \left[V_2 + (1 + \mu)V_1 \right]}{(\mu + 2)r_d + R_L}$$

$$\therefore V_o = - IR_L = \frac{- \mu R_L}{(\mu + 2)r_d + R_L} \left[V_2 + (1 + \mu)V_1 \right]$$

---

33. 如下圖所示電路，$r_d = 10k\Omega$，$g_m = 2mA/V$，求 $A_V \equiv \dfrac{V_o}{V_i}$，$R_{out}$。

（❖題型：串疊電跋路（Cascode））

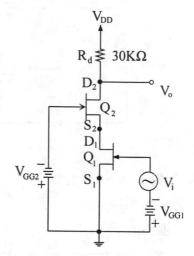

解☞：

技巧：Q_2 由 S_2 看入，Q_1 由 D_1 看入

1. 繪出小訊號等效電路

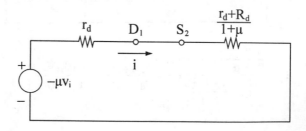

2. 求參數

$$\mu = g_m r_d = (2m)(10k) = 20$$

3. 分析電路

$$(1)i = \frac{-\mu V_i}{r_d + \dfrac{r_d + R_L}{1 + \mu}} = \frac{-\mu(1 + \mu)V_i}{r_d + R_d + (1 + \mu)r_d} = \frac{-\mu(1 + \mu)V_i}{R_d + (\mu + 2)r_d}$$

$$\therefore A_V = \frac{V_o}{V_i} = \frac{iR_d}{V_i} = \frac{-\mu(1 + \mu)R_d}{(\mu + 2)r_d + R_d} = \frac{(-20)(21)(30k)}{(22)(10k) + 30k} = -50.4$$

(2) 求 R_{out}

繪出 Q_2 由 D_2 看入的小訊號等效電路，Q_1 視為 r_d

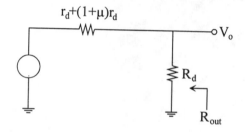

$$\therefore R_{out} = R_d // \left[r_d + (1 + \mu)r_d \right] = 30k // \left[10k + (21)(10k) \right] = 26.4k\Omega$$

CH7 　差動放大器、電流鏡、CMOS

7-1〔題型三十九〕：BJT 差動對

考型 87　差動對基本概念

一、理想差動放大器的特性

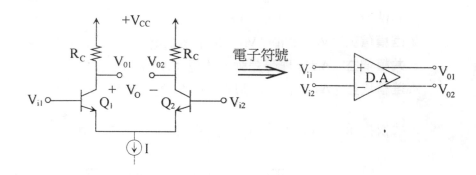

1. Q_1 及 Q_2 在主動區。
2. Q_1 及 Q_2 的所有參數值均相等。
3. 無歐力效應（early effect），即 $V_A = \infty$
4. 電流源 I 為理想的。

二、BJT 差動對之二種工作方式

1. 當大訊號輸入時，是具數位功能，或類比開關
2. 當小訊號輸入時，具有放大器功能。

三、差動放大器的積體電路製作法

1. R_C 被動性負載，可用電晶體組成主動性負載替代。
2. 電流源 I，可用電晶體組成的電流鏡替代。

四、一般放大器，只有一個輸入端，所以信號與雜訊同時進入放
　　大器，一起被放大。而差動放大器（Differential Amplifier，簡

稱D.A）是設計成兩個輸入端，加以特殊安排，即可消除共模信號（雜訊），而只放大差模信號（主要信號）。即

$$V_O = A_d V_d + A_{cm} V_{cm} = A_d V_d (1 + \frac{A_{cm}}{A_d} \frac{V_{cm}}{V_d})$$

$$= A_d V_d (1 + \frac{1}{CMRR} \frac{V_{cm}}{V_d} = A_d V_d (1 + \frac{1}{\rho} \frac{V_{cm}}{V_d})$$

1. 共模信號：$V_{cm} = \dfrac{V_{i1} + V_{i2}}{2}$，雜訊通常就是共模信號，相位相同部份。

2. 差模信號：$V_{id} = V_{i1} - V_{i2}$，是主要信號。

3. 共模增益：A_{cm}，理想差動放大器：$A_{cm} = 0$。

4. 差模增益：A_d，理想差動放大器 A_d 越大越好。

5. 共模拒斥比：$CMRR = \rho = \left| \dfrac{A_d}{A_{cm}} \right|$，理想的 ρ 是無限大。

   (1)共模拒斥比（common-mode rejection ration; CMRR）：即該差動放大器對共模信號的抵抗能力。

   CMRR 定義為差模增益與共模增益之比值。

   $$\boxed{CMRR = \left| \frac{A_d}{A_{cm}} \right|}$$

   (2)一個理想差動放大器之差模增益 $A_d = \infty$，共模增益 $A_c = 0$，CMRR 的值愈大，越能阻止雜訊輸入。

   (3) CMRR 的值若以 dB 計算，則

   $$\boxed{CMRR_{(dB)} = 20 \log \left| \frac{A_d}{A_{cm}} \right| = 20 \log \rho}$$

五、差動放大器的操作方式

差動放大器使用方法，可以分為四種情況：(1)單端輸入平衡輸出　(2)單端輸入不平衡輸出　(3)雙端輸入平衡輸出　(4)雙

端輸入不平衡輸出。

(1)單端輸入，雙端輸出（平衡輸出）．

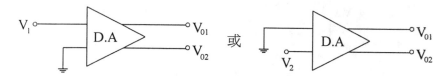

(2)單端輸入，單端輸出（不平衡輸出）

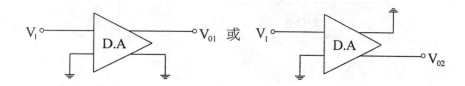

(3)雙端輸入，雙端輸出（平衡輸出）

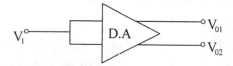

(4)雙端輸入，單端輸出（不平衡輸出）

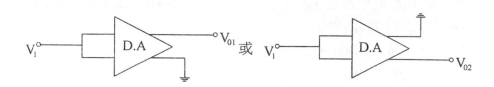

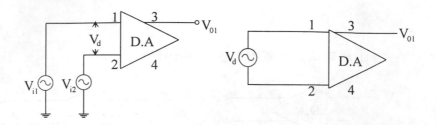

圖 1 差模輸入

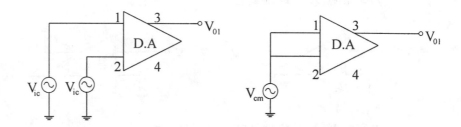

圖 2 共模輸入

六、其他

1. 運算放大器（OPA）的第一級輸入級就是差動放大器。

2. 基本的差動放大器，是由兩個匹配的電晶體 Q_1、Q_2 與兩個集極電阻 R_{c1}、R_{c2}，以及共用一個射極電阻 R_E 組成的。

3. 在積體電路中，基本的理想差動放大器結構，是由兩個特性匹配的電晶體，加上恆流源電路（Constant-Current Source C.C.S）所組成的。一般 I.C. 電路中，恆流源已被「電流鏡」（Current Mirror）取代了。

4. 在相同的輸入情況之下，平衡輸出的振幅為不平衡輸出的兩倍振幅，即 $V_{od} = 2V_{01} = -V_{02}$。

七、公式整理

1. $V_0 = A_d V_d + A_c V_{cm} = A_d V_d (1 + \dfrac{1}{CMRR} \dfrac{V_{cm}}{V_d})$

2. 共模信號 $V_{cm} = \dfrac{V_1 + V_2}{2}$

3. 差模信號 $V_d = V_1 - V_2$

4. 共模拒斥比 $CMRR = \rho = \left| \dfrac{A_d}{A_{cm}} \right|$

5. $CMRR_{(dB)} = 20 \log \left| \dfrac{A_d}{A_{cm}} \right|$

考型 88 不含 R_E 的 BJT 差動對

一、BJT 差動對之基本電路組態

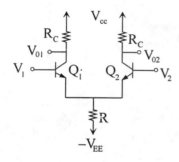

Q_1，Q_2 可用達靈頓電路替代，以提高 A_d，CMRR，R_{id}

二、直流分析

$$1. \ I_E = \frac{-V_{BE1} - (-V_{EE})}{R} = \frac{V_{EE} - V_{BE1}}{R}$$

$$2. \ I_{E1} = I_{E2} = \frac{1}{2}I_E \quad \Rightarrow I_{C1} = I_{C2} \approx \frac{1}{2}I_E$$

$$3. \ r_{e1} = \frac{V_T}{I_{E1}} = \frac{V_T}{I_{E2}} = r_{e2}$$

$$4. \ r_{\pi1} = r_{\pi2}$$

$$5. \ g_m = \frac{I_C}{V_T} = \frac{I_E}{2V_T}$$

三、差模分析

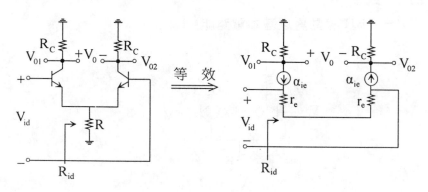

1. 重要觀念：在差模分析時，R 視為不存在。

2. 差模輸入電阻 R_{id}

$$R_{id} = 2r_\pi = 2(1 + \beta)r_e$$

3. 單端輸出時的差模增益 A_d

由 V_{01} 輸出：$\begin{cases} V_{01} = -\alpha i_e R_C \\ A_{d1} = \dfrac{V_{01}}{V_{id}} = \dfrac{-\alpha i_e R_C}{(2r_e)i_e} = -\dfrac{\alpha R_c}{2r_e} \approx -\dfrac{R_c}{2r_e} \end{cases}$

由 V_{02} 輸出：
$$
\begin{cases}
V_{02} = \alpha i_e R_c \\
A_{d2} = \dfrac{V_{02}}{V_{id}} = \dfrac{\alpha i_e R_c}{(2r_e)i_e} = \dfrac{\alpha R_c}{2r_e} \approx \dfrac{R_c}{2r_e}
\end{cases}
$$

(1)由 " ＋ " 端輸出時，A_d 為負值（即 V_{01} 為反相）

(2)由 " － 端輸出時，A_d 為正值（即 V_{02} 為同相）

4. 雙端輸出時的差模增益 A_d

$$V_0 = V_{01} - V_{02} = -\alpha i_e R_c - \alpha i_e R_c = -2\alpha i_e R_c$$

(1)$A_d = \dfrac{V_0}{V_{id}} = \dfrac{-2\alpha i_e R_c}{i_e(2r_e)} = -\dfrac{\alpha R_c}{r_e} = -g_m R_c$

(2)**觀察法**：（半電路分析）

$$A_d = -\alpha \frac{(集極所有電阻)}{(射極內部電阻)} \leftarrow T 模型分析$$

$$= -g_m（集極所有電阻）\leftarrow \pi 模型分析$$

5. 單端輸出的差模增益與雙端輸出的差模增益

$$|A_{d\,單}| = \frac{1}{2}|A_{d\,雙}|$$

四、共模分析

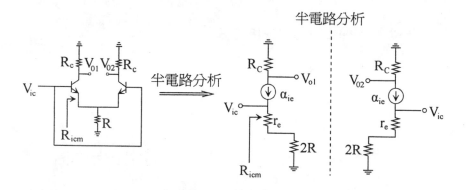

半電路分析

1. 重要觀念：在共模分析時，以半電路分析法，R_C 可視為 2R。

2. 共模輸入電阻 R_{icm}

(1) 不含 r_μ 及 r_0 時的 R_{icm}

$$R_{icm} = \frac{1}{2}(1+\beta)(r_e + 2R) = \frac{1}{2}\left[\, r_\pi + (1+\beta)(2R)\,\right]$$

(2) 含 r_μ 及 r_0 時的 R_{icm}

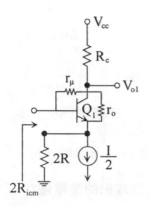

$$2R_{icm} = r_\mu \,/\!/\, \left[\,(\beta+1)(r_e + 2R) \,/\!/\, (\beta+1)\,r_0\,\right]$$

$$R_{icm} = \frac{1}{2}\left[\, r_\mu \,/\!/\, (1+\beta)(r_e + 2R) \,/\!/\, (1+\beta)\,r_0\,\right]$$

3. 單端輸出時的共模增益 A_c

$$V_{01} = -\alpha i_e R_c = V_{02}$$

$$A_{c1} = \frac{V_{01}}{V_{ic}} = \frac{-\alpha i_e R_c}{i_e(r_e + 2R)} = \frac{-\alpha R_c}{r_e + 2R} \approx \frac{-\alpha R_c}{2R} = A_{c2}$$

觀察法：半電路分析法：$A_c = -\alpha\dfrac{(集極所有電阻)}{(射極所有電阻)}$

4. 雙端輸出時的共模增益 A_c

$$V_0 = V_{01} - V_{02} = 0$$

$$A_c = \frac{V_0}{V_{ic}} = 0 \text{（雙端輸出有較佳的 CMRR）}$$

五、共模雜訊拒斥比 CMRR

1. 雙端輸出的 CMRR $= \left| \dfrac{A_d}{A_c} \right| = \infty$

2. 單端輸出的 CMRR $= \left| \dfrac{A_d}{A_c} \right| = \dfrac{\dfrac{\alpha R_c}{2r_e}}{\dfrac{\alpha R_c}{r_e + 2R}}$

$$= \frac{r_e + 2R}{2r_e} \approx \frac{R}{r_e} \leftarrow \text{T 模型分析}$$

$$= g_m(R) \leftarrow \pi \text{ 模型分析}$$

3. **觀察法**：半電路分析法：（雙端輸出）

$$\text{CMRR} = \frac{\text{（射極所有電阻）}}{\text{（射極內部電阻）}} = g_m\text{（射極外部電阻）}$$

4. 單端輸出與雙端輸出的共模雜訊拒斥比

$$\text{CMRR}_{(單)} = \frac{1}{2}\text{CMRR}_{(雙)}$$

5. (1) A_d 越大越好　$A_d = -g_m R_c$

(2) A_c 越小越好　$A_C \cong \dfrac{-\alpha R_C}{2R}$

(3) CMRR 越大越好　$\text{CMRR} \cong \dfrac{2R}{r_e}$

(4) 所以 R 越大越好 ⇒ 缺點：造成工作點不穩

改善法：以恆流源替代 R，通常在 IC 中以電流鏡替代

六、BJT 差動對之二種工作方式

1. 當大訊號輸入時，是具數位功能。

⇒ 適用範圍：$|V_{id}| = |V_1 - V_2| > 4V_T$（$\approx \pm 50mv$）

2. 當小訊號輸入時，是具放大器功能。

⇒ 適用範圍：$|V_{id}| = |V_1 - V_2| < 2V_T$（$\approx \pm 25mv$）

七、D.A 之輸入範圍

1. 由二極體知 $i_C = I_S e^{v_{BE}/V_T}$

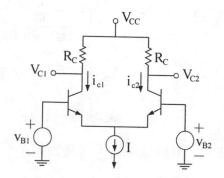

$$\therefore \begin{cases} i_{C1} = I_S e^{v_{BE1}/V_T} \\ i_{C2} = I_S e^{v_{BE2}/V_T} \end{cases} \Rightarrow \begin{cases} i_{E1} = \dfrac{i_{C1}}{\alpha} = \dfrac{I_S}{\alpha} e^{v_{BE1}/V_T} \\ i_{E2} = \dfrac{i_{C2}}{\alpha} = \dfrac{I_S}{\alpha} e^{v_{BE2}/V_T} \end{cases} \Rightarrow I_E = i_{E1} + i_{E2} \text{———①}$$

$$\Rightarrow \frac{i_{E1}}{i_{E2}} = e^{v_{BE1}/V_T} \cdot e^{-v_{BE2}/V_T} = e^{((\frac{v_{B1}}{V_T} - \frac{v_E}{V_T})(\frac{v_{B2}}{T} - \frac{v_E}{V_T}))} = e^{\frac{v_{B1} - v_{B2}}{V_T}}$$

$$= e^{v_d/V_T}$$

2. $\therefore \begin{cases} i_{E1} = i_{E2} e^{v_d/V_T} \\ i_{E2} = i_{E1} e^{-v_d/V_T} \end{cases}$ ———②代入①，得

$$\begin{cases} I = i_{E1} + i_{E1} e^{-v_d/V_T} = i_{E1}(1 + e^{-v_d/V_T}) \\ I = i_{E2} e^{v_d/V_T} + i_{E2} = i_{E2}(1 + e^{v_d/V_T}) \end{cases} \Rightarrow \begin{cases} i_{E1} = \dfrac{I}{1 + e^{-v_d/V_T}} \\ i_{E2} = \dfrac{I}{1 + e^{v_d/V_T}} \end{cases}$$

$$3. \therefore \begin{cases} i_{C1} = \alpha i_{E1} = \dfrac{\alpha I}{1 + e^{-v_d / V_T}} \\ i_{C2} = \alpha i_{E2} = \dfrac{\alpha I}{1 + e^{v_d / V_T}} \end{cases}$$

$$\Rightarrow \begin{cases} \dfrac{i_{C1}}{\alpha I_E} = \dfrac{1}{1 + e^{-v_d / V_T}} = \left[1 + e^{-\frac{(v_{B1} - v_{B2})}{T}} \right]^{-1} \\ \dfrac{i_{C2}}{\alpha I_E} = \dfrac{1}{1 + e^{v_d / V_T}} = \left[1 + e^{\frac{(v_{B1} - v_{B2})}{V_T}} \right]^{-1} \end{cases}$$

4. 討論

① if $v_{B1} = v_{B2} \Rightarrow \dfrac{i_{C1}}{\alpha I_E} = \dfrac{i_{C2}}{\alpha I_E} = \dfrac{1}{2} \Rightarrow i_{C1} = i_{C2} = \dfrac{1}{2} I$

② if $|v_{B1} - v_{B2}| \leq 2V_T$，$\Rightarrow$ 具有線性關係（類比）（millman）

（Smith）：$|v_{B1} - v_{B2}| < \dfrac{1}{2}$

③ if $|v_{B1} - v_{B2}| > 4V_T \Rightarrow$ 具有數位關係

a. if $v_{B1} - v_{B2} = 4V_T$

$$\begin{cases} \dfrac{i_{C1}}{\alpha I_E} = \dfrac{1}{1 + e^{-4}} \approx 1 \Rightarrow i_{C1} = \alpha I_E \approx I \\ \dfrac{i_{C2}}{\alpha I_E} = \dfrac{1}{1 + e^{4}} \approx 0 \Rightarrow i_{C2} = 0 \end{cases}$$

b. if $v_{B1} - v_{B2} = -4V_T$

$$\begin{cases} \dfrac{i_{C1}}{\alpha I_E} = \dfrac{1}{1 + e^{4}} \approx 0 \Rightarrow = i_{C1} = 0 \\ \dfrac{i_{C2}}{\alpha I_E} = \dfrac{1}{1 + e^{-4}} \approx 1 \Rightarrow i_{C2} \approx I \end{cases}$$

5. i－v 特性曲線

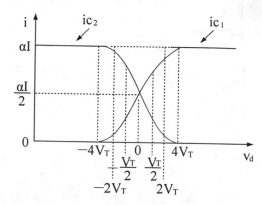

八、公式整理

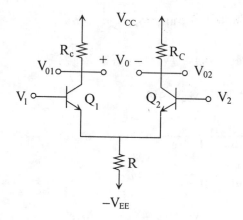

1. 差模輸入電阻 $R_{id} = (1 + \beta)(2r_e) = 2r_\pi$

2. 共模輸入電阻

　(1)不含 r_μ 及 r_0 時

$$R_{icm} = \frac{1}{2}\left[(1 + \beta)(r_e + 2R)\right] = \frac{1}{2}\left[r_\pi + (1 + \beta)(2R)\right]$$

　(2)含 r_μ 及 r_0 時

$$R_{icm} = \frac{1}{2} \left[r_\mu /\!/ (1 + \beta)(r_e + 2R) /\!/ (1 + \beta)r_o \right]$$

3. 雙端輸出時

(1)差模增益　$A_d = -\dfrac{\alpha R_c}{r_e} = -g_m R_c$

(2)共模增益　$A_{CM} = 0$

(3)共模雜訊拒斥比　$CMRR = \infty$

4. 單端輸出時

(1)差模增益　$A_d = -\dfrac{\alpha R_c}{2r_e} = -\dfrac{1}{2} g_m R_c$

（注意由 Q_1 輸出 A_d 為負，由 Q_2 輸出 A_d 為正）

(2)共模增益　$A_{CM} = \dfrac{-\alpha R_c}{r_e + 2R} \approx \dfrac{-\alpha R_c}{2R}$

(3)共模雜訊拒斥比　$CMRR = \dfrac{r_e + 2R}{2r_e}$

5. 觀察法：

(1)雙端輸出時

$$A_d = -\alpha \frac{（集極所有電阻）}{（射極所有電阻）} = -g_m（集極所有電阻）$$

(2)單端輸出時　$A_d 單 = \dfrac{1}{2} A_d 雙$

(3)單端輸出時　$A_{CM} \simeq -\alpha \dfrac{（集極所有電阻）}{（射極所有電阻）}$

　　註：差模分析時，射極所有電阻 $= r_e$
　　　　共模分析時，射極所有電阻 $= 2R + r_e$

(4)單端輸出時 $CMRR = \dfrac{射極所有電阻}{射極內部電阻} = g_m \cdot$（射極外部電阻）

(5)雙端輸出時，$CMRR = \infty$

考型 89 含 R_E 的 BJT 差動對

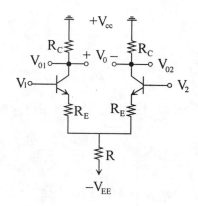

1. 差模分析

(1)雙端輸出時，$A_d = \dfrac{V_{01} - V_{02}}{V_{id}} = -\alpha \dfrac{R_c}{r_e + R_E}$

(2)單端輸出時，$A_d = \pm \dfrac{1}{2} \alpha \dfrac{R_c}{r_e + R_E}$

(3)差模輸入電阻　$R_{id} = R_{id1} + R_{id2} = 2(1 + \beta)(r_e + R_E)$

2. 共模分析

(1)雙端輸出時，$A_{CM} = \dfrac{V_{01} - V_{02}}{V_{CM}} = 0$

(2)單端輸出時，$A_{CM} = \pm\alpha \dfrac{R_c}{R_E + r_e + 2R}$

(3)共模輸入電阻，$R_{icm} = \dfrac{1}{2}\left[(1+\beta)(r_e + R_E + 2R)\right]$

3. 共模拒斥比

(1)單端輸出 $CMRR = \left|\dfrac{A_d}{A_{CM}}\right| = \dfrac{R_E + r_e + 2R}{2(r_e + R_E)}$

(2)雙端輸出 $CMRR = \infty$

考型 90 含 R_E 及 R_L 的 BJT 差動對

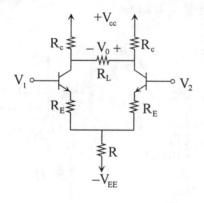

1. 差模分析

(1) $A_d = \dfrac{V_0}{V_d} = \alpha\dfrac{(R_c \mathbin{/\mkern-5mu/} \dfrac{R_L}{2})}{r_e + R_E}$

(2) $R_{id} = 2(1+\beta)(r_e + R_E)$

2. 共模分析

(1) $A_{cm} = \dfrac{V_0}{V_{CM}} = 0$

(2) $R_{iCM} = \dfrac{1}{2}\left[(1+\beta)(r_e + R_E + 2R)\right]$

歷屆試題

1. 已知 Q_1、Q_2 完全相同，$\alpha_F \approx 1 \, (\beta \approx \infty)$，而 Q_3 是 n 通道的 JFET，$V_P = -7V$，$I_{DSS} = 2mA$。

(1) 求 A、B、C 的直流電壓及 Q_3 的工作區域

(2) R_G 的作用

(3) 求 $A_v = \dfrac{V_O}{V_S}$ （ ✤ 題型：BJT.D.A ）

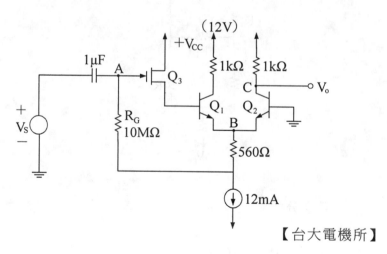

【台大電機所】

解 ☞ :

(1) ① $\because V_{B2} = 0 \; Q_2 : ON \Rightarrow V_B = 0 - V_{BE2} = -0.7V$

$\quad V_A = V_B - IR = -0.7 - (12m)(560) = -7.42V$

② $\because V_A = -7.42V$ $\therefore Q_1 \cdot Q_3 :$ OFF

$\therefore V_o = V_C = V_{CC} - I_{C2}R_{C2} = 12 - (12m)(1K) = 0V$

(2) R_G 的作用

   1. 在直流分析時，作偏壓電路使用

   2. 在小訊號分析時，當米勒電阻使用，而增加輸入電阻

(3)

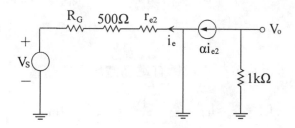

$$r_{e2} = \frac{V_T}{I_{E2}} = \frac{25mV}{12mA} = 2.08\Omega \cdot \alpha = 1$$

$$\therefore A_V = \frac{-\alpha(1K)}{-(R_G + 560 + r_{e2})} = \frac{1K}{10M + 560 + 2.08} \approx 10^{-4}$$

---

2. For the circuit diagram shown, all transistors' β are 200. For npn transistors, $V_{BE(act)} = 0.7V$, and for pnp transistor, $V_{EB(act)} = 0.7V$. v_s is the small signal input voltage

(1) Find the dc levels : $V_{C2} \cdot V_{E3} \cdot$ and V_o.

(2) Find the small signal voltage gain, v_o/v_s. (❖題型：BJT D. A.)

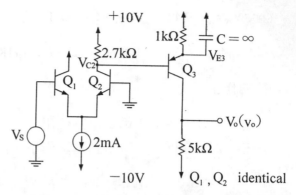

【台大電機所】

解☞：

(1) 1. 直流分析：設所有電晶體均在主動區

$$I_{C1} = I_{C2} \approx I_{E1} = I_{E2} = \frac{1}{2}I = \frac{2mA}{2} = 1mA$$

$$\therefore V_{C2} \cong V_{CC} - I_{C2}R_{C2} = 10 - (1m)(2.7K) = 7.3V$$

$$V_{E3} = V_{C2} + V_{EB3} = 7.3 + 0.7 = 8V$$

$$I_{E3} = \frac{V_{CC} - V_{E3}}{R_{E3}} = \frac{10 - 8}{1K} = 2mA \approx I_{C3}$$

$$\therefore V_O = I_{C3}R_{C3} + V_{EE} = (2m)(5K) - 10 = 0V$$

2. Check

$$Q_1：V_{BC1} = V_{B1} - V_{C1} = -10V$$

$$Q_2：V_{BC2} = V_{B2} - V_{C2} = -7.3V$$

$$Q_3：V_{BC3} = V_{C2} - V_0 = 7.3V$$

$$\therefore 均在主動區$$

(2) *1.* 小訊號等效圖

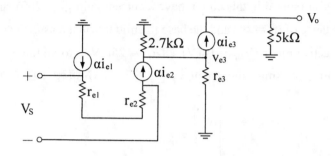

2. 求參數

$$①r_{e1} = r_{e2} = \frac{V_T}{I_{E1}} = \frac{25mV}{1mA} = 25\Omega$$

$$②\alpha = \frac{200}{201} = 0.995$$

$$③r_{e3} = \frac{V_T}{I_{E3}} = \frac{25mV}{2mA} = 12.5\Omega$$

3. 電路分析

$$A_v = \frac{V_o}{V_S} = \frac{V_o}{V_{e3}} \cdot \frac{V_{e3}}{V_S} = \frac{\alpha R_{C3}}{-r_{e3}} \cdot \frac{(\alpha)\,[\,2.7K//(1+\beta)r_{e3}\,]}{2r_{e1}}$$

$$= \frac{(0.995)(5K)}{-12.5} \cdot \frac{(0.995)\,[\,2.7K//(201)(12.5)\,]}{50}$$

$$= -10308$$

3. The above figure shows a multistage amplifer circuit. All the bipolar transistors used in this circuit have a current gain ($\beta = 200$), an output resistance of ($r_o = \infty$) and the base to emitter voltage as they are biased in the active mode ($V_{BE} = 0.7V$). $kT/q = 25mV$ at room temperature. Find out small signal gain $v_o / (v_1 - v_2)$. (✛ 題型：BJT D.A.)

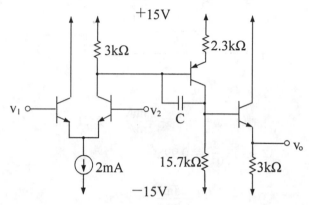

解☞：

一、直流分析

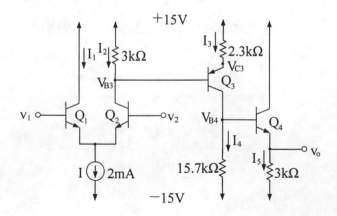

1. $I_{11} = I_2 \cong \dfrac{I}{2} = 1\text{mA}$

$V_{B3} = V_{CC} - I_2 R_{E2} = 15 - (3\text{K})(1\text{m}) = 12\text{V}$

$V_{C3} = V_{B3} + V_{EB3} = 12 + 0.7 = 12.7\text{V}$

$I_3 = \dfrac{V_{CC} - V_{C3}}{R_{C3}} = \dfrac{15 - 12.7}{2.3\text{K}} = 1\text{mA} \cong I_4$

$V_{B4} = -(-V_{CC}) - I_4 R_{C3} = 15 - (1\text{m})(15.7\text{K}) = 0.7\text{V}$

$\therefore V_O = 0\text{V}$

$I_5 = \dfrac{V_O - (-V_{CC})}{R_{E4}} = \dfrac{15}{3\text{K}} = 5\text{mA}$

2. 求參數

$r_{e1} = r_{e2} = \dfrac{V_T}{I_1} = \dfrac{25\text{mV}}{1\text{mA}} = 25\Omega$

$r_{\pi1} = r_{\pi2} = (1 + \beta)r_{e1} = (201)(25) = 5.025\text{K}\Omega$

$r_{e3} = \dfrac{V_T}{I_3} = \dfrac{25\text{mV}}{1\text{mA}} = 25\Omega$

$r_{e4} = \dfrac{V_T}{I_5} = \dfrac{25\text{mV}}{5\text{mA}} = 5\Omega$

二、小訊號分析

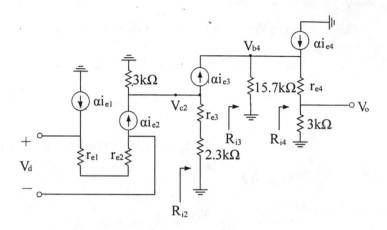

$$\alpha = \frac{\beta}{1+\beta} = 0.995$$

$$R_{i4} = (1+\beta)(r_{e4} + 3K) = (201)(5 + 3K) \cong 604K\Omega$$

$$R_{i3} = 15.7K//R_{i4} = 15.7K//604K = 15.3K\Omega$$

$$R_{i2} = (1+\beta)(r_{e3} + 2.3K) = (201)(25 + 2.3K) = 467.3K\Omega$$

$$\therefore A_V = \frac{V_o}{V_1 - V_2} = \frac{V_o}{V_d} = \frac{V_o}{V_{b4}} \cdot \frac{V_{b4}}{V_{C2}} \cdot \frac{V_{C2}}{V_d}$$

$$= \frac{3K}{r_{e4} + 3K} \cdot \frac{-\alpha R_{i3}}{r_{e3} + 2.3K} \cdot \frac{(\alpha)(3K//R_{i2})}{2r_{e1}}$$

$$= (\frac{3K}{5+3K}) \left[-\frac{(0.995)(15.3K)}{25 + 2.3K} \right] \left[\frac{(0.995)(3K//4.67.3K)}{50} \right]$$

$$= -388$$

4. Q_1 and Q_2 of the differential amplifier are identical and $R_{C1} = R_{C2}$. If the Early effect voltage of the transistor is assumed to be infinite and $V_1 - V_2 = 14mV$, the $\dfrac{I_{C1}}{I_{C2}} = $ _____ $(\dfrac{kT}{q} = 25mV)$

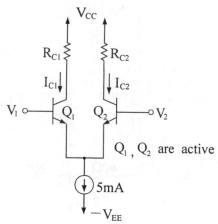

【交大電子所】

簡譯

Q_1, Q_2 完全匹配，$R_{C1} = R_{C2}$，且 $V_A = \infty$，$V_1 - V_2 = 14mV$，$\dfrac{KT}{q} = 25mV$，求 $\dfrac{I_{C1}}{I_{C2}}$ 值。（✦題型：BJT D.A.）

解☞：

$$I_{C1} = I_S e^{(V_{BE1} / V_T)}$$

$$I_{C2} = I_S e^{(V_{BE2} / V_T)}$$

$$\therefore \frac{I_{C1}}{I_{C2}} = e^{\frac{V_{BE1} - V_{BE2}}{V_T}} = e^{\frac{V_1 - V_2}{V_T}} = e^{\frac{14M}{25M}} = 1.75$$

---

5. 若 Q_1，Q_2，Q_3，Q_4，完全匹配，$V_{BE(active)} = 0.7V$，$V_A = \infty$，I_B 可忽略而，$V_{i1} = V_{i2} = 0V$，求

(1) V_A, V_B, V_C, V_D 和 I_C 值。

(2) $g_m = 20\dfrac{mA}{V}$，$\beta_0 = 100$，$r_o = \infty$，求差模增益。（利用半電路觀念）

(3) 同(2)求共模增益。（✤題型：BJT D.A.）

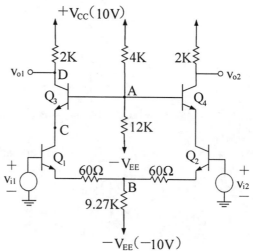

【交大電子所】

解☞：

(1) 直流分析

① $V_A = (V_{CC} + V_{EE})(\dfrac{12K}{12K + 4K}) - V_{EE} = \dfrac{(20)(12K)}{16K} - 10 = 5V$

② $V_C = V_A - V_{BE3} = 5 - 0.7 = 4.3V$

③ ∵ $-V_{BE1} - I_{C1}(60) - (2I_{C1})(9.27K) + V_{EE} = 0$

⇒ $-0.7 - 60I_{C1} + (18.54K)I_{C1} + 10 = 0$

∴ $I_{C1} = I_C = 0.5mA$

④ $V_B = (2I_C)(9.27K) - V_{EE} = (2)(0.5m)(9.27K) - 10 = -0.73V$

⑤ $V_D = V_{CC} - (I_C)(2K) = 10 - (0.5m)(2K) = 9V$

（以上計算，因$I_B = 0$，$\therefore I_C = I_E$）

(2)交流分析

    1. 差模分析等效圖（半電路）

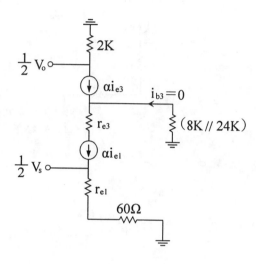

    2. 電路分析

$$r_{e1} = \frac{1}{g_m} = \frac{1}{20m} = 50\Omega$$

$$\because i_b = 0 \quad \therefore \alpha = 1$$

$$\therefore A_{DM} = \frac{\frac{1}{2}V_o}{\frac{1}{2}V_s} = \frac{V_o}{V_s} = \frac{-\alpha i_{e3}(2K)}{I_{e1}(r_{e1} + 60)} = \frac{-i_{e3}(2K)}{I_{e3}(50 + 60)} = -18.18$$

(3)

    1. 共模分析等效圖

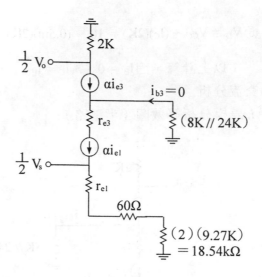

2. 電路分析

$$A_{cm} = \frac{\frac{1}{2}V_o}{\frac{1}{2}V_s} = \frac{-\alpha i_{e3}(2K)}{i_{e1}(r_{e1} + 60 + 18.54K)} = \frac{-i_{e3}(2K)}{i_{e3}(50 + 60 + 18.54K)}$$

$$= -0.107$$

---

6. For the differential amplifier shown below, draw the small−signal equivalent circuit of both common−mode and differential−mode by using half−circuit concept. Note that the capacitance C_c cannot be neglected.

簡譯

利用半電路（half circuit）方法，而C_c不可忽略，繪出差模小訊號等效電路及共模小訊號等效電路。（✿題型：BJT D.A.）

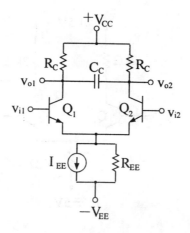

解☞：

一、差模分析 　　　　　　　　二、共模分析

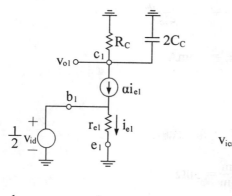

$$V_{i1} = \frac{1}{2}V_{id}, V_{i2} = -\frac{1}{2}V_{id} \qquad\qquad V_{i1} = V_{i2} = V_{icm}$$

---

7. In the circuit shown below, for $v_{B1} = v_d/2$ and $v_{B2} = -v_d/2$, where v_d is a small signal with zero average, find the magnitude of the voltage gain v_o/v_d. Assume for bias calculations that $V_{BE} = 0.7V$ (❖題型：BJT D. A.）

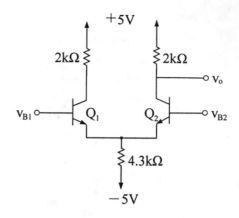

解 ☞ :

一、直流分析

$$I = \frac{-V_{BE}-(-5)}{4.3K} = \frac{5-0.7}{4.3K} = 1mA$$

$$\therefore I_{E1} = I_{E2} = \frac{I}{2} = 0.5mA$$

二、交流分析

此為差模輸入，單端輸出

$$r_{e1} = \frac{V_T}{I_{E1}} = \frac{25m}{0.5m} = 50\Omega$$

$$\therefore \frac{V_o}{V_d} = \frac{\alpha R_C}{2r_e} \approx \frac{R_C}{2r_e} = \frac{2K}{(2)(50)} = 20$$

8. Given a two-stage differential amplifier shown in fig. assuming Early voltage $V_A = \infty$, $V_{BE(on)} = 0.7V$, and $\beta = 50$ for all npn transistors. The following specifications are required to carry on the design.

(a)$R_{in} = 1K\Omega$; R_{id} is the differential-mode input resistance, defined as the ratio of differential-mode input voltage ($v_{id} = v_{i1} - v_{i2}$) to the input current i_0.

(b)$R_{od} = 150\Omega$; R_{od} is the differential-mode output resistance, defined as the ratio of differential output voltage ($v_{od} = v_{o1} - v_{o2}$) to the output current i_0.

(c) $(I_1)(R_1) = 3V_{BE(on)}$ and $(I_2)(R_2) = 2V_{BE(on)}$.

Questions:

(1) Determine the component values for R_1, R_2, R_3, and R_4 satisfying the above-mentioned specifications (a), (b), and (c).

(2) Compute the differentail-mode voltage gain A_d.

$$A_d = \frac{v_{o1} - v_{o2}}{v_{i1} - v_{i2}}$$

(3) Compute the common-mode voltage gain A_c.

$$A_c = \frac{v_{o1} + v_{o2}}{v_{i1} + v_{i2}}$$

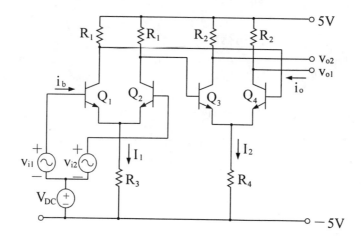

V_{DC}(common mode) $= 5V$

Fig. A two-stage differential amplifier. (Q_1-to-Q_4 are all identical.)

簡譯

圖中已知 $V_A = \infty$ ，$V_{BE(ON)} = 0.7V$ ，$\beta = 50$ ，$R_{id} = \dfrac{v_{i1} - v_{i2}}{i_b} = 1K\Omega$ ，$R_{od} = \dfrac{v_{o1} - v_{o2}}{I_O} = 150\Omega$，$I_1R_1 = 3V_{BE(ON)}$, $I_2R_2 = 2V_{BE(ON)}$,V_{DC}(共模) $= 5V$,且所有電晶體完全相同。(1)求R_1、R_2、R_3和R_4值，(2)求差模增益 $= \dfrac{v_{o1} - v_{o2}}{v_{i1} - v_{i2}}$ ，(3)求共模增益 $A_c = \dfrac{v_{o1} + v_{o2}}{v_{i1} + v_{i2}}$ 。（✣題型：BJT D.A.）

【交大電信所】

解☞：

(1) 1. $\because R_{id} = 2r_{\pi1}$

$\therefore r_{\pi1} = 0.5K\Omega = \dfrac{\beta}{g_{m1}} = \dfrac{50}{g_{m1}} \Rightarrow g_{m1} = 100mA/V$

又 $g_{m1} = \dfrac{I_{C1}}{V_T} = \dfrac{I_{C1}}{25mV} \Rightarrow I_{C1} = (25m)(100m) = 2.5mA \approx I_{E1} = I_{E2}$

$\therefore I_1 = 2I_{E1} = 5mA = \dfrac{V_{DC} - V_{BE1}}{R_3} = \dfrac{5 - 0.7}{R_3}$

$\therefore R_3 = 0.86K\Omega$

2. 由(b)條件知

$R_{od} = 150\Omega = 2R_2$

$\therefore R_2 = 75\Omega$

3. ①由(c)條件知

$I_2R_2 = 2V_{BE(ON)}$

$\therefore I_2 = \dfrac{2V_{BE(ON)}}{R_2} = \dfrac{(2)(0.7)}{75} = 18.67mA$

②又 $I_1R_1 = 3V_{BE(ON)}$

$$\therefore R_1 = \frac{3V_{BE\,(ON)}}{I_1} = \frac{(3)(0.7)}{5m} = 0.42K\Omega$$

③ $V_{C1} = 5 - I_{C1}R_1 = 5 - (2.5m)(0.42K) = 3.95V$

$$V_{E3} = V_{E4} = V_{C1} - V_{BE3} = 3.95 - 0.7 = 3.25V$$

$$V_{R4} = I_2R_4 = V_{E3} - (-5) = V_{E3} + 5$$

$$\therefore R_4 = \frac{V_{E3} + 5}{I_2} = \frac{3.25 + 5}{18.67m} = 0.44K\Omega$$

(2)差模分析等效電路

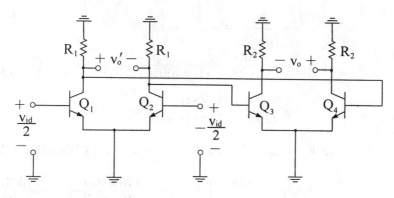

1. $A_{d2} = \dfrac{V_o}{V_o'} = -g_{m3}R_2 = -(\dfrac{I_{c3}}{V_T})R_2 = -(\dfrac{I_2}{2V_T})R_2$

$$= -(\frac{18.67m}{50m})(75) = -28.01$$

2. $A_{d1} = \dfrac{V_o'}{V_{id}} = -g_{m1}(R_1//r_{\pi3}) = -(100m)(0.42K//136.6) = -10.3$

$$r_{\pi3} = (1+\beta)r_{e3} = (51)(\frac{V_T}{I_{E3}}) = (51)(\frac{2V_T}{I_2}) = (51)(\frac{50m}{18.67m}) = 136.6$$

3. $\therefore A_d = \dfrac{V_{o1} - V_{o2}}{V_{i1} - V_{i2}} = \dfrac{V_o}{V_{id}} = \dfrac{V_o}{V_o'} \cdot \dfrac{V_o'}{V_{id}} = (-28.01)(-10.3)$

$$= 288.5$$

(3)共模分析等效電路

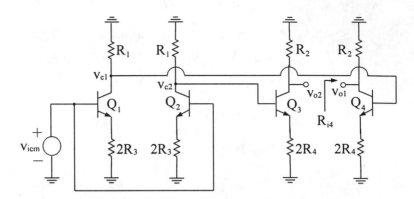

1. $A_{C2} = \dfrac{-\alpha R_2}{r_{e3} + 2R_4} = \dfrac{-\beta R_2}{(1+\beta)(r_{e3} + 2R_4)} = \dfrac{-\beta R_2}{r_{\pi 3} + 2(1+\beta)R_4}$

$$= \dfrac{-(50)(75)}{136.6 + (2)(51)(0.44K)} \approx -0.083$$

2. $R_{i4} = r_{\pi 4} + (1+\beta)(2R_4) = 136.6 + (51)(2)(0.44K) = 45.01k\Omega$

$$\therefore A_{C1} = \dfrac{-\alpha(R_1 /\!/ R_{i4})}{r_{e1} + 2R_3} = \dfrac{-\beta(R_1 /\!/ R_{i4})}{(1+\beta)(r_{e1} + 2R_3)} = \dfrac{-\beta(R_1 /\!/ R_{i4})}{r_{\pi 1} + 2(1+\beta)R_3}$$

$$= \dfrac{-50(0.42K /\!/ 45.01K)}{0.5K + (2)(51)(0.86K)} = -0.23$$

3. $\therefore A_C = A_{C2} \cdot A_{C1} = (-0.083)(-0.23) = 0.0196$

---

9. The differential amplifier shown in the following figure is operating at room temperature. In the circuit, Q_1 and Q_2 are identical npn transistors with current gains $\beta_F = \beta_O = 200$ and infinite Early voltage.

(1) With $v_1 = v_2 = 0$, determine the bias currents I_{CQ} and I_{BQ}

(2) Find v_{o1} and v_{o2} for the condition in (1)

(3) Evaluate A_{DM}, A_{CM}, and the CMRR. (❖題型：BJT D.A.)

$$+15V$$

$$10k\Omega \quad 10k\Omega$$

$$V_1 \circ \quad V_{o1} \quad V_{o2} \quad \circ V_2$$

$$Q_1 \quad Q_2$$

$$14.3k\Omega$$

$$-15V$$

解☞ :

(1) $I = \dfrac{-V_{BE1} - V_{EE}}{R} = \dfrac{15 - 0.7}{14.3K} = 1mA$

$\therefore I_{E1} = I_{E2} = \dfrac{1}{2}I = 0.5mA$

$I_{CQ} = \alpha I_{E1} = \dfrac{\beta}{1+\beta}I_{E1} = \dfrac{200}{201}(0.5m) = 0.498mA$

$I_{BQ} = \dfrac{I_{CQ}}{\beta} = \dfrac{0.498m}{200} = 2.498\mu A$

(2) $V_{O1} = V_{O2} = V_{CC} - I_{C1}R_C = 15 - (0.498m)(10K) = 10.02V$

(3) $r_e = \dfrac{V_T}{I_{E1}} = \dfrac{25mV}{0.5mA} = 50\Omega$

$\therefore A_{DM} = \dfrac{-\alpha R_C}{r_e} = \dfrac{-(200)(10K)}{(201)(50)} = -199$

$A_{CM} = \dfrac{-\alpha R_C}{r_e + 2R} = \dfrac{-(200)(10K)}{(201)\left[50 + (2)(14.3K)\right]} = -0.347$

$CMRR = \left|\dfrac{A_{DM}}{A_{CM}}\right| = \left|\dfrac{-199}{-0.347}\right| = 573 = 55.2dB$

10. Please design a current repeater (or current mirror) and derive its relationship according to the following.

(1) by using two NPN transistors; and

(2) by using three NPN transistors. (❖ 題型：BJT 電流鏡)

解☞：

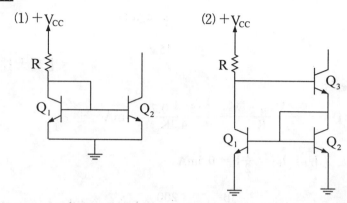

(1) $+V_{CC}$

(2) $+V_{CC}$

---

11. 已知電晶體 Q_1, Q_2 的 $\beta_F = \beta_O = 150$, $V_{BE} = 0.7V$, $V_T = 25mV$

(1) 求 A_{DM}, A_{CM} 及 CMRR。 (2) 若 $v_1 = 2mV$, $v_2 = 0V$, 求 v_{o1}, v_{o2}。 (❖ 題型：BJT D.A.)

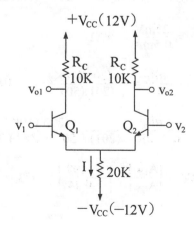

【交大控制所】

解☞：

一、直流分析

$$I = \frac{-V_{BE} + V_{CC}}{20K} = \frac{12 - 0.7}{20K} = 0.565mA$$

$$I_{E1} = I_{E2} = \frac{0.565m}{2} = 0.283mA$$

$$r_{e1} = r_{e2} = r_e = \frac{V_T}{I_{E1}} = \frac{25mV}{0.283mA} = 88.5\Omega$$

$$\alpha = \frac{\beta}{1 + \beta} = \frac{150}{151} = 0.994$$

二、交流分析

(1)若$V_1 = V_s, V_1 = -V_s$,則

①$A_{DM} = \frac{-\alpha R_C}{r_e} = \frac{-(0.994)(10K)}{88.5} = -112.3$

②若$V_1 = V_2 = V_s$時,

a. 兩端輸出 $v_o = v_{o1} - v_{o2}$,則$A_{CM} = 0$

b. 單端輸出時

$$A_{CM} = \frac{-\alpha R_C}{(r_e + 2R)} = \frac{(-0.994)(10K)}{88.5 + 40K} = -0.248$$

③$CMRR = \left|\frac{A_{DM}}{A_{CM}}\right| = \left|\frac{-112.3}{-0.248}\right| = 452.8$

(2)當$V_1 = 2mV, V_2 = 0V$

$$V_{o2} = \frac{\alpha R_C}{2r_e}V_1 = \frac{(0.994)(10K)(2mV)}{(2)(88.5)} = 0.112V$$

$$V_{o1} = \frac{-\alpha R_C}{2r_e}V_1 = -V_{O2} = -0.112V$$

---

12. A differential amplifier is shown in Fig. Let $V_d = (V_1 - V_2)$ and V_T be the "volt equivalent of temperature". Then I_{C1} is：

(A) $\dfrac{\alpha_F I_{EE}}{1 + \exp(-\dfrac{V_d}{V_T})}$

(B) $\dfrac{\alpha_F I_{EE}}{1 + \exp(\dfrac{V_d}{V_T})}$

(C) $\dfrac{\alpha_F I_{EE}}{1 - \exp(-\dfrac{V_d}{V_T})}$

(D) $\dfrac{\alpha_F I_{EE}}{1 - \exp(\dfrac{V_d}{V_T})}$

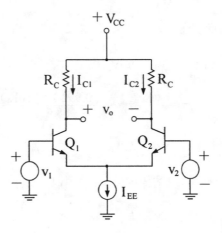

【交大控制所】

簡譯

令 $V_d = V_e - V_2$ 求 I_{C1} 值。（❖題型：BJT D.A.）

解☞： (A)

$\because I_{C1} = I_S e^{V_{BE1} / V_T}$

$I_{C2} = I_S e^{V_{BE2} / V_T}$

$\therefore \dfrac{I_{C1}}{I_{C2}} = e^{\frac{V_{BE1} - V_{BE2}}{V_T}} = e^{\frac{V_1 - V_2}{V_T}} = e^{V_d / V_T} = \dfrac{I_{E1}}{I_{E2}}$

故 $I_{E1} = I_{E2}e^{V_d / V_T}$

$$\therefore \frac{I_{E1}}{I_{EE}} = \frac{I_{E1}}{I_{E1} + I_{E2}} = \frac{e^{V_d/V_T}}{1 + e^{V_d/V_T}} \Rightarrow I_{E1} = \frac{e^{V_d/V_T}}{1 + e^{V_d/V_T}} I_{EE} = \frac{I_{EE}}{1 + e^{-V_d/V_T}}$$

$$故 I_{C1} = \alpha_F I_{E1} = \frac{\alpha_F I_{EE}}{1 + e^{-V_d/V_T}}$$

---

13. The following differential amplifier uses matched transistors with $\beta = 100$.

(1) Find the small signal parameters of the corresponding hybridπ-model, i.e. $g_m = ?$ $r_\pi = ?$ neglect the effect of r_o.

(2) Evaluate the input differential resistance R_{id}.

(3) Find the overall voltage gain $\dfrac{V_O}{V_S} = ?$

　　Assume that the temperature is at 20℃

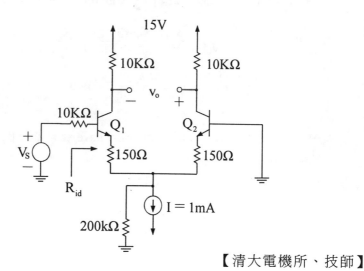

【清大電機所、技師】

簡譯

Q_1、Q_2完全匹配，$\beta = 100$ 且 r_o忽略效應下，T＝20℃，(1)求 g_m、r_π 值，(2)求輸入電阻 R_{id}，(3)求 $\dfrac{V_O}{V_S}$。（❖題型：BJT D.A.）

解☞ :

(1)① ∵ $\beta = 100 \Rightarrow I_B \ll I_E$ 故可忽略

∴ $I_{E1} \approx I_{E2} = \frac{1}{2}I = 0.5mA$

② $V_T = \frac{273 + 20}{11600} = 25mV$

∴ $r_\pi = \frac{V_T}{I_B} = \frac{(1 + \beta)V_T}{I_E} = \frac{(101)(25m)}{0.5m} = 5.05K\Omega$

③ $g_m = \frac{I_C}{V_T} = \frac{\beta I_E}{(1 + \beta)V_T} = \frac{(100)(0.5m)}{(101)(25m)} = 19.8mA/V$

$r_e = \frac{V_T}{I_E} = \frac{25m}{0.5m} = 50\Omega$

(2) $R_{id} = (1 + \beta)(2r_e + 2R_E) = (101)(100 + 300) = 40.4K\Omega$

(3) $A_d = \frac{V_o}{V_s} = \frac{V_o}{V_{b1}} \cdot \frac{V_{b1}}{V_S} = \frac{\alpha R}{r_e + R_E} \cdot \frac{R_{id}}{R_s + R_{id}}$

$= \frac{(0.99)(10K)}{50 + 150} \cdot \frac{40K}{10K + 40K} = 39.6$

---

14. As illustrated in Figure, the transistors have very high β = 100, find V_2.

(✤ 題型：PNP.D.A.)

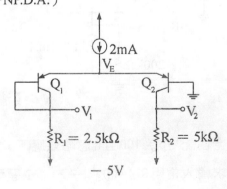

【清大電機所】

解☞ :

若 $V_1 = 0V$，則 $I_{C1} = \dfrac{-V_{CC}}{R_1} = \dfrac{5}{2.5K} = 2mA$

$\therefore I_{E2} = 2mA - I_{C1} = 0A$

$\therefore Q_1 : ON，Q_2 : OFF$

故 $V_2 = -5V$

---

15. For $V_{BE} = 0.7V$ and $V_T = 25mV$, find CMRR of this amplifier

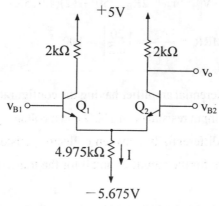

+5V

2kΩ   2kΩ

V_{B1} Q_1 Q_2 V_{B2}

v_o

4.975kΩ   I

$-5.675V$

【清大電機所】

簡譯

已知 $V_{BE} = 0.7V, V_T = 25mV$，求 CMRR = ? （❖題型：BJT D.A.）

解☞ :

＜方法一＞

$$I = \frac{V_{EE} - V_{BE1}}{R} = \frac{5.675 - 0.7}{4.975K} = 1mA$$

$$I_{C1} \approx I_{E1} = \frac{1}{2}I = 0.5mA$$

$$g_m = \frac{I_{C1}}{V_T} = \frac{0.5mA}{25mV} = 20mA/V$$

差動放大器、電流鏡、CMOS   643

$$\therefore CMRR = g_m R = (20m)(4.975K) = 99.5$$

＜方法二＞

$$r_e = \frac{V_T}{I_E} = \frac{25mV}{0.5mA} = 50\Omega$$

$$A_d = \frac{V_o}{V_d} = \frac{\alpha R_C}{2r_e} \approx \frac{2K}{(2)(50)} = 20$$

$$A_C = \frac{V_o}{V_{ic}} = \frac{-\alpha R_C}{r_e + 2R_E} = \frac{2K}{50 + (2)(4.975K)} = 0.2$$

$$\therefore CMRR = \left| \frac{A_d}{A_c} \right| = \left| \frac{20}{0.2} \right| = 100$$

---

16. A BJT differential amplifier having the configuration shown below found to have an input resistance of $10k\Omega$ and a voltage gain of 100 with the output taken differentially between collector resistors of $5k\Omega$. What is the bias current for the amplifier and β for the transistors used？

簡譯

下圖電路的輸入電阻為 $10k\Omega$, $R_c = 5K\Omega$，而在兩集極端差動取出的 $A_d \doteq 100$，求放大器的偏壓電流與電晶體的 β 值。（❖題型：BJT D.A.）

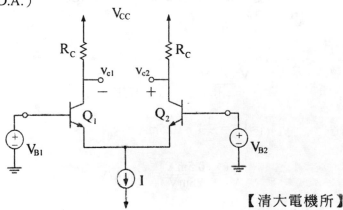

【清大電機所】

解☞ :

1. $\because A_d = \dfrac{V_o}{V_{id}} = \dfrac{V_{C2} - V_{C1}}{V_{b1} - V_{b2}} = \dfrac{\alpha R_C}{r_e} \approx \dfrac{R_C}{r_e} = \dfrac{5K}{r_e} = 100$

$\therefore r_{e1} = r_{e2} = r_e = 50\Omega$

2. 又 $r_{e1} = \dfrac{V_T}{I_{E1}} = \dfrac{25mV}{I_{E1}} = 50\Omega$

$\therefore I_{E1} = I_{E2} = 0.5mA$

故 $I = I_{E1} + I_{E2} = 1mA$

3. $R_{id} = (1 + \beta)(2r_e) = (1 + \beta)(100) = 10K\Omega$

$\therefore \beta = 99$

---

17. In the circuit of Fig.and Q_1 and Q_2 are identical and have $\beta_O = \beta_F = 200$
    and $V_A = \infty$

   (1) Explain the funiction of current source I_{EE} with R_E in this circuit.

   (2) The current source is realized by a simple current mirror. Design the
       mirror. Transistor used for the mirror have $\beta_O - \beta_F = 200$. Estimate the
       Early voltage.

   (3) Evaluate A_{DM}, A_{CM}, and CMRR.

   (4) Determine R_{id} and R_{ic}.

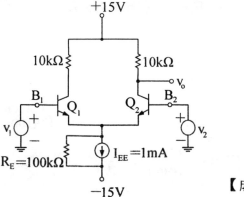

【成大電機所】

差動放大器、電流鏡、CMOS　645

簡譯

Q_1，Q_2 的 $\beta_O = \beta_F = 200$ 且 $V_A = \infty$，求(1)電流 I_{EE} 與 R_E 的功能為何？(2)設計電流鏡取代 I_{EE} 與 R_E 則歐萊電壓 $V_A = ?$ (3)求 $A_{DM} = ?$ $A_{CM} = ?$ CMRR $= ?$ (4)求 $R_{id} = ?$ $R_{ic} = ?$ （✥題型：BJT D. A.）

解☞：

(1)I_{EE} 與 R_E 的功用，在於提供差動放大器的偏壓。

(2)電路設計如下

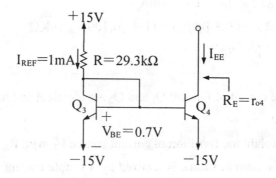

$$\therefore R_E = r_{04} = \frac{V_A}{I_{EE}} = \frac{V_A}{1mA} = 100k\Omega$$

$$\therefore V_A = 100V$$

$$(3)\because \alpha = \frac{\beta_F}{1 + \beta_F} = \frac{200}{201} = 0.995, \ r_e = \frac{V_T}{I_E} = \frac{25mV}{\frac{1}{2}I_{EE}} = 50\Omega$$

$$\therefore A_{DM} = \frac{V_o}{V_{id}} = \frac{\alpha R_C}{2r_e} = \frac{(0.995)(10K)}{(2)(50)} = 99.5$$

$$A_{CM} = \frac{V_o}{V_{CM}} = \frac{-\alpha R_C}{r_E + 2R_E} = \frac{-(0.995)(10K)}{50 + (2)(100K)} = -0.0497$$

$$CMRR = \left|\frac{A_{DM}}{A_{CM}}\right| = \left|\frac{99.5}{-0.0497}\right| = 2002 = 66dB$$

(4) $R_{id} = (1 + \beta)(2r_e) = (201)(2)(50) = 20.1 K\Omega$

$R_{ic} = (1 + \beta)(r_e + 2R_E) = (201)\,[\,50 + (2)(100K)\,] = 40.2 M\Omega$

---

18. For the circuit shown in Figure, both transistors are identical.

(1) Find the expression of I_{C2} related to the input voltage difference $V_d = V_1 - V_2$. (2) Draw the low frequency small signal equivalent circuit and derive the expression of the small signal voltage gain $A_v = V_o/V_d$. (✣題型 : BJT D.A.)

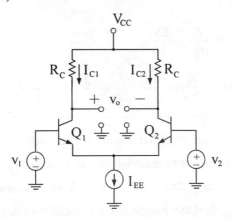

【高考、中山電機所】

解☞ :

(1) $I_{E1} + I_{E2} = I_{EE}$

$I_{C1} = \alpha I_{E1} = I_S e^{V_{BE1}/V_T}$

$I_{C2} = \alpha I_{E2} = I_S e^{V_{BE2}/V_T}$

$\therefore \dfrac{I_{C1}}{I_{C2}} = \dfrac{I_{E1}}{I_{E2}} = e^{\frac{V_{BE1}/V_{BE2}}{V_T}} = e^{V_d/V_T}$

$\Rightarrow I_{E1} = I_{E2}e^{V_d/V_T}$

故 $\dfrac{I_{E2}}{I_{EE}} = \dfrac{I_{E2}}{I_{E1} + I_{E2}} = \dfrac{I_{E2}}{I_{E2}(1 + e^{V_d/V_T})} = \dfrac{1}{1 + e^{V_d/V_T}}$

$$\therefore I_{C2} = \alpha I_{E2} = \frac{\alpha I_{EE}}{1 + e^{V_d / V_T}}$$

(2)

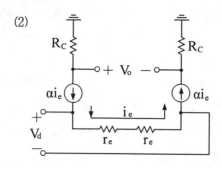

$$① r_e = \frac{V_T}{I_E} = \frac{2V_T}{I_{EE}}$$

$$A_V = \frac{V_o}{V_d} = \frac{-\alpha i_e R_C - \alpha i_e R_C}{i_e(2r_e)} = \frac{-\alpha R_C}{r_e}$$

---

19. The differential amplifier circuit in Fig. untiliaes a resistor connected to the negatve power to establish the bias current I.

(1) For $v_m = v_d / 2$ and $v_{B2} = -v_d / 2$, where v_d is a small signal with zero average, find the magnitude of the differential gain, $|v_o / v_d|$.

(2) For $v_{B1} = v_{B2} = v_{CM}$, find the magnitude of the common-mode gain, $|v_o / v_{CM}|$.

(3) If $v_{B1} = 0.1 \sin 2\pi 60t + 0.005 \sin 2\pi 1000t$, volts,
$v_{B2} = 0.1 \sin 2\pi 60t - 0.005 \sin 2\pi 1000t$, volts, find v_o.

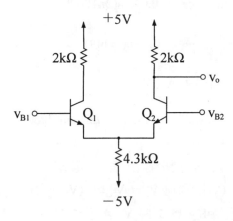

+5V

$2k\Omega$　　　$2k\Omega$

V_{B1}　　Q_1　　Q_2　　V_o

　　　　　　　　　　V_{B2}

$4.3k\Omega$

$-5V$

【工技電機所】

簡譯

(1)$v_{B1} = \dfrac{1}{2}v_d$，$v_{B2} = -\dfrac{1}{2}v_d$，其中 v_d 為小訊號且平均值為 0V，

求 $A_d = \left| \dfrac{v_o}{v_d} \right|$。

(2)$v_{B1} = v_{B2} = v_{CM}$，求 $A_{CM} = \left| \dfrac{v_o}{v_{CM}} \right|$。

(3)$v_{B1} = 0.1 \sin 2\pi 60t + 0.005 \sin 2\pi 1000t$

　　$v_{B2} = 0.1 \sin 2\pi 60t - 0.005 \sin 2\pi 1000t$，求$v_o$（✧題型：BJT D.A.）

解☞：

(1)$I_E = \dfrac{V_{EE} - V_{BE}}{R} = \dfrac{5 - 0.7}{4.3K} = 1mA$

$I_{E1} = I_{E2} = \dfrac{I_E}{2} = 0.5mA \approx I_{C1} = I_{C2}$

$\therefore r_{e1} = r_{e2} = \dfrac{V_T}{I_{E1}} = \dfrac{25m}{0.5m} = 50\Omega$

故 $A_d = \left| \dfrac{v_o}{v_d} \right| = \dfrac{\alpha R_C}{2r_e} \approx \dfrac{R_C}{2r_e} = \dfrac{2K}{(2)(50)} = 20$

(2)$A_{CM} = \left| \dfrac{V_o}{V_{CM}} \right| = \dfrac{\alpha R_C}{r_e + 2R} \approx \dfrac{R_C}{r_e + 2R} = \dfrac{2K}{50 + (2)(4.3K)} = 0.232$

(3) $V_d = V_{B1} - V_{B2} = 0.01\sin(2\pi 1000t)$

$$V_C = \frac{V_{B1} + V_{B2}}{2} = 0.1\sin(2\pi 60t)$$

$$\therefore V_o = A_d V_d + A_{CM} V_C$$

$$= 0.2\sin(2\pi 1000t) + 0.0232\sin(2\pi 60t)$$

---

20. 某差動放大器，其輸出是由單端取出，若輸入訊號為
$V_1 = V_{icm} + (V_{id} / 2)$，$V_2 = V_{icm} - (V_{id} / 2)$，令偏壓電流源為 I，
且輸出電阻為 R，則(1)將 V_0 表示成 V_1、V_2、I、R、R_C 和 V_T 的
函數，(2)若 I = 1mA，且 CMRR 值大於 80dB，則 R 的最小值
為何？（✜題型：$V_0 = A_d V_d + A_c V_c$）

解☞：

(1) $r_e = \dfrac{V_T}{I / 2} = \dfrac{2V_T}{I}$

$$\therefore A_d = \frac{\alpha R_c}{2r_e} \approx \frac{R_c}{2r_e} = \frac{IR_c}{4V_T}$$

$$A_c = \frac{\alpha R_c}{2R} \approx \frac{R_c}{2R}$$

$$V_d = V_1 - V_2 \,,\; V_c = \frac{V_1 + V_2}{2}$$

$$\therefore V_0 = A_d V_d + A_c V_c$$

$$= (\frac{IR_c}{4V_T})(V_1 - V_2) + (\frac{R_c}{2R})(\frac{V_1 + V_2}{2})$$

(2) $CMRR = 20 \log \left| \dfrac{A_d}{A_c} \right| = 80dB$

$$\therefore \frac{A_d}{A_c} = 10^4 = \frac{IR_c}{4V_T} \Big/ \frac{R_c}{2R} = \frac{IR}{2V_T} = \frac{(1mA)R}{(2)(25mV)}$$

故 R = 0.5 MΩ

---

21. 下圖所示電路中，求 V_E，V_{c1} 和 V_{c2}。（❖題型：PNP BJT 差動對作開關）

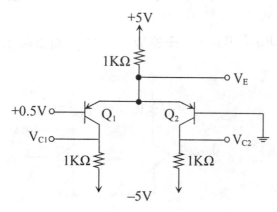

解☞：

Q₁：逆偏 ⇒ Q₁：OFF ⇒ $I_{c1} = 0$ ∴$V_{c1} = -5V$

Q₂：順偏 ⇒ Q₂：ON

∴$V_E = V_{BE2} = 0.7V$

$$I_{E2} = \frac{5 - 0.7}{1k} = 4.3mA \approx I_{c2}$$

$$V_{c2} = I_{c2}R_{c2} + V_{cc} = (4.3m)(1k) - 5 = -0.7V$$

註：$|V_d| = |V_1 - V_2| = 0.5V > 4V_T$

∴此差動對為開關

---

22. 如下圖電路 $\beta = 200$。

(1) 求 $V_1 = V_2 = 0$ 時之偏壓電流 I_c。

(2) $V_1 = \dfrac{V_d}{2}$，$V_2 = \dfrac{-V_d}{2}$，求 $\left|\dfrac{V_0}{V_d}\right|$ 值。當 $V_1 = V_2 = V_{cm}$，求 $\left|\dfrac{V_0}{V_{cm}}\right|$

之值。又共模拒斥比 CMRR？

(3) 求 V_0 以 V_1 及 V_2 表示。

(4) 求 R_{id} 與 R_{icm}。（✤題型：BJT D.A 單端輸出）

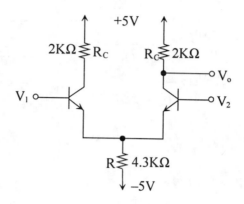

解☞：

(1) $V_1 = V_2 = 0$

$\therefore I = \dfrac{0 - V_{BE} - V_{EE}}{R} = \dfrac{5 - 0.7}{4.3k} = 1\ mA$

$\therefore I_c = I_{E2} = I_{E1} = \dfrac{I}{2} = 0.5\ mA$

(2) 單端輸出

$g_m = \dfrac{I_c}{V_T} = \dfrac{0.5\ mA}{25\ mV} = 20\ m\mho$，$r_e = \dfrac{V_T}{I_{E2}} = \dfrac{25\ mV}{0.5\ mA} = 50\Omega$

$\left|\dfrac{V_0}{V_d}\right| = |A_d| = \dfrac{1}{2}g_m R_c = 20$

$\left|\dfrac{V_0}{V_{cm}}\right| = |A_c| = \left|\dfrac{-\alpha R_c}{(r_e + 2R)}\right| = \left(\dfrac{200}{201}\right)\left[\dfrac{2k}{50 + (2)(4.3k)}\right] = 0.23$

$$\text{CMRR} = \left| \frac{A_d}{A_c} \right| = \frac{20}{0.23} = 87$$

(3) $V_0 = A_d V_d + A_c V_c = (20)(V_1 - V_2) - (0.23)(\frac{V_1 + V_2}{2})$

$\qquad = 19.885V_1 - 20.115V_2$

(4) $R_{id} = (1 + \beta)(2r_e) = (201)(100) = 20.1k\Omega$

$\qquad R_{icm} = (1 + \beta)(r_e + 2R) = (201)(50 + 2\times4.3k) = 1.738M\Omega$

---

23. 下圖所示,電晶體的 $\beta = 100$,試計算:
   (1)直流偏壓電流I_{EE}
   (2)輸入基極偏壓電流
   (3)差模輸入電阻R_{td}
   (4)差模增益$A_d = V_0 / V_s$(❖題型:含被動性恆流源的 BJT D.
   A(含 R_E 型))

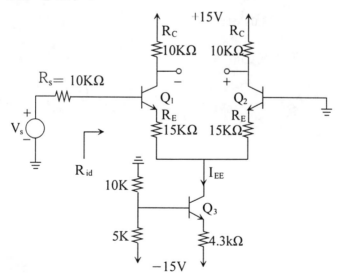

解☞ :

(1)直流分析

$$V_{B3} = \frac{(10k)(-15v)}{10k + 5k} = -10v$$

$$I_{E3} = \frac{V_{B3} - V_{BE} - V_{EE}}{4.3k} = \frac{15 - 10 - 0.7}{4.3k} = 1mA$$

$$I_{EE} = \frac{\beta}{1 + \beta}I_{E3} = (\frac{100}{101})(1mA) = 0.99\ mA$$

(2)$I_{E1} = \frac{1}{2}I_{EE} = 0.495\ mA$

$$\therefore I_{B1} = \frac{I_{E1}}{1 + \beta} = \frac{0.495\ m}{101} = 4.9\ \mu A$$

(3)$r_e = \frac{V_T}{I_{E1}} = \frac{25\ mV}{0.495\ mA} = 50.5\Omega$

$$R_{id} = 2(1 + \beta)(r_e + R_E) = (2)(101)(50.5 + 15K)$$

$$= 3.04M\Omega$$

(4)雙端輸出的 A_d

$$A_d = \frac{V_0}{V_s} = \frac{-\alpha R_c}{r_e + R_E} = -(\frac{100}{101})(\frac{10k}{50.5 + 15k}) = -0.66$$

§7-2〔題型四十〕：FET 差動對

考型 91 不含 R_S 的 JFET 差動對

一、電路圖

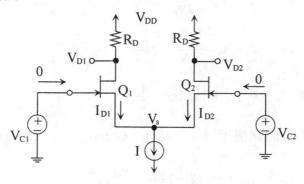

二、直流分析

1. $I_D = I_{DSS}(1 - \dfrac{v_{GS}}{V_p})^2$

$I_{D1} = I_{DSS}(1 - \dfrac{v_{G1} - V_s}{V_p})^2$

$\sqrt{I_{D1}} = \sqrt{I_{DSS}}\ (1 - \dfrac{v_{G1}}{V_p} + \dfrac{v_S}{V_p})$

2. $I_{D2} = I_{DSS}(1 - \dfrac{V_{G2} - v_s}{V_p})^2$

$\sqrt{I_{D2}} = \sqrt{I_{DSS}}(1 - \dfrac{V_{G2}}{V_p} + \dfrac{v_s}{V_p})$

$\sqrt{I_{D1}} - \sqrt{I_{D2}} = \sqrt{I_{DSS}}\ (\dfrac{V_{G1} - V_{G2}}{- V_p})$

3. $\because v_{GS1} - V_{GS2} = V_{id}$

$\therefore \sqrt{I_{D2}} = \sqrt{I_{D1}} - \sqrt{I_{DSS}} \, (\dfrac{V_{id}}{-V_p})$ ……①

4. $I_{D1} + I_{D2} = I$ ……②

將①代入②得

$$I_{D1} = \dfrac{I}{2} + V_{id}\dfrac{I}{-2V_p}\sqrt{2\dfrac{I_{DSS}}{I} - (\dfrac{v_{id}}{V_p})^2(\dfrac{I_{DSS}}{I})^2}$$

$$I_{D2} = \dfrac{I}{2} - V_{id}\dfrac{I}{-2V_p}\sqrt{2\dfrac{I_{DSS}}{I} - (\dfrac{v_{id}}{V_p})^2(\dfrac{I_{DSS}}{I})^2}$$

5. $V_{id} = 0$時：$I_{D1} = I_{D2} = \dfrac{1}{2}$

6. 當開關使用時：此時Q_1：$ON \Rightarrow I_{D1} = I$，$Q_2$：$OFF \Rightarrow I_{D2} = 0$。

$$v_{id}(-\dfrac{I}{2V_p}) \cdot \sqrt{2(\dfrac{I_{DSS}}{I}) - (\dfrac{v_{id}}{V_p})^2(\dfrac{I_{DSS}}{I})^2} = \dfrac{I}{2}$$

$$\therefore \left|\dfrac{v_{id}}{V_p}\right| = \sqrt{\dfrac{I}{I_{DSS}}}$$

故知，JFET 當開關使用時的輸入範圍為 $|V_{id}| \geqq |V_p|\sqrt{\dfrac{I}{I_{DSS}}}$

三、差模分析

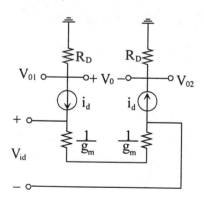

1. 雙端輸出時的差模增益

   (1)$A_d = - g_m R_D$

   (2)**觀察法**：$A_d = - g_m \cdot$（汲極所有電阻）

2. 單端輸出時的差模增益

   $A_{d\,單} = \dfrac{1}{2}A_{d\,雙} = -\dfrac{1}{2}g_m R_D$

3. 差模輸入電阻R_{id}

$$R_{id} = \frac{V_{id}}{i_d} = \frac{i_d(\dfrac{2}{g_m})}{i_d} = \frac{2}{g_m}$$

四、共模分析（半電路分析法）

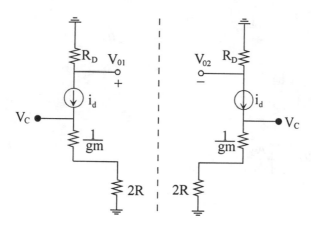

1. 單端輸出

   $V_{01} = - i_d R_D$

   $V_c = i_d(\dfrac{1}{g_m} + 2R)$

$$V_{02} = - i_d R_D$$

$$V_c = i_d(\frac{1}{g_m} + 2R)$$

$$A_{c1} = A_{c2} = \frac{V_{01}}{V_c} = \frac{- R_D}{\dfrac{1}{g_m} + 2R}$$

2. 雙端輸出

$$V_0 = V_{01} - V_{02} = 0$$

$$A_c = \frac{V_0}{V_c} = 0$$

3. 共模輸入電阻 R_{icm}

$$R_{icm} = \frac{V_c}{i_d} = \frac{i_d(\dfrac{1}{g_m} + 2R)}{i_d} = \frac{1}{g_m} + 2R$$

五、共模斥拒比

1. 單端輸出時

$$CMRR = \left|\frac{A_d}{A_c}\right| = \frac{\dfrac{1}{2}g_m R_D}{\dfrac{R_D}{\dfrac{1}{g_m} + 2R}}$$

$$= \frac{1}{2}(1 + 2g_m R)$$

2. 雙端輸出時

$$CMRR = \left|\frac{A_d}{A_c}\right| = \infty$$

六、JFET 的適用範圍

1. 當數位電路或開關時

$$|V_{id}| \geq |V_p| \cdot \sqrt{\frac{I}{I_{DSS}}}$$

2. 當放大器使用時

$$|V_{id}| \leq |V_p| \cdot \sqrt{\frac{2I}{I_{DSS}}}$$

考型 92 含 R_S 及 R_L 的 JFET 差動對

一、不考慮 r_d 時

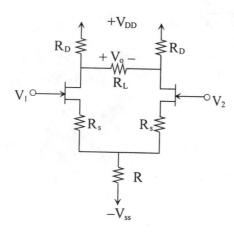

1. $R_L \neq \infty$ 時

$$A_d = \frac{V_0}{V_{id}} \approx -\frac{R_D // \dfrac{R_L}{2}}{\dfrac{1}{g_m} + R_S}$$

2. $R_L = \infty$ 時

$$A_d = -\frac{R_D}{\dfrac{1}{g_m} + R_s}$$

二、考慮 r_d 時

1. 圖同上

2. $A_d = \dfrac{V_o}{V_{id}} = \dfrac{-\mu\,(R_D \,/\!/\, \dfrac{R_L}{2})}{(R_D \,/\!/\, \dfrac{R_L}{2}) + [r_d + (1 + \mu)R_S]}$

3. 單端輸出時

$$A_{CM} = \frac{V_0}{V_{cm}} = \frac{-\mu\,R_D}{[\,r_d + (1 + \mu)(R_s + 2R)\,] + R_D}$$

考型 93 EMOS 差動對

一、EMOS 差動對分析

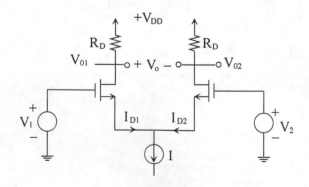

二、直流分析

1. $I_{D1} = k(v_{GS1} - V_t)^2$，$I_{D2} = k(v_{GS2} - V_t)^2$

   $\sqrt{I_{D1}} = \sqrt{k}\,(v_{GS1} - V_t)$ ，$\sqrt{I_{D2}} = \sqrt{k}\,(v_{GS2} - V_t)$

   $\sqrt{I_{D1}} - \sqrt{I_{D2}} = \sqrt{k}V_{id}\cdots\cdots①$

   $(v_{GS1} - v_{GS2} = v_{id})$

2. $I_{D1} + I_{D2} = I\cdots\cdots②$

   由①②得

   $$\begin{cases} I_{D1} = \dfrac{I}{2} + \sqrt{2kI}(\dfrac{v_{id}}{2})\sqrt{1 - \dfrac{(v_{id}/2)^2}{(I/2k)}} \\[4mm] I_{D2} = \dfrac{I}{2} - \sqrt{2kI}(\dfrac{v_{id}}{2})\sqrt{1 - \dfrac{(v_{id}/2)^2}{(I/2k)}} \end{cases}$$

   $\dfrac{I}{2} = k(V_{GS} - V_t)^2$

   $$\Rightarrow \begin{cases} I_{D1} = \dfrac{I}{2} + (\dfrac{I}{V_{GS} - V_t})(\dfrac{V_{id}}{2})\sqrt{1 - (\dfrac{v_{id}/2}{V_{GS} - V_t})^2} \\[4mm] I_{D2} = \dfrac{I}{2} - (\dfrac{I}{V_{GS} - V_t})(\dfrac{V_{id}}{2})\sqrt{1 - (\dfrac{V_{id}/2}{V_{GS} - V_t})^2} \end{cases}$$

3. 當 $V_{id} = 0$ 時

   $I_{D1} = I_{D2} = \dfrac{I}{2}$

4. 當開關使用時，$I_{D1} = I$，$I_{D2} = 0$，則

   $V_{id} = \sqrt{2}(V_{GS} - V_t)$

   故知

(1)當開關使用時，$|V_{id}| \geqq \sqrt{2}(V_{GS} - V_t)$　或$|V_{id}| \geqq \sqrt{\dfrac{I}{k}}$

(2)當放大器使用時，$|V_{id}| < 2\,(V_{GS} - V_t)$　或$|V_{id}| < 2\sqrt{\dfrac{I}{k}}$

5. $g_{m1} = g_{m2} = g_m = 2\sqrt{KI_D} = \sqrt{2KI} = \dfrac{I}{V_{GS} - V_t}$

四、小訊號分析

1. 兩端輸出時

(1) $V_0 = V_{01} - V_{02} = -\, i_{D1}R_D - i_{D2}R_D = -\, 2i_D R_D$

$$= -\, 2(\dfrac{\frac{V_{id}}{2}}{g_m})R_D = -\, g_m R_D V_{id}$$

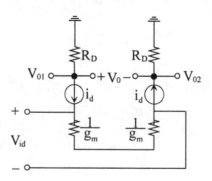

(2) $A_d = \dfrac{V_0}{V_{id}} = -\, g_m R_D$

觀察法

$A_d = -\, g_m\,$（汲極所有電阻）

2. **單端輸出時**

$$A_{d\,單} = \frac{1}{2}A_{d\,雙} = -\frac{1}{2}g_m R_D$$

註：以上公式推導均與 JFET 同

五、BJT 差動對與 MOS 差動對的比較

1. **BJT 差動對**

(1) $A_d = - g_m R_c \Rightarrow A_d \propto g_m$

(2) $g_m = \dfrac{I_c}{V_T} = \dfrac{I}{2V_T}$

2. **MOS 差動對**

(1) $A_d = - g_m R_D \Rightarrow A_d \propto g_m$

(2) $g_m = 2\sqrt{KI}$

3. g_m 的比較（設恆流源 $I = 1mA$）

$g_{m(BJT)} > g_{m(MOS)}$

4. A_d 的比較

$A_{d(BJT)} > A_{d(MOS)}$

歷屆試題

24. 下圖NMOS電路中，Q_1，Q_2和Q_3完全相同且臨界電壓 $V_t = 1V$。

(1) Q_3處於何種操作區，截止區，線性區或飽和區？

(2) 當Q_2不導電時，V_l最小值為何？

(3) 重複(2)部份，若Q_1之閘寬(W)為Q_2和Q_3之四倍時，V_l最小值為何？

提示：若一 NMOS 工作於

線性區:$I_{DS} = \mu_n C_{ox}(W／L)〔(V_{GS} - V_t) - V_{DS}／2〕V_{DS}$

飽和區:$I_{DS} = \mu_n C_{ox}(W／L)(V_{GS} - V_T)^2／2$（✥題型：MOS D. A.）

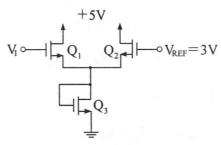

【交大電子所】

解☞：

(1)飽和區

$\because V_{GD3} = V_{G3} - V_{D3} = 0 < V_t$

$\therefore Q_3：sat.$

(2)①$Q_2：OFF$ 設 $Q_1：sat,$則$I_{D1} = I_{D3}$

$\therefore K_1(V_{GS1} - V_t)^2 = K_3(V_{GS3} - V_t)^2$

$\therefore V_{GS1} = V_{GS3}$

②$\because Q_2：OFF \Rightarrow V_{GS2} \leq V_t$

$\therefore V_{GS2} = V_{G2} - V_{S2} = V_{REF} - V_{GS3} \leq V_t$

即$V_{REF} - V_t \leq V_{GS3} \Rightarrow 3 - 1 \leq V_{GS3} \Rightarrow V_{GS3} \geq 2V$

③又$V_I = V_{GS1} + V_{GS3} = 2V_{GS3} \geq 4V$

$\therefore V_{I,min} = 4V$

(3)依題意知：$K_1 = 4K_3$

$\because K_1 (V_{GS1} - V_t)^2 = K_3 (V_{GS3} - V_t)^2$

$\therefore 4 (V_{GS1} - V_t)^2 = (V_{GS3} - V_t)^2 = (2 - 1)^2$

$\therefore V_{GS1} = 1.5V$

故 $V_{1,min} = V_{GS1} + V_{GS3} = 1.5 + 2 = 3.5V$

---

25. Consider the differentail amplifier illustrated in Figure with the following characteristics：Q_1 and Q_2 are matched JFETs with $I_{DSS} = 2mA$ and $V_P = -2V$, and Q_3 is the BJT with $\beta = \infty$. The input voltages of the JFETs represented by v_{s1} and v_{s2} are only small signal and no dc component.

(1) Find the dc quiescent point (I_{R1}, I_{C3}, V_{C3}, and V_{D2}).

(2) Determine the small-signal voltage gain if the output is taken differentially.($r_o = \infty$ for all the JFETs and BJT).　　【清大電機所】

簡譯

Q_1，Q_2為完全匹配的 JFET，$I_{DSS} = 2mA, V_p = -2V$, Q_3為 BJT,$\beta = \infty, v_{s1}, v_{s2}$是小訊號且無直流成份(1)求直流工作點$I_{R1}, V_{C3}, V_{D2}, I_{C3}$。(2)$r_o = \infty$時的電壓增益。（❖題型：JFET D.A.）

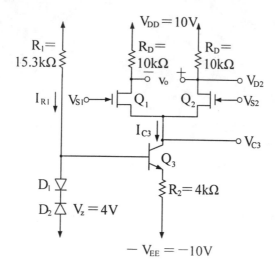

解☞：

(1)直流分析

   1. $I_{R1} = \dfrac{V_{DD} - (-V_{EE}) - V_{D1} - V_E}{R_1} = \dfrac{20 - 0.7 - 4}{15.3K} = 1mA$

   2. $I_{C3} = I_{E3} = \dfrac{V_E + V_D - V_{BE}}{R_2} = \dfrac{4 + 0.7 - 0.7}{4K} = 1mA$

   $(\because \beta = \infty，\therefore I_{B3} = 0)$

   3. 設 Q_1 及 Q_2 在夾止區，則

$$I_{D1} = I_{D2} = \frac{1}{2}I_{C3} = 0.5mA = K \left[V_{GS2} - V_p\right]^2$$

$$= \frac{I_{DSS}}{V_P^2}\left[V_{GS2} - V_P\right]^2 = \frac{2m}{4}\left[V_{GS2} + 2\right]^2$$

$$\therefore V_{GS} = -1V$$

   又 $V_{GS2} = V_{G2} - V_{S2} = 0 - V_{C3} = 1V$

$$\therefore V_{C3} = 1V$$

   4. $V_{D2} = V_{DD} - I_{D_2}R_D = 10 - (0.5m)(10K) = 5V$

   5. Check

$$\because V_{GD1} = V_{GD2} = V_{G2} - V_{D2} = 0 - 5 = -5V$$

   即 $-V_{GD1} > -V_P$， $\therefore Q_1, Q_2$ 確在夾止區

(2) $\because g_{m1} = g_{m2} = 2K(V_{GS2} - V_P) = \dfrac{2I_{DSS}}{V_{P^2}}(V_{GS2} - V_P)$

$$= \frac{(2)(2m)}{4}(-1 + 2) = 1mA/V$$

$$\therefore A_d = \frac{V_o}{V_{id}} = \frac{V_o}{V_{s1} - V_{S2}} = g_{m2}R_D = (1m)(10K) = 10$$

26. MOS 的 $V_t = 1V$，$\dfrac{W}{L} = 20$，$\mu_n C_{OX} = 20\dfrac{\mu A}{V^2}$，試將$v_{GS1}$，$I_{D1}$以$v_{id}$

型式表示。（❖題型：EMOS D.A.）

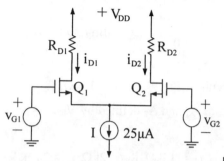

【清大核工所】

解☞：

1. $\because i_{D1} = K(V_{GS1} - V_t)^2$, $i_{D2} = K(V_{GS2} - V_t)^2$

   $\therefore \sqrt{i_{D1}} = \sqrt{K}(V_{GS1} - V_t)$，$\sqrt{i_{D2}} = \sqrt{K}(V_{GS2} - V_t)$

2. $\sqrt{i_{D1}} - \sqrt{i_{D2}} = \sqrt{K}[V_{GS1} - V_{GS2}] = \sqrt{K}V_{id}$————①

   $\because i_{D1} + i_{D2} = I$ — ②

3. 解聯立方程式①,②，得

   $\therefore i_{D1} = \dfrac{I}{2} + \sqrt{2KI}\,(\dfrac{V_{id}}{2})\sqrt{1 - \dfrac{(V_{id/2})^2}{(I/2K)}}$

   而 $K = \dfrac{1}{2}\mu_n C_{ox}(\dfrac{W}{L}) = \dfrac{1}{2}(20\mu)(20) = 0.2mA/V^2$

   $\therefore i_{D1} = 12.5\mu + \sqrt{(2)(0.2m)(12.5\mu)}\,(\dfrac{V_{id}}{2})\sqrt{1 - \dfrac{(V_{id/2})^2}{\dfrac{12.5\mu}{0.2m}}}$

   $= 12.5\mu A + (70.7\mu)(\dfrac{V_{id}}{2})\sqrt{1 - 4V_{id}^2}$

$$= 12.5+35.35V_{id}\sqrt{1-4V_{id}^2} \quad (\mu A)$$

4. $\because \sqrt{i_{D1}} = \sqrt{K}\,(V_{GS1} - V_t) = \sqrt{0.2m}\,(V_{GS1}-1)$

$$\therefore V_{GS1} = \sqrt{\dfrac{i_{D1}}{0.2m}} + 1 = [\,0.0625 + 0.176V_{id}\sqrt{1-4V_{id}^2}\,]^{1/2} + 1(V)$$

---

27. In the circuit of Fig, $R_d = r_d = 15k\Omega$, $R_s = 2k\Omega$, and $\mu = 24$, Find the voltage gains A_1 and A_2 defined by $V_{02} = A_1v_1 + A_2v_2$

簡譯

圖中，$R_d = r_d = 15k\Omega, R_s = 2k\Omega, \mu = 24$ 求 $V_0 = A_1v_1 + A_2v_2$ 中的 A_1，A_2 值。(❖題型：JFET D.A) 　　　　　　　　【成大電機所】

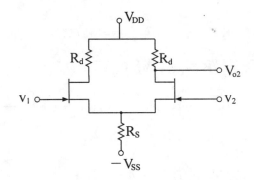

解☞：

1. 由 S 端看入 Q_1 及 Q_2 則等效圖為

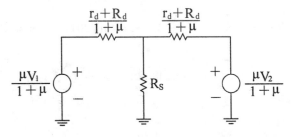

2. $\because V_{02} = A_1 V_1 + A_2 V_2$，則

$$A_1 = \frac{V_{02}}{V_1}\bigg|_{V_2=0} \ , \ A_2 = \frac{V_{02}}{V_2}\bigg|_{V_1} = 0$$

3. 求 A_1，等效圖為

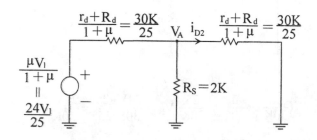

$$\left(\frac{25}{30K} + \frac{25}{30K} + \frac{1}{2K}\right)V_A = \frac{24V_1/25}{30K/25} = \frac{24V_1}{30K}$$

$$\therefore V_A = \frac{24V_1}{65}$$

故 $i_{D2} = \dfrac{V_A}{30K/25} = \dfrac{24V_1/65}{30K/25} = (0.308m)V_1$

$$\therefore V_{02} = i_{D2}R_D = (0.308m)V_1(15K) = 4.62V_1$$

故 $A_1 = \dfrac{V_{02}}{V_1}\bigg|_{V_2=0} = 4.62$

4. 求 A_2，等效圖為

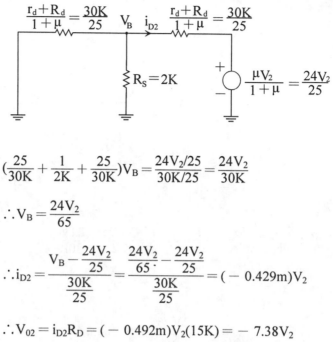

$$(\frac{25}{30K} + \frac{1}{2K} + \frac{25}{30K})V_B = \frac{24V_2/25}{30K/25} = \frac{24V_2}{30K}$$

$$\therefore V_B = \frac{24V_2}{65}$$

$$\therefore i_{D2} = \frac{V_B - \frac{24V_2}{25}}{\frac{30K}{25}} = \frac{\frac{24V_2}{65} - \frac{24V_2}{25}}{\frac{30K}{25}} = (-0.429m)V_2$$

$$\therefore V_{02} = i_{D2}R_D = (-0.492m)V_2(15K) = -7.38V_2$$

$$故 A_2 = \frac{V_{02}}{V_2}\Big|_{V_1=0} = -7.38$$

---

28. FET 的源極耦合對如下圖所示，假設每一電晶體之 $V_p = -2V$，$I_{DSS} = 2mA$，試求差模增益 A_d，共模增益 A_{cm} 和共模拒斥比 CMRR。（ ❖ 題型：JFET D.A.）

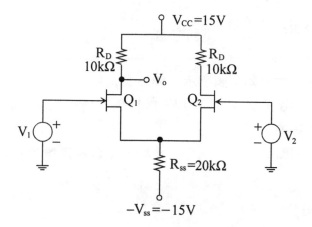

解☞：

一、直流分析⇒求參數

1. 電流方程式

$$I_D = k(V_{GS} - V_p)^2 = \frac{I_{DSS}}{V_p^2}(V_{GS} - V_p)^2 = \frac{2mA}{4}(V_{GS} + 2)^2$$

2. 取含 V_{GS} 的方程式

$$V_{GS} = V_G - V_S = -V_S = -(2I_D R_{SS} + V_{SS}) = 15 - 2I_D(20K)$$

3. 解聯立方程式①，②得

$$I_D = 0.4 \text{ mA} , V_{GS} = -1.1V$$

4. 求參數

$$g_m = -\frac{2}{V_p}\sqrt{I_D I_{DSS}} = 0.89 \text{ mA / V}$$

二、小訊號分析（單端輸出）

1. $A_d = -\frac{1}{2}g_m R_D = (-\frac{1}{2})(0.89m)(10K) = -4.45$

2. $A_C = \dfrac{-R_D}{\dfrac{1}{g_m} + 2R_{SS}} = -0.24$

$$3. \; \text{CMRR} = \left| \frac{A_d}{A_c} \right| = \frac{4.45}{0.24} = 18.542$$

---

29. 差動放大器如下圖所示，MOS參數 $K = 2\,mA/V^2$，$V_T = 1.1V$，

BJT Early 電壓 $V_A = 110V$。試以 V_1 及 V_2 表示下列輸出值：

(1)單端輸出 V_{01}；

(2)雙端輸出 $V_{01} - V_{02}$；（❖ **題型：含電流鏡的** EMOS D.A.）

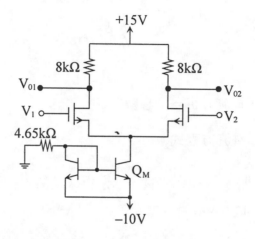

解☞：

一、直流分析（電流鏡部份）

$$I = \frac{0 - V_{BE} - (-10)}{4.65k} = \frac{10 - 0.7}{4.65k} = 2mA$$

$$R = r_0 = \frac{V_A}{I} = \frac{110}{2mA} = 55 \; k\Omega$$

$$I_{D1} = I_{D2} = \frac{I}{2} = 1mA$$

$$g_m = 2\sqrt{KI_{D1}} = 2\sqrt{(2m)(1m)} = 2.83mA/V$$

二、小訊號分析

單端輸出 $A_{d1} = \dfrac{V_{01}}{V_d} = -\dfrac{1}{2}g_m R_D = -\dfrac{1}{2}(2.83m)(8k) = -11.32$

$$A_{d2} = \dfrac{V_{02}}{V_d} = \dfrac{1}{2}g_m R_D = 11.32$$

$$A_{c1} = \dfrac{-R_D}{\dfrac{1}{g_m} + 2R} \cong -0.073 = A_{C2}$$

$(1) \therefore V_{01} = A_{d1}V_d + A_{c1}V_c = -11.32(V_1 - V_2) - 0.073(\dfrac{V_1 + V_2}{2})$

$$= -11.36V_1 + 11.28V_2$$

$$V_{02} = A_{d2}V_d + A_{C2}V_C = 11.32(V_1 - V_2) - 0.073(\dfrac{V_1 + V_2}{2})$$

$(2) V_{01} - V_{02} = -2A_{d1}V_d = -22.64(V_1 - V_2)$

7-3〔題型四十一〕：差動放大器的非理想特性

考型 94 BJT 非理想的差動對

BJT 差動對的非理想特性之原因

(1)輸入補偏（offset）電壓起因有二：

① R_{C1} 和 R_{C2} 不匹配

原因 ② Q_1 和 Q_2 不匹配

(2)輸入補偏（offset）電流

(3)輸入偏壓（bias）電流

1. 輸入補偏（offset）電壓

$$V_{off} = \dfrac{V_o}{A_d}$$

(1) R_{C1}和R_{C2}不匹配

① $R_{C1} = R_C + \dfrac{\Delta R_C}{2}$

② $R_{C2} = R_C - \dfrac{\Delta R_C}{2}$

③ $|V_{off}| = V_T \left(\dfrac{\Delta R_C}{R_C}\right)$

(2) Q_1 和 Q_2 不匹配

逆向飽和電流 I_S

① $I_{S1} = I_S + \dfrac{\Delta I_S}{2}$

② $I_{S2} = I_S - \dfrac{\Delta I_S}{2}$

③ $|V_{off}| = V_T \left(\dfrac{\Delta I_S}{I_S}\right)$

(3) 總輸入補偏電壓

$$V_{off} = V_T \sqrt{\left(\dfrac{\Delta R_C}{R_C}\right)^2 + \left(\dfrac{\Delta I_S}{I_S}\right)^2}$$

2. 輸入補偏（offset）電流及輸入偏壓（bias）電流

(1) 偏壓電流 I_{bias} 是因 β 值不匹配引起的

① $\beta_1 = \beta + \Delta\dfrac{\beta}{2}$

② $\beta_2 = \beta - \dfrac{\Delta\beta}{2}$

③ $I_{bias} = \dfrac{I_{B1} + I_{B2}}{2}$

(2) 輸入補偏（offset）電流

$$I_{off} = I_{B1} - I_{B2} = I_{bias} \left(\dfrac{\Delta\beta}{\beta}\right)$$

考型 95 MOS 非理想的差動對

MOS 差動對的非理想特性之原因

原因 $\begin{cases} (1)負載電阻不匹配 \\ (2)K\ 的不匹配 \\ (3)V_t的不匹配 \end{cases}$

一、負載不匹配

$\left.\begin{array}{l} 1.\ R_{D1} = R_D + \dfrac{\Delta R_D}{2} \\[3mm] 2.\ R_{D2} = R_D - \dfrac{\Delta R_D}{2} \end{array}\right\} V_0 = V_{01} - V_{02}$

3. $V_{off} = (\dfrac{V_{GS} - V_t}{2})\dfrac{\Delta R_D}{R_D}$

二、K 的不匹配

1. $K_1 = K + \dfrac{\Delta K}{2}$

2. $K_2 = K - \dfrac{\Delta K}{2}$

3. $V_{off} = (\dfrac{V_{GS} - V_t}{2})\dfrac{\Delta K}{K}$

三、V_t的不匹配

1. $V_{t1} = V_t + \dfrac{\Delta V_t}{2}$

2. $V_{t2} = V_t - \dfrac{\Delta V_t}{2}$

3. $\Delta I = I_2 - I_1 = I\dfrac{\Delta V_t}{V_{Gs} - V_t}$

4. $V_{off} = \dfrac{\Delta I \times R_D}{g_m R_D} = V_t$

由以上的討論知 MOS 差動對的 V_{off} 比 BJT 差動對 V_{off} 大很多，原因是 $(V_{GS} - V_t)/2$ 要比 V_T 大很多，欲使 V_{off} 變小就必須使 Q_1 和 Q_2 之$(V_{GS} - V_t)$ 很小。

30. A differential amplifier utilizing JEETs for which $I_{DSS} = 2mA$, $|V_P| = 2V$, $V_A = 100V$, is biased at a constant current of 2mA. For drain resistors of 10kΩ, what is the gain of the amplifier for differential output ? If R_D's have ±1% tolerance and the current source has an output resistance of 100kΩ. what is the worst-case common mode gain and CMRR? Also, find the worst-case input offset voltage due to the mismatch in R_D's. (✥✥ 題型：非理想特性的 DA) 【台大電機所】

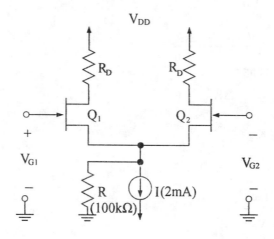

簡譯

已知：$I_{DSS} = 2mA$, $|V_P| = 2V$, $V_A = 100V$，且源極以定電流 2mA 偏壓，汲極電阻為 10KΩ，求放大器差模輸出時之增益。若源極電阻容許 ±1% 誤差，而源極定電流源的輸出電阻為 100KΩ，求最壞情況時的共模增益、CMRR 值與輸入偏移電壓。

解☞：

(1) $I_{D1} = I_{D2} = \dfrac{1}{2}I = 1mA = I_D$

$$g_{m1} = g_{m2} = g_m = \frac{2}{|V_P|}\sqrt{I_{DSS}I_{D2}} = \frac{2}{2}\sqrt{(4m)(1m)} = 2mA/V$$

$$r_{02} = r_{01} = \frac{V_A}{I_{D1}} = \frac{100}{1mA} = 100K\Omega$$

$$|A_d| = g_m (R_D // r_o) = (2m)(10k // 100k) = 18.18$$

(2)若 $\frac{\Delta R_D}{R_D} = \pm 1\%$ ，則

$$|A_{cm}| = \frac{R_D}{r_e + 2R} = \frac{\Delta R_D}{\frac{1}{g_m} + 2R} \approx \frac{\Delta R_D}{2R} = \frac{(0.02)(10k)}{(2)(100k)} = 10^{-3}$$

$$CMRR = \left| \frac{A_d}{A_{cm}} \right| = \frac{18.18}{10^{-3}} = 1.818 \times 10^4$$

(3)設 $R_{D1} = R_D + \frac{\Delta R_D}{2}$ ， $R_{D2} = R_D - \frac{\Delta R_D}{2}$

$$\therefore V_{D1} = V_{DD} - I_D (R_D + \frac{\Delta R_D}{2})$$

$$V_{D2} = V_{DD} - I_D (R_D - \frac{\Delta R_D}{2})$$

故 $\Delta V_o = V_{D2} - V_{D1} = I_D(\Delta R_D) = (1mA)(0.02)(10k) = 200mV$

$$\therefore V_{OS} = \frac{\Delta V_o}{A_d} = \frac{200mV}{18.18} = 11mV$$

---

31. 有一 OP Amp 電路，如下圖所示。各成對之電晶體均具相同之特性，其 V_{BE} 值與各二極體導通時之 V_D 值均相等，即 $V_{BE1} = V_{BE2} = \cdots = |V_{BE8}| = V_{D1} = V_{D2} = \cdots = V_{Dn}$ ，並均 V_D 表示之。（V_D 值隨溫度而改變，在室溫時約為 0.7V）假設各 $I_B = 0$ 而略去不計。當輸入電壓 $V_1 = V_2 = 0$ 時，試解出下列各問題(以 V_{CC}, V_{EE}, V_D, R_1, R_2, R_C, R_E 等來表示)：試導出

(1) I_1, I_2, I_3, I_4 式。

(2) V_o 式。

(3)若 $R_C = 2R_E$，則經適當選擇 $\dfrac{R_2}{R_1}$ 及二極體之數目 n，可使 V_O 獲致穩定之值，而不受 V_{CC}, V_{EE}, V_D 之變化所影響。試問 $\dfrac{R_2}{R_1}$ 及 n 應如何？並求此穩定之 V_o 值（於 $V_1 = V_2 = 0$ 時）。（✥

題型：D、A 的補償）　　　　　　　　　　　　　　【交大電子所】

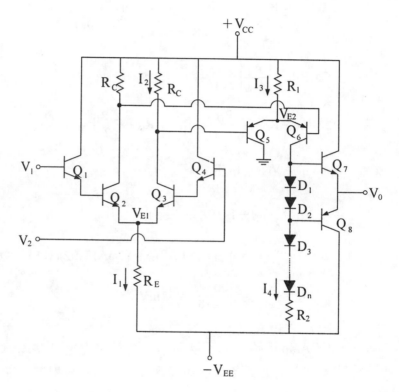

解☞：

(1)直流分析

$$1. \; I_1 = \frac{-V_{BE} - V_{BE} - (-V_{EE})}{R_E} = \frac{V_{EE} - 2V_D}{R_E}$$

2. $\therefore I_2 \approx \frac{1}{2} I_1 = \frac{1}{2} (\frac{V_{EE} - 2V_D}{R_E})$

3. $V_{E2} = V_{CC} - I_2 R_C + V_{EB5} = V_{CC} - I_2 R_C + V_D$

   $\therefore I_3 = \frac{V_{CC} - V_{E2}}{R_1} = \frac{I_2 R_C - V_D}{R_1} = \frac{(V_{EE} - 2V_D)R_C - V_D}{2R_1 R_E}$

4. $I_4 \approx \frac{1}{2} I_3 = \frac{(V_{EE} - 2V_D)R_C - V_D}{4R_1 R_E}$

(2) $V_o = (n - 2)V_D + V_{EB8} - V_{EE} + I_4 R_2$

$= (n - 1)V_D - V_{EE} + \frac{\left[V_{EE} - 2V_D\right)R_C - V_D\right] R_2}{4R_1 R_E}$

$= (\frac{R_2 R_C}{4R_1 R_E} - 1)V_{EE} + \left[(n - 1) - \frac{R_2}{2R_1}(\frac{R_C}{R_E} + 1)\right] V_D$

(3) 1. 當 $R_C = 2R_E$ 代入 V_o 式，則

$V_o = (\frac{R_2}{2R_1} - 1)V_{EE} + (n - 1 - \frac{3R_2}{2R1})V_D$

2. 當 $V_1 = V_2 = 0V \Rightarrow V_O = 0$

   $\therefore$ 選擇

   $\begin{cases} ① \dfrac{R_2}{R_1} = 2 \\ ② n = 4 \end{cases}$

---

32. 如圖所示之差動放大器，在設計上有瑕疵，致使電路不能正常
    工作。假設 Q_1，Q_2 具相同特性，$\beta_O = 100$，$r_b = 0$，$r_o = \infty$，V_T
    $= kT/q = 26mV$，電流源 I 之 $R_O = 50k\Omega$。

(1) 設輸入端偏壓電路可略去不計。請利用半電路觀念，試求差

模增益 A_{dM} 及共模增益 A_{CM}.

(2)從(1)中所求之結果，試說明此差動放大器設計上有何瑕疵，並將其修改成正確的電路。（❖題型：非理想 D,A）

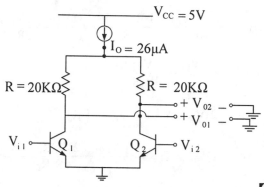

【交大電子所】

解☞：

(1)一、直流分析

$$I_{E1} = I_{E2} = \frac{1}{2}I_o = 13\mu A$$

二、小訊號分析

1. 求參數

$$r_{e1} = r_{e2} = \frac{V_T}{I_{E1}} = \frac{26mv}{13\mu} = 2k$$

$$\alpha = \frac{\beta}{1+\beta} = \frac{100}{101} = 0.99$$

2. 共模分析

①半電路等效圖

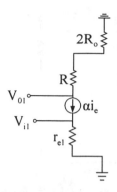

$$\therefore A_{cm} = \frac{V_{O1}}{V_{i1}} = \frac{-\alpha(R + 2R_O)}{r_{e1}} = \frac{-(0.99)(20k + 100k)}{2k} \cong -60$$

3. 差模分析

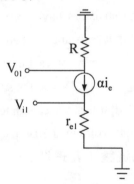

$$A_{dm} = \frac{V_{O1}}{V_{i1}} = \frac{-\alpha R}{r_{e1}} = \frac{-20k}{2k} = -10$$

(2)此電路的缺點：$|A_{cm}|$ 太大，致使 CMRR 太小。

改良方法：將偏壓電路移至射極瑞。如下圖

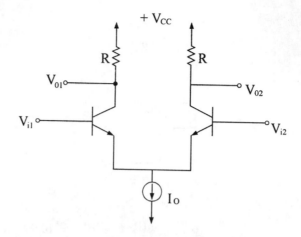

33. Fig. shows a current source biasing circuit using NPN and PNP bipolar juncton transistors. These transistors have non-ideal ouput characteristics, i.e., they have finite output resistances, or equivalently the Early voltages for both transistors are finite in values. Let $V_{A(npn)} = 20V$ and $V_{A(npn)} = 10V$. Assuming that $V_{BE(on)} = 0.7V$ and the saturation currents $I_{S(NPN)} = I_{S(PNP)}$ for all NPN and PNP trasistors, calculate the output DC voltage V_{out}. Note that the DC supply voltage is 10V. $\beta_{npn} = \beta_{pnp} = 100$. (✥題型：（NPN＋PNP）電流鏡（非理然））　　【交大電信所】

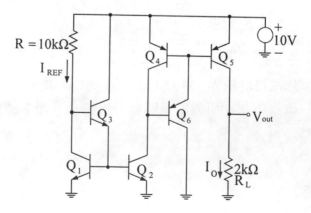

$V_{A(npn)} = 20V$，$V_{A(pnp)} = 10V$；$V_{BE(ON)} = 0.7V$，$I_{S(npn)} = I_{S(pnp)}$；$\beta_{npn} = \beta_{pnp} = 100$，求 V_o

解 ☞ ：

1. $I_{REF} = \dfrac{V_{CC} - V_{BE3} - V_{BE1}}{R} = \dfrac{10 - 0.7 - 0.7}{10k} = 0.86mA$

$I_{REF} \approx I_{C1} = I_s e^{V_{BEN}/V_T}(1 + \dfrac{V_{CE1}}{V_A}) = I_s e^{\frac{V_{BEN}}{V_T}}(1 + \dfrac{V_{BE3} + V_{BE1}}{V_A})$

$\qquad = I_s e^{\frac{V_{BEN}}{V_T}}(1 + \dfrac{1.4}{20}) = 0.86mA$

$\therefore I_s e^{\frac{V_{BEN}}{V_T}} = 0.8mA$

2. 又 $I_{C4} \approx I_{C2} = I_s e^{\frac{V_{BEN}}{V_T}} \left[1 + \dfrac{V_{CE2}}{V_A} \right]$

$\qquad = (0.8m) \left[1 + \dfrac{V_{CC} - V_{EB5} - V_{EB6}}{V_A} \right]$

$= (0.8m)(1 + \dfrac{10-1.4}{20}) = 1.14mA = I_s e^{\frac{V_{BEP}}{V_T}}(1 + \dfrac{V_{EC4}}{V_A})$

$= I_s e^{\frac{V_{BEP}}{V_T}}(1 + \dfrac{V_{EB5} + V_{EB6}}{V_A}) = I_s e^{\frac{V_{BEP}}{V_T}} \left[1 + \dfrac{1.4}{10} \right]$

$\therefore I_s e^{\frac{V_{BEP}}{V_T}} = 1mA$

3. $V_o = I_o R_L \cong I_{C5} R_L = I_s e^{\frac{V_{BEP}}{V_T}}(1 + \dfrac{V_{CE5}}{V_A}) R_L$

$\qquad = (1mA)(2k)(1 + \dfrac{10 - V_o}{10})$

$\therefore V_O = 3.33V$

34.題非題：

減少 MOS 工作放大器的 offfset V_{OS} 的一有效方法是用小的 DC over drive $V_{GS} - V_T$。（❖題型：非理想差動放大器）

解☞

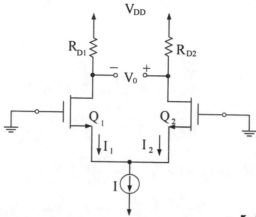

【中央電機所】

1. 負載電阻R_D不匹配

$$R_{D1} = R_D + \frac{\Delta R_D}{2} \Rightarrow V_{01} = -\frac{1}{2} I R_{D1} = (-\frac{1}{2} R_D - \frac{1}{2} \frac{\Delta R_D}{2}) I$$

$$R_{D2} = R_D - \frac{\Delta R_D}{2} \Rightarrow V_{02} = -\frac{1}{2} I R_{D2} = (-\frac{1}{2} R_D + \frac{1}{2} \frac{\Delta R_D}{2}) I$$

$$\therefore V_0 = V_{02} - V_{01} = \frac{I \Delta R_D}{2}$$

$$故 \ V_{os} = \frac{V_o}{A} = \frac{V_o}{g_m R_D} = \frac{I \Delta R_D / 2}{g_m R_D} = (\frac{V_{GS} - V_t}{2})(\frac{\Delta R_D}{R_D})$$

2. K 值不匹配

$$K_1 = K + \frac{\Delta K}{2} \Rightarrow I_1 = \frac{I}{2} + \frac{I}{2}(\frac{\Delta K}{2K})$$

$$K_2 = K - \frac{\Delta K}{2} \Rightarrow I_2 = \frac{I}{2} - \frac{I}{2}\left(\frac{\Delta K}{2K}\right)$$

$$\therefore \Delta I = I_1 - I_2 = \frac{I}{2}\left(\frac{\Delta K}{K}\right)$$

$$\text{故 } V_{os} = \frac{\Delta I}{g_m} = \left(\frac{V_{GS} - V_t}{2}\right)\left(\frac{\Delta K}{K}\right)$$

35.若 $\beta = 100$，試求下圖電路的諸值：(1)直流電流 I (2)輸入偏壓電流(3)共模輸入範圍(4)差動輸入電阻 R_{id} (5)差動增益$A_d = \frac{V_O}{V_S}$ (6) CMRR(dB)值(7)共模輸入電阻（假設 $r_\mu = 50M\Omega$），若 J_c 之接面電壓可忽略，假設兩個 R_o 在共模下的最大誤差為 1%，R = 5.9MΩ（❖題型：含恆流源的 BJT D.A（非理想））

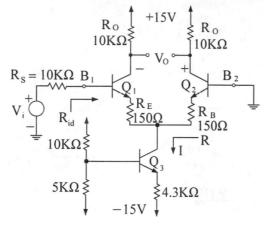

【高考】

解☞：

(1) $I \approx \dfrac{15 - V_{BE}}{10K + 4.3K} = \dfrac{15 - 0.7}{10K + 4.3K} = 1mA$

(2) $I_{E1} = I_{E2} = \dfrac{1}{2}I = 0.5mA$

$$\therefore I_{B1} = \frac{I_{E1}}{1 + \beta} = \frac{0.5m}{101} = 4.95\mu A = I_{B2}$$

(3) 1. 當 Q_1 不在主動區時，即 $V_{BC1} \leq 0$ 時，可決定共模輸入的上限，

$$\therefore V_{BC1} = V_{B1} - V_{C1} = V_{B1} - (V_{CC} - I_C R_C)$$
$$= V_{B1} - [15 - (0.5m)(10K)]$$
$$= V_{B1} - 10 \leq 0 \Rightarrow V_{B1} \approx V_{cm} = 10V$$

2. 當 Q_3 不在主動區時，即 $V_{BC3} \leq 0$ 時，可決定共模輸入的下限，

$$\therefore V_{BC3} = V_{B3} - V_{C3} = V_{B3} - (V_{B1} - V_{BE1} - I_E R_E)$$
$$\Rightarrow V_{B1} \approx V_{cm} \geq -9.225V$$

故共模輸入電壓的範圍為： $-9.225V \sim 10V$

$$(4)\, r_e = \frac{V_T}{I_{E1}} = \frac{25mV}{0.5mA} = 50\Omega$$

$$\therefore R_{id} = 2(1 + \beta)(r_e + 150) = (2)(101)(200) = 40.4K\Omega$$

$$(5)\, \alpha = \frac{\beta}{1 + \beta} = \frac{100}{101} = 0.99$$

$$A_d = \frac{V_O}{V_S} = \frac{V_O}{V_{B1}} \cdot \frac{V_{B1}}{V_S} = \frac{\alpha R_C}{r_e + R_E} \cdot \frac{R_{id}}{R_{id} + R_S}$$

$$= \frac{(0.99)(10K)}{50 + 150} \cdot \frac{40.4K}{40.4K + 10K} = 39.68$$

$$(6)\, A_{CM} = \frac{-\alpha R_C}{r_e + 150 + 2R} \cdot \frac{\Delta R}{R} = \frac{-(0.99)(10K)}{200 + (2)(5.9M)} \cdot (0.02)$$

$$= -1.68 \times 10^{-5}$$

$$\therefore CMRR = 20\log\left|\frac{A_d}{A_{cm}}\right| = 20\log\left|\frac{39.68}{1.68 \times 10^{-5}}\right| = 127.47dB$$

$(7) R_{iCM} = \dfrac{1}{2} \left[(r_e + 150 + 2R)(1 + \beta)//r_\mu \right]$

$= \dfrac{1}{2} \left[(200 + 11.8M)(101)//50M \right]$

$= 23.99M\Omega$

---

36. 在下圖中之差模放大器，若電路完全對稱，則當輸出以差模方
式取出時（$V_0 = V_{01} - V_{02}$），共模增益為零。但實際電路不可
能完全對稱，考慮集極電阻有 ΔR_C 的不匹配情形，亦即 Q_1 的
集極負載電阻為 R_C，而 Q_2 集極負載電阻為 $R_C + \Delta R_C$，決定共
模增益。（✤題型：BJT D.A.的非理想特性）

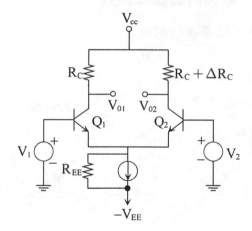

解☞：

$V_{0c1} = A_{c1}V_C = \dfrac{-\alpha R_c}{r_e + 2R_{EE}} V_c$

$V_{0c2} = A_{c2}V_c = \dfrac{-\alpha(R_c + \Delta R_c)}{r_e + 2R_{EE}} V_c$

$$\therefore V_0 = V_{0c1} - V_{0c2} = \frac{\alpha \Delta R_c}{r_e + 2R_{EE}} V_c$$

$$\therefore A_c = \frac{V_0}{V_c} = \frac{\alpha \Delta R_c}{r_e + 2R_{EE}} = \frac{\alpha R_c}{r_e + 2R_{EE}} \cdot \frac{\Delta R_c}{R_c}$$

$$A_{c(\text{非理想})} = A_{c(\text{理想})} \cdot \frac{\Delta R_c}{R_c}$$

§7-4〔題型四十二〕：BJT 電流鏡

考型 96 BJT 電流鏡的基本結構

一、BJT 電流鏡基本結構

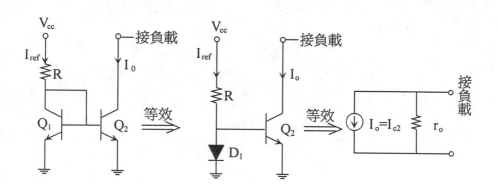

1. Q_1 與 Q_2 均在作用區上工作。且互相匹配

2. Q_1 的作用，可視為二極體的作用。

3. I_{ref} 稱為參考電流（reference current），I_0 稱為反射電流。

4. 理想的電流鏡，$I_{ref} = I_0$

5. $I_{ref} = \dfrac{V_{CC} - V_{BE}}{R}$

6. 在 IC 電路中，通常以電流鏡作為恆流源，以提供 IC 內的電路，作為偏壓使用。

7. 電流鏡亦可作為差動放大器的恆流源，如圖 1

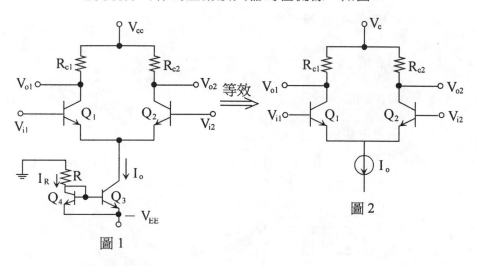

圖 1   等效 ⟹   圖 2

二、由 NPN 組成

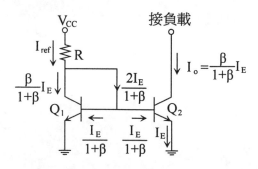

1. 分析如上

2. $I_0 = \dfrac{\beta}{1+\beta} I_E$

3. $I_{ref} = \dfrac{\beta+2}{\beta+1} I_E$

4. 電流轉移比（current transfer ratio）$\dfrac{I_0}{I_{ref}} = \dfrac{\beta}{\beta+2}$

5. 影響 $\dfrac{I_0}{I_{ref}}$ 的比例因素為

   (1) β 值

   (2) V_A 值

三、由 PNP 組成

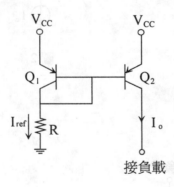

考型 97 具溫度補償效應的 BJT 電流鏡

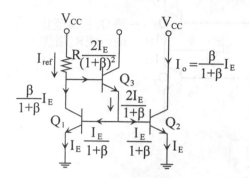

一、分析：（I_0、I_{REF} 之關係）

$$\frac{I_0}{I_{REF}} = \frac{\dfrac{\beta}{1+\beta}I_E}{\dfrac{\beta}{1+\beta}I_E + \dfrac{2I_E}{(1+\beta)^2}} = \frac{\beta(1+\beta)}{\beta(1+\beta)+2}$$

其中 $I_{ref} = \dfrac{V_{cc} - V_{EE2} - V_{BE3}}{R}$

二、補償 I_c 變化：

$T\uparrow$，$i_{c1}\uparrow$，I_{REF} 固定，$i_{B3}\downarrow$，$i_{E3}\downarrow$，$i_{B1}\downarrow$，$i_{c1}\downarrow$，由 i_{B3} 作用，使 i_{B1} 降低達到溫度補償的效果。

考型 98 威爾森（Wilson）電流鏡

1. 一種可得到與參考電流大小為接近（mA）之偏壓電流的電流鏡。

2. 電路結構：

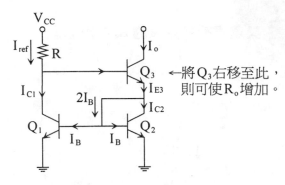

$$\boxed{\dfrac{I_o}{I_{ref}} = \dfrac{\beta^2 + 2\beta}{\beta^2 + 2\beta + 2}}$$

其中 $I_{ref} = \dfrac{V_{CC} - V_{BE3} - V_{BE2}}{2}$

3. 威爾森電流鏡，改善二種因素：（β及R_{out} 效應）

(1) $\dfrac{I_{ref}}{I_{out}} = \dfrac{(\beta^2 + 2\beta) + 2}{\beta^2 + 2\beta}$，更可以忽略β之誤差→$I_{ref} \cong I_{out}$

(2) 其輸出電阻約等於βr_0 / 2，比簡單電流源之輸出電阻大了 β / 2 倍。

考型 99　衛得勒（Widlar）電流鏡

1.

(1) Wilson 電流鏡中，若欲得 μA 等級之反射電流，則必需使用很大的電阻值，太高的電阻值在 IC 內很佔面積。

(2) Widlar，可以「使用小電阻，即獲得極小值的反射電流」，如此可節省 IC 相當大的晶片面積（Chip area）。

2. 分析：

$$V_{BE1} = V_T \ln(\frac{I_{REF}}{I_s})$$

$$V_{BE2} = V_T \ln(\frac{I_o}{I_s})$$

$$V_{BE1} - V_{BE2} = V_T \ln(\frac{I_{REF}}{I_o}) = I_o R_E$$

$$\therefore I_o = \frac{V_T}{R_E} \ln(\frac{I_{REF}}{I_o})$$

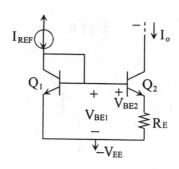

3. 討論

(1)在直流分析時

$$R_E = 0 \Rightarrow I_o \approx I_{REF}$$

$$R_E \neq 0 \Rightarrow V_{BE1} > V_{BE2} \Rightarrow I_{REF} \gg I_o$$

(2)在交流分析時

$$R_E = 0 \Rightarrow R_o = r_{02}$$

4. 考型有二：

(1)已知 I_{REF}，I_o，求 R_E

解☞：$R_E = \dfrac{V_T}{I_o} \ln \dfrac{I_{REF}}{I_o}$

(2)已知 I_{REF}，R_E，求 I_o

解☞：$I_o = \dfrac{V_T}{R_E} \ln(\dfrac{I_{REF}}{I_o})$

此法需用試誤法計算

5.分析 R_o

(1)

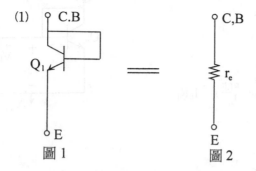

圖 1   圖 2

(2)求 R_o 時的小訊號等效圖

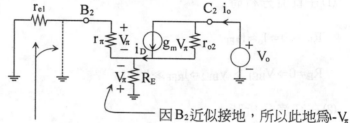

因 B₂近似接地，所以此地爲-V_π

因 r_e 值極小可視為近似接地

(3)電路分析

① $V_0 = r_{02}(i_0 - g_m V_\pi) - V_\pi = i_0 r_{02} - V_\pi(g_m r_{02} + 1)$

② $-V_\pi = i_0(R_E /\!/ r_\pi) \Rightarrow$ 代入①式，得

③ $V_0 = i_0 r_{02} + i_0(g_m r_{02} + 1)(R_E /\!/ r_\pi)$

　　 $= i_0 [r_{02} + (1 + g_m r_{02})(R_E /\!/ r_\pi)]$

④ $\therefore R_{out} = \dfrac{V_0}{i_0} = r_{02} + (1 + g_m r_{02})(R_E /\!/ r_\pi)$

　　　　 $= r_{02} + (1 + \mu_2)(R_E /\!/ r_\pi)$

其中

$$\mu = g_m r_{02} = \frac{I_C}{v_T} \cdot \frac{V_A}{I_C} = \frac{V_A}{V_T}$$

考型 100 比例型電流鏡

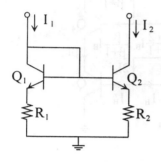

分析

1. $I_1 \approx I_{c1} \approx I_{E1}$, $I_2 \approx I_{c2} \approx I_{E2}$

2. $I_1 R_1 + V_{BE1} \approx I_2 R_2 + V_{BE2}$

$$\Rightarrow V_{BE1} - V_{BE2} = I_2 R_2 - I_1 R_1 = V_T \ln(\frac{I_1}{I_2})$$

$$\Rightarrow \frac{I_2}{I_1} = \frac{R_1}{R_2} \left[1 - \frac{V_T}{I_1 R_1} \ln(\frac{I_1}{I_2}) \right]$$

3. 設 $\dfrac{V_T}{I_1 R_1} \ln(\dfrac{I_1}{I_2}) \ll 1$ ，則 $\dfrac{I_2}{I_1} = \dfrac{R_1}{R_2}$

考型 101 串疊型電流鏡

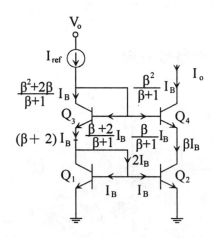

1. $I_0 = \dfrac{\beta^2}{\beta + 1} I_B$

2. $I_{ref} = \dfrac{\beta^2 + 2\beta}{\beta + 1} I_B + \dfrac{2\beta + 2}{\beta + 1} I_B = \dfrac{\beta^2 + 4\beta + 2}{\beta + 1} I_B$

3. $\dfrac{I_0}{I_{ref}} = \dfrac{\beta^2}{\beta^2 + 4\beta + 2}$

考型 102 BJT 電流重複器

1. 多集極電晶體 (multi-emitter transistor)

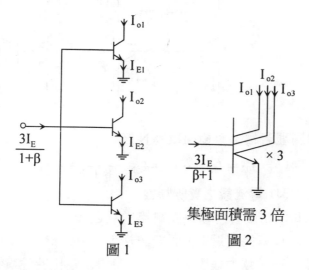

圖 1

圖 2

集極面積需 3 倍

(1) ∵ $V_{BE1} = V_{BE2} = V_{BE3}$

∴ $I_{E1} = I_{E2} = I_{E3} = I_E$

(2) 故 $I_{01} = I_{02} = I_{03} = \dfrac{\beta}{\beta + 1} I_E$

2. 重複器

(1) $I_{ref} = \dfrac{\beta}{\beta + 1} I_E + 4 \dfrac{I_E}{\beta + 1} = \dfrac{\beta + 4}{\beta + 1} I_E$

(2) $I_{01} = I_{02} = I_{03} = \alpha I_E = \dfrac{\beta}{\beta + 1} I_E = \dfrac{1}{\beta + 4} I_{ref}$

(3) 其中 $I_{ref} = \dfrac{V_{CC} - V_{BE}}{R}$

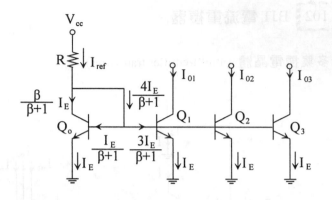

(4)同理若輸出集極面積為 N 倍

$$則 I_{01} = I_{02} = I_{03} = \cdots\cdots = I_{ON} = \frac{1}{\beta + N + 1}\, I_{ref}$$

結論：BJT 電流鏡之實際特性

1. 因 β 值的影響，即有限電流增益之故。

所以 I_0 只能趨近 I_0，而無法相等。

2. 因有 V_A（歐力效應）$V_A \neq \infty$，使得由輸出特性具有斜率，所以 I_0 無法等於 I_{REF}

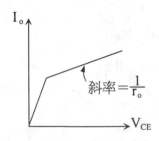

3. 改善之法為提高 β 值，及 r_0 值

4. **實際接線法：**

(1)由三個電晶體組合：可提高 β 效應

(2)威爾森電流鏡：提高 β 效應，且增加 R_{out} 值，可達 $\frac{\beta}{2}$ 倍

(3)衛得勒電流鏡：可提高 R_o，$R_o = r_{o2} + (1 + \mu)\left[R_E \mathbin{/\mkern-5mu/} r_\pi\right]$

歷屆試題

37. Fig. Show a circuit for generating a constant current $I_O = 10\mu A$. Determine the values of R_1 and R_2 assuming that V_{BE} is 0.7V at a current of 1mA and neglecting the effect of finite β. $I_{REF} = 1mA$. (❖題型：widlar 電流鏡)

【台大電機所】

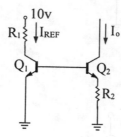

解☞：

(1) $R_1 = \dfrac{V_{CC} - V_{BE1}}{I_{REF}} = \dfrac{10 - 0.7}{1m} = 9.3K\Omega$

(2) $R_2 = \dfrac{V_T}{I_O}\ln\left[\dfrac{I_{REF}}{I_O}\right] = \dfrac{25m}{10\mu}\ln\left[\dfrac{1mA}{10\mu A}\right] = 11.51K\Omega$

---

38. 圖中使用四個相同的電晶體 Q Determine I_1 in terms of I_O (❖題型：半疊型電流鏡)

【清大核工所】

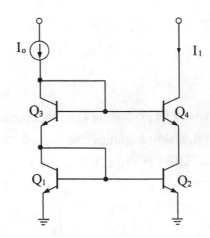

解☞：

1. 電路分析

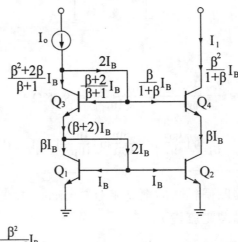

$$\therefore I_1 = \frac{\beta^2}{1+\beta} I_B$$

$$I_0 = (\frac{\beta^2 + 2\beta}{1+\beta} + 2)I_B = \frac{\beta^2 + 4\beta + 2}{1+\beta}$$

$$\therefore \frac{I_1}{I_0} = \frac{\beta^2}{\beta^2 + 4\beta + 2} \Rightarrow I_1 = (\frac{\beta^2}{\beta^2 + 4\beta + 2})I_0$$

39. 圖中相同的三個電晶體 Q，其 h_{fe}（或 g_m）均 $\gg 1$。試求 i_o 與 i_A 及 i_B 的關係。（❖題型：BJT 電流鏡） 【清大核工所】

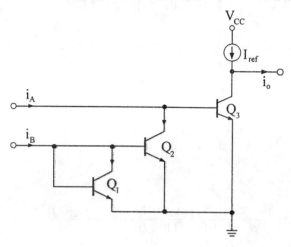

解☞：

1. Q_1 與 Q_2 為電流鏡

∴ $i_{C1} = i_{C2} = i_C$

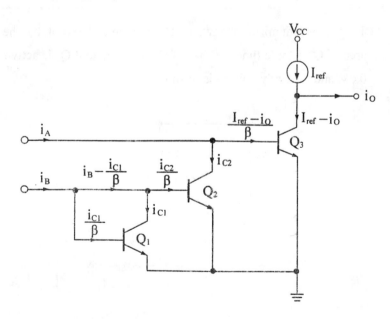

2. 由電路分析(如上圖)知

$$i_{C2} = i_A - \frac{I_{ref} - i_o}{\beta} \Rightarrow \frac{i_{C2}}{\beta} = \frac{i_A}{\beta} - \frac{I_{ref} - i_o}{\beta^2}$$

$$\therefore i_{C1} = i_B - \frac{i_{C1}}{\beta} - \frac{i_{C2}}{\beta} = i_B - \frac{i_{C1}}{\beta} - \frac{i_A}{\beta} + \frac{I_{ref} - i_o}{\beta^2}$$

$$\Rightarrow i_{C1}(1 + \frac{1}{\beta}) = i_B - \frac{i_A}{\beta} + \frac{I_{ref} - i_o}{\beta^2}$$

$$\therefore i_{C1} = \frac{\beta i_B}{1 + \beta} - \frac{i_A}{1 + \beta} + \frac{I_{ref} - i_o}{\beta(1 + \beta)}$$

3. $\because i_{C1} = i_{C2}$

$$\therefore \frac{\beta i_B}{1 + \beta} - \frac{i_A}{1 + \beta} + \frac{I_{ref} - i_o}{\beta(1 + \beta)} = i_A - \frac{I_{ref} - i_o}{\beta}$$

$$故 \ i_o = \frac{\beta^2}{\beta + 2} i_B - \beta i_A + I_{ref} \approx \beta (i_B - i_A) + I_{ref}$$

$$(\because \beta \gg 1)$$

---

40. For the current mirror, the two BJT's are identical except that the emitter area of Q_2 is three times of that of Q_1. Assume that Q_2 is active. $V_{BE} = 0.6V$, and the Early voltage is infinity. $I_L = $ _____ .

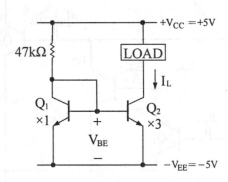

【交大電子所】

簡譯

Q_1，Q_2，除了Q_2的射極面積為 Q_1 的三倍外，其它特性完全相同，假設Q_2在作用區，$V_A = \infty$, $V_{BE} = 0.6V$，求 I_L 值。（✛題型：BJT 電流鏡）

解☞：

$\because A_{Q2} = 3A_{Q1} \Rightarrow I_L = 3I_{REF}$

$\therefore I_L = 3I_{REF} = (3)(\dfrac{V_{CC} - V_{BE1} - (-V_{EE})}{R}) = (3)(\dfrac{5 + 5 - 0.7}{47K})$

$\qquad = 0.6mA$

---

41. 已知$V_{CC} = 5V$，$V_{BE(ON)} = 0.7V$，$V_{GND} = 0\ V$，$V_{EE} = -2V$，假設電晶體中基極電流I_B可忽略不計。

(1) Q_5，Q_6，Q_7構成電流鏡，試求電晶體之偏壓電流I_{C5}, I_{C6}, I_{C7}。

(2) A 點之電壓為 0.7V，試計算 Q_1 之偏壓電流 I_{C1}。

(3) C 點電壓藉由 R_7 之負回授穩定，試計算 C 點之電壓V_C點之電壓V_C和Q_4之偏壓電流 I_{C4}。

(4)試計算 Q_3 之偏壓電流 I_{C3}。

(5)試計算 B 點之電壓V_B，和Q_2之偏壓電流I_{C2}。（✛題型；BJT 電流鏡）　　　　　　　　　　　　　【交大電子所】

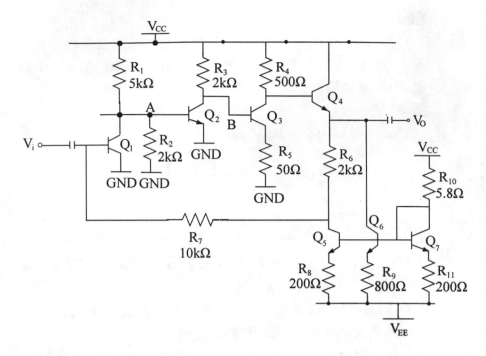

解☞:

(1)① $I_{C7} = \dfrac{V_{CC} - V_{BE7} - V_{EE}}{R_{10}+R_{11}} = \dfrac{5 - 0.7 + 2}{5.8K + 200} = 1.05\text{mA} = I_{C5}$

② $V_{BE6} + I_{C6}R_9 = V_{BE7} + I_{C7}R_{11}$

$\therefore I_{C6} = \dfrac{V_{BE7} + I_{C7}R_{11} - V_{BE6}}{R_9} = \dfrac{(1.05m)(200)}{800} = 0.263\text{mA}$

(2) $\dfrac{V_{CC} - V_A}{R_1} = I_{C1} + \dfrac{V_A}{R_2}$

$\therefore I_{C1} = \dfrac{V_{CC} - V_A}{R_1} - \dfrac{V_A}{R_2} = \dfrac{5 - 0.7}{5K} - \dfrac{0.7}{2K} = 0.51\text{mA}$

(3) $V_{C5} = V_{BE1} = 0.7\text{V}$

$V_C \cong I_{C5}R_6 + V_{C5} = (1.05m)(2K) + 0.7 = 2.8\text{V}$

$$I_{C4} \approx I_{C5} + I_{C6} = 1.05m + 0.263m = 1.313mA$$

(4) $V_{C3} = V_C + V_{BE4} = 2.8 + 0.7 = 3.5V$

$$\therefore I_{C3} = \frac{V_{CC} - V_{C3}}{R_4} = \frac{5 - 3.5}{0.5K} = 3mA$$

(5) $V_B \approx V_{BE3} + I_{C3}R_5 = 0.7 + (3m)(50) = 0.85V$

$$I_{C2} = \frac{V_{CC} - V_B}{R_3} = \frac{5 - 0.85}{2K} = 2.08mA$$

42. In the current mirror, the transistors Q_1 and Q_2 have negligibly small base currents and the Early voltages of 20V. Assume equal emitter area and $V_{CE(sat)} = 0.2V$. Find $I_{L1}(I_{L2})$ when $V_{CE} = 10V(0.1V)$

(A)$I_{L1} = 1mA$, $L_{L2} = 1mA$ (B)$I_{L1} = 1mA$, $L_{L2} = 14.8/R_L$

(C)$I_{L1} = 1.45mA$, $L_{L2} = 0mA$ (D)$I_{L1} = 1.45mA$, $L_{L2} = 1.45mA$

(E)$I_{L1} = 1.45mA$, $L_{L2} = 14.8/R_L$ (❖題型：非理想型BJT電流鏡)

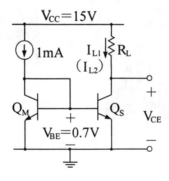

【交大電子所】

解☞：(E)

(1) 1. 當 $V_{CE} = 10V \Rightarrow Q_2$：Act.

$$\because I_{REF} = I_S e^{\frac{V_{BE}}{V_T}}[1 + \frac{V_{CE}}{V_A}] = I_S e^{\frac{V_{BE1}}{V_T}}[1 + \frac{0.7}{20}] = 1mA$$

$$\therefore I_{S}e^{\frac{V_{BE}}{V_T}} = 0.966\text{mA}$$

2. $I_{L1} = I_S e^{V_{BE1}/V_T}[1 + \dfrac{V_{CE}}{V_A}] = (0.966\text{m})(1 + \dfrac{10}{20}) \cong 1.45\text{mA}$

(2)當 $V_{CE} = 0.1V \Rightarrow Q_2$：sat.

$$\therefore I_{L2} = \frac{V_{CC} - V_{CE(sat)}}{R_L} = \frac{15 - 0.2}{R_L} = \frac{14.8}{R_L}$$

---

43. 如圖所示電路中，已知各電晶體均互相匹配，設 $V_{BE(active)} = V_{BE(sat)} = 0.7V$, $V_{CE(sat)} = 0.2V$，$\beta = \infty$，試分別求

(1)(a)R $= 1K\Omega$　(b)R $= 2K\Omega$　(c)R $= 4K\Omega$ 時之 I_1、I_2、I_3 之值。

(2)那一個電晶體承受的 V_{CB} 電壓最大？其值為何？（❖題型：

BJT 電流鏡）　　　　　　　　　　　　　　　　　　　【交大電子所】

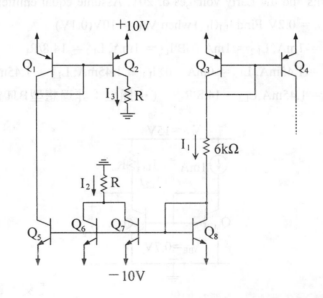

解☞：

(1) I_1 與 R 無關，所有 I_1 為固定值

$$I_1 = \frac{10 - V_{EB3} - V_{BE5} - (-10)}{6K} = \frac{20 - 1.4}{6K} = 3.1\text{mA}$$

設所有電晶體均在作用區上，則

$I_3 = I_1 = 3.1\text{mA}$（電流鏡組成：Q_1，Q_2，Q_5，Q_8）

$I_2 = 2I_1 = 6.2\text{mA}$（電流鏡組成：$Q_8$，$Q_6$，$Q_7$）

(a)當 $R = 1\text{K}\Omega$ 時

   ① $V_{EC2} = 10 - I_3R = 10 - (3.1\text{m})(1\text{K}) = 6.9\text{V} > 0.2\text{V}$

     ∴ Q_2 確在作用區 ⇒ $I_3 = 3.1\text{mA} = I_1$

   ② $V_{CE6} = V_{CE7} = -I_2R - (-10) = (-6.2\text{m})(1\text{K}) + 10$

          $= 3.1\text{V} > 0.2\text{V}$

     ∴ Q_6，Q_7 確在作用區 ⇒ $I_2 = 2I_1 = 6.2\text{mA}$

(b)當 $R = 2\text{K}\Omega$ 時

   ① $V_{EC2} = 10 - I_3R = 10 - (3.1\text{m})(2\text{K}) = 3.8\text{V} > 0.2\text{V}$

     ∴ Q_2 確在作用區 ⇒ $I_3 = I_1 = 3.1\text{mA}$

   ② $V_{CE6} = V_{CE7} = -I_2R - (-10) = (-6.2\text{m})(2\text{K}) + 10$

          $= -2.4\text{V} < 0.2\text{V}$

∴ Q_6, Q_7 不在作用區，而在飽和區

故 $I_2 = \dfrac{10 - V_{CE6}}{R} = \dfrac{10 - 0.2}{2\text{K}} = 4.9\text{mA}$

(c)當 $R = 4\text{K}\Omega$ 時

   ① $V_{EC2} = 10 - I_3R = 10 - (3.1\text{m})(4\text{K}) = -2.4\text{V} < 0.2\text{V}$

     ∴ Q_2 不在作用區，而在飽和區

故 $I_3 = \dfrac{10 - V_{EC2}}{R} = \dfrac{10 - 0.2}{4\text{K}} = 2.45\text{mA}$

      $I_1 = 3.1\text{mA}$

   ② $V_{CE6} = V_{CE7} = -I_2R - (-10) = (-6.2\text{m})(4\text{K}) + 10 = < 0.2\text{V}$

     ∴ Q_6, Q_7 已飽和，⇒ $I_2 = 4.9\text{mA}$

(2) $V_{CB5} = 10 - V_{EB1} - V_{BE5} - (-10) = 20 - 1.4 = 18.6\text{V}$

故 Q_5 的 V_{CB} 電壓值最大，且在作用區

44. For the circuit shown, assume the emitters of all transistors are the same size and the current I_2 and I_3 are $\frac{3}{4}$ and $\frac{1}{4}$ of the total collector current of Q_4. respectively. Neglecting base currents and assuming that all transistors are in the forward active region. Calculate I_{ref} ， I_1 ， I_2 and I_3.

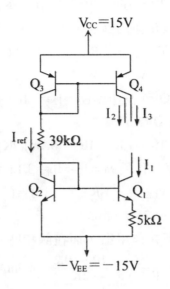

$V_{CC}=15V$

$-V_{EE}=-15V$

【交大電子所】

簡譯

電晶體互相匹配，且 I_2 和 I_3 的比例為 $\frac{3}{4}$ ： $\frac{1}{4}$ ，可忽略所有基極電流，且在作用區，試求 I_{ref} ， I_2 ， I_3 ， I_1 值。（❖題型：BJT 電流鏡）

解☞：

一、Q_3 及 Q_4 組成電流重複鏡

1. $I_{ref} = \dfrac{V_{CC} - V_{EB3} - V_{BE2} - (-V_{EE})}{R} = \dfrac{30 - 1.4}{39K} = 0.73mA$

2. $I_2 = \dfrac{3}{4} I_{ref} = \dfrac{3}{4}(0.73mA) = 0.55mA$

$3. I_3 = \frac{1}{4}I_{ref} = \frac{1}{4}(0.73mA) = 0.18mA$

二、Q_2, Q_1 組成 widlar 電流鏡

$\therefore I_1 = \frac{V_T}{R}\ln\frac{R_{ref}}{I_1} = \frac{25m}{5K}\ln\frac{0.73m}{I_1}$

$\therefore I_1 \approx 0.019mA$（試誤法）

---

45. 如圖電路中，假設所有 NPN，BJT 均相等，$V_{BE} = 0.7V$，$\beta_F \gg 1$，I_B 可忽略不計，且所有 BJT 之 $r_o = 100K\Omega$，$V_T = 25mV$。

(1)直流分析：試求I_{C1}，I_{C2}，V_A，V_B。

(2)假設$\beta_o = 100$，試繪出此放大器之小訊號等效電路

(3)試求$A_V = V_o/V_S$（❖題型：電流重覆鏡）

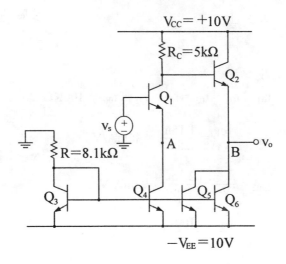

【交大電子所】

解☞：

(1) 1. $I_{C3} \approx \frac{-V_{EE} - V_{BE3}}{R} = \frac{10 - 0.7}{8.1K} = 1.15mA = I_{C4} = I_{C5} = I_{C6}$

2. $I_{C1} \cong I_{C4} = 1.15\text{mA}$

3. $I_{C2} \approx I_{C5} + I_{C6} = 2.3\text{mA}$

4. $V_A = 0 - V_{BE1} = -0.7\text{V}$

5. $V_B = V_{CC} - I_{C1}R_C - V_{BE2} = 10 - (1.15\text{m})(5\text{K}) - 0.7 = 3.55\text{V}$

(2)

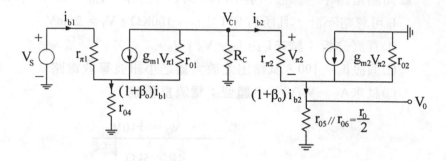

(3) 1. 求參數

$r_{01} = r_{02} = r_{03} = r_{04} = r_{05} = r_{06} = 100\text{K}\Omega$

$g_{m1} = \dfrac{I_{C1}}{V_T} = \dfrac{1.15\text{m}}{25\text{m}} = 46\text{mA/V}$

$g_{m2} = \dfrac{I_{C2}}{V_T} = \dfrac{2.3\text{m}}{25\text{m}} = 92\text{mA/V}$

$r_{\pi1} = \dfrac{\beta_0}{g_{m1}} = \dfrac{100}{46\text{m}} = 2.17\text{m}\Omega$

$r_{\pi2} = \dfrac{\beta_0}{g_{m2}} = \dfrac{100}{92\text{m}} = 1.085\text{m}\Omega$

2. 取近似等數 T 模型

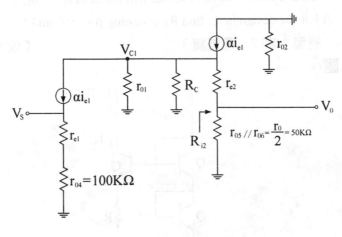

$$r_{e1} = \frac{r_{\pi 1}}{1 + \beta} = \frac{2.17K}{101} = 21.49\Omega$$

$$r_{e2} = \frac{r_{\pi 2}}{1 + \beta} = \frac{1.085K}{101} = 10.74\Omega$$

$$\alpha = \frac{\beta}{1 + \beta} = \frac{100}{101} = 0.99$$

3. 分析電路

$$R_{i2} = (1 + \beta)(r_{e2} + \frac{r_o}{2}) = (101)(10.74 + 50K) = 5.051M\Omega$$

$$A_V = \frac{V_O}{V_S} = \frac{V_O}{V_{C1}} \cdot \frac{V_{C1}}{V_S} = \frac{r_{05}//r_{06}}{r_{e2} + r_{05}//r_{06}} \cdot \frac{- \alpha(r_{01}//R_C//R_{i2})}{r_{e1} + r_{04}}$$

$$= \frac{50K}{(10.74 + 50K)} \cdot \frac{(- 0.99)(100K//5K//5.051M)}{(21.49 + 100K)}$$

$$= - 0.047$$

46.(1) For the circuit in Fig., assume high β and BJTs having $V_{BE} = 0.7V$ at 1mA. Find the value of R that will result in $I_0 = 10\mu A$

(2) For the design in (1) find R_0 assuming $\beta = 100$ and $V_A = 100V$. (❖

題型：Widlar 電流鏡） 【成大工科所】

解☞：

(1) 1. ∵當 $V_{BE1} = V_{BE2} = V_{BE3} = 0.7V$ 時，$I_{C1} = I_{C2} = I_{C3} = 1mA$

∴當 $I_0 = 10\mu A$ 時

$$V_{BE} = V_{BE3} + V_T\ln(\frac{I_0}{I_{C3}}) = 0.7 + (25m)\ln(\frac{10\mu A}{1mV}) = 0.585V$$

2. ∵ $V_{BE1} + V_{BE2} = V_{BE3} + I_0R$

$$\therefore R = \frac{V_{BE1} + V_{BE2} - V_{BE3}}{I_0} = \frac{V_{BE}}{I_0} = \frac{0.585V}{10\mu A} = 58.5k\Omega$$

(2) 1. 求參數

$$g_m = \frac{I_C}{V_T} = \frac{10\mu A}{25mV} = 0.4mA/V$$

$$r_\pi = \frac{\beta}{g_m} = \frac{100}{0.4m} = 250k\Omega$$

$$r_0 = \frac{V_A}{I_C} = \frac{100V}{10\mu A} = 10M\Omega$$

$$\therefore R_o \approx r_o \left[1 + g_m(R /\!/ r_\pi) \right]$$

$$= (10M) \left[1 + (0.4m)(58.5k /\!/ 250k) \right]$$

$$= 199.6m\Omega$$

---

47. Sketch the circuit diagram of a simple current mirror, and explain how this circuit acts as a current source. (❖題型：BJT 電流鏡)

解☞：

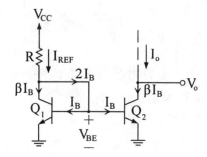

【成大電機所】

$I_{REF} = (\beta + 2)I_B$

$I_0 = \beta I_B$

$$\therefore \frac{I_0}{I_{REF}} = \frac{\beta}{\beta + 2} \Rightarrow I_0 = \frac{\beta}{\beta + 2}I_{REF} \approx I_{REF}$$

---

48. For the circuit in Fig., assuming all transistors to be identical with β infinite, and keeping the current in each junction the same.

(1) Derive an expression for the output current I_0.

(2) What must the relationship of R_E to R be?

(3) For $V_{CC} = 15V$, and assuming $V_{BE} = 0.7V$, determine R_E and R to obtain an output current of 1mA.

(4) What is the lowest voltage that can be applied to the collector of Q_3?

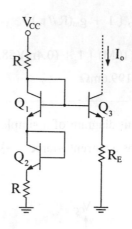

簡譯

已知 $\beta = \infty$，所有電晶體完全匹配，且電流相同

(1)推導 I_0 的表示式

(2)R_E 與 R 的關係式

(3)$V_{CC} = 15V$，$V_{BE} = 0.7V$，求 $I_0 = 1mA$ 時之 R_E 和 R 值

(4)Q_3 集極電壓的最小值。（❖題型：BJT 電流鏡）

解☞：

(1) 1. $\because \beta = \infty \Rightarrow I_B = 0$

   $\therefore I_{C1} = I_{C2}$

$$I_{C2} = \frac{V_{CC} - V_{BE1} - V_{BE2}}{R + R} = \frac{V_{CC} - 2V_{BE}}{2R}$$

2. $\because V_{BE1} + V_{BE2} + I_{C2}R = V_{BE3} + I_0 R_E$

$$\therefore I_0 = \frac{V_{BE} + I_{C2}R}{R_E} = \frac{V_{CC}}{2R_E}$$

(2) $\because I_{REF} = I_{C1} = I_{C2} \approx I_0$

$$\therefore I_0 = \frac{V_{CC}}{2R_E} = I_{C2} = \frac{V_{CC} - 2V_{BE}}{2R}$$

$$\text{故 } R = R_E(\frac{V_{CC} - 2V_{BE}}{V_{CC}})$$

(3) 1. ∵ $I_0 = 1mA$

$$\therefore \frac{V_{CC}}{2R_E} = \frac{15}{2R_E} = 1mA$$

故 $R_E = 7.5k\Omega$

2. 又 $R = R_E (\frac{V_{CC} - 2V_{BE}}{V_{CC}}) = (7.5K) [\frac{15 - (2)(0.7)}{15}] = 6.8K\Omega$

(4)電流鏡條件：Q_3需在主動區 $\Rightarrow V_{BC} \leq 0$

$$\therefore V_{BC} = V_{B3} - V_{C3} \leq 0$$

即 $V_{C3(min)} = V_{B3} = V_{BE3} + I_oR_E = 0.7 + (1m)(7.5k) = 8.2V$

---

49. Find the open-circuit voltage gain of a common emitter amplifier in terms of transconductance g_m, if the collecter resistor R_c is replaced by a constant current source. (❖ 題型：恆流源)

【中山電機所】

解☞：

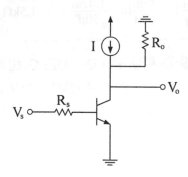

$$A_V = \frac{V_o}{V_s} = \frac{V_o}{V_i} \cdot \frac{V_i}{V_s} = (-g_mR_o) \cdot \frac{r_\pi}{R_S + r_\pi}$$

---

50. For the Widlar current source shown in Fig. where Q_1 and Q_2 are identical NPN transistors. Determine R_E for $V_{CC} = 15V$, $R = 14.0k\Omega$, $V_{BE2} = 0.7V$, $\beta_F = 100$, and the desired value of $I_0 = 50\mu A$. Use $V_T = 25mV$. (✤ 題型：Widlar 電流鏡)

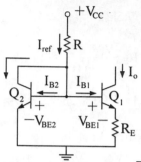

【特考、中山電機所】

解☞ :

1. $\because I_{ref} = \dfrac{V_{CC} - V_{BE2}}{R} = \dfrac{15 - 0.7}{14k} = 1.02mA$

2. 又 $I_0 = \dfrac{V_T}{R} \ln(\dfrac{I_{ref}}{I_0})$

$\therefore R = \dfrac{V_T}{I_o} \ln(\dfrac{I_{ref}}{I_0}) = \dfrac{25m}{50\mu} \ln \left[\dfrac{1.02m}{50\mu} \right] = 1.5k\Omega$

---

51. 如圖所示電路，Q_1 與 Q_2 相匹配，Q_3，Q_4，Q_5 相匹配。
$h_{FE} = h_{fe} = 100$，$V_{CC} = 9V$，$R_1 = 4.15k\Omega$，而 $V_{BE(on)} = 0.7V$，試求：(1)I_1 與 I_2 間的關係(2)若 $I_2 = 0.1mA$，則R_2為何？(✤ 題型：BJT 電流鏡)

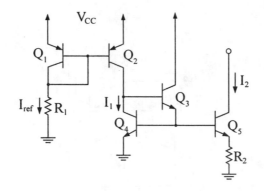

解☞：

(1)$I_{ref} = \dfrac{V_{CC} - V_{EB1}}{R_1} = \dfrac{9 - 0.7}{4.15k} = 2mA \approx I_1$

(2)Q_3，Q_4，Q_5組合為 Widlar 電流鏡

∵$I_2 = \dfrac{V_T}{R_2} \ln \dfrac{I_1}{I_2}$

∴$R_2 = \dfrac{V_T}{R_2} \ln \dfrac{I_1}{I_2} = \dfrac{25m}{0.1m} \ln \dfrac{2m}{0.1m} = 749\Omega$

---

52. 下圖為 Widlar 電流源電路，試回答下列問題。

(1)求$R_E = f(V_T，I_{C2}，I_{C1}，\beta)$

(2)求$I_{C2} = g(V_{CC}，V_{BE2}，R，\beta)$

(3)試繪出此電路的小訊號模型（以 hybrid-π 參數為主）

(4)求證輸出阻抗 $R_o \simeq r_{o2} \left[1 + g_{m2}R_E \right]$ （令$r_{\pi2} \gg R_E + \dfrac{1}{g_{m1}}$）

（注意：假設兩晶體的 β 相等，V_T 為電壓和溫度的等效值）

（❖題型：Widlar 電流鏡）

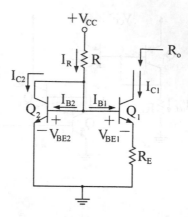

【工技電子所】

解☞：

(1) $I_{C2} = I_s e^{V_{BE2}/V_T} \Rightarrow V_{BE2} = V_T \ln\dfrac{I_{C2}}{I_s}$

$I_{C1} = I_s e^{V_{BE1}/V_T} \Rightarrow V_{BE1} = V_T \ln\dfrac{I_{C1}}{I_s}$

$\therefore V_{BE2} = V_{BE1} + \dfrac{1+\beta}{\beta} I_{C1} R_E$

$\Rightarrow V_{BE2} - V_{BE1} = V_T \ln\dfrac{I_{C2}}{I_{C1}} = (\dfrac{1+\beta}{\beta}) I_{C1} R_E$

$\therefore R_E = (\dfrac{\beta}{1+\beta})(\dfrac{V_T}{I_{C1}}) \ln\dfrac{I_{C2}}{I_{C1}} = \dfrac{\beta V_T}{(1+\beta) I_{C1}} \ln\dfrac{I_{C2}}{I_{C1}}$

(2) $I_R = \dfrac{V_{CC} - V_{BE2}}{R}$

$I_{C2} = I_R - I_{B2} - I_{B1} = I_R - \dfrac{I_{C2}}{\beta} - \dfrac{I_{C1}}{\beta}$

$\Rightarrow I_{C2}(\dfrac{1+\beta}{\beta}) = I_R - \dfrac{I_S}{\beta} e^{V_{BE1}/V_T}$

$\therefore I_{C2} = \dfrac{\beta}{1+\beta} \left[I_R - \dfrac{I_S}{\beta} e^{V_{BE1}/V_T} \right] = \dfrac{\beta}{1+\beta} \left[\dfrac{V_{CC} - V_{BE2}}{R} = \dfrac{I_S}{\beta} e^{V_{BE1}/V_T} \right]$

(3)求 R_o 時的小訊號等效圖

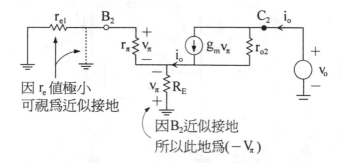

因 r_e 值極小
可視爲近似接地

V_π

因 B_2 近似接地
所以此地爲 $(-V_\pi)$

(4)電路分析

a. $V_0 = r_{02}(i_0 - g_m V_\pi) - V_\pi = i_0 R_{02} - V_\pi(g_m r_{02} + 1)$

b. $-V_\pi = i_0(R_E /\!/ r_\pi) \Rightarrow$ 代入(a)，得

c. $V_0 = i_0 r_{02} + i_0(g_m r_{02} + 1)(R_E /\!/ r_\pi)$

$\quad = i_0 \left[r_{02} + (1 + g_m r_{02})(R_E /\!/ r_\pi) \right]$

d. $\therefore R_{out} = \dfrac{V_0}{i_0} = r_{02} + (1 + g_m r_{02})(R_E /\!/ r_\pi)$

$\quad = r_{02} + (1 + \mu_2)(R_E /\!/ r_\pi)$

其中

$\mu = g_m r_{02} = \dfrac{I_C}{V_T} \cdot \dfrac{V_A}{I_C} = \dfrac{V_A}{V_T}$

---

53. 下圖是一 Wilson 電流鏡若 Q_1，Q_2，Q_3 相匹配且工作於主動區即

$\beta_{F1} = \beta_{F2} = \beta_{F3} = \beta_F$

求(1) $\dfrac{I_o}{I_{REF}} = ?$

(2)畫出此電流鏡的等效小信號電路，並求出其等效輸出電阻

R_{out}？（✤題型：Wilson 電流鏡）

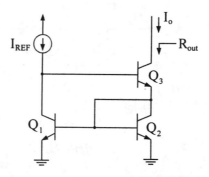

【特考、工技電子所】

解☞：

(1) 1. 電路分析

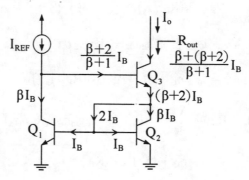

2. $I_{REF} = (\beta + \dfrac{\beta + 2}{\beta + 1})I_B = \dfrac{\beta^2 + 2\beta + 2}{\beta + 1}I_B$

$I_o = \dfrac{\beta^2 + 2\beta}{\beta + 1}I_B$

$\therefore \dfrac{I_o}{I_{REF}} = \dfrac{\beta^2 + 2\beta}{\beta^2 + 2\beta + 2}$

(2)求R_{out}的小訊號電路

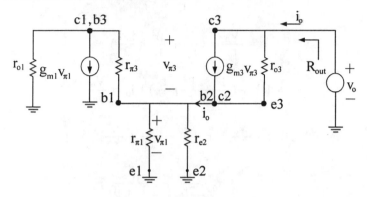

1. 所有參數均相同

$$\begin{cases} r_{e1} = r_{e2} = r_{e3} = r_e \\ r_{\pi1} = r_{\pi2} = r_{\pi3} = r_\pi \\ g_{m1} = g_{m2} = g_{m3} = g_m \end{cases}$$

2. 電路分析

① $i_o \cong g_{m1}V_{\pi1} + \dfrac{V_{\pi1}}{r_{e2}} + \dfrac{V_{\pi1}}{r_{\pi1}} = V_{\pi1}(\dfrac{1}{r_e} + \dfrac{1}{r_\pi} + g_m)$

$\qquad = V_{\pi1} \left[\dfrac{1}{r_e} + \dfrac{1}{(1 + \beta)r_e} + \dfrac{\beta}{(1 + \beta)r_e} \right]$

$\qquad = V_{\pi1} \left[\dfrac{2\beta + 2}{(\beta + 1)r_e} \right] = \dfrac{2}{r_e}V_{\pi1}$

$\qquad \therefore V_{\pi1} = \dfrac{i_o r_e}{2}$

② 另 $i_o = \dfrac{V_o - V_{\pi1}}{r_{o3}} + g_{m3}V_{\pi3} = \dfrac{V_0 - V_{\pi1}}{r_{o3}} + g_{m3}(- g_{m1}V_{\pi1}r_{\pi3})$

$\qquad = \dfrac{V_o - V_{\pi1}}{r_o} - g_m{}^2 r_\pi V_{\pi1} = \dfrac{V_o}{r_o} - (\dfrac{1}{r_o} + g_m{}^2 r_\pi)V_{\pi1}$

$$= \frac{V_o}{r_o} - \left[\frac{1}{r_o} + (\frac{\beta}{r_\pi})^2 r_\pi\right] \left[\frac{i_o r_e}{2}\right]$$

$$= \frac{V_o}{r_o} - (\frac{1}{r_o} + \frac{\beta^2}{r_\pi})(\frac{i_o r_e}{2})$$

$$\Rightarrow \left[1 + (\frac{1}{r_o} + \frac{\beta^2}{r_\pi})(\frac{r_e}{2})\right] i_o = \frac{V_o}{r_o}$$

$$③ \therefore R_{out} = \frac{V_o}{i_o} = r_o \left[1 + (\frac{1}{r_o} + \frac{\beta^2}{r_\pi})(\frac{r_e}{2})\right]$$

$$= r_o + r_o \left[\frac{r_e}{2r_o} + \frac{\beta^2}{2(1+\beta)}\right]$$

$$= r_o + \frac{r_e}{2} + \frac{\beta^2 r_o}{2(1+\beta)} \approx \frac{1}{2}\beta r_o$$

---

54. 已知所有電晶體完全相同

(1)求 I_1，I_2，……，I_N，以 β 和 I_{REF} 表示。

(2)若 I_1 和 I_{REF} 誤差在 1% 以內，且 N 的最大值為 9 時，問 β 應多大才可滿足要求。

(3)利用圖(b)電路，重新求(2)。（❖題型：電流重複鏡）

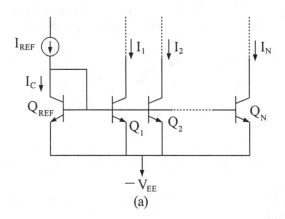

(a)

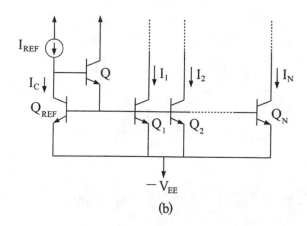

(b)

【高考】

解☞：

(1) $\because V_{BE1} = V_{BE2} = \cdots\cdots = V_{BEN} = V_{BE, REF}$

　　$\therefore I_1 = I_2 = \cdots\cdots I_N = I_C$

　　$I_{REF} = I_C + I_B + NI_B = I_C + I_C \left[\dfrac{N+1}{\beta} \right] = I_C \left[\dfrac{\beta + N + 1}{\beta} \right]$

　　$\therefore I_C = I_1 = I_2 = \cdots\cdots I_N = \dfrac{\beta}{\beta + N + 1} R_{REF}$

(2) $\because \dfrac{I_{REF} - I_1}{I_{REF}} < 1\%$

　　$\therefore (1 - \dfrac{I_1}{I_{REF}}) < 1\% \Rightarrow 1 - \dfrac{\beta}{\beta + N + 1} = \dfrac{N+1}{\beta + N + 1}$

　　　　　　$= \dfrac{10}{\beta + 10} < 0.01$

即 $0.01\beta + 0.1 > 10$　　$\therefore \beta > 990$

(3)

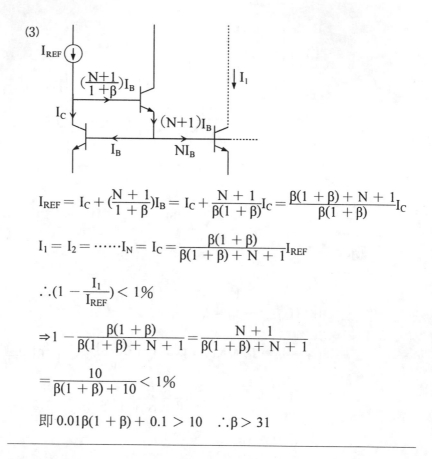

$$I_{REF} = I_C + (\frac{N+1}{1+\beta})I_B = I_C + \frac{N+1}{\beta(1+\beta)}I_C = \frac{\beta(1+\beta)+N+1}{\beta(1+\beta)}I_C$$

$$I_1 = I_2 = \cdots\cdots I_N = I_C = \frac{\beta(1+\beta)}{\beta(1+\beta)+N+1}I_{REF}$$

$$\therefore (1 - \frac{I_1}{I_{REF}}) < 1\%$$

$$\Rightarrow 1 - \frac{\beta(1+\beta)}{\beta(1+\beta)+N+1} = \frac{N+1}{\beta(1+\beta)+N+1}$$

$$= \frac{10}{\beta(1+\beta)+10} < 1\%$$

即 $0.01\beta(1+\beta)+0.1 > 10 \quad \therefore \beta > 31$

55.如下圖電路 $\beta = 320$，Early 電壓 $V_A = 125V$，反映器電晶體 Q_M 的射極接面面積為參考電晶體 Q_R 的一半。

(1)求 $V_1 = V_2 = 0$ 時偏壓電流 I_C。

(2)求差模信號所見到的輸入電阻 R_{id}。

(3)求差模增益 A_d，共模增益 A_{cm}。

(4)求共模拒斥比 CMRR。

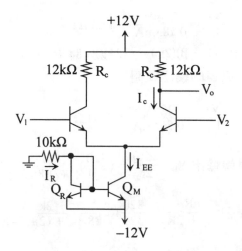

---

56. 上題中將 V_1 與 V_2 共同接到信號源 V_1，信號源電阻 50kΩ，輸
出端經由耦合電容外接負載 8kΩ，試求電壓增益V_0 / V_1。（✥
題型：以電流鏡為恆流源的 BJT D.A.）

解☞：

1. 直流分析

$$I_R = \frac{O - V_{BE} - V_{EE}}{10k} = \frac{12 - 0.7}{10k} = 1.13mA$$

$$\therefore \frac{I_{CR}}{I_{CM}} = \frac{Q_R集極接面積}{Q_M集極接面積} \approx \frac{I_{ER}}{I_{EM}} = \frac{1}{2}$$

$$\therefore I_{EE} = I_{CM} = \frac{1}{2}I_R = 0.565 \ mA$$

$$故 I_C \approx I_{E2} = \frac{1}{2}I_{EE} = 0.283 \ mA$$

2. 小訊號分析

$$r_e = \frac{V_T}{I_E} = \frac{25mV}{0.283mA} = 88.34\Omega$$

$$R_{id} = (1 + \beta)(2r_e) = (321)(2)(88.34) = 56.7k\Omega$$

3.電流鏡的輸出電阻

$$R = \frac{V_A}{I_{EE}} = \frac{125V}{0.565mA} = 221k\Omega$$

$$單端輸出 A_d = \frac{\alpha R_C}{2r_e} = (\frac{320}{321})\left[\frac{12k}{(2)(88.34)}\right] = 67.71$$

$$A_{CM} = \frac{\alpha R_C}{r_e + 2R} = (\frac{320}{321})\left[\frac{12k}{88.34 + (2)(221k)}\right] = 0.0271$$

4. $CMRR = \left|\frac{A_d}{A_c}\right| = \frac{67.71}{0.0271} = 2499$

57.如圖：若 Q_1 及 Q_2 的放大倍數均為 h_{FE}，則 I_{C2} 為多少？（✢
題型：基本 BJT 電流鏡）

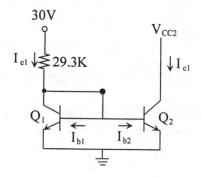

解☞：$I_{C2} \approx I_{C1} = \frac{V_{CC} - V_{BE}}{29.3k} = \frac{30 - 0.7}{29.3k} = 1mA$

58.如下圖，假設所有的電晶體均完全相同，且具有很大的 β 值，

試求 $V_2 - V_1$。（❖題型：基本 BJT 電流鏡）

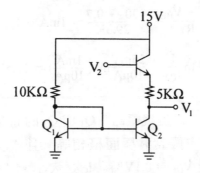

解☞：

$$I_{10k} = I_{5k} = \frac{V_{CC} - V_{BE}}{10K} = \frac{15 - 0.7}{10K} = 1.43mA$$

$$\because V_2 = V_{BE} + I_{5k}(5k) + V_1$$

$$\therefore V_2 - V_1 = 0.7 + (1.43mA)(5k) = 7.85V$$

---

59. 如下圖中，若 $V_{CC} = 30V$，$R = 29.3K\Omega$，$V_{BE1} = 0.7V$，忽略 I_B，求 $I_{C2} = 10\mu A$ 時之 R_2 值（❖題型：衛得勒（widlar）電流鏡（考型一））

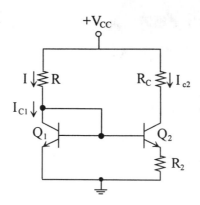

解☞：

$$\because I = \frac{V_{CC} - V_{BE1}}{R} = \frac{30 - 0.7}{29.3K} = 1mA \simeq I_{C2}$$

$$\therefore R_2 = \frac{V_T}{I_{C2}}\ln\frac{I}{I_{C2}} = \frac{25mV}{10\mu A}\ln\left(\frac{1mA}{10\mu A}\right) = 11.5K\Omega$$

---

60. 如下圖所示之電流鏡電路，Q_1 與 Q_2 的 I_B 很小可以忽略，Early 電壓為 20V，假設射極面積相等，且 $V_{CE(sat)} = 0.2V$，試求當 $V_{CE} = 10V$ 及 $V_{CE} = 0.1V$ 時，I_C 之大小。（❖題型：基本BJT電流鏡，考慮 V_A 時的分析）

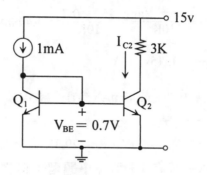

解☞：

1. 考慮 Early 電壓時，則 I_C 需加修正為

$$I_C = I_s\, e^{V_{BE}/V_T}\left(1 + \frac{V_{CE}}{V_A}\right)$$

$$\therefore I_{C1} = I_s\, e^{V_{BE}/V_T}\left(1 + \frac{V_{CE1}}{V_A}\right)$$

$$I_{C2} = I_s\, e^{V_{BE}/V_T}\left(1 + \frac{V_{CE2}}{V_A}\right)$$

故 $\dfrac{I_{C1}}{I_{C2}} = \dfrac{1 + \dfrac{V_{CE1}}{V_A}}{1 + \dfrac{V_{CE2}}{V_A}}$

2. 當 $V_{CE} = 10V$ 時，Q_2 在作用區

$$\therefore \dfrac{I_{C1}}{I_{C2}} = \dfrac{1mA}{I_{C2}} = \dfrac{1 + \dfrac{0.7}{20}}{1 + \dfrac{10}{20}} \Rightarrow I_{C2} = 1.45mA$$

3. 當 $V_{CE} = 0.1V$ 時，Q_2 在飽和區，此時不能用上述方法，而需用電路分析法

$$\therefore I_{C2} = \dfrac{V_{CC} - V_{CE}}{3k} = \dfrac{15 - 0.1}{3k} = 4.97mA$$

---

61. 如下圖所示電路中，I_B 略去不計，試證：

$$\dfrac{I_2}{I_1} = \dfrac{R_1}{R_2}\left[1 - \dfrac{V_T\ln\dfrac{I_2}{I_1}}{R_1 I_1}\right] \qquad (\clubsuit 題型：比例型電流鏡)$$

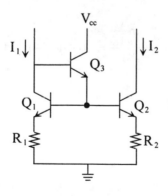

解☞：

1. 此題未註明 $R_1 = R_2$，所以不能以對稱型方式分析本題，而需以 V_{BE} 接面電位觀念解題

2. $\because I_1 \approx I_{C1} \approx I_{E1} = I_s e^{V_{BE1}/V_T}$ —— ①

$\quad I_2 = I_{C2} \approx I_{E2} = I_s e^{V_{BE2}/V_T}$ —— ②

又 $V_{BE1} + I_1 R_1 = V_{BE2} + I_2 R_2$

即 $V_{BE2} - V_{BE1} = I_1 R_1 - I_2 R_2$ —— ③

3. 將方程式①，②，③代入下式得

$$\frac{I_2}{I_1} = \frac{e^{V_{BE2}/V_T}}{e^{V_{BE1}/V_T}} = e^{(\frac{V_{BE2} - V_{BE1}}{V_T})} = e^{(\frac{I_1 R_1 - I_2 R_2}{V_T})}$$

4. 將上式取 ln

$$\ln\frac{I_2}{I_1} = \frac{I_1 R_1 - I_2 R_2}{V_T} \Rightarrow I_1 R_1 - I_2 R_2 = V_T \ln\frac{I_2}{I_1}$$

同除 $I_1 R_1$，得

$$1 - \frac{I_2 R_2}{I_1 R_1} = \frac{V_T \ln\frac{I_2}{I_1}}{I_1 R_1} \Rightarrow (\frac{I_2}{I_1})(\frac{R_2}{R_1}) = 1 - \frac{V_T \ln\frac{I_2}{I_1}}{I_1 R_1}$$

$$\therefore \frac{I_2}{I_1} = \frac{R_1}{R_2}(1 - \frac{V_T \ln\frac{I_2}{I_1}}{I_1 R_1})$$

---

62. (1)欲使基本 BJT 電流鏡的電流轉移率 $\geq 90\%$ 時的 β 為若干？

(2)若電流轉移率 $\geq 99\%$ 時的 β 為若干？

解☞：

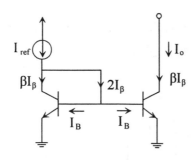

(1) 1. $I_{ref} = (\beta + 2)I_B$

    2. $I_0 = \beta I_B$

    3. 電流轉移率

$$\frac{I_0}{I_{ref}} = \frac{\beta}{\beta + 2} \geqq 90\% \quad \therefore \beta \geqq 18$$

(2) $\dfrac{I_0}{I_{ref}} = \dfrac{\beta}{\beta + 2} \geqq 99\% \quad \therefore \beta \geqq 198$

---

63. 當 $\beta = 100$，且誤差不超過 10% 情況下，電流重複器最多可有多少輸出？（✛題型：電流重複器）

解☞：

    1. 誤差不超過 10%，即代表 $\dfrac{I_0}{I_{ref}} \geq 90\%$

    2. 電流重複器

$$\frac{I_0}{I_{ref}} = \frac{\beta}{B + N + 1} = \frac{100}{101 + N} \geq 90\%$$

    $\therefore N \leqq 10$

    故電流重複器最多只能有 10 級輸出

64. 如下圖所示電路，所有電晶體 $\beta = 125$，$V_A = \infty$，試求 I_{C1}，I_{C2} 與 I_{C3}。（✤題型：電流重複器）

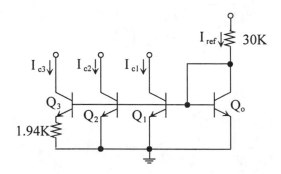

解☞：

1. $I_{ref} = \dfrac{V_{CC} - V_{BE}}{30K} = \dfrac{9 - 0.7}{30K} = 0.271mA$

2. Q_1 及 Q_2 分別與 Q_0 構成基本 BJT 電流鏡，

   $\therefore I_{C1} = I_{C2} = I_{ref} = 0.271mA$

3. Q_3 與 Q_0 構成衛得勒電流鏡（考型二）

   $\therefore I_{C3} = \dfrac{V_T}{R_E} \ln \left[\dfrac{I_{ref}}{I_{C3}} \right] = \dfrac{25mV}{1.94K} \ln \left[\dfrac{0.271mA}{I_{C3}} \right]$

   此時需用試誤法，代入上式求 I_{C3}

   $\therefore I_{C3} = 0.0287mA$

---

65. 如下圖所示電路，電晶體參數：$\beta = 150$。
   (1)若 $V_A = \infty$ 時，求 R_C 值使 $V_0 = 0$。
   (2)若使用(1)中之 R_C 值，當 $V_A = 100V$ 時，求 V_0 值。（✤題型：

基本BJT電流鏡含－V_{EE}及V_A）

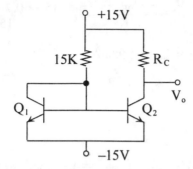

解☞：

1. 電路分析

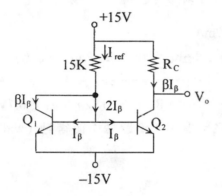

(1)

    1. $I_{ref} = (\beta + 2)I_B$

    $I_{C2} = \beta I_B$

    $\dfrac{I_{C2}}{I_{ref}} = \dfrac{\beta}{\beta + 2}$

2. 直流分析

$$I_{ref} = \frac{V_{CC} - V_{BE1} - V_{EE}}{15K} = \frac{15 - 0.7 - (-15)}{15K} = 1.95mA$$

$$\therefore I_{C2} \approx I_{ref} = 1.95mA$$

$$\because V_0 = V_{CC} - I_{C2}R_C = 0 \Rightarrow R_C = \frac{V_{CC}}{I_{C2}} = \frac{15}{1.95mA} = 7.81K\Omega$$

(2)考慮V_A時，需修正I_C

1. $\therefore I_{C2}' = I_{C2}(1 + \frac{V_{CE2}}{V_A}) = 1.95mA(1 + \frac{V_{CE2}}{100})$ ——①

而 $V_{CE2} = V_{CC} - I_{C2}'R_C - V_{EE} = 30 - I_{C2}R_C$ ——②

2. 解聯立方程式①，②得

$$I_{C2} = 2.17mA,$$

$$V_0 = V_{CC} - I_{C2}R_C = 15 - (2.17mA)(7.81K) = -1.95V$$

66.如下圖中，若$V_{CC} = 30V$，R = 29.3KΩ，$V_{BE1} = 0.7V$，忽略I_B，求$I_{C2} = 10\mu A$ 時之R_2值。（✥**題型：衛得勒（widlar）電流鏡（考型一）**）

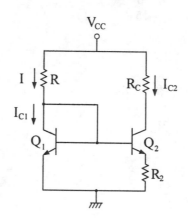

解☞：

$$\because I = \frac{V_{CC} - V_{BE1}}{R} = \frac{30 - 0.7}{29.3K} = 1mA \cong I_{C2}$$

$$\therefore R_2 = \frac{V_T}{I_{C2}}\ln\frac{I}{I_{C2}} = \frac{25mV}{10\mu A}\ln(\frac{1mA}{10\mu A}) = 11.5k\Omega$$

---

67. 如下圖所示電路，$V_{CC} = 5V$，$R = 5K\Omega$ 時，電晶體 $\beta = 200$，$V_A = \infty$，試求：

(1) I_{c1}。

(2) 若要 I_{C1} 變化量在(1)中值的 ±1% 之內，則 β 的範圍為何？

（✦題型：PNP 電流鏡）

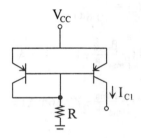

解☞：

(1) 1. 此電路可化為下圖，並作分析

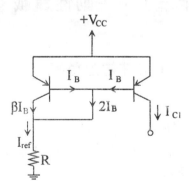

2. 電路分析

$$I_{C1} = \beta I_B$$

$$I_{ref} = (\beta + 2)I_B$$

$$\therefore \frac{I_{C1}}{I_{ref}} = \frac{\beta}{\beta + 2} \Rightarrow I_{C1} = \frac{\beta}{\beta + 2}I_{ref}$$

$$又 I_{ref} = \frac{V_{CC} - V_{EB}}{R} = \frac{5 - 0.7}{5K} = 0.86 \text{ mA}$$

$$\therefore I_{C1} = \frac{\beta}{\beta + 2}I_{ref} = 0.85 \text{ mA}$$

$$(2) I_{C1}{}' = (1 \pm 1\%)I_{C1} = \begin{cases} 0.8585 \text{mA} \\ 0.8415 \text{mA} \end{cases}$$

$$\therefore 0.8585 \text{mA} = (\frac{\beta_{max}}{\beta_{max} + 2})\,(0.86 \text{mA})\, \Rightarrow \beta_{max} = 1145$$

$$0.8415 \text{mA} = (\frac{\beta_{min}}{\beta_{min} + 2})(0.86 \text{mA}) \Rightarrow \beta_{min} = 91$$

7-5〔題型四十三〕：主動性負載

考型 103 MOS 當主動性電阻負載

一、觀念

1. 以 MOS 當電阻負載，易於 IC 製作

2. MOS 當負載有三種型式：(1)飽和型負載　(2)未飽和型負載

   (3)空乏型負載

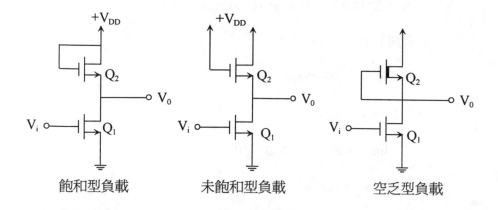

飽和型負載　　　　　　未飽和型負載　　　　　　空乏型負載

3.以上電路,在數位電路使用,亦稱為反相器。

二、飽和型負載(如下圖1)

1. Q_2 為 EMOS,可視為非線性電阻。

2. Q_2:因為 $V_{DS} > V_{GS} - V_t$,所以在飽和區工作,如下圖(2)

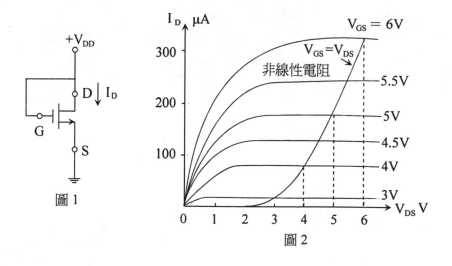

圖 1

圖 2

3. Q_1 亦為 EMOS，作驅動器（driver）使用。

4. 電路分析

(1) 當 $V_i < V_{t1}$ 時 $\Rightarrow Q_1$：OFF

①電流方程式

$$I_{D2} = K_2(V_{GS2} - V_{t2})^2 = 0$$

②取含 V_{GS2} 的方程式

$$V_{GS2} = V_{DS2} = V_{t2} = V_{DD} - V_0$$

③解聯立方程式①，②得

$$V_0 = V_{DD} - V_{t2}$$

④求 Q_1 的負載線

$$\because V_{DS1} = V_0 = V_{DD} - V_{t2} = V_{DD} - V_{GS2}$$

$\therefore$ 負載線如下圖

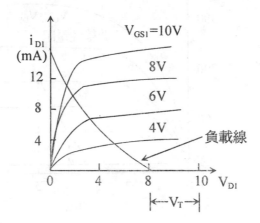

三、未飽和型負載

1. Q_2 為 EMOS，可視為線性電阻

2. Q_2：因為 $V_{DS2} < V_{GS2} - V_t$，所以在三極體區（未飽和）

3. 電路分析

(1) $V_i = 0$ 時，$V_0 = V_{DD}$

(2) $V_i = V_{DD}$，$V_0 = V_{DD} - V_{DS2}$

(3) 其負載線如下圖

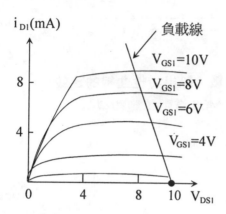

四、空乏型負載

1. Q_2 為 DMOS

2. 電路分析

$i_D = i_{D1} = i_{D2}$，$V_{DS2} = V_{DD} - V_{DS1}$

(1) 當 $V_i = 0$ 時，$V_0 = V_{DD}$

(2) 當 $V_i = V_{DD}$ 時，$V_0 = V_{DS1(on)}$

(3) 其負載線如下圖

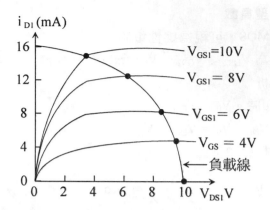

五、各類主動性負載（輸出特性曲線的比較）

1. 非線性加強式 MOS 電阻（飽和型）

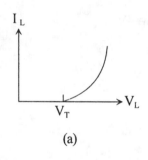

(a)

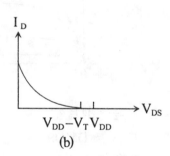

(b)

2. 線性電阻（未飽和型）

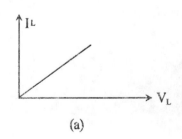

(a)

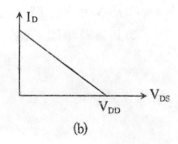

(b)

3.非線性空乏式 MOS 電阻（空乏型）

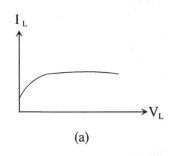

(a)

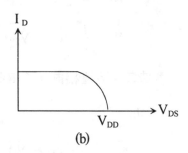

(b)

考型 104 二級串疊 MOS 的分壓器

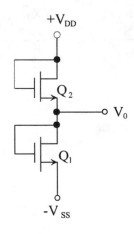

考法一：K 值，V_t 值相同

1. Q_1 與 Q_2 皆在夾止區

$\because I_{D1} = I_{D2}$

$$\therefore \begin{cases} K_1 (V_{GS1} - V_{t1})^2 = K_1 (V_0 + V_{SS} - V_{t1})^2 \\ K_2 (V_{GS2} - V_{t2})^2 = K^2 (V_{DD} - V_0 - V_{t2})^2 \end{cases}$$

2. $\because K_1 = K_2$，$V_{t1} = V_{t2}$，所以

$$V_o = \frac{1}{2}(V_{DD} - V_{SS})$$

考法二：V_t 值相同，K 值不同

$\because I_{D1} = I_{D2}$

$$\sqrt{K_1}\,(V_0 + V_{SS} - V_t) = \sqrt{K_2}\,(V_{DD} - V_0 - V_t)$$

$$\left[\sqrt{\frac{K_1}{K_2}} + 1\right] V_0 = V_{DD} - \sqrt{\frac{K_1}{K_2}}\,V_{SS} + \left[\sqrt{\frac{K_1}{K_2}} - 1\right] V_t$$

$$V_0 = \frac{1}{\sqrt{\dfrac{K_1}{K_2}} + 1}\,V_{DD} - \frac{\sqrt{\dfrac{K_1}{K_2}}}{\sqrt{\dfrac{K_1}{K_2}} + 1}\,V_{SS} + \frac{\sqrt{\dfrac{K_1}{K_1}} - 1}{\sqrt{\dfrac{K_1}{K_2}} + 1}\,V_t$$

考型 105 ⟫ 三級串疊 MOS 的分壓器

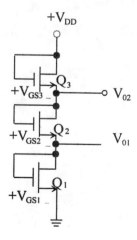

電路分析

1. Q_1，Q_2，Q_3皆位於夾止區

∵$I_{D1} = I_{D2} = I_{D3}$

∴$K_1(V_{GS1} - V_{t1})^2 = K_2(V_{GS2} - V_{t2})^2 = K_3(V_{GS3} - V_{t3})^2$

2. 若設$K_1 = K_2 = K_3$，$V_{t1} = V_{t2} = V_{t3}$

∵$V_{GS1} + V_{GS2} + V_{GS3} = V_{DD}$

∴$V_{GS1} = V_{GS2} = V_{GS3} = \frac{1}{3}V_{DD}$

3. $V_{01} = \frac{1}{3}V_{DD}$

$V_{02} = \frac{2}{3}V_{DD}$

歷屆試題

68. 如圖所示之三個NMOS的特性均相同，當閘極和汲極相接時，電流I_{DS}可表示為：

$I_{DS} = K(W/L)(V_{GS} - V_T)^2$　　當$V_{Gs} > V_T$

$I_{DS} = 0$　　　　　　　　　當$V_{GS} < V_T$

(1)若$K = 20\mu A/V^2$，$W/L = 1$，$V_{DD} = 9V$，則V_Y和$I_{DD} = ?$ (2)若同時將三個 MOSFET 通道寬度增加為 10 倍，則當$V_{DD} = 9V$和$V_{DD} = 3V$時之直流功率消耗 P_{9v} 及 $P_{3v} = ?$ （❖題型：三級串疊分壓器）

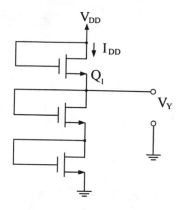

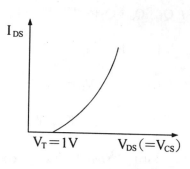

解☞:

(1) $I_{DD} = I_{D1} = I_{D2} = I_{D3} \Rightarrow V_{GS1} = V_{GS2} = V_{GS3} = V_{GS}$

∵ $V_{GS1} + V_{GS2} + V_{GS3} = 3V_{GS} = V_{DD}$

∴ $V_{GS} = 3V$

$I_{DD} = K [V_{GS} - V_t]^2 = (20\mu)(3-1)^2 = 80\mu A$

$V_Y = 2V_{GS} = 6V$

(2) 1. $K' = K(\dfrac{W}{L}) = (20\mu)(10) = 200\mu A/V^2 (∵ K \propto \dfrac{W}{L})$

2. 若 $V_{DD} = 9V \Rightarrow V_{GS} = 3V$

$I_{DD} = K'(V_{GS} - V_t)^2 = (200\mu)(3-1)^2 = 0.8mA$

∴ $P_{9V} = V_{DD}I_{DD} = (9)(0.8m) = 7.2mW$

3. 若 $V_{DD} = 3V \Rightarrow V_{GS} = 1V \Rightarrow I_{DD} = 0 \Rightarrow P_{3V} = 0W$

69. 試問在 Discrete circuit 與 IC circuit 中的偏壓電路，設計上有何不同之考量？（✛題型：積體電路偏壓）

【交大電子所】

解☞：

(1) Discrete circuit 偏壓法：

①採用被動性元件（R，C）

②耦合電容具有隔離雜訊功能

③自偏法中的 R_E 具有溫度補償功能

④C_E具有增益補償功能

⑤缺點：難以 IC 化，因太佔 IC 面積。

(2)IC circuit

①採用主動性元件（BJT，FET）

②易 IC 化

③亦具有溫度補償功能。

---

70. The gain stage (shown in the Figure in an operational amplifier is used to significantly increase voltage gain. This gain stage contains an active load which is implemented by Q_2，Q_3 and R.

(1) Explain why this active load can help to achieve large voltage amplification. (Your answer has to be simple, concise, yet hitting the point.)

(2)Can you replace this active load by a passive load, i.e., a resistor? Why?

（✛題型：Active load）

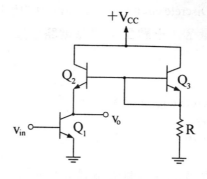

解☞：

(1)因為 Q_2 提供 r_{02} 作為 Q_1 的輸出電阻，意即 Q_2 提高輸出電阻，所以 A_v 提高

(2)是可以用大電阻替代主動性負載，但在 IC 上卻需佔極大的面積。

---

71. Find the dc voltage V_o for the following circuit. ($|V_{BE}| = 0.7V$)

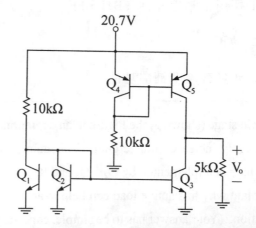

簡譯

$|V_{BE}| = 0.7V$，求V_o值。（❖題型：具主動性負載 CE Amp）

解☞：

一、直流分析

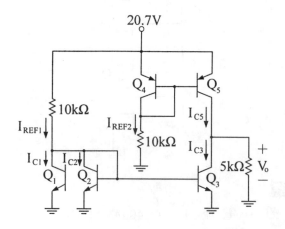

①$I_{REF1} = \dfrac{V_{CC} - V_{BE2}}{R} = \dfrac{20.7 - 0.7}{10k} = 2mA = I_{C1} + I_{C2}$

$\therefore I_{C1} = I_{C2} = I_{C3} \Rightarrow \therefore I_{C1} = I_{C2} = I_{C3} = \dfrac{1}{2}I_{REF1} = 1mA$

②$I_{REF2} = \dfrac{V_{CC} - V_{BE4}}{R} = \dfrac{20.7 - 0.7}{10k} = 2mA = I_{C5}$

③$\therefore V_o = (I_{C5} - I_{C3})R_L = (2m - 1m)(5k) = 5V$

---

72. For the voltage divider shown below, I = 40μA, for each of the MOSFET $V_T = 1V$, $\mu_n C_{OX} = 20\mu A/V^2$, and neglect the effect of r_o. Design the W/L ratio of the MOSFETs such that $V_1 = 5V$ and $V_2 = 3V$.

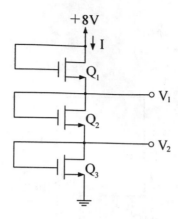

【清大電機所】

簡譯

下圖中電流 $I = 40\mu A$，若$Q_1 = Q_2 = Q_3$ 且$V_T = 1V$，$\mu_n C_{OX} = 20\mu A/V^2$，忽略$r_0$，試決定每一個 MOS 之（W/L）使得 $V_1 = 5V$，$V_2 = 3V$。（❖題型：三級串疊 MOS 分壓器）

解☞：

1. $\because I_D = k\left[V_{GS} - V_t\right]^2 = \frac{1}{2}\mu_n C_{OX}(\frac{W}{L})(V_{GS} - V_t)^2$

2. $V_{GS1} = V_{G1} - V_{S1} = V_{D1} - V_1 = 8 - 5 = 3V$

   $V_{GS2} = V_{G2} - V_{S2} = V_1 - V_2 = 5 - 3 = 2V$

   $V_{GS3} = V_{G3} - V_{S3} = V_2 = 3V$

3. $\therefore I_{D1} = (\frac{1}{2})(20\mu)(\frac{W}{L})_1 (3 - 1)^2 = 40\mu A \Rightarrow (\frac{W}{L})_1 = 1$

   $I_{D2} = (\frac{1}{2})(20\mu)(\frac{W}{L})_2 (2 - 1)^2 = 40\mu A \Rightarrow (\frac{W}{L})_2 = 4$

   $I_{D3} = (\frac{1}{2})(20\mu)(\frac{W}{L})_3 (3 - 1)^2 = 40\mu A \Rightarrow (\frac{W}{L})_3 = 1$

73. For the circuit shown below, the I-V relation of the triode region for enhancement type NMOS, Q_1 is $I = 10 \left[(V_{GS} - 3)V_{DS} - \frac{1}{2}V_{DS}^2 \right]$, the units are mA for I and volts for V. For depletion type MOSFET, Q_2 is I_{DSS} = 5mA. Find V_{DS1} and V_{DS2}. (✣題型：主動性負載分析)

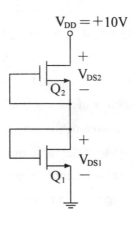

$$V_{DD} = +10V$$

【清大電機所】

解☞：

1. Q_2：

① ∵ $V_{GS2} = V_{G2} - V_{S2} = 0$

∴ $I_{D2} = I_{DSS} = 5mA = 10 \left[(V_{GS2} - 3)V_{DS2} - \frac{1}{2}V_{DS2}^2 \right]$

$= 5 \left[2(V_{GS2} - 3)V_{DS2} - V_{DS}^2 \right]$

$= k \left[2(V_{GS2} - V_t)V_{DS2} - V_{DS2}^2 \right]$

比較後二式，得

∴ $k = 5mA/V$，$V_t = 3$

② ∵ $I_{D2} = I_{D1} = 5mA = k(V_{GS1} - V_t)^2 = k(V_{DS1} - V_t)^2$

$$= (5m)(V_{DS1} - 3)^2$$

$$\therefore V_{DS1} = 4V$$

$$V_{DS2} = V_{DD} - V_{DS1} = 10 - 4 = 6V$$

---

74. For the enhancement-load NMOS IC amplifier of Figure assume the MOS parameters $W_1 = 100\mu m$, $L_1 = 5\mu m$, $W_2 = 30\mu m$, $L_2 = 6\mu m$, and $\mu_n C_{ox} = 100\mu A/V^2$, where W, L, μ_n and C_{ox} are the length of the channel, channel width. The mobility of the electrons in the induces n channel, and the capacitance per unit area of the gate-to-channel capacitor, respectively. Both the MOSFETs have the same threshold voltage of $V_T = 1V$.

(1) Determine the dc bias point (V_o and I_o)with $V_{GS} = 3V$.

(2) Find the small-signal output voltage v_o when the input signal v_{gs} is 10sinωt mV.

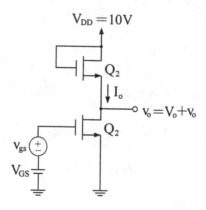

【清大電機所】

簡譯

圖為增強型負載NMOS放大器，已知$W_1 = 100\mu m$，$L_1 = 5\mu m$，$W_2 = 30\mu m$，$L_2 = 6\mu m$，$\mu_n C_{ox} = 100\mu A/V^2$，$V_t = 1V$，求：

(1)$V_{GS} = 3V$ 時求I_o、V_o值。

(2)$v_{gs} = 10\sin\omega t(mV)$時求小訊號輸出電壓。（✧題型：主動性負載）

解☞：

(1) *1.* 設Q_1在夾止區，則

$$I_{D1} = K_1 \left[V_{GS1} - V_t \right]^2 = \frac{1}{2}\mu_nC_{ox}(\frac{W}{L})_1 \left[V_{GS} - V_t \right]^2$$

$$= (\frac{1}{2})(100\mu)(\frac{100}{5})(3 - 1)^2 = 4mA$$

2. $\because I_{D1} = I_{D2} = I_0 = 4mA$

$$\therefore I_{D2} = K_2 \left[V_{GS2} - V_t \right]^2 = \frac{1}{2}\mu_nC_{ox}(\frac{W}{L})_2(V_{GS2} - V_t)^2$$

$$= (\frac{1}{2})(100\mu)(\frac{30}{6}) \left[V_{DD} - V_0 - V_t \right]^2$$

$$= (250\mu) \left[10 - V_o - 1 \right]^2 = 4mA$$

$$\therefore V_0 = 5V$$

3. check

$$V_{GD1} = V_{G1} - V_{D1} = V_{GS} - V_0 = 3 - 5 = -2 < V_t$$

$\therefore Q_1$確在夾止區

(2)小訊號分析

1. $\because K_1(V_i - V_{t1})^2 = K_2(V_{DD} - v_0 - V_{t2})^2$

$$\Rightarrow \sqrt{K_1}(v_{gs} - V_t) = \sqrt{K_2}(V_{DD} - V_{t2} - v_0)$$

$$\therefore v_{gs}\sqrt{K_1} - \sqrt{K_1}V_{t1} = -v_0\sqrt{K_2} + \sqrt{K_2}(V_{DD} - V_{t2})$$

2.取純小訊號，則

$$v_{gs}\sqrt{K_1} = - v_o\sqrt{K_2}$$

$$\therefore \frac{V_0}{v_{gs}} = - \sqrt{\frac{K_1}{K_2}} = - \sqrt{\frac{(W/L)_1}{(W/L)_2}} = - \sqrt{\frac{20}{5}}$$

$$\therefore v_0 = - v_{gs}(2) = - 20\sin\omega t(mV)$$

75.下圖所示電路中，兩個接面場效體的特性相同，$I_{DSS} = 8mA$，$V_p = - 2V$，$V_A = 100V$。若 $V_{DD} = 10V$，$V_{SS} = 10V$，$R_G = 10M\Omega$，$R_L = 5K\Omega$，則 $A_v = ?$ （❖題型：含主動性負載（及R_L）的 CD Amp.）

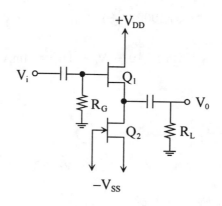

解☞：

一、直流分析⇒求參數

Q₂為主動性負載，$\because V_{GS2}=0$

$$\therefore I_{D2} = I_{D1} = I_D = I_{DSS} = 8 \text{ mA}$$

$$g_{m1} = g_{m2} = \frac{2}{|V_P|} \sqrt{I_D I_{DSS}} = 8mA/V$$

$$r_o = r_{o1} = r_{o2} = \frac{V_A}{I_D} = 12.5\,K\Omega$$

$$\mu = g_m r_o = 100$$

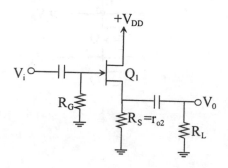

二、小訊號分析

　　1. 繪小訊號等效電路（由源極看入）

　　2. 分析電路

$$A_v = \frac{V_o}{V_i} = \frac{\dfrac{\mu V_i}{1+\mu}\left(\dfrac{r_o \mathbin{/\mkern-5mu/} R_L}{\dfrac{r_o}{1+\mu} + r_o \mathbin{/\mkern-5mu/} R_L}\right)}{V_i} = \frac{\mu(r_o \mathbin{/\mkern-5mu/} R_L)}{r_o + (1+\mu)(r_o \mathbin{/\mkern-5mu/} R_L)}$$

$$= \frac{(100)(12.5K \mathbin{/\mkern-5mu/} 5K)}{12.5K + (101)(12.5K \mathbin{/\mkern-5mu/} 5K)} = 0.957$$

---

76. 如下圖中 $|V_t| = 1V$，每個 k 值均相同，$k = 0.5mA/V^2$，$\lambda = 0$，

求 V_A 與 V_B。（❖題型：三級串疊的分壓器）

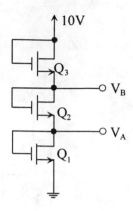

解☞：

1. 方法一：觀察法

此為三級串疊的分壓器

$$\therefore V_A = \frac{1}{3}V_{DD} = \frac{10}{3}V$$

$$V_B = \frac{2}{3}V_{DD} = \frac{20}{3}V$$

2. 方法二：電路分析法

$$\because I_{D1} = I_{D2} = I_{D3}$$

$$\therefore k(V_{GS1} - V_{t1})^2 = k_2(V_{GS2} - V_{t2})^2 = k_3(V_{GS3} - t_3)^2$$

$$故 V_{GS1} = V_{GS2} = V_{GS3} = V_{GS} = \frac{1}{3}V_{DD} = \frac{10}{3}V$$

$$\therefore V_A = V_{GS1} = \frac{10}{3}V$$

$$V_B = V_{GS2} + V_{GS1} = \frac{20}{3}V$$

77. 如下圖所示 R-C 耦合放大器，$V_T = 2V$，$K_1 = 270 \, \mu A/V^2$，$K_2 = 30\mu A/V^2$，試求 I_D 與 V_{DS1}，V_{DS2}。（✜題型：EMOS 飽和式主動性負載）

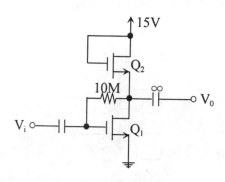

解☞：

1. Q_2 為飽和式主動性負載

 Q_1 為汲極回授偏壓

 $\therefore Q_1$ 及 Q_2 均在飽和區

 故 $I_{D2} = I_{D1}$

2. 電流方程式

 $I_{D1} = K_1(V_{GS1} - V_t)^2 = (270\mu)(V_{D1} - 2)^2$

 $I_{D2} = K_2(V_{GS2} - V_t)^2 = (30\mu)(V_{DD} - V_{D1} - 2)^2$

 $= (30\mu)(15 - V_{D1} - 2)^2$

3. $\because I_{D1} = I_{D2}$

 $\therefore V_{D1} = V_{GS1} = 4.75V$

故 $I_D = K_1(V_{GS1} - V_t)^2 = 2.04 \text{ mA}$

---

78. 如圖所示的電路中各電晶體的，$V_T = 1V$，$K_1 = K_3 = 0.5mA/V^2$，$K_2 = 0.125mA/V^2$，試求輸出電壓V_{o1}及V_{o2}。（✢題型：三級串疊放大器）

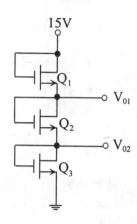

解☞：

1. $\because I_{D1} = I_{D2} = I_{D3}$

   $\therefore K_1(V_{GS1} - V_t)^2 = K_2(V_{GS2} - V_t)^2 = K_3(V_{GS3} - V_t)^2$

   $\therefore \dfrac{K_2}{K_3} = \dfrac{(V_{GS3} - V_t)^2}{(V_{GS2} - V_t)^2} = \dfrac{(V_{GS3} - 1)^2}{(V_{GS2} - 1)^2} = 0.25$

   $\therefore V_{GS2} = 2V_{GS3} - 1$

2. 又$K_1 = K_3 \Rightarrow V_{GS1} = V_{GS3}$

   $\therefore V_{GS1} + V_{GS2} + V_{GS3} = V_{DD}$

   $\Rightarrow V_{GS3} + (2V_{GS3} - 1) + V_{GS3} = 15$

$$\therefore V_{GS3} = 4V$$

3. 故　$V_{o2} = V_{GS3} = 4V \Rightarrow V_{GS2} = 2V_{GS3} - 1 = 7V$

$$V_{o1} = V_{GS3} + V_{GS2} = 11V$$

---

79. Q_1 特性：$V_{BE} = 0.7V$，$V_{CE(sat)} = 0.3V$

Q_2 特性：$K = 10mA/V^2$，$V_T = -2V$

(1) $R_L \to \infty$ 時，線性操作下的 v_o 範圍為何？

(2) v_o 為 $V_p = 1V$ 的弦波輸出，R_L 的最小值為何？（✛題型：
具主動性偏壓的放大器）

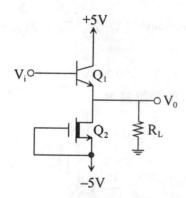

解☞：

(1) *1.* Q_2 為恆流源偏壓，因此在飽和區

　2. 電流方程式

　　$I_D = K(V_{GS} - V_t)^2 = (10m)〔0 + 2〕^2 = 40mA$

　3. 求 $V_{o, max}$ 時（由 Q_1 知）

　　$V_{o, max} = V_{CC} - V_{CE1, sat} = 5 - 0.3 = 4.7V$

　4. 求 $V_{o, min}$ 時，即 Q_2 位於飽和區及三極體之分界點

故 $|V_{GD}| \geq |V_t|$

$\therefore |V_G - V_D| \geq |V_t| \Rightarrow |V_G - V_O| \geq |V_t|$

因此　　$V_{o,min} = V_G - V_t = -5 + 2 = -3V$

註：此 DMOS 為空乏式，因為 $V_t = -2V$

(2) $R_L \geq \dfrac{V_o}{I_D} \Rightarrow R_{L,min} = \dfrac{V_o}{I_D} = \dfrac{1V}{40mA} = 25\Omega$

(3)技巧說明：

    1. 求 $V_{o,max}$ 時，是 Q_1 飽和時

    2. 求 $V_{o,min}$ 是 Q_2 進入三極體區時，或 Q_1 截止

---

80. 圖中，$|V_t| = 1V$，k=0.5mA/V^2，$\lambda = 0$，試求 V_A 與 I_D 之值。（❖
題型：DMOS 分壓器）

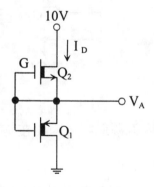

解 ☞：Q_1，Q_2 皆為空乏式的 DMOS

    1. 對 Q_2 而言

        $V_{GS2} = V_{G2} - V_{S2} = 0$

⇒不在截止區：符合$|V_{GS2}| \leq |V_t|$的條件

$\therefore V_{t2} = -1V$

2. 對Q_1而言

$V_{GS1} = V_{G1} - V_{S1} = 0$

⇒不在截止區：符合$|V_{GS1}| \leq |V_t|$的條件

$\therefore V_{t1} = 1V$

3. $\therefore I_{D2} = I_{D1} = K\,[\,V_{GS2} - V_t\,]^2 = (0.5m)\,[\,0 - (-1)\,]^2 = 0.5mA$

4. $V_A = \dfrac{1}{2}V_{DD} = 5V$

7-6〔題型四十四〕：MOS 電流鏡

考型 106 飽和式主動性負載的電流鏡

一、基本電路組態

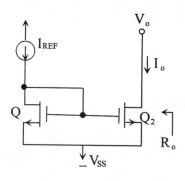

$$\because V_{GD1} = 0 < V_t \quad \therefore Q_1 \text{ 在夾止區}$$

假設 Q_2 在夾止區（$\because$ 有 I_o 流）

$$I_{REF} = I_{D1} = K_1(V_{GS1} - V_{t1})^2$$

$$I_o = I_{D2} = K_2(V_{GS2} - V_{t2})^2$$

又 $V_{GS1} = V_{GS2}$（材料同 $V_{t1} = V_{t2} = V_t$，且 $K_1 = K_2$）

$$\therefore \frac{I_o}{I_{REF}} = \frac{K_2}{K_1} = \frac{\beta_2}{\beta_1}$$

$$= \frac{\mu_n C_{ox}\left(\dfrac{W}{L}\right)_2}{\mu_n C_{ox}\left(\dfrac{W}{L}\right)_1} = \frac{\left(\dfrac{W}{L}\right)_2}{\left(\dfrac{W}{L}\right)_1}$$

一般情形 $\left(\dfrac{W}{L}\right)_1 = \left(\dfrac{W}{L}\right)_2 \cdots\cdots$決定倍數

$$\Rightarrow ① I_o = I_{REF}$$

$$② R_o = r_o$$

二、考慮通道調變效應時（$\lambda \neq 0$，其餘參數相同）

1. $I_o = K_2(V_{GS} - V_{t2})^2(1 + \lambda_2 V_{DS2})$

2. $I_{REF} = K_1(V_{GS} - V_{t1})^2(1 + \lambda_1 V_{DS1})$

3. $\dfrac{I_o}{I_{REF}} = \dfrac{\left(\dfrac{W}{L}\right)_2}{\left(\dfrac{W}{L}\right)_1} \times \dfrac{(1 + \lambda V_{DS2})}{(1 + \lambda V_{DS1})}$

4. $\lambda = \dfrac{1}{V_A}$

三、MOS 電流鏡之實際特性

無 BJT 之 β 值之因素 ⇒ 而僅有 r_o 之因素 ⇒ 改進之法用串疊電流鏡如威爾森電流鏡。

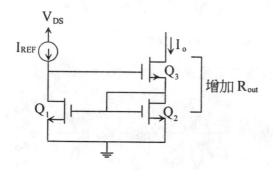

四、飽和式主動性負載的電流鏡

1. 電路

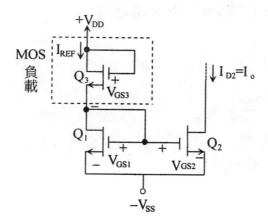

2. 直流分析（$V_{t1} = V_{t2} = V_{t3} = V_t$）

(1) ∵ $I_{D3} = I_{D1}$

∴ $K_1(V_{GS1} - V_{t1})^2 = K_3(V_{G3} - V_{t3})^2$

(2) $V_{GS1} = \sqrt{\dfrac{K_3}{K_1}}(V_{GS3} - V_{t3}) + \dfrac{V_{t1}}{K_1}$

$\qquad = \sqrt{\dfrac{K_3}{K_1}}V_{GS3} + \left[\dfrac{1}{K_1} + \sqrt{\dfrac{K_3}{K_1}}\right]V_t = V_{GS2}$

(3) $\because V_{GS3} = V_{DD} - V_{GS1} + V_{SS}$

(4) 解聯立方程式(1)，(2)，(3)得

$$V_{GS1} = \dfrac{\sqrt{\dfrac{K_3}{K_1}}}{1 + \sqrt{\dfrac{K_3}{K_1}}}(V_{DD} + V_S) + \dfrac{\left(1 - \sqrt{\dfrac{K_3}{K_1}}\right)}{\left(1 + \sqrt{\dfrac{K_3}{K_1}}\right)}V_t = V_{GS2}$$

(5) 而 $I_o = K_2(V_{GS2} - V_t)^2 = \dfrac{1}{2}\mu_n C_{ox}\left(\dfrac{W}{L}\right)_2(V_{GS2} - V_t)^2$

考型 107 威爾森（Wilson）MOS 電流鏡

1.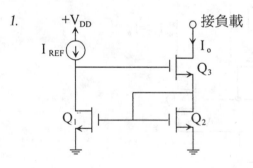

2. 直流分析

$V_{DS1} = V_{GS3} + V_{DS2}$

$\because V_{GS3} > V_t > 0$

$\therefore V_{DS1} > V_{DS2}$

故 $I_{REF} > I_o$ （缺點）

3. 討論

(1)欲使 $I_o = I_{REF}$，則需 $V_{DS1} = V_{DS2}$

（$\because V_{GS1} = V_{GS2}$，如此則 $V_{GS3} = 0$）

將使 $I_o = 0$

(2)改善法：用串疊型主動性電流鏡

4. 小訊號分析

(1)小訊號等效電路（求 R_{out} 時）

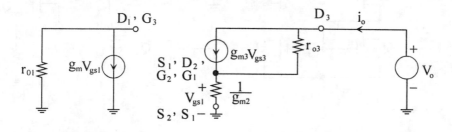

(2)分析電路

$$V_o = (i_o - g_{m3}v_{gs3})r_{o3} + v_{gs1} \text{——①}$$

$$V_{gs3} + V_{gs1} = - g_{m1}v_{gs1}r_{o1}$$

$$\therefore v_{gs3} = - v_{gs1}(1 + g_{m1}r_{o1}) = - i_o(\frac{1}{g_{m2}})(1 + g_{m1}r_{o1}) \text{——②}$$

將②代入①得

$$v_o = i_o r_{o3} + v_{gs1} \left[1 + (1 + g_{m1}r_{o1})(g_{m3}r_{o3}) \right]$$

$$\therefore R_{out} = \frac{V_o}{i_o} = r_{o3} + (\frac{1}{g_{m2}}) \left[1 + (1 + g_{m1}r_{o1})(g_{m3}r_{o3}) \right])$$

$$\approx (\frac{g_{m1}}{g_{m2}})(g_{m3}r_{o3}) \, r_{o1} \approx g_{m3}r_{o3}r_{o1} \approx \mu_3 r_{o1}$$

考型 108 串疊型主動性電流鏡

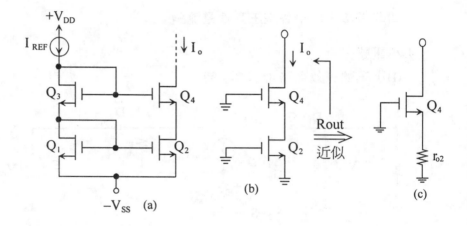

−V_SS　(a)

1. $R_{out} = r_{o4} + (1 + \mu_4)r_{o2} = r_{o4} + (1 + g_m r_{o4})r_{o2}$

2. 若 $r_{o4} = r_{o2} = r_o$　則

$$R_{out} = (\mu_4 + 2)r_o$$

歷屆試題

81. Consider the circuit shown below. Three N-MOSFETs Q_1, Q_2 and Q_3 are identical and have k = 250μA/V², V_t = 2.0V, W/L = 4/1, and V_A = 1/λ = ∞. The resistor values are R_1 = 500Ω and R_2 = 250Ω.

(1) Determine the bias drain current of Q_1.

(2) Determine the small-signal voltage gain $\dfrac{\Delta v_0}{\Delta v_I}$.

(3) What is the allowed range of v_I for Q_1, Q_2 and Q_3 operating in the saturation region?（❖題型：MOS 電流鏡）

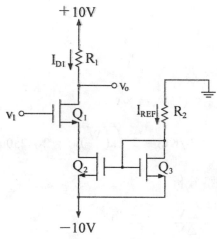

【交大控制所】

解☞：

(1)① $I_{D1} = I_{REF} = K \left[V_{GS3} - V_t \right]^2 = k(\dfrac{W}{L})(V_{GS3} - V_t)^2$

   $= (250\mu)(4)(V_{GS3} - 2)^2$ ——①

   ② $V_{GS3} = V_{G3} - V_{S3} = V_{D3} - V_{S3} = I_{REF}R_2 - (-10)$

   $= 10 - (250)I_{REF}$ ——②

   ③解聯立方程式，得 $I_{D1} = I_{REF} \doteq 4.7mA$

(2)①小訊號等效圖

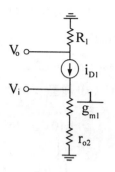

②求參數

$$r_{02} = \infty (\because V_A = \infty)$$

$$g_{m1} = 2\sqrt{KI_D} = 2\sqrt{k(\frac{W}{L})I_D} = 2\sqrt{(250\mu)(4)(4.7m)} = 4.3mA/V$$

③電路分析

$$A_V = \frac{\Delta V_0}{\Delta V_I} = \frac{-R_1}{\frac{1}{g_{m1}} + r_{02}} = 0$$

(3)飽和條件：$V_{GD} \leqq V_t$

①Q_1：$V_{GD1} = V_{G1} - V_{D1} = V_I - (V_{DD} - I_{D1}R_1)$

$\qquad\qquad = V_I - [10 - (4.7m)(500)]$

$\qquad\qquad = V_I - 7.65 \leqq V_t$

$\therefore V_I \leqq V_t + 7.65 \Rightarrow V_I \leqq 9.65V$

②Q_2：$V_{GD2} \geqq V_{GS2} - V_t$

$\therefore V_I - V_{GS1} + 10 \geqq V_{GS2} - V_t$

$\therefore V_I \geqq 5.66V$

---

82. MOS電流鏡，一般通道長度（Length）不能太小，因為要降低通道調變效應。（是非題）（❖題型：MOS 電流鏡）

解☞：○

---

83. 設 Q_1 與 Q_2 為 NMOS 電晶體，兩者完全相等，電流電壓關係可
表示如下：

三極區：$i_D = K \left[2(V_{GS} - V_t)V_{DS} - V_{DS}^2 \right]$

夾止區：$i_D = K(V_{GS} - V_t)^2(1 + \lambda V_{DS})$

其中 $K = \dfrac{1}{2}\mu_n C_{ox}(W/L)$

假設 $V_t = 2V$，$\mu_n C_{ox} = 20\mu A/V^2$，$L = 10\mu m$ 及 $W = 100\mu m$，忽略
通道長度調變效應，也就是設 $\lambda = 0$，求 Q_1 的汲極電流及輸出
電壓 V_D。（✤題型：負載不對稱的 MOS 電流鏡）

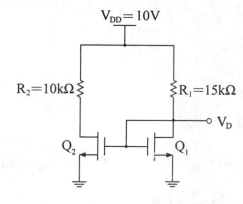

解☞：

(1)直流分析

∵ $V_{GS1} = V_{GS2} \Rightarrow I_{D1} = I_{D2} = I_D$

① $I_D = K \left[V_{GS2} - V_t \right]^2 = \dfrac{1}{2}\mu_n C_{ox} \left[V_{GS1} - V_t \right]^2$

$= (\dfrac{1}{2})(20\mu)(V_{GS1} - 2)^2$ ——①

②$V_{GS1} = V_{G1} - V_{S1} = V_D = V_{DD} - I_D R_1 = 10 - (15K)I_D$————②

③解聯立方程式，得

$I_D = 0.4mA$，$V_D = V_{GS1} = 4V$

---

84. 如圖所示電路，若 Q_1 與 Q_2 之 $V_T = 2V$，$\mu_n C_{ox} = 20\mu A/V^2$，$L_1 = 10\mu m$，$W_1 = 50\mu m$，$\lambda = 0$。

欲使 Q_1 之 $I_{D1} = 0.4mA$，R_1 值應為多少？（✤題型：MOS電流鏡）

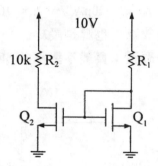

解☞：

(1) 1. 電流方程式

$$I_{D1} = K(V_{GS1} - V_t)^2 = \frac{1}{2}\mu_n C_{ox}\frac{W}{L}(V_{GS1} - V_t)^2$$

$$= (\frac{1}{2})(20\mu)(\frac{10\mu}{50\mu})(V_{GS1} - 2)^2 = 0.4mA$$

$$\therefore V_{GS1} = 3.414V$$

2. 分析電路

$$I_{D1} = \frac{V_{DD} - V_{DS1}}{R_1} = \frac{V_{DD} - V_{GS1}}{R_1}$$

$$\therefore R_1 = \frac{V_{DD} - V_{GS1}}{I_{D1}} = 12.93k\Omega$$

7-7〔題型四十五〕：CMOS

考型 109 JFET 開關、NMOS 開關、CMOS 開關

一、JFET 開關

JFET 作為開關用，在輸入電壓為 0 時，JFET 處於在三極體區的導通狀態。而在輸入為 $-V_p$ 時則會使 JFET 進入截止區。

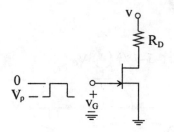

1. $V_I = 0$ 時，FET 在三極體區

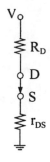

① $V_I = 0$，且 R_D 較大時，JFET 工作於三極體區。

$$V_o = V_{DD} \times \frac{r_{DS}}{R_D + r_{DS}} \approx 0$$

2. $V_I = - V_p$，FET 在截止狀態

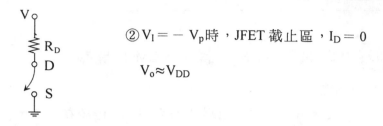

② $V_I = - V_p$ 時，JFET 截止區，$I_D = 0$

$V_o \approx V_{DD}$

二、NMOS 開關

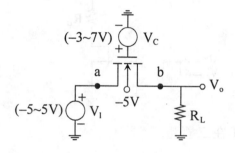

1. 導通於三極體區。

2. 源汲極可對調。

3. 導通電阻不固定（受輸入訊號之影響）。

4. 當 $V_I = - 5\sim5V$　則 $\begin{cases} V_c > 7\,V & ON \\ V_c < -3V & OFF \end{cases}$

5. 控制訊號與 V_I 輸入訊號位準不同 ＜缺點＞

6. r_{DS} 會隨 V_{GS} 而變。$\Rightarrow V_{GS}\uparrow$，$r_{DS}\downarrow$ ＜缺點＞

三、NMOS 開關電路分析

1. if $\boxed{V_I = - 5V}$，則 $V_a < V_b \Rightarrow I$ 由 b→a　$\therefore \left.\begin{matrix} a \to S \\ b \to D \end{matrix}\right\}$ 此為 NMOS

而 NMOS 在 VCR 之條件為 $V_{GS} > V_T$，$V_{GD} > V_T$

$$\therefore V_{GS} > V_T \Rightarrow V_G - V_I > V_T \Rightarrow V_G > (V_T + I_I)$$

即 $V_G > (2 - 5)V \ (V_T \approx 2V) \therefore V_G > -3V$

意即 $\begin{cases} V_C > -3V : ON \\ V_C < -3V : OFF \end{cases}$

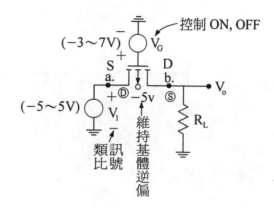

2. if $\boxed{V_I = 5V}$，則 $V_a > V_b \Rightarrow I : a \to b$，$\therefore \begin{array}{c} a \to D \\ b \to S \end{array}$

$$\therefore V_{GD} > V_T \Rightarrow V_G - V_I > V_T \Rightarrow V_G > (V_T + V_I)$$

即 $V_G > (2 + 5)V \Rightarrow V_G > 7V$

意即 $\begin{cases} V_C > 7V \ ON \\ V_C < 7V \ OFF \end{cases}$ $\overset{整理}{\Longrightarrow}$ $\begin{cases} V_C = V_G \geq 7V : SW : ON(triode) \\ V_C = V_G \leq -3V : SW : OFF \end{cases}$

3. 若 $V_I = -5 \sim 5V$，則

$$\begin{cases} V_C > 7V \ ON \\ V_C < -3V \ OFF \end{cases}$$

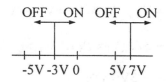

4. 若 NMOS ON，則等效圖

$$V_o = \frac{R_L V_I}{R_L + r_{ds}} \approx V_I \ (\because R_L \gg r_{ds}) \Rightarrow 此為開關$$

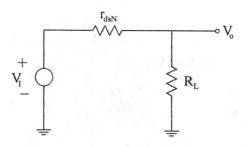

四、CMOS 開關

1. 所謂 CMOS 是將一個 N 型的 EMOS 與另一個 P 型 EMOS 連接成互補式裝置的元件。

2. CMOS 結構及接線方式

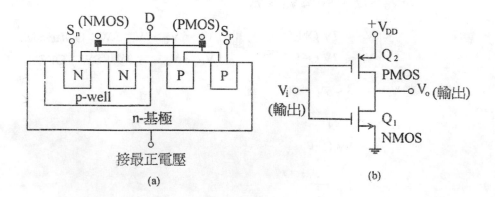

① NMOS，PMOS 製在同一晶片上，可消除基體效應

② $R_o = r_{o1} \,/\!/\, r_{o2}$

3. CMOS 的用途

(1)數位電路：當反相器：①當 $V_i = 0$ 時，$V_o = V_{DD}$

②當 $V_i = V_{DD}$ 時，$V_o = 0$

(2)類比電路：當傳輸閘：

①當 $C = V_{DD}$ 時，則 V_i 傳送到 V_o，即 $V_i = V_o$

②當 $C = 0$ 時，則無法傳送。

③當放大器使用

4. CMOS 開關（CMOS 傳輸閘）的工作原理

(1)電路圖

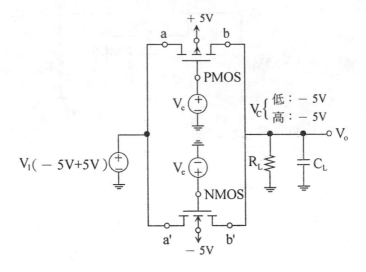

①$V_I < -3V$ 時，只有 NMOS 導通。

②－3V ＜ V$_I$ ＜ 3V時，NMOS 及 PMOS 都會導通。

③V$_I$ ＞ 3V時，則只有 PMOS 導通。

(2)CMOS 傳輸閘的優點——可改善暫態響應，因通道電阻幾
乎為固定值。

5. CMOS 傳輸閘的電子符號

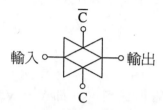

五、CMOS 傳輸閘電路分析

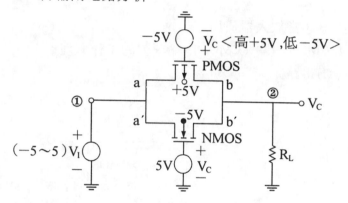

1. V$_C$ = 5V（高位準）

(1) if $\boxed{-5 < V_I < -3V}$ 時

∵V$_2$ ＞ V$_1$⇒I 由②→①   ∴ b′：D,   a′：S(NMOS)
                                b：S,   a：D(PMOS)

a. 在 NMOS：∵V$_{GS}$ = V$_G$－V$_S$ = V$_G$－V$_I$

當 $\begin{cases} V_I = -5V \Rightarrow V_{GSN} = 5-(-5) = 10V \approx V_{GON} \\ V_I = -3V \Rightarrow V_{GSN} = 5-(-3) = 8V \approx V_{GON} \end{cases}$

$\therefore 8 < V_{GSN} < 10V$，即 $|V_{GSN}| > |V_T|$ 且 $|V_{GDN}| > |V_T|$

$\therefore$ NMOS 在三極體區，即 NMOS：ON

b. 在 PMOS　$\because V'_a \approx V'_b$（$\because V_{GSN} \approx V_{GDN}$ 在 NMOS ON 時）

又 $V'_a = V_a$，$V'_b = V_b \Rightarrow V_a \approx V_b$

$\therefore V_{GSP} = V_G - V_S \approx V_G - V_D = V_G - V_I$，

即當 $\begin{cases} V_I = -5V \Rightarrow V_{GSP} = -5 - (-5) = 0 \\ V_I = -3V \Rightarrow V_{GSP} = -5 - (-3) = -2 \end{cases}$

$\therefore -2 < V_{GSP} < 0 \Rightarrow$ 即 $|V_{GPS}| \leq |V_T| \leftarrow$ OFF

故 PMOS：OFF

(2) 同理可證

① $3 < V_I < 5V \Rightarrow$ PMOS：ON, NMOS：OFF

② $0 < V_I < 3V \Rightarrow$ PMOS：ON, NMOS：ON

③ $-3 < V_I < 0V \Rightarrow$ PMOS：ON, NMOS：ON

$\Rightarrow$ NMOS：$\begin{cases} -5 < V_I < 3 \ ON \\ V_I > 3V \ OFF \end{cases}$

　　　PMOS：$\begin{cases} -5 < V_I < -3 \ OFF \\ -3 < V_I < 5 \ ON \end{cases}$

(N)	ON	ON		OFF	
(P)	-5	-3		3	5
	OFF	ON		ON	

$\Rightarrow$ 在 $V_C = 5V$ 時

$V_I = -5 \sim -3V \Rightarrow \left.\begin{matrix} NMOS：ON \\ PMOS：OFF \end{matrix}\right\} \Rightarrow V_o \approx V_I$

$V_I = 3 \sim 5V \Rightarrow \left.\begin{matrix} NMOS：OFF \\ PMOS：ON \end{matrix}\right\} \Rightarrow V_o \approx V_I$

if V_I : $- 3\sim3V$ 時

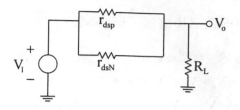

$\Rightarrow r_{dsp} /\!/ r_{dsN} = r_{ds}\leftarrow$可視為定值

$\left(\text{if } r_{dsp}\uparrow\Rightarrow r_{dsN}\downarrow , \text{ or } r_{dsp}\downarrow\Rightarrow r_{dsN}\uparrow \right)$

$$\therefore r_o = \frac{R_L r_1}{R_L + r_{ds}}\approx V_I$$

2. $V_C = - 5V$（低位準）

　　同理可證 NMOS, PMOS 皆 OFF

3. 結論

　　(1)優點：

　　　　①因一個 ON，一個 OFF$\Rightarrow V_o\approx V_I$，且並聯等效電阻$r_{ds}$可視
　　　　為定值，$\therefore$閘關形態響應不隨輸入閘號而變。

　　　　②V_C和V_{SB}可用同電源。

考型 110 同時輸入訊號的 CMOS 放大器

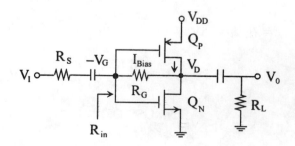

一、直流分析

$V_G = V_D$ （$\because I_G \approx 0$）

$\because R_G$ 可把兩個 MOS 的 GD 連在一起，故必在 ⇒sat.

$\because I_{Bias} = k_p \left[V_{GSp} - V_{tp} \right]^2 = k_n \left[V_{GSN} - V_{tn} \right]^2 = I_D$

二、小訊號分析

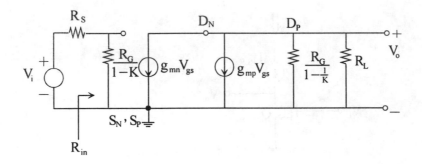

1. $K = \dfrac{V_o}{v_{gs}} = -(g_{mn} + g_{mp}) \left[R_L \mathbin{/\mkern-5mu/} \dfrac{R_G}{1 - \dfrac{1}{K}} \right]$

$\Rightarrow K \approx -(g_{mn} + g_{mp}) R_L$

2. $R_{in} = \dfrac{R_G}{1 - K} = \dfrac{R_G}{1 + (g_{mn} + g_{mp}) R_L}$

3. $A_v = \dfrac{V_o}{V_i} = \dfrac{V_o}{v_{gs}} \cdot \dfrac{v_{gs}}{V_i} = K \left(\dfrac{R_{in}}{R_{in} + R_S} \right)$

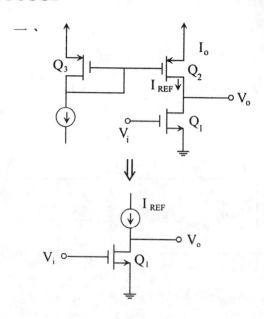

考型 111 單端輸入訊號的 CMOS 放大器

一、

$$1. \ A_v = \frac{V_o}{V_i} = -g_m(r_{o1} \,/\!/\, r_{o2})$$

2. 若 $r_{o1} = r_{o2} = r_o$，則

$$\boxed{A_v = -\frac{1}{2}g_{m1}r_o = -\frac{1}{2}\mu}$$

$$= -\frac{1}{2}(2\sqrt{K_n\,I_{REF}})(\frac{V_A}{I_{REF}}) = \sqrt{\frac{K_n}{I_{REF}}}V_A$$

3. 即 $A_v \propto \dfrac{1}{\sqrt{I_{REF}}}$

$$A = \frac{V_o}{V_i} = -g_m r_o \cong -\mu = -\frac{V_A}{V_T} \ (\text{與 I 無關})$$

二、比較 BJT

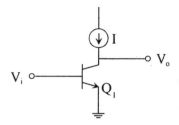

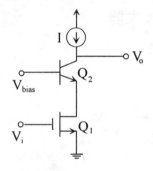

1. Q_2 為 BJT 之原因：

① $V_A\uparrow \Rightarrow r_{O2}\uparrow \Rightarrow R_{out}\uparrow \Rightarrow A_v\uparrow$

② $g_{m2}\uparrow \Rightarrow \dfrac{1}{g_{m2}}\approx \dfrac{\alpha}{g_{m2}} = r_e\downarrow \Rightarrow K_1\downarrow \Rightarrow$ 密勒效應 $\downarrow \Rightarrow BW\uparrow$

2. $\boxed{R_{out} = r_o + (1 + \mu)R'}$

$\Rightarrow R_{out} = r_{o2} + (1 + g_{m2}r_{o2})(r_{\pi2} /\!/ r_{o1}) = r_{o2} + g_{m2}r_{o2}r_{\pi2} = r_{o2}(1 + g_{m2}r_{\pi2})$
$\qquad = \beta_2 r_{o2}$

$A = \dfrac{V_o}{V_i} = -\,g_{m1}R_{out} = -\,g_{m1}\beta_2 r_{o2}$

說明

1. BJT 具有較高的 A_v

2. MOS 具有較佳的高頻特性

3. MOS 具有極高的 R_{in}

4. Bi-CMOS：可發揮 BJT 和 MOS 的特性

考型 113 雙級串疊的 BiCMOS 放大器

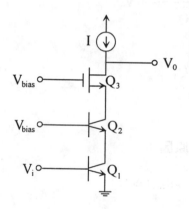

1. 假設 V_{B1}，V_{B2} 使 Q_2：Act，Q_3：sat

若 Q_3 用 BJT，則

$$R_{out} = r_{o3} + (1 + g_{m3}r_{o3})(R_{o2} /\!/ r_{\pi3}) \approx \beta_3 r_{o3} \approx \beta_2 r_{o2} \approx R_{o2} \text{（沒進步）}$$

2. Q_3 用 MOS （令 $r_{o3} = \infty$）

$$R_{out} = r_{o3} + (1 + g_{m3}r_{o3})(R_{o2}) \approx (g_{m3}r_{o3})(\beta_2 r_{o2}) \uparrow \uparrow$$

$$A_v = \frac{V_o}{V_i} = -\alpha_2 g_{m1} R_{out} = -g_{m1}g_{m3}\beta_2 r_{o2} r_{o3} \uparrow \uparrow$$

3. 此電路比考型 112 電路，具有更高的 R_{out} 及 A_v

考型 114 雙級串疊的 BiCMOS 電流鏡

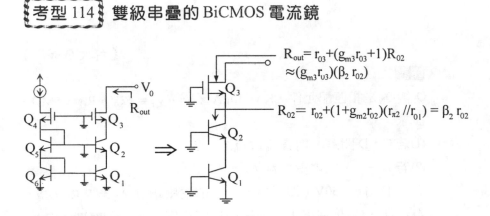

$$R_{out} = r_{03} + (g_{m3}r_{03}+1)R_{02}$$
$$\approx (g_{m3}r_{u3})(\beta_2\ r_{02})$$

$$R_{02} = r_{02} + (1 + g_{m2}r_{02})(r_{\pi 2} // r_{01}) = \beta_2\ r_{02}$$

歷屆試題

85. Q_P and Q_N are matched devices, with $K = 40\mu A / V^2$, $V_t = \pm 2V$,

$R_G = 5M\Omega$.

(1) With G and D open, find the d.c. current I.

(2) If $r_0 \rightarrow \infty$ for both Q_P and Q_N, find the voltage gain from G to D.

(3) For $|V_A| = 150V$, find the voltage gain and the input resistance.

(4) Find the range of output signal swing such that Q_P , Q_N operate in the pinch-off region.

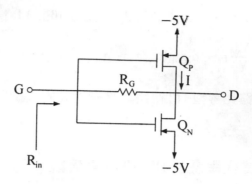

【台大電機所】

簡譯

Q_P 與 Q_N 是相匹配元件，$K = 40\mu A／V^2$，$V_T = \pm 2V$，$R_G = 5M\Omega$，
試求：

(1)若 G，D 開路，則直流電流 $I = ?$

(2)若 $r_o \to \infty$，則電壓增益 $A_V = ?$

(3)若 $|V_A| = 150V$（即考慮 r_o），則電壓增益 $A_V = ?$ $R_{in} = ?$

(4)若 Q_P，Q_N 皆在夾止區則輸出擺幅範圍 $= ?$ （✣題型：CMOS
  Amp.）

解☞：

(1)直流分析

$$I_{DN} = K[V_{GSN} - V_t]^2 = K[V_D - V_s - V_t]^2 = (40\mu)[V_D + 5 - 2]^2$$
$$= (40\mu)[V_D + 3]^2$$

$$I_{DP} = K[V_{GSP} - V_t]^2 = K[V_D - V_{DD} - V_t]^2 = (40\mu)[V_D - 5 + 2]^2$$
$$= (40\mu)[V_D - 3]^2$$

$\because I_{DN} = I_{DP}$

$\therefore (V_D + 3)^2 = V_D - 3^2 \Rightarrow V_D = 0V$

故 $I = I_{DN} = I_{DP} = (40\mu)(V_D + 3)^2 = 0.36mA$

(2)交流分析

①小訊號等效電路

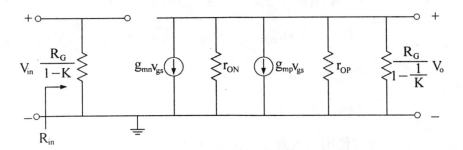

②求參數

$$g_{mn} = g_{mp} = 2K(V_{GSN} - V_t) = (2)(40\mu)(5 - 2) = 240\mu A \diagup V$$

③電路分析：$(r_{ON} = r_{0P} = \infty)$

$$A_V = \frac{V_0}{V_{in}} = \frac{V_0}{V_{gs}} = -(g_{mn} + g_{mp})\frac{R_G}{1 - \frac{1}{K}} = -2g_m \frac{R_G}{1 - \frac{1}{A}_V}$$

$$\therefore A_V = 1 - 2g_m R_G = 1 - (2)(240\mu)(5M) = -2400$$

(3)① $r_{0N} = r_{0P} = \dfrac{V_A}{I} = \dfrac{150}{0.36m} \cong 417k\Omega$

② $A_V = \dfrac{V_0}{V_{in}} = \dfrac{V_0}{V_{gs}} = -(g_{mn} + g_{mp})(\dfrac{R_G}{1 - \dfrac{1}{A_V}} /\!/ r_{0N} /\!/ r_{0P})$

$$\Rightarrow A_V \approx -g_m r_0 = -(240\mu)(417k) = -100$$

③ $R_{in} = \dfrac{R_G}{1 - A_V} = \dfrac{5M}{101} = 49.5k\Omega$

(4)① Q_n 與 Q_p 必須工作於夾止區內，所以 $v_{DS} \geqq v_{GS} - V_T$

$$\Rightarrow V_{DS} + v_{ds} \geqq (V_{GS} + v_{gs}) - V_t$$

$$\Rightarrow V_{DS} + (-A_V)v_{gs} \geqq (V_{GS} + v_{gs}) - V_t$$

$$\Rightarrow (-A_V - 1)v_{gs} \geqq V_{GS} - V_{DS} - V_t = 5V - 5V - 2V = -2V$$

$$\Rightarrow -A_V \cdot v_{gs} \fallingdotseq v_{DS} \geqq -2V$$

$$\Rightarrow A_V \cdot v_{gs} = v_{DS} \leqq 2V$$

②故輸出訊號擺幅之範圍為 4V（或±2V）。

---

86. Make a comparison (advantages, disadvantages, etc) between JFET and BJT when used as (1) a low frequency amplifier and (2) an analog switch.

簡譯

比較JFET與BJT當(1)低頻放大器(2)類比開關上的優缺點。（❖ 題型：BJT 與 JFET 比較）

【台大電機所】

解☞：

(1)低頻放大器

① JFET：缺點：g_m值較小，小訊號輸出電流小。

優點：輸入電阻大，隔離雜訊能力強。

② BJT：缺點：輸入電阻小，隔離雜訊能力較差。

優點：g_m值較大，小訊號輸出電流大。

(2)類比開關

① JFET：開關性能較佳。（因在$i_D - V_{DS}$特性曲線上，原點附近為線性）

② BJT：開關性能較差。（因在$i_D - V_{DS}$特性曲線上，原點附近為非線性）

---

87. Fig. shows a CMOS amplifier. $|V_{TN}| = |V_{TP}| = 1V$. $K_n = 4K_P = 100\mu A/V^2$, V_{TN} and V_{TP} are the threshold voltages of NMOS and PMOS transistors, respectively. $K_{n(p)} = \mu_{n(p)}C_{ox}W/2L$, where $\mu_{n(p)}$ is the electron (hole) mobility, C_{ox} is the oxide capacitance, W is the gate width, and L is the gate length.

(1) Find drain bias voltage, V_D, and drain bias current I_D.

(2) Assume the output resistances of NMOS and PMOS transistors are infinity, find small signal gain, v_0/v_i, and input resistance, R_{in}.

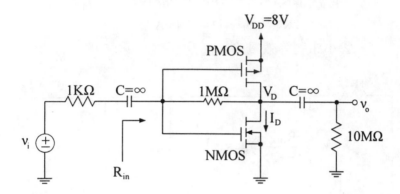

【台大電機所】

簡譯

圖為CMOS放大器，已知$|V_{TN}| = |V_{TP}| = 1V$，$K_n = 4K_P = 100\dfrac{\mu A}{V^2}$，$K_{n(p)} = \mu_{n(p)}C_{ox}\dfrac{W}{2L}$，求(1)$I_D$，$V_D$　(2)v_0/v_i及R_{in}。（✤題型：CMOS Amp）

解☞ :

(1)直流分析

$$I_{DN} = K_n(V_{GSN} - V_{tN})^2 = K_n(V_D - V_{tN})^2 = K_n(V_D - 1)^2$$
$$= (100\mu)(V_D - 1)^2$$
$$I_{DP} = K_P(V_{GSP} - V_{tP})^2$$
$$= k_P(V_D - V_{DD} - V_{tP})^2$$

$$= k_p(V_D - 8 + 1)^2$$
$$= (25\mu)(V_D - 7)^2$$
$$\therefore I_{DN} = I_{Dp}$$
$$\therefore V_D = 3V \text{ , } I_D = I_{DN} = 0.4mA$$
且 $V_{GSN} = V_D = 3V$，$V_{GSP} = V_D - V_{DD} = 3 - 8 = -5V$

(2)交流分析

①求參數
$$g_{mp} = |2K_p(V_{GSp} + 1)| = 0.2mA/V$$
$$g_{mN} = 2K_N(V_{GSN} - 1) = 0.4mA/V$$

②小訊號等效電路

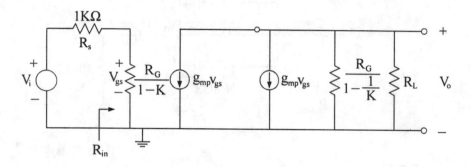

③電路分析
$$K = \frac{V_0}{V_{gs}} = -(g_{mN} + g_{mp})\left[R_L // \frac{R_G}{1 - \frac{1}{K}}\right] \approx -(g_{mN} + g_{mp})R_L$$

$$= -(0.2m + 0.4m)(10K) = -6$$

$$R_{in} = \frac{R_G}{1 - K} = \frac{1M}{7} = 154k\Omega$$

$$A_V = \frac{V_0}{V_i} = \frac{V_0}{V_{gs}} \cdot \frac{V_{gs}}{V_i} = K \cdot \frac{R_{in}}{R_S + R_{in}}$$

$$= (-6)\left[\frac{154K}{1K + 154K}\right] = -5.96$$

88. What are the advantages of CMOS analog switches over NMOS analog switches? 【台大電機所】

簡譯

比較 CMOS 類比開關及 NMOS 類比開關的優點。（❖題型：CMOS 開關）

解☞：

1. NMOS 開關，其通道電阻為非定值，會隨輸入電壓而改變，因而輸出電壓會受影響而失真

2. CMOS 開關，因 NMOS 與 PMOS 互補，而使得通道電阻形成近似定值。因而輸出電壓的失真程度較小。

---

89. 何謂 BiCMOS？（❖題型：BiCMOS）

【台大電機所，成大電機所】

解☞：

1. BiCMOS 是結合 MOS 的高輸入阻抗，零偏移電壓及 BJT 的高 g_m 高頻寬的優點，所作的電路設計

2. BiCMOS 的接接方式有：

    (一) BiCMOS Amp(CS ＋ CB)

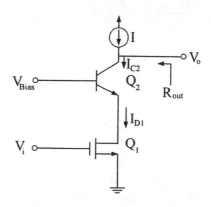

直流分析

① $I = I_{C2} \approx I_{D1}$

② $g_{m2} = \dfrac{I_{C2}}{V_T} = \dfrac{I}{V_T}$

③ $r_{\pi2} = \dfrac{\beta_2}{g_{m2}}$

④ $r_{02} = \dfrac{V_{A2}}{I_{C2}} = \dfrac{V_{A2}}{I}$

⑤ $g_{m1} = 2\sqrt{K_1 I_{D1}} = 2\sqrt{K_1 I}$

⑥ $r_{01} = \dfrac{V_{A1}}{I_{D1}} = \dfrac{V_{A1}}{I}$

討論

①當 $V_{A2}\uparrow \Rightarrow r_{02}\uparrow \Rightarrow R_{out}\uparrow \Rightarrow A_V\uparrow$（高增益）

②當 $g_{m2}\uparrow \Rightarrow r_{e2}\downarrow \Rightarrow A_{V1}\downarrow \Rightarrow$ 米勒效應 $\downarrow \Rightarrow BW\uparrow$（高頻寬）

小訊號分析

① $R_{out} \approx \beta_2 r_{02}$

② $A_V = -g_{m1}\beta_2 r_{02}$

(二) BiCMOS Double CasCode(CS + CB + CG)

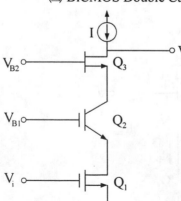

① $R_{out} \approx (g_{m3}r_{03})(\beta_2 r_{02})$

② $A_V = -g_{m1}g_{m2}\beta_2 r_{02} r_{03}$

(三) BiCMOS Double CasCode Mirror

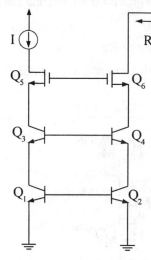

$$R_{out} \approx (g_{m6}r_{06})(\beta_4 r_{04})$$

(四) BiCMOS D.A.

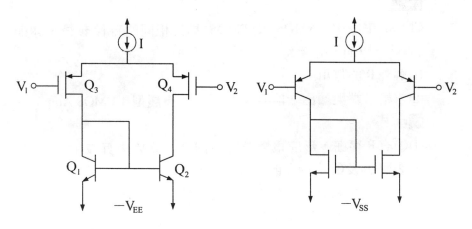

優點：$I_{bias} = 0$，$R_{id}\uparrow$ 優點：$V_{0S}\downarrow$

缺點：$V_{0S}\uparrow$ 缺點：$I_{bias}\neq0$，$R_{id}\downarrow$

90. In the CMOS circuit, the p-type MOSFET M_p and the n-type MOSFET M_n have the same DC current.

(1) Describe briefly the purpose of R;

(2) Find the DC voltage at both input and out put nodes.

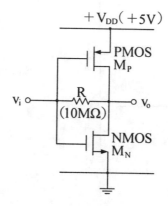

【交大電子所】

簡譯

CMOS 電路中，NMOS 及 PMOS 具有相同的特性參數，亦即 $|V_{TN}| = |V_{TP}|$，$K_n = K_p$。

(1)解釋 R 的作用。

(2)求輸入端與輸出端的直流電壓。（❖題型：CMOS Amp）

解☞：

(1)①有 R 存在，形成電壓並聯負回授，使V_o失真減小。

　②使Q_N及Q_P維持在飽和區內工作。

　③使 CMOS Amp 偏壓在斜率最大的工作區內。

(2) 1. 設$K_n = K_p$，$|V_{tn}| = |V_{tp}|$

　　$\therefore I_{DN} = I_{DP}$

　2. 故$K_n \left(V_{GSN} - V_{tn} \right)^2 = K_n \left(V_0 - V_{tn} \right)^2 = K_p \left(V_{GSP} - V_{tp} \right)^2$
$$= K_p \left[(V_{DD} - V_0) - V_{tp} \right]^2$$

　　$\therefore V_0 - V_{tn} = V_{DD} - V_0 - V_{tp}$

$$\Rightarrow 2V_0 = 2V_i = V_{DD} \quad \therefore V_0 = V_i = 2.5V$$

---

91. The simplified current equation of MOSFET can be written as

NMOS：$I_{DS} = 2\beta_N \left[(V_{GS} - V_{tN})V_{DS} = \frac{1}{2}V^2_{DS} \right]$ ·················linear

$\qquad = \beta_N(V_{GS} - V_{tN})^2$ ·····································saturation

PMOS：$I_{DS} = -2\beta_p \left[(-V_{GS} + V_{tP})(-V_{DS}) - \frac{1}{2}V^2_{DS} \right]$ ······linear

$\qquad = -\beta_p(-V_{GS} + V_{tp})^2$ ·································saturation

(1) For the circuit shown in Fig., Find V_G in terms of β_N，β_P，V_{tN}，V_{tp} & V_{DD}

(2) Assume $V_{DD} = 5V$，$V_{tN} = 1V$，$V_{tP} = -1V$

$\beta_N = \beta_p = 0.2mA/V^2$ find I_L and the range of R_L in which the circuit acts as a constant current source.

(assume Q_1 and Q_3 are identical)

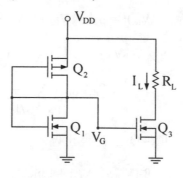

【交大電子所】

簡譯

已知 MOS 電流方程式如下：

NMOS：$I_{DS} = 2\beta_N \left[(V_{GS} - V_{tN})V_{DS} = \frac{1}{2}V^2_{DS} \right]$ ··············線性區

$\qquad = \beta_N(V_{GS} - V_{tN})^2$ ·····································夾止區

PMOS：$I_{DS} = -2\beta_p \left[(-V_{GS} + V_{tP})(-V_{DS}) - \frac{1}{2}V^2_{DS} \right]$ ···線性區

$\qquad = -\beta_p(-V_{GS} + V_{tp})^2$ ·································夾止區

試求圖中

(1) $V_G = $ ？（以 β_N，β_p，V_{tN}，V_{tP} 及 V_{DD} 表示）

(2) 若 $V_{DD} = 5V$，$V_{TN} = 1V$，$V_{TP} = -1V$，$\beta_N = \beta_p = 0.2mA/V^2$，則 I_L 為定電流時，R_L 範圍為何？（假設 $Q_1 = Q_3$）（✦題型：**CMOS 直流分析**）

解☞：

(1) *1.* 工作區判斷

$\quad\quad\quad Q_1$：NMOS，$\because V_{GD1} = 0 < V_{tN}$　$\therefore$ 在夾止區

$\quad\quad\quad Q_2$：PMOS，$\because -V_{GD2} = 0 < -V_{tP}$　$\therefore$ 在夾止區

$\quad\quad$ *2.* $\because I_{SD2} = I_{DS1} \Rightarrow I_{DS1} = -I_{DS2}$

$\quad\quad\quad \therefore \beta_N(V_{GS1} - V_{tN})^2 = \beta_P(-V_{GS2} + V_{tP})^2$

$\quad\quad\quad \Rightarrow \beta_N(V_{DS1} - V_{tN})^2 = \beta_P(-V_{DS2} + V_{tP})^2 = \beta_P(V_{DD} - V_{DS1} + V_{tP})^2$

$\quad\quad\quad \therefore \sqrt{\beta_N}(V_{DS1} - V_{tN}) = \sqrt{\beta_P}(V_{DD} - V_{DS1} + V_{tP})$

$\quad\quad\quad$ 即 $V_{DS1} = V_G = \dfrac{\sqrt{\beta_P}(V_{DD} + V_{tP}) + \sqrt{\beta_N}V_{tN}}{\sqrt{\beta_N} + \sqrt{\beta_P}} = 2.5V$

(2) *1.* I_L 為定值 $\Rightarrow Q_3$ 必在夾止區

$\quad\quad\quad$ 而 $V_G = \dfrac{\sqrt{\beta_P}(V_{DD} + V_{tP}) + \sqrt{\beta_N}V_{tN}}{\sqrt{\beta_N} + \sqrt{\beta_P}} = 2.5V$

$\quad\quad\quad \therefore I_L = \beta_N(V_{GS3} - V_{tN})^2 = \beta_N(V_G - V_{tN})^2$

$\quad\quad\quad\quad = (0.2m)(2.5 - 1)^2 = 0.45mA$

$\quad\quad$ *2.* $\because V_{GD3} = V_{G3} - V_{D3} = V_G - (V_{DD} - I_L R_L) \leqq V_{tN}$

$\quad\quad\quad$ 即

$$R_L \leqq \frac{V_{tN} - V_G + V_{DD}}{I_L} = \frac{1 - 2.5 + 5}{0.45m} = 7.78k\Omega$$

$$\Rightarrow R_L \leqq 7.78k\Omega$$

---

92. In the below transmission-gate circuits, $|V_T| = 1V$ for all MOSFET's and the body effect is not considered. The marked voltages are initial voltages. The final stable voltages at various nodes from A to E are V_A , V_B , V_C , V_D , $V_E =$

(A)4V, 3V, 4V, 3V, 2V   (B)4V, 4V, 3V, 2V, 2V

(C)4V, 4V, 3V, 3V, 2V   (D)4V, 4V, 3V, 2V, 1V

(E)None of the above

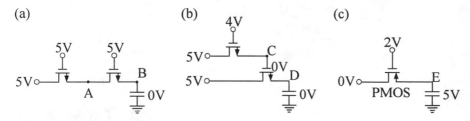

【交大電子所】

簡譯

若所有 MOS 開關之 $|V_T| = 1V$，及基體效應可忽略，求穩定時之節點 A 至 E 的電壓值。（✤題型：NMOS 開關）

解☞：(E)

$V_A = 4V$, $V_B = 4V$, $V_C = 3V$, $V_D = 2V$, $V_E = 3V$

---

93. CMOS 傳輸閘（Transmission Gate）為何採用 NMOS 與 PMOS 並聯？（✤題型：CMOS 傳輸閘）

【交大電子所】

解☞：

1. 當 NMOS：ON 時，PMOS：OFF，反之亦然。

2. 所以通道電阻幾乎形成定值，故使輸出振幅較不受通道電阻影響。

94.(1)請解釋下列二個串疊電路的輸出電阻幾乎相同。

(2)問如何提升輸出電阻。（✛題型：BiCMOS）

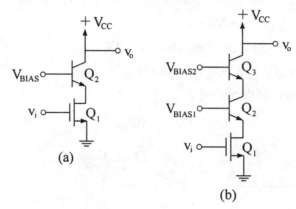

(a)　　　　(b)

【清大電機所】

解☞：

(1)：圖(a)，(此電路有誤，應修正為 V_{CC} 下為恆流源 I)

$$R_{outa} = r_{02} + (1 + g_{m2}r_{02})(r_{\pi 2} /\!/ r_{01})$$

$$\approx r_{02} + g_{m2}r_{02}r_{\pi 2} = r_{02}(1 + g_{m2}r_{\pi 2})$$

$$\approx \beta_2 r_{02}$$

圖(b)，（此電路有誤，應修正為 V_{CC} 下為恆流源 I）

$$R_{outb} = r_{03} + (1 + g_{m3}r_{03})(R_{02} /\!/ r_{\pi 3})$$

$$= r_{03} + (1 + g_{m3}r_{03})(\beta_2 r_{02} /\!/ r_{\pi 3})$$

$$\approx r_{03} + g_{m3}r_{03}r_{\pi3}$$

$$\approx \beta_3 r_{03} \approx \beta_2 r_{02} \approx R_{outa}$$

(2)將 Q_3 以 MOS 替代，則

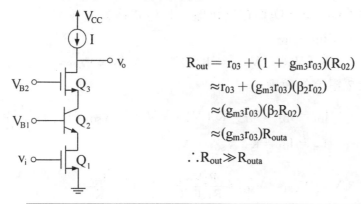

$$R_{out} = r_{03} + (1 + g_{m3}r_{03})(R_{02})$$
$$\approx r_{03} + (g_{m3}r_{03})(\beta_2 r_{02})$$
$$\approx (g_{m3}r_{03})(\beta_2 R_{02})$$
$$\approx (g_{m3}r_{03})R_{outa}$$
$$\therefore R_{out} \gg R_{outa}$$

---

95. In the CMOS amplifier as shown in Figure, each FET has the same $|K|$, $|V_T|$, and r_0.

(1) Find the ratio R_1/R_2 to bias the circuit at linear region of transfer curve, and

(2) Sketch the small-signal equivalent circuit, and find v_0/v_1 and R_{out}

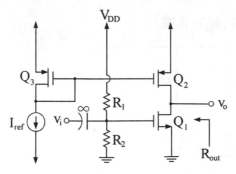

【清大電機所】

CMOS 放大器中，FET 均有相同的 K，$|V_T|$ 和 r_0 值，求(1)在轉移曲線的線性區內的 $\dfrac{R_1}{R_2}$　(2)$\dfrac{v_0}{v_1}$ 及 R_{out}。（❖題型：CMOS Amp.）

解☞：

(1)若 Q_1，Q_2，Q_3 均在夾止區，且可忽略歐力效應，

1. $\because I_{D1} = I_{D2}$

　　$\therefore K\left(V_{GS1} - V_t\right)^2 = K\left(V_{SG2} - V_t\right)^2 \Rightarrow V_{GS1} = V_{SG2}$

2. 電流鏡效應

　　$\because I_{D1} = I_{D2} = I_{ref} = K\left(V_{SG2} - V_t\right)^2 \Rightarrow V_{SG2} = V_t + \sqrt{\dfrac{I_{ref}}{K}}$

　　$I_{ref} = I_{D3} = K\left(V_{SG3} - V_t\right)^2$

3. $V_I = V_{GS1} = V_{SG2} = \dfrac{R_2 V_{DD}}{R_1 + R_2} = V_t + \sqrt{\dfrac{I_{ref}}{K}}$

　　$\Rightarrow \dfrac{R_1}{R_2} + 1 = \dfrac{V_{DD}}{V_t + \sqrt{\dfrac{I_{ref}}{K}}}$

　　$\therefore \dfrac{R_1}{R_2} = \dfrac{V_{DD}}{V_t + \sqrt{\dfrac{I_{ref}}{K}}} - 1$

(2)小訊號等效圖

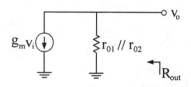

　　$\therefore R_{out} = r_{01} /\!/ r_{02} = \dfrac{1}{2} r_0$

　　$A_V = \dfrac{V_0}{V_i} = -g_m(r_{01} /\!/ r_{02}) = -\dfrac{1}{2} g_m r_0 = -\dfrac{1}{2} \cdot (2\sqrt{kI_{D1}})r_0$

　　　　$= -r_0\sqrt{KI_{ref}}$

96. (1) Sketch the cross section of a CMOS.

(2) Sketch the circuit of a transmission gate by using CMOS transistors and explain the operation of this switch. (✦ 題型：CMOS)

解☞：

(1)

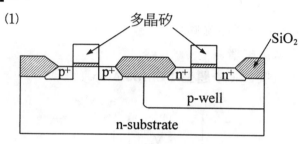

(2)

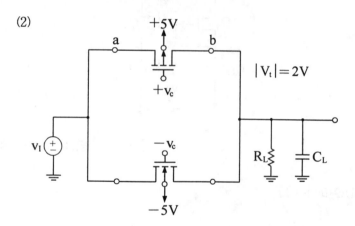

1. $-5V \leqq V_I < 5V$ （輸入範圍）

2. $v_c = V_{(0)}$時：NMOS 和 PMOS：OFF

   $v_c = v_{(1)}$時：$-5V < V_I < 3V \Rightarrow$ NMOS：ON

   $-3V < V_I < 5V \Rightarrow$ PMOS：ON

3. CMOS傳輸閘的導通電阻，近似為常數，故可減低輸出

失真。

---

97. 如圖所示 CMOS 放大器，Q_2 與 Q_3 完全匹配，$V_{DD} = 10V$，
$V_{tn} = |V_{tp}| = 1V$，$K_n = \frac{1}{2}\mu_n C_{ox}(W/L) = 100\mu A/V^2$，$|V_A| = 100V$，
$I_{REF} = 100\mu A$。

(1)繪出Q_2之 i-v 圖。

(2)繪出v_0對v_1轉移曲線圖。

(3)求小訊號電壓增益。

(4)求輸出阻抗。（✤**題型：**CMOS Amp.）

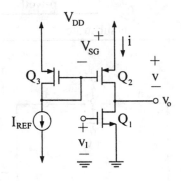

解☞：

(1)Q_2的 i-v 圖

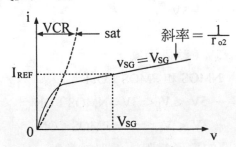

(2)

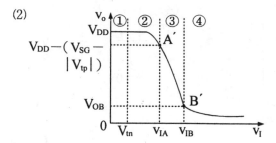

	Q_1	Q_2
①	截止	三極
②	夾止	三極
③	夾止	夾止
④	三極	夾止

(3) $g_{m1} = 2\sqrt{K_n I_D} = 2\sqrt{(100\mu)(100\mu)} = 0.2mA\diagup V$

$$r_{01} = r_{02} = \frac{V_A}{I_D} = \frac{V_A}{I_{REF}} = \frac{100}{100\mu} = 1M\Omega$$

$$\therefore A_V = \frac{V_0}{V_i} = - g_{m1}(r_{01}\;//\;r_{02}) = (0.2m)(0.5M) = 100$$

(4) $R_{out} = r_{01}\;//\;r_{02} = 0.5M\Omega$

---

98. (1) The NMOS transmission gate is shown in Fig.(a). If the load capacitor C_L is initially discharged (i.e. $V_0 = 0$), when $\phi = 5V$ and $V_{IN} = 5V$ the pass transistor begins to conduct, what is the final value of the output voltage V_0.

(2) The PMOS transmission gate is shown in Fig.(b). If the load has been charged to 5V (i.e. $V_0 = 5V$), when $\phi = 0V$ and V_{IN} is grounded, what is the final value of the output voltage V_0. (❖ 題型：MOS 開關)

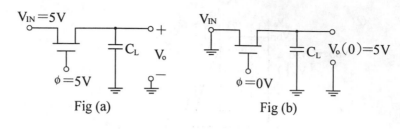

$V_{IN}=5V$ $\phi=5V$ C_L V_o + − Fig (a)

V_{IN} $\phi=0V$ C_L $V_o(0)=5V$ Fig (b)

解☞ :

    (1) NMOS 的 $V_t > 0$,

      ∴ $V_0 = 5 - V_t$

    (2) PMOS 的 $V_t < 0$

      ∴ $V_0 = - V_t$

---

99. For both NMOS and CMOS transmission gates as shown. Assume (1) v_i operates between 0V and 10V, $V_G = 10V$. (2) threshold voltage $|V_T|$ for NMOS (Enhancement) and PMOS (Enhancement) is 1.5V.

Sketch the voltage transfer curves (v_0 versus v_i) for both gates.

(1) NMOS

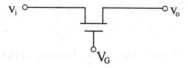

v_i v_o

V_G

(2) CMOS

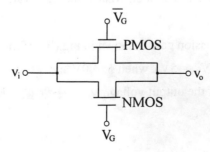

$\overline{V_G}$

PMOS

v_i v_o

NMOS

V_G

簡譯

若 $V_C = 20V$，$|V_{TN}| = |V_{TP}| = 1.5V$，$v_i$ 由 0～20V，繪電路(1)和(2)的 v_o/v_i 轉移曲線。（✦**題型**：NMOS & CMOS 開關）

解 ☞：

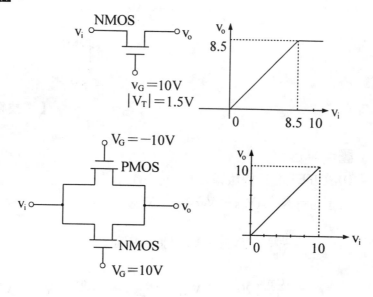

---

100. A FET switch is connected with two load resistors as shown in Figure. The intent is to provide somewhat complementary signals at X and Y; that is, when one rises, the other falls. For the FET, $I_{DSS} = 10$ mA and $V_P = -2V$. For the diode, when conducting, $V_D = 0.7V$. When the diode is cut off, what are the voltages at X and Y? What voltage is required at A to ensure that the diode is barely cut off (diode voltage is zero)? What voltage on A is required to cause the JFET to cut off? What voltages on X and Y result?（✦**題型**：JFET 開關）

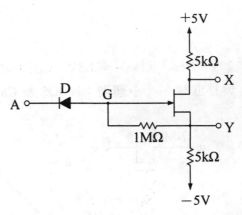

【雲技電機所】

解☞：

(1)設 JFET 在三極體區，則

　　① $I_D = K \left[2(V_{GS} - V_P)V_{DS} - V^2_{DS} \right]$

　　　 $= \dfrac{I_{DSS}}{V_P^2} \left[2(V_{GS} - V_P)V_{DS} - V^2_{DS} \right]$

　　　 $= \dfrac{10m}{4} \left[2(0 + 2)V_{DS} - V^2_{DS} \right] = \dfrac{10m}{4} \left[4V_{DS} = V^2_{DS} \right]$ ──①

　　② $V_{DS} = V_{CC} - I_D(R_D + R_S) - (- V_{SS}) = 10 - (10K)I_D$ ──②

　　③解聯立方程式①，②，得

　　　　$V_{DS} \approx 0.1V$，$I_D \approx 0.99mA \approx 1mA$

　　　　$\therefore V_x = V_{DD} - I_D R_D = 0V$，$V_y = 0V$

　　④ check

　　　　$V_{GD} = V_G - V_D = V_y - V_x = 0V$，即 $- V_{GD} < - V_P$

∴JFET 確在三極體區

(2) ∵$V_G = V_y = 0V$

∴欲使二極體無法導通，則$V_A \geqq 0V$

(3)若 JFET：OFF，則$I_D = 0$，故

$V_G = V_y = -5V$，

$V_A = -5 - 0.7 = -5.7V$

$V_x = 5V$，$V_y = -5V$

---

101. 繪出 CMOS 傳輸閘電路。（✣題型：CMOS 傳輸閘電路）

【中正電機所】

解☞：

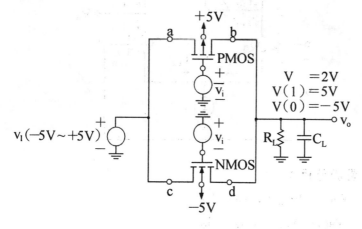

7-8〔題型四十六〕：具主動性負載的差動放大器

考型 115 具主動性負載的 BJT 差動放大器

一、在 IC 積體電路中，大電阻值（R_c）很難製造，且佔了很大面積，所以均用 BJT 主動性負載的 r_0 來取代電阻負載 R_c。

二、優點：

  1. 小面積可獲大電阻值，r_0 具有一非常高電阻值的負載。
  2. 提高增益，使用主動性負載的放大器其電壓增益遠較使用 R_c 電阻者為高。

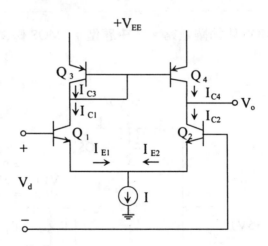

三、直流分析：

$$\therefore V_{BE1} = V_{BE2} \; , \; \therefore I_{c1} = I_{c2}$$

$$V_{BE3} = V_{BE4} \; , \; \therefore I_{c3} = I_{c4}$$

$$又 \quad I_{c3} \approx I_{c1}$$

$$\therefore I_{c1} = I_{c2} = I_{c3} = I_{c4} = I_C$$

$$I_{E1} = I_{E2} = I_{E3} = I_{E4} = I_E = \frac{I}{2}$$

$$直流特性\begin{cases} \therefore\ g_{m1} = g_{m2} = g_{m3} = g_{m4} = \dfrac{I_C}{V_T} \\[3mm] r_{e1} = r_{e2} = r_{e3} = r_{e4} = r_e = \dfrac{V_T}{I_E} = \dfrac{V_T}{\dfrac{I}{2}} \\[5mm] r_{o1} = r_{o2} = r_{o3} = r_{o4} = r_o = \dfrac{V_A}{I_{CQ}} \end{cases}$$

四、小訊號分析

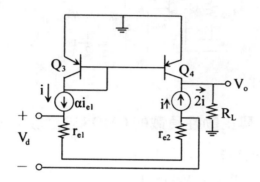

$$i = \alpha i_{e1} = \alpha \frac{V_d}{2r_e} = \frac{1}{2} g_m v_d$$

1. 若有負載時（$R_L \neq \infty$）

$$V_o = 2iR_L = g_m V_d R_L{}'$$

$$A_d = \frac{V_o}{V_d} = g_m R_L{}' = g_m(R_L \,/\!/\, r_{o2} \,/\!/\, r_{o4}) \approx g_m R_L$$

2. 若無負載時（$R_L = \infty$）

$$V_o = 2i \times \frac{1}{2} r_o = \frac{1}{2} g_m r_o V_d$$

$$A_d = \frac{V_o}{V_d} = \frac{1}{2}g_m r_o = (\frac{1}{2})(\frac{I_C}{V_T})(\frac{V_A}{I_C}) = \boxed{\frac{V_A}{2V_T}}$$

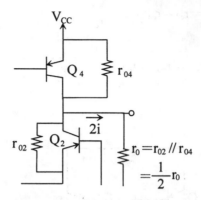

考型 116 具主動性負載的 CMOS 差動放大器

一、直流分析

$\because Q_1 \quad V_{GS1} = V_{GS2} \Rightarrow I_{D1} = I_{D2}$

$\qquad V_{GS3} = V_{GS4} \Rightarrow I_{D3} = I_{D4}$

又 $I_{B3} = I_{D1}$

$\therefore \quad I_{D1} = I_{D2} = I_{D3} = I_{D4} = I_D = \frac{I}{2}$

$\therefore \quad g_{m1} = g_{m2} = g_{m3} = g_{m4} = g_m = 2k(V_{GS} - V_t)$

$\qquad r_{o1} = r_{o3} = r_{o2} = r_{o4} = r_o = \frac{V_A}{I_D}$

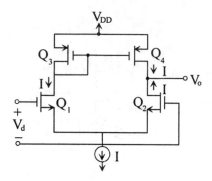

二、小訊號分析

$$i = i_{d1} = \frac{V_d}{\dfrac{2}{g_m}} = \frac{1}{2}g_m V_d$$

1. 有載時（$R_L \neq \infty$）

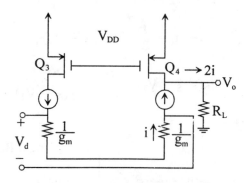

$$V_o = 2iR_L = g_m R_L V_d \Rightarrow \boxed{A_d = \frac{V_o}{V_d} = g_m R_L}$$

2. 無載時（$R_L = \infty$）

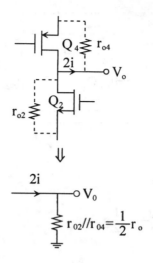

$$V_o = 2i \cdot \frac{1}{2}r_o = \frac{1}{2}g_m r_o V_d$$

$$A_d = \frac{V_o}{V_d} = \frac{1}{2}g_m r_o = \frac{1}{2} \cdot 2k(V_{GS} - V_T)r_o$$

$$= \frac{1}{2} \cdot 2k(V_{GS} - V_T) \cdot \frac{V_A}{I_D} = \frac{V_A}{(V_{GS} - V_T)}$$

3. 觀察法：

$$A_d = g_m（汲極所有電阻）= \begin{cases} g_m(r_{o2} \mathbin{/\mkern-5mu/} r_{o4} \mathbin{/\mkern-5mu/} R_L) \\ \quad = \frac{1}{2}g_m r_o \\ \dfrac{V_A}{V_{GS} - V_T} \end{cases}$$

三、工作說明

1. Q_3 與 Q_4 為電流鏡組合。

2. Q_3 做 Q_1 的主動性負載，Q_4 做 Q_2 的主動性負載

3. Q_1 與 Q_2 為差動對組合

考型 117 BiCMOS 差動放大器

一、

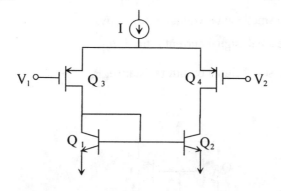

優點：$I_{bias} = 0$　（$R_{id}\uparrow$）

缺點：$V_{os}\uparrow$

二、

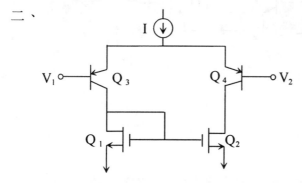

優點：$V_{os}\downarrow$

缺點：I_{bias}　（$R_{id}\downarrow$）

歷屆試題

102. Fig. shows a differential amplifier with an active load under the measurement of small signal output resistance. All the transistors have same current gain, β, and same output resistance, r_0. The output resistance of

the constant current source is also r_0. Use the approximation that $r_0 \gg r_\pi \gg 1/g_m$.

(1) Find the small signal voltage ratio, v_{c1}/v_e.

(2) Find the small signal current ratio, i_{t1}/i_{t2}.

(3) Find the small signal output resistance, $R_0 = \dfrac{v_t}{i_{t1} + i_{t2}}$

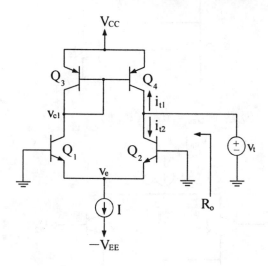

【台大電機所】

簡譯

若所有電晶體的 β 與 r_0 值均相同，而定電流源的輸出電阻亦是 r_0，且 $r_0 \gg r_\pi \gg \dfrac{1}{g_m}$，求 (1) v_{c1}/v_e　(2) i_{t1}/i_{t2}　(3) $R_{out} = \dfrac{v_t}{i_{t1} + i_{t2}}$ （✣ 題型：具主動性負載的 BJT D.A.）

解☞：

(1) 1. 小訊號等效電路

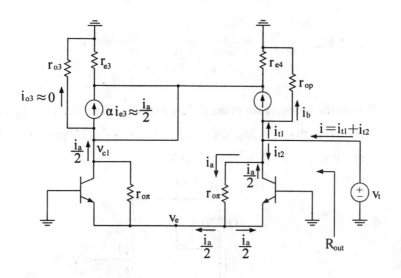

(1) 令 $r_{oN} = r_{oP} = r_o$

$$i_b = \frac{v_t}{r_{oP}} = \frac{v_t}{r_o}$$

$$i_a = \frac{v_t - v_e}{r_{oN}} \approx \frac{v_t}{r_o}$$

$$v_e \approx \frac{i_a}{2} r_{e2} = \frac{1}{2} r_e i_a$$

$$v_{c1} \approx \frac{i_a}{2} \left[(1 + \beta) r_{e3} // r_{e4} \right] \approx \frac{1}{2} r_e i_a$$

$$\therefore \frac{v_{c1}}{v_e} = 1$$

(2) $i_{t1} = \frac{1}{2} i_a + i_b \approx \frac{v_t}{2r_0} + \frac{v_t}{r_0} = \frac{3}{2} \frac{v_t}{r_0}$

$$i_{t2} = i_a - \frac{1}{2} i_a = \frac{1}{2} i_a \approx \frac{v_t}{2r_0}$$

$$\therefore \frac{i_{t1}}{i_{t2}} = 3$$

$$(3) R_{out} = \frac{v_t}{i_{t1} + i_{t2}} = \frac{v_t}{\dfrac{3}{2}\dfrac{v_t}{r_0} + \dfrac{v_t}{2r_0}} = \frac{v_t}{\dfrac{2v_t}{r_0}} = \frac{1}{2}r_0$$

103. Find the voltage gain of the differential amplifier circuit of Fig. under the condition that $I = 25\mu A$, $V_t = 1V$，$W_1 = W_2 = 120\mu m$，$L_1 = L_2 = 6\mu m$，$\mu_n C_{ox} = 20\mu A/V^2$，$V_A = 20V$.

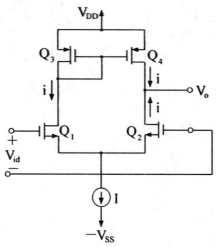

【台大電機所】

簡譯

已知 $I = 25\mu A$，$V_t = 1V$，$W_1 = W_2 = 120\mu m$，$L_1 = L_2 = 6\mu m$，$\mu_n C_{ox} = 20\mu A/V^2$，$V_A = 20V$.，求 $\dfrac{v_0}{v_{id}}$。（✤題型：具主動性負載的 MOS D.A.）

解☞：

① $\because I_{D1} = I_{D2} = \dfrac{1}{2}I = 12.5\mu A$，

$$K = \frac{1}{2}\mu_n C_{ox}(\frac{W}{L}) = \frac{1}{2}(20\mu)(\frac{120\mu}{6\mu}) = 200\mu A/V^2$$

$$I_{D2} = K(V_{GS} - V_t)^2 = (200\mu)(V_{GS} - 1)^2 = 12.5\mu A$$

$$\therefore V_{GS} = 1.25V$$

$$② g_m = 2\sqrt{KI_{D2}} = 2\sqrt{(200\mu)(12.5\mu)} = 0.1mA \diagup V$$

$$r_0 = \frac{V_A}{I_{D1}} = \frac{20}{12.5\mu} = 1.6M\Omega$$

$$\therefore A_V = \frac{1}{2}g_m r_0 = (\frac{1}{2})(0.1m)(1.6M) = 80$$

104.此圖為 **OP Amp.** 的差動輸入級，在設計上一般而言 I_o 值都極
小，其目的為何？：(A)提高輸入阻抗，(B)降低輸入偏壓電流，
(C)提高增益。（✛**題型：具主動性負載的D.A.**）

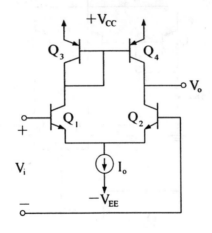

【交大電子所】

解☞： (A) 、 (B)

105.同上題，此放大器與一般的電阻性負載差動放大器比較，具
有那些特性：(A)差模增益較高，(B)輸入偏移電壓降低，(C)共模
輸入電壓提高。【交大電子所】

解☞ : (A) 、 (B) 、 (C)

106. The circuit shown in Fig. is an emitter-coupled pair in which Q_3 and Q_4 are used to bias Q_1 and Q_2. Transistors Q_5，Q_6 and Q_7 form a current repeater, and Q_6 and Q_7 form the loads for Q_1 and Q_2. Assume (1) all PNP transistors are identical and have $\beta_F = 50$. (2) all NPN transistors are identical and have $\beta_F = 100$. (3) For all transistors. Early voltage $V_A = \infty$ and $V_{BE} = 0.7V$ when they are operated in forward-active region. Find R so that this circuit can operated properly. In other words, find R so that the current relationships are satisfied.

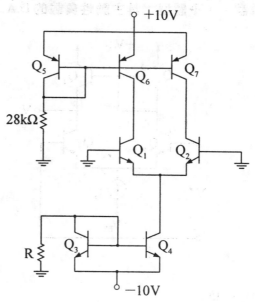

【交大電信所】

簡譯

所有 pnp 完全相同 $\beta_{(pnp)} = 50$，而 npn 也完全相同，且 $\beta_{(npn)} = 100$，$V_A = \infty$，$V_{BE} = 0.7V$，求 R 值。（需電路能正常工作，亦

即電流關係式仍然滿足的R值。）（✤題型：**具主動性負載的**
D.A.）

解☞：

1. $I_{REF1} = \dfrac{V_{EE} - V_{EB5}}{28K} = \dfrac{10 - 0.7}{28K} = 0.33mA$

2. 若要使電流鏡工作正常，且符合電流方程式，則需

$$I_{C1} = I_{C2} = I_{C6} = I_{C7}$$

依電路分析，知

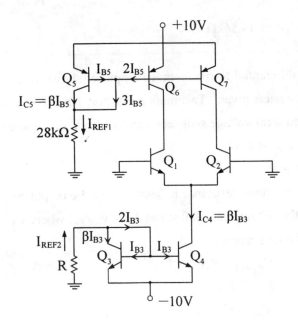

$$I_{REF1} = (\beta_{PNP} + 3)I_{B5}$$

$$\Rightarrow I_{C1} = I_{C2} = I_{C6} = I_{C7} = \beta I_{B5} = \frac{\beta_{PNP}I_{REF1}}{(3 + \beta_{PNP})} = \frac{(0.33m)(50)}{(3 + 50)}$$

$$= 0.313mA$$

3. $I_{C4} = I_{E1} + I_{E2} \approx I_{C1} + I_{C2} = 0.626\text{mA}$

4. $I_{REF2} = \beta_{NPN}I_{B3} + 2I_{B3} = (\beta_{NPN} + 2)I_{B3}$

$I_{C4} = \beta_{NPN}I_{B3}$

$\therefore \dfrac{I_{REF2}}{I_{C4}} = \dfrac{\beta_{NPN}}{\beta_{NPN} + 2} = \dfrac{100}{102}$

故 $I_{REF2} = (\dfrac{100}{102})I_{C4} = (\dfrac{100}{102})(0.626\text{m}) = \dfrac{10 - V_{BE3}}{R} = \dfrac{10 - 0.7}{R}$

$\therefore R = 14.56\text{k}\Omega$

---

107. A differential-to-single-ended amplifier shown in Fig. with the device parameters given. Two input ports, port 1 and port 2 defined by the applied ideal voltage sources v_{i1} and v_{i2} have the same common-mode DC voltage of 0 volt.

Compute

(1) the output resistance R_{out} looked into the output port (v_{out}), and

(2) the voltage gain, defined as $A_v = v_{out}/v_{id}$, where $v_{id} = v_{i1} - v_{i2}$.

device parameters:

$V_{BE(on)} = 0.7\text{V}$

$\beta = $ infinity

$V_{A(npn)} = 60\text{V}$ (for Q_1 and Q_2)

$V_{A(pnp)} = 20\text{V}$ (for Q_3 and Q_4)

Q_5 and Q_6 are ideal npn transistors.

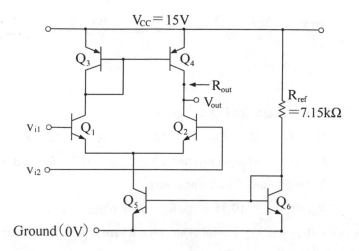

A differential-to-single-ended amplifier. ($Q_{1(3)}$ and $Q_{2(4)}$ are identical.)

【交大電信所】

簡譯

v_{i1}，v_{i2}是理想交流的電壓源，其共模直流電壓均為 0V，(Q_1，Q_2)的 $V_{BE(ON)} = 0.7V$，$\beta = \infty$，$V_{A(npn)} = 60V$，Q_3，Q_4的$V_{A(pnp)} = 20V$，Q_1，Q_2完全匹配；Q_3，Q_4也完全匹配；Q_5，Q_6為理想的 npn 電晶體，求 (1) R_{out}。(2) $A_v = \dfrac{v_0}{v_{id}} = \dfrac{v_0}{v_{i1} - v_{i2}}$。（❖題型：具主動性負載的 D.A.）

解☞：

(1) $I_{REF} = \dfrac{V_{CC} - V_{BE6}}{R_{ref}} = \dfrac{15 - 0.7}{7.15k} = 2mA \approx I_{C5}$

$I_{C1} = I_{C2} = \dfrac{I_{C5}}{2} = 1mA = I_{C3} = I_{C4}$

$\therefore r_{04} = \dfrac{V_{A(PNP)}}{I_{C4}} = \dfrac{20V}{1mA} = 20k\Omega$

$r_{02} = \dfrac{V_{A(NPN)}}{I_{C2}} = \dfrac{60V}{1mA} = 60k\Omega$

$R_{out} = r_{04} /\!/ r_{02} = 20k /\!/ 60k = 15k\Omega$

$$(2)\,A_V = \frac{v_0}{V_{id}} = \frac{v_0}{v_{i1} - v_{i2}} = g_{m4}R_{out} = (\frac{I_{C4}}{V_T})(R_{out}) = (\frac{1mA}{25mV})(15k)$$

$$= 600$$

---

108. The parameters for Fig. are given as

(1) $Q_1 = Q_2 = Q_5 = Q_6$, $Q_4 = Q_3$, $\beta_F = \beta_0 = $ 200 for all n-type Q , $\beta_F = \beta_0 = \infty$ for all p-type Q, $V_{BE(active)} = 0.7$ volts, and Early voltage $V_A = 50$ volts for all transistors

(2) $V_{CC} = V_{EE} = 10.35$ volts, $R_s = 2.5k$ ohms, and $R = 10k$ ohms.

(3) $v_1(t) = v_2(t) = 2.5\sin(\omega t)m$ volts, where ω is in the midband of the amplifier shown in Fig.

(4) $V_T = 25m$ volts.

(5) $v_0(t) = V_0 + v_{0s}(t)$

Problems：

(1) If $R_L = \infty$ ohms, then find $v_{0s}(t)$.

(2) If $R_L = 25k$ ohms, then find $v_{0s}(t)$.

(Key procedures of your calculations are required)

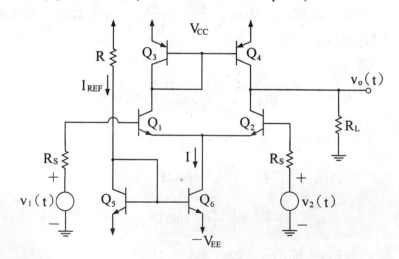

簡譯

已知 $Q_1 = Q_2 = Q_5 = Q_6$，$Q_3 = Q_4$ 是所有 npn 的 $\beta_F = \beta_0 = 200$，而所有 pnp 的 $\beta_F = \beta_0 = \infty$，$V_{BE(act)} = 0.7V$，$V_A = 50V$，$V_T = 25mV$，$v_1(t) = v_2(t) = 2.5\sin\omega t(mV)$，$v_0 = V_0 + v_{0s}(t)$，求 (1) $R_L = \infty$，(2) $R_L = 25k\Omega$ 的 $v_{0s}(t)$。（✤題型：具主動性負載的 D.A.）

解☞：

一、直流分析

$$I \approx I_{REF} = \frac{V_{CC} - V_{BE3} - (-V_{EE})}{R} = \frac{10.35 + 10.35 - 0.7}{10k} = 2mA$$

$$\therefore I_{E1} = I_{E2} = \frac{I}{2} = 1mA$$

二、交流分析

1. 取近似等效電路

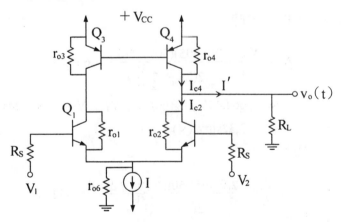

2. 用半電路分析

$$r_{01} = r_{02} = r_{03} = r_{04} = \frac{V_A}{I_{C1}} = \frac{50}{1m} = 50k\Omega$$

$$r_{0b} = \frac{V_T}{I} = \frac{50}{2m} = 25k\Omega \ ,$$

$$r_{e1} = r_{e2} = r_{e3} = r_{e4} = \frac{V_T}{I_{E1}} = \frac{25m}{1m} = 25\Omega$$

$$\alpha = \frac{\beta}{1+\beta} = \frac{200}{201} = 0.995$$

(1)若 $V_1 = V_2 = (2.5m)\sin\omega t$，此為共模分析

　$I' = I_{C4} - I_{C2} = 0 \Rightarrow V_0 = 0V$

(2)若 $V_1 = -V_2 = (2.5m)\sin\omega t$，此為差模分析

　$I' = I_{C4} - (-I_{C2}) = 2I_{C2}$

$$A_d = \frac{V_{os}}{V_{id}} = \frac{2\alpha(r_{04} /\!/ r_{02} /\!/ R_L)}{2(r_{e1} + \frac{R_s}{1+\beta})} = \frac{2(0.995)(50k /\!/ 50k /\!/ R_L)}{2(25 + \frac{2.5k}{201})}$$

(1) $R_L = \infty$ 時

$$A_d = \frac{V_{0s}}{V_{id}} = \frac{2(0.995)(50k /\!/ 50k)}{2(25 + \frac{2.5k}{201})} = 664.44$$

$$\therefore v_{0s} = 664.44 V_{id} = (664.44)(V_1 - V_2) = (664.44)(5m)\sin\omega t$$
$$= 3.32\sin\omega t(V)$$

(2) $R_L = 25k$

$$A_d = \frac{V_{0s}}{V_{id}} = \frac{2(0.995)(50k /\!/ 50k /\!/ 25k)}{2(25 + \frac{2.5k}{201})} = 332.22$$

$$\therefore v_{0s} = (332.22)V_{id} = (332.22)(5m)\sin\omega t = 1.66\sin\omega t(V)$$

109. In the circuit, the MOSFET, Q_3, has $K = 0.1mA/V^2$, $V_t = 2V$ and $r_0 = \infty$. All the BJT are matched with $\beta = \infty$, $r_0 = 50k\Omega$, and their forward V_{BE} are approximately 0.7V. When $V_1 = V_2 = 0$ and $R = 93k\Omega$, find

(1) the collector currents of Q_1，Q_2 and drain current of Q_3.

(2) the voltage V_0.

(3) the small signal gain $v_0/(v_1 - v_2)$.

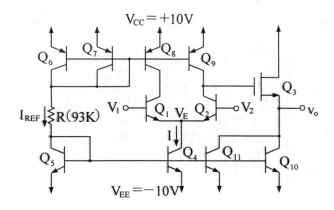

【清大電機所】

簡譯

MOS 的 $K = 0.1\dfrac{mA}{V^2}$，$V_t = 2V$，$r_0 = \infty$，且所有電晶體完全匹配，$\beta = \infty$，$r_0 = 50K\Omega$，$V_{BE} = 0.7V$，$V_1 = V_2 = 0V$，求

(1)I_{C1}，I_{C2}，I_{D3}，(2)V_0，(3)小訊號增益$\dfrac{v_0}{v_1 - v_2}$（❖題型：具主動性負載的 D.A.）

解☞：

$$(1) I_{REF} = \frac{V_{CC} - V_{EB8} - V_{BE5} - V_{EE}}{R} = \frac{20 - 1.4}{93k} = 0.2mA = I$$

$$\therefore I_{C1} = I_{C2} = \frac{1}{2}I = 0.1mA$$

$$I_{D3} = 2I_{REF} = (2)(0.2m) = 0.4mA$$

(2) 1. $\because I_{D3} = K(V_{GS3} - V_t)^2 = (0.1m)(V_{GS3} - 2)^2 = 0.4mA$

$\therefore V_{G3} = 4V$

2. $\because I_{C9} = I_{C2} \Rightarrow V_{EC9} = V_{CE2}$

$V_{EC9} + V_{CE2} = V_{CC} - V_E = V_{CC} - (-V_{BE2}) = 10 + 0.7$

$= 10.7V$

$\therefore V_{E9} = V_{CE2} = \dfrac{10.7}{2} = 5.35V$

$V_0 = V_{CC} - V_{EC9} - V_{GS3} = 10 - 5.35 - 4 = 0.65V$

(3)小訊號分析

1. 小訊號等效圖

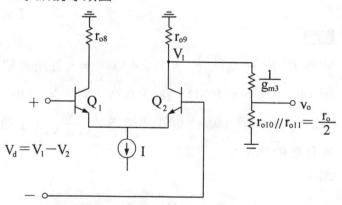

2. 求參數

① $\alpha = \dfrac{\beta}{1 + \beta} = 1$

$$②r_e = \frac{V_T}{I_E} = \frac{2V_T}{I} = \frac{(2)(25m)}{0.2m} = 250\Omega$$

$$③g_{m3} = 2\sqrt{KI_{D3}} = 2\sqrt{(0.1m)(0.4m)} = 0.4mA/V$$

3. 電路分析

$$\therefore A_V = \frac{V_0}{V_1 - V_2} = \frac{V_0}{V_1} \cdot \frac{V_1}{V_d} = (\frac{\frac{r_0}{2}}{\frac{1}{g_{m3}} + \frac{r_0}{2}}) \cdot (\frac{\alpha r_{09}}{2r_e})$$

$$= (\frac{25k}{\frac{1}{0.4m} + 25k}) [\frac{50k}{(2)(250)}] = 90.9$$

---

110. 如圖，MOSFET 差動放大器 $I_o = 0.2mA$，MOS 參數 $K = 0.2mA/V^2$，$\lambda_2 = \lambda_4 = 0.01V^{-1}$，試求差模增益 A_d。（✥**題型：具主動性負載的 CMOS 差動放大器**）

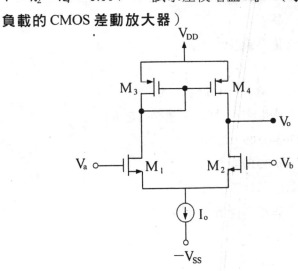

解☞：此為單端輸出型

$$g_m = 2\sqrt{KI_D} = 2\sqrt{K \cdot \frac{I_0}{2}} = 2\sqrt{(0.2m)(0.1m)} = 0.283mA/V$$

$$r_{o2} = r_{o4} = r_o = \frac{V_A}{I_D} = \frac{2V_A}{I_o} = \frac{2}{I_o\lambda} = \frac{2}{(0.2m)(0.01)} = 1M\Omega$$

$$\therefore A_d = g_m(r_{o2}//r_{o4}) = \frac{1}{2}g_mr_0 = 141.5$$

國家圖書館出版品預行編目資料

電子電路題庫大全／賀升，蔡曜光編著. -- 初版. -- 台北市：
揚智文化，2000〔民89〕
　　冊；　公分

ISBN　957-818-187-6（上冊；平裝）

1. 電路 － 問題集　2. 電子工程 － 問題集

448.62022　　　　　　　　　　　　　　　　89012186

電子電路題庫大全（上冊）

編　　著／賀升　蔡曜光

出 版 者／揚智文化事業股份有限公司

執行編輯／陶明潔

登 記 證／局版北市業字第 1117 號

地　　址／台北市新生南路三段 88 號 5 樓之 6

電　　話／(02)2366-0309　2366-0313

傳　　真／(02)2366-0310

印　　刷／偉勵彩色印刷股份有限公司

法律顧問／北辰著作權事務所　蕭雄淋律師

初版一刷／2000 年 11 月

ISBN ／957-818-187-6

定　　價／新台幣 750 元

帳戶／揚智文化事業股份有限公司　郵政劃撥／14534976

E－mail／tn605547@ms6.tisnet.net.tw　網址／http://www.ycrc.com.tw